Die Quellen

Die geologischen Grundlagen der Quellenkunde für Ingenieure aller Fachrichtungen sowie für Studierende der Naturwissenschaften

Von

Ing. Dr. phil. Josef Stiny

o. ö. Professor a. d. Technischen Hochschule in Wien

Mit 154 Abbildungen im Text

Wien
Verlag von Julius Springer
1933

ISBN 978-3-7091-9777-6 ISBN 978-3-7091-5038-2 (eBook)
DOI 10.1007/978-3-7091-5038-2

Meiner Frau Leopoldine
der treuen Begleiterin auf vielen geologischen
Wanderungen, kameradschaftlich zugeeignet

Vorwort.

Die Quellenkunde von Paramell-Haas erschien schon vor etwa 30 Jahren in neuer Auflage. Die ausgezeichneten Lehrbücher von Keilhack und Höfer behandeln die Quellen neben dem Grundwasser. Es fehlte mithin im deutschen Schrifttum bisher ein neueres Buch, das die Quellen allein behandelt; es dürfte deshalb wohl nicht überflüssig sein, dem Schüler von Hochschulen und auch dem Berufsmanne eine neue Einführung in die Quellenkunde in die Hand zu geben.

Eine ausführliche Schilderung unseres Wissens von den Quellen verbot der zur Verfügung stehende, beschränkte Raum; der Verfasser mußte daher manche minder wichtigen Abschnitte kurz halten und auf ergänzende Bemerkungen stellenweise ganz verzichten. Als Ersatz für diese knappe, stoffliche Darbietung wurde ein ausführliches Schriftenverzeichnis angefügt; dieses setzt den Leser in den Stand, sich weiteren Rat zu holen und sich in alle Einzelheiten des Gegenstandes zu vertiefen; freilich kann es trotz seines verhältnismäßig großen Umfanges auch nicht vollständig sein; doch helfen da dem Kundigen die Hinweise weiter, die in den angeführten Werken selbst wieder enthalten sind.

Der Verfasser hat auf seinen geologischen Wanderungen, während seiner baulichen Tätigkeit und als Berater bei den Vorarbeiten für zahlreiche Wasserversorgungsanlagen Gelegenheit gehabt, viele einschlägige Beobachtungen zu sammeln; er ist deshalb in vielen Abschnitten eigene Wege gegangen und hat herkömmliche Pfade verlassen, so namentlich bei der Einteilung der Quellen. Vielleicht stoßen sich manche Fachgenossen daran, daß neben bedeutenderen und bekannteren Beispielen auch viele anscheinend recht unbedeutende herangezogen wurden. In diesen Fällen wurde die Ortsbezeichnung nur der Vollständigkeit halber gegeben, und man kann über sie ebenso gut hinweglesen; es bleibt dann eben nur eine Quelle übrig, wie sie an vielen Punkten der Erde vorkommen kann, und hunderte anderer Ortsangaben würden ebenso gut passen.

Auf die Wechselbeziehungen zwischen Quellen und Ingenieurwesen wurde überall, wo es passend schien, hingewiesen; damit soll den Wünschen des Ingenieurs entsprochen sein. Es wurde aber vermieden, sich in technische Einzelheiten, die dem Ingenieur ja ohnedies bekannt sind, zu vertiefen, um nicht einen anderen Leserkreis, der weniger technisch eingestellt ist, vom Durchsehen des Buches und vom Nachschlagen abzuschrecken. Ist es auch in erster Linie für Kulturtechniker, Bauingenieure, Forstwirte und Landwirte geschrieben, so wendet es sich doch auch an allgemeiner eingestellte Kreise, an angehende Geologen und an Landformenkundler und will auch Bergsteiger, Naturfreunde im allgemeinen, Behörden, die mit Wasserversorgungen zu tun haben, Ärzte und öffentlich tätige Vertreter des Volkswohles und der Volksgesundheit mit den Quellen vertraut machen.

Der Verfasser mußte danach trachten, bei der Enge des zur Verfügung stehenden Raumes den Stoff annähernd gleichmäßig zu behandeln; er konnte deshalb die Heilquellen nicht so ausführlich bearbeiten, wie dies vielleicht die beteiligten Kreise wünschten. Die Lehre von unseren Heilquellen ist jedoch nicht nur ein schwieriger Gegenstand, sondern auch durch so viele neue und neueste Erkenntnisse derart umfangreich geworden, daß man dem Stoffe nur in einem eigenen Werke vollständig gerecht werden könnte.

Die Verlagsbuchhandlung Julius Springer hat zur Ausstattung des Leitfadens ihr Möglichstes beigetragen; es sei ihr auch an dieser Stelle für die ersprießliche Zusammenarbeit gedankt.

Möge das vorliegende Buch nun den Weg zu denen finden, für die es geschrieben wurde, und seinen Lesern das bieten, was sie von ihm erhofften.

Wien, im Dezember 1932.

J. Stiny.

Inhaltsverzeichnis.

1. Der Kreislauf des Wassers.

Wir wissen derzeit wenig Sicheres über den Wasserhaushalt der Erde in vergangenen Zeitläuften. Für die Gegenwart und die jüngste Vergangenheit der Menschengeschichte können wir den Gesamtwasservorrat des Erdballes als annähernd gleichbleibend annehmen.

Die Teilmassen dieses für geologisch kurze Zeiträume als unveränderlich angenommenen Wasservorrates befinden sich jedoch in ständiger Veränderung und auf steter Wanderschaft. Die Oberflächen der Meere, Seen und anderen, ruhenden Wasseransammlungen verdunsten Wasser in den Luftraum; in Dampfform steigt es zum Himmel auf, um gelegentlich als Schnee oder Regen, als Tau oder Hagel wieder zur Erdoberfläche zurückzukehren. Hier angelangt, verdunstet es teilweise bald wieder; ein Teil fließt sofort oberirdisch ab und eilt wieder den Seen, Meeren und sonstigen Senken der Erdoberfläche zu; der Rest aber dringt in den Schoß der Erde ein und bewegt sich gegen die Tiefe; da und dort aber stellen sich der Weiterbewegung des Wassers Hindernisse entgegen; diese treiben das Naß wieder als Quelle der Erdoberfläche zu und einem immer wieder von neuem wechselnden Schicksale entgegen.

So beschreibt das Wasser eine Art Kreislauf; am schönsten hat ihn wohl Goethe in aller Kürze dichterisch geschildert. Aber der Kreislauf ist wohl nicht ganz strenge geschlossen und läuft auch nicht ganz rein und unbeeinflußt für sich ab. So geht das Wasser im Leibe der Erde teilweise gewisse Bindungen ein oder schaltet sich auf andere Weise — wenigstens zeitweise — aus dem Kreislaufe aus. Andererseits hat E. Suess darauf aufmerksam gemacht, daß an manchen Stellen neues, jugendliches (juveniles, jungfräuliches) Wasser (Tiefenwasser) dem Schoße der Erde entquillt und sich dem Reigen des kreisenden Rindenwassers (vadosen Wassers) anschließt.

Auch mag der Kreislauf des Wassers viel verwickelter sein, als man früher dachte. So dürfte z. B. neben dem Bogenstücke „Niederschläge" des Kreislaufes noch eine Seitenlinie einherlaufen: die Speisung des Wassers in der Erde und der Quellen durch Verdichtung von Wasserdampf. Darüber folgt an anderer Stelle noch ein kurzer Hinweis. Strittig ist wohl nur das Ausmaß, in welchem sich die Dampfverflüssigung an dem Kreislaufe des Wassers zu beteiligen vermag. O. Volger, König, Haedicke, Metzger u. a. haben sicherlich die Bedeutung der Bildung unterirdischen Wassers durch Dampfverdichtung überschätzt; nach der Anschauung vieler Wetterkundler und Geologen ist sie sehr gering; auch der Verfasser hält die Wirkung unmittelbar in den Erdboden einsickernden Wassers für weitaus ergiebiger als den Beitrag, welchen die Wasserdampfverflüssigung zur Quellbildung liefert.

2. Niederschläge, Versickerung, Abfluß und Verdunstung in ihren Beziehungen zu den Quellen.

a) Die Niederschläge als Speiser der Quellen.

Die Niederschläge, welche die Erdoberfläche treffen, erleiden vielgestaltige Schicksale.

Ein Teil ihres Wassers verdunstet auf der Pflanzendecke, ehe er noch den Boden der Erde erreicht hat; ein anderer fließt oberirdisch ab und speist die Taggerinne unmittelbar; ein dritter Teil der Niederschläge wird von dem Pflanzenwuchse aufgenommen, sei es durch dessen Blätter und Stengel oder durch seine Wurzeln; der übrig bleibende Rest kann weiter in den Boden eindringen und bildet das Senkwasser (Infiltrationswasser; infiltration - water), welches die Quellen nährt. In der Gleichung örtlicher Niederschlag-Summe der einzelnen Teilwassermengen sind die einzelnen Teilgrößen voneinander und von den örtlichen Verhältnissen abhängig; eine gleichmäßige Dreiteilung des Niederschlagwassers, wie sie viele Lehrbücher annehmen, findet wohl nur ganz zufällig irgendwo statt.

Von den verschiedenen Arten der Niederschläge spielen Tau, Reif, Hagel usw. für die Nachfüllung der unterirdischen Wasserbehälter eine geringere Rolle; weit größere Einflüsse gehen vom Regen und vom Schnee aus.

Der Schnee vermag erst nach dem Schmelzen in das Erdreich einzudringen; und auch dann nur, wenn der Boden nicht gefroren ist. Dem ungefrorenen Gestein kommt das Schmelzwasser aber auch in sehr verschiedenem Maße zugute, je nachdem die Schneeschmelze sehr rasch oder ganz allmählich erfolgt; in ersterem Falle kann der größte Teil des Niederschlages oberflächlich abfließen, im zweiten Falle aber unter besonders günstigen Umständen die ganze Schmelzfeuchtigkeit vom Boden aufgesogen werden. Mächtige Schneedecken (Gebirge) und reichliche örtliche Schneeanhäufungen durch Lahnen, Wächten usw. verbessern im allgemeinen die Wasserschüttung der Quellen; darauf deutet schon das Sprichwort der Älpler „Viel Schnee, wenig Wasser“ (d. i. oberirdischer Wasserabfluß) hin.

Wichtiger noch als die Art der Niederschläge ist ihre jährliche Menge (rainfall, precipitation), gewöhnlich als Jahresniederschlag oder Regenhöhe bezeichnet und in Millimetern Wasserwert ausgedrückt.

Sie wird mit Hilfe der Regenmesser (Ombrometer) erhoben; der Mittelwert aus einer längeren Beobachtungsreihe wird in eine Karte eingetragen und die Punkte gleicher Regenhöhe miteinander verbunden (Regenhöhenlinien, Isohyeten).

Aus den Regenkarten (vgl. Hellmann [2b] u. a.) darf der Quellenkundler aber nur mit größter Vorsicht Schlüsse ziehen; denn die Ortslage hat größten Einfluß auf die Regenhöhe benachbarter Punkte. Seehöhe, Regenschatten, geschützte oder freie Lage spielen eine große Rolle. In Ländern, über welche ein dichtes Netz von Wetterwarten oder Regenbeobachtungsstellen gespannt ist, wendet man sich in bestimmten Einzelfällen am besten an diese um Auskunft; in Gebieten mit lückenhaftem Beobachtungsnetz schaltet man womöglich eigene Regenmesser ein (z. B. sog. Regensammler).

Die Regenhöhe schwankt an einem und denselben Orte im allgemeinen von Jahr zu Jahr um den vorerwähnten Mittelwert; ebenso weicht auch die Verteilung der Niederschläge auf die einzelnen Monate und Wochen des Jahres innerhalb längerer Zeiträume mehr oder weniger von einer errechneten mittleren Verteilung der Niederschläge innerhalb eines Jahres ab. Man kann daher von trockenen und von nassen Jahren, von nassen Sommern usw. mit demselben Rechte sprechen wie von kalten Jahren oder kühlen Sommern.

Für die Speisung der Quellen ist die Verteilung des Jahresniederschlages auf die einzelnen Monate des Jahres von großer Wichtigkeit, ebenso die Häufigkeit der Niederschläge, ihre Ergiebigkeit und Dauer.

Die Regenhäufigkeit wird durch die Zahl der Regentage während eines bestimmten Zeitraumes ausgedrückt; als Regentage bezeichnet man meist nur jene, an welchen mindestens 0,1 mm Niederschlag fällt.

Als Regenergiebigkeit bezeichnet man die innerhalb eines bestimmten Zeitraumes fallende Schnee- oder Regenmenge; die auf die Zeiteinheit (Sekunde, Minute, Stunde usw.) bezogene Ergiebigkeit heißt auch Regendichte; quellenkundlich wichtig ist die Minutendichte des Niederschlages.

Die Ernährung der Quellen fördern u. a.:

a) geringe Regendichte, welche dem Niederschlage Zeit und Gelegenheit gibt, die Bodenoberfläche zu benetzen, in das Erdreich einzusickern und die Bodenluft zu verdrängen;

b) lange Regendauer, welche den Niederschlag tiefer in den Boden eindringen läßt und ihn nicht schon in den obersten Schichten des Erdreiches der Entnahme durch die Pflanzenwurzeln und der Verdunstung preisgibt;

c) kühles, die Verdunstung herabsetzendes Wetter, Nebel, bewölkter Himmel, Tau usw.;

d) Windstille und kleiner Sättigungsfehlbetrag (Sättigungsdefizit) in der Luft.

Die Auswirkung der wetterkundlichen Einflüsse auf die Quellen verzögert sich oft; der Gang der Schüttung hinkt dem Verlaufe der Witterung mehr oder weniger auffällig nach. Darauf soll später näher eingegangen werden.

b) Die Verdunstung.

Je langsamer die Verdunstung vor sich geht, desto mehr Niederschlagswasser kommt dem Abflusse, der Pflanzendecke und den Quellen zugute.

Die Verdunstung unterliegt verschiedenen Einflüssen. Sie wird vor allem bedingt durch den Sättigungsfehlbetrag bez. den Sättigungsgrad der Luft; nach Schwalbe (2b) gibt jedoch der Psychrometerunterschied einen noch besseren Maßstab für die Verdunstung ab.

Wärme befördert die Verdunstung; deshalb erhält sich das Erdreich auf der Schattenseite länger feucht als auf der Sonnenseite; hier verdunstet das Wasser um so rascher, je steiler die Sonnenstrahlen auf die Böschung auftreffen; auch die Bodenfarbe beeinflußt die Erwärmung des Gesteins und seine Verdunstung (vgl. u. a. Wollny [2f]).

Rauhheiten und Unebenheiten der Bodenoberfläche erhöhen den Verdunstungsbetrag. Die austrocknende Wirkung der Winde ist bekannt.

Lückiges Gestein befördert anfänglich die Austrocknung; später schützt jedoch die ausgetrocknete Schicht (z. B. von Sand u. dgl.) die tieferen Lagen vor Verdunstung, indem sie den Nachschub des Wassers aus der Tiefe durch Haarröhrchenwirkung verhindert. Gesteine mit feinen bis feinsten Hohlräumen dagegen ermöglichen die Austrocknung des Gesteins — z. B. von Ton — bis in größere, der Steighöhe des Wassers in den Haarröhrchen entsprechende Tiefen. In den Schweizer Voralpen verdunsten nach Engler (2e) insgesamt 40 v. H. der Regenhöhe (etwa 1600 mm) bei 60 v. H. Abfluß. Es entfallen dabei

	im Walde	im Freilande
auf die Verdunstung auf den Pflanzenteilen	15 v. H.	10 v. H.
auf den Wasserverbrauch der Pflanzen	20 ,,	6 ,,
auf die Verdunstung des Bodens	5 ,,	24 ,,
zusammen obige	40 v. H.	40 v. H.

Der Mehrverbrauch des Waldes an Wasser durch die Aussaugung und die Verdunstung in den Kronen wird also durch die bedeutend geringere Wasserverdunstung des Waldbodens wieder ausgeglichen (Strele [2e]).

c) Die lebende Bodendecke.

Im allgemeinen begünstigen lebende Bodendecken, namentlich aber Wälder, die Wasserrückgabe an die Lufthülle durch den eigenen Wasserverbrauch, die Minderung der Bodenbenetzung durch Zurückhaltung eines Teiles der Niederschläge im eigenen Bereiche, die Herabsetzung der Bodenwasserdunstung durch Beschattung des Bodens und die Verzögerung des Wasserabflusses, wodurch dem Wasser mehr Zeit geboten wird, in den Untergrund einzudringen; viele Forscher nehmen auch eine Vermehrung der Niederschläge durch dichten Pflanzenwuchs an.

Dixey Frank spricht sich z. B. folgendermaßen über die Wirkung der Wälder aus: „... forests are not only of great value in collecting water mechanically from passing clouds and mists, iu causing slightly increased precipitation, in reducing evaporation from the ground, and in lowering the temperature, but also they perform an invaluable service in tending to increase both surface and underground supplies of water throughout the year."

Im einzelnen sind jedoch die Verhältnisse viel verwickelter und je nach Klima, Örtlichkeit und Art der Pflanzendecke recht verschieden.

Die Zurückhaltung von Niederschlägen durch die Baumkronen ist z. B. bei der Fichte weit größer als bei der Buche und bei dieser wieder ausgiebiger als bei Weißkiefer (vgl. Hoppe [2e]); insbesonders gelangen von schwachen Niederschlägen nur kleine Bruchteile auf den Boden des Fichtenbestandes.

An Nebeltagen empfängt allerdings nach Linke (2e) und Descombes der Untergrund im Walde mehr Wasser als im Freien; der Nebel verdichtet sich eben an den Ästen und der ganze Wald scheint von Feuchtigkeit förmlich zu „triefen".

Die Baumkronen halten ferner an Schnee mehr zurück als an Regenwasser; dieser Betrag ist natürlich bei den wintergrünen Holzarten weit größer als bei jenen, welche ihre Blätter (Nadeln) im Herbste abwerfen. Andererseits schmilzt im Frühjahr die Schneedecke unter Waldbeständen langsamer ab als im Freiland; dies kommt der Speisung der Quellen zugute.

Die wichtigen Versuche A. Englers (2e) führten zu folgenden Ergebnissen, die zumindest für gleichartige Verhältnisse Geltung besitzen.

Der Porenraum (Hohlraumsumme) der Waldböden ist in den oberen und in den tieferen Schichten bedeutend größer als jener der Freilandsböden. Dazu tragen die ständige Beschirmung des Bodens, die Humusbildung, die lebenden und toten Baumwurzeln, die Bodentiere usw. wesentlich bei. Der Waldboden führt daher mehr Senk- und Grundwasser. Den Freilandboden durchlöchern feinere Lücken; er enthält daher — lange Trockenzeiten ausgenommen — mehr Haftwasser als der

Waldboden; aber sein Haftwassergehalt schwankt beträchtlich mehr als jener des bewaldeten Bodens.

Geschonte, lockere Waldböden führen mehr Wasser unterirdisch ab als Freilandböden; diese begünstigen den oberirdischen Abfluß; er ist auf steilen Grashängen am größten.

Auflagehumus- und Moosdecken nehmen wohl viel Wasser auf, geben aber davon wenig an den Boden und an die Quellen ab; sind sie einmal mit Wasser gesättigt, so fließt infolgedessen der weitere Niederschlag oberflächlich ab. Geschlossene Decken von Fichtennadel- und Buchenlaubstreu begünstigen gleichfalls den oderirdischen Abfluß der Niederschläge.

Ungefrorener Waldboden nimmt in der Regel das Schneeschmelzwasser besser auf als das Erdreich des offenen Landes und speichert es sorgsamer in seinen Lücken auf.

Das Zurückhaltungsvermögen des Waldes für starke Niederschläge von kurzer Dauer (Gewitterregen, Wolkenbrüche) ist sehr groß, wenn die Regengüsse auf Boden von durchschnittlichem Wassergehalte auftreffen. Ist jedoch der Boden infolge vorhergegangener Niederschläge bereits mit Wasser gesättigt, so fließt im Waldgebiete die gleiche Wassermenge ab wie im Freilande. Bei Landregen verwischen sich die Unterschiede zwischen Freiland und Waldgebiet mehr und mehr; jedoch erfahren auch unter ungünstigen Umständen zeitweise Niederschlagsverstärkungen im Verlaufe von Landregen über Waldland eine merkliche Verzögerung des Abflusses.

In Trockenzeiten fließt aus Waldland mehr Wasser ab als aus Freiland; im Frühling zur Zeit der Schneeschmelze und im Herbst ist die Sache umgekehrt. Dies befördert die nachhaltige Speisung der Quellen und rechtfertigt die Bezeichnung des Waldes als „Vater der Quellen“. Unter den Betriebsarten schafft der Plenterwald die günstigsten Abflußverhältnisse; reine, gleichartige Nadelholzbestände ohne Unterwuchs wirken am schlechtesten.

Den gegenwärtigen Stand der Wald-Wasserfrage faßt G. Strele (2e) in einem eigengedankenreichen Sammelberichte kurz zusammen.

Hans Burger (2e) und das eidgenössische Oberbauinspektorat sind zu ähnlichen Schlüssen gekommen, wie Engler. Der Wald speichert das Wasser weitaus wirksamer als das Freiland und verzögert in höherem Grade den Abfluß; unter ungünstigen Verhältnissen, besonders auf undurchlässigem Untergrunde, versagt die Niederschlagzurückhaltung auch im Walde; so z. B. im Emmentale dreimal unter 23 vergleichbaren Fällen besonders ausgiebiger Landregen.

Trotz vieler einschlägiger Mitteilungen ist aber der Einfluß der Bodendecke auf die Wasserabflußverhältnisse noch nicht völlig geklärt.

Wenn Seneca Beispiele anführt, daß nach der Abholzung von Waldungen Quellen entstanden sind, so weist andererseits Graebe (2e) Fälle nach, in denen regelmäßig und reichlich fließende Quellen nach dem Abhieb des Waldes versiegt und nach der Neuaufforstung wiedererschienen sind; es kommt eben stets auf die örtlichen Verhältnisse, namentlich aber auf den Baustoff des Untergrundes an. So zeigen sich z. B. in Lehmgebieten des Alpenvorlandes mit rund 1000 mm Jahresniederschlag unter voll- oder nahezu vollbestockten Beständen keinerlei Anzeichen eines Feuchtigkeitsüberschusses im Boden. Treibt man aber eine Fläche kahl ab, dann stellen sich auf dem Flurlehm Seggen (Riedgräser), Binsen und andere Pflanzen nassen Bodens ein und vorhandene natürliche oder künstliche Mulden füllen sich mit Wasser; in ihnen gedeiht der Rohrkolben oder es kleiden sie Polster von Torfmoosen aus. Der Kronenschluß der nachwachsenden Mittel- und Althölzer verscheucht dann die Nässeliebhaber wieder (vgl. auch Stiny, J. [2e], S. 11).

Wie verwickelt die Verhältnisse sein können, zeigt u. a. G. Strele (2e) auf. Das Wildbachgebiet des Rivo Lazer bei Primör (Primiero) überziehen im oberen Teile vornehmlich Bergwiesen; vor der Heuernte nun verlaufen dort auch heftige Gewitter meist schadlos, während sie nach der Mahd häufig gefährliche Bachanschwellungen hervorrufen. Im allgemeinen kann freilich selbst enggeschlossener Rasen den Wasserabfluß bei großen Regendichten nicht wesentlich hemmen; die förmlich schichtig abfließenden Niederschlagswässer knicken die Grashalme und die Stengel der Kräuter oder biegen sie zum Erdreich nieder; über die eng an den Boden gepreßten Rasenschöpfe schießen die Fluten womöglich noch rascher ab als über nacktes Erdreich; sie werden durch den glatt gestrichenen grünen Teppich am Eindringen verhindert.

Fesselnd sind auch die Beobachtungen und Messungen von I. Schmid (2e); er gelangt zu nachstehenden Schlußfolgerungen. Im Waldboden beschleunigen Baumwurzeln und sonstige Wurzelröhren die Grundwasserbewegung. Der Freilandboden ist dichter gelagert und setzt die Grundwassergeschwindigkeit herab; der bereits durchtränkte Wurzelfilz einer Rasenschicht wirkt der weiteren Wasseraufnahme entgegen. Während in den Waldboden größere Sickerwassermengen eindringen als in den Rasenboden, hält der letztere das Grundwasser stärker zurück und bleibt deshalb länger feucht. Den Grasboden durchziehen verhältnismäßig wenig natürliche Entwässerungsröhren; es dringt daher das Sickerwasser allmählich durch die ganze Bodenschicht und durchweicht sie viel ausgiebiger als den Waldboden mit seinem guten natürlichen Abzugsnetze.

Auch De Angelis (2e) betont die bessere Wegigkeit des Grundgesteines unter Wald, wenn auch mit einer ganz anderen Begründung und unter völlig verschiedenen Verhältnissen; er sagt: „il bosco aumenta il potere solvente delle aque filtrate attraverso l'humus forestale.“ Ähnlichen Auffassungen über die stärkere Auslaugung unter Waldbedeckung begegnen wir später bei Terzaghi (2e) und O. Lehmann (2e).

Mit vielen anderen Bodenkundlern betont auch Graf Leiningen-Westerburg (1910) wiederholt (so z. B. 2e S. 30), daß eine Bedeckung mit Humus die Verwitterung beschleunigt und ausgiebiger gestaltet. Er zweifelt aber mit Recht daran, daß der istrische Karst einst wohlbestockt gewesen sei; der Wald konnte sich im Gegenteile erst dort ansiedeln, wo Karrenbildung, Auslaugung und Abschwemmung in Furchen, Gruben und Mulden genügend Lösungsrückstände aufgehäuft hatten. An anderer Stelle erwähnt Leiningen, daß unter Humusmassen, Moosdecken usw. die Rinnen und Grate der Karren verschwinden und alle kantigen Formen abgerundet werden. Dadurch werden die Verhältnisse für die Einsickerung im allgemeinen ungünstiger und man fühlt sich zur Annahme versucht, daß nackter Karst mit rauhen, wilden, weite Wasserwege in die Tiefe senkenden Kleinformen zurückwittere, während unter Waldbestand die Oberfläche des Untergrundes mehr gleichmäßig und flächenhaft tiefer gelegt werde; ausgewitterte Einsickerungswege sind viel weniger zahlreich als auf kahler Kalklandschaft; denn die Lösungsrückstände werden von den Pflanzenwurzeln sorgfältiger zurückgehalten und verlegen und verschlämmen die Wasserwege. Im nackten Karst gelangt daher mehr lösendes Wasser in die Tiefe als im bewaldeten; dieser hält einen großen Teil der Niederschläge in seinem kleinchenreichen und meist kalkarmen Erdreich zurück und verbraucht auch selbst viel Wasser. Freilich muß zugegeben werden, daß Wasser, welches Humus durchsickert hat, kohlensäurereicher sein kann oder sogar sein muß als Sickerwasser im völlig nackten Karst. Aber was nützt die bessere Angriffswaffe dem Streiter, der nicht an den Feind herankommen kann? Es ist daher meiner Ansicht nach noch nicht völlig sicher, ob Wald die Lösung des Kalkgesteins in der Landschaft draußen wirklich fördert oder nicht.

Diese Überlegungen scheinen durch Beobachtungen in der Natur unterstützt und bestätigt zu werden. Auf der Hochfläche der Westsattnitz bei Klagenfurt (Kärnten) ist eine mustermäßige Karstlandschaft samt ihren Trichtern, Schluckschlünden und sanften Buckeln mit hochstämmigem, verhältnismäßig gut bewirtschafteten Wald bestockt. Die Schüttung von Quellen, die von dieser Hochfläche aus gespeist werden, schwankt bis zu dem vierfachen Betrage der Mindestspende; im einzelnen z. B. bei der

Roppquelle.	von	2,2— 8,8	l/sec.
Kollienzquelle . . .	,,	35,5— 47,3	,,
Müllnerquelle . . .	,,	50—151	,,
Schallerquelle . . .	,,	10— 30	,,

Dagegen erreichen die Höchstspenden der aus dem Brausgesteinstock des Hochblaser (1774 m) genährten Neustückelquelle bei Eisenerz rund das mehr als zehnfache der Niederstspende. Das Einzugsgebiet ist schlecht bewaldet und vielfach ganz kahler Karst.

d) Der oberflächliche Abfluß des Niederschlagwassers.

Der oberflächliche Abfluß des Niederschlagwassers hängt nicht bloß von der Verdunstung, sondern hauptsächlich davon ab, in welchem Grade dem Niederschlagwasser Gelegenheit geboten wird, in den Untergrund einzusickern. Den Einfluß der Pflanzendecke auf den Abfluß hat bereits der vorhergehende Abschnitt ganz kurz erörtert; daneben wirkt sich besonders die Geländegestaltung mit ihren Kleinformen aus; ihr Einfluß soll im nachstehenden in knappen Zügen geschildert werden, während die Einwirkung des Grundgesteins und seiner physikalisch-technischen Eigenschaften weiter unten in einem eigenen Abschnitte behandelt werden wird.

Die Bedeutung der Großformen für den Abfluß der Niederschläge springt ins Auge. Die Ebenen mit ihren sanften Böschungen verzögern den Wasserabfluß gedachtermaßen bis zum unteren Grenzwerte Null. Ähnlich verhalten sich sanft gedehnte Hochflächen, Plattenlandschaften, die Flurstreifen der Riedel usw.; sie schaffen denkbar günstige Bedingungen für die Verlangsamung des Abflusses der Niederschläge und die Speisung der Quellen. Den Gegensatz zu ihnen bilden die schroffen Formen der Steilgebirge (Hochgebirge); lotrechte Wände sind zwar in der Natur weit seltener als man gewöhnlich annimmt; es können aber auch schon Felswände geringerer Neigung derartig abdachen, daß auf sie selten oder nur spärlich Regen fällt; auch in diesem Falle wäre der gedachte Grenzwert des Abflusses von der Fläche gleich Null; aber der Abfluß kommt der nächstgelegenen Böschung zugute und ist hier um so größer. Da die Abflußmenge unter sonst gleichen Umständen von der Geschwindigkeit abhängt und diese wieder durch das Gefälle ($J = \operatorname{tg} \alpha$) entscheidend bedingt wird ($v = c \sqrt{RJ}$), so ergibt sich die vereinfachte Beziehung: Abfluß abhängig von der Quadratwurzel aus der Tangente des Neigungswinkels. Die Tangente des Neigungswinkels ist nun für

0^0	Neigung	0
10^0	,,	0,17633
20^0	,,	0,36397
30^0	,,	0,57735
40^0	,,	0,83910
45^0	,,	1,—
90^0	,,	unendlich;

es nimmt mithin der Abfluß auf schrägen Flächen in stärkerem Maße zu als der Neigungswinkel.

In Mittelgebirgen und im Hügellande werden die Abflußverhältnisse eine mittlere Linie einhalten zwischen jenen des Hochgebirges und der Ebenen. Es kommen jedoch auch hier neben sanfteren Formen (Altland) sehr häufig steilere vor (Jungland); so insbesondere dort, wo Neubaustreifen (im Sinne Ampferers) ihre steilböschigen Kerben in eine Altfläche eingehackt haben; in solchen Mischlandschaften muß der Abflußbeiwert für die Altformen und die Hochgebirgszüge zeigenden Jungformen getrennt festgestellt werden.

Von großer Bedeutung für die Raschheit des Abflusses sind ferner die Kleinformen der Landschaft. Sie wechseln oft auf engem Raume; dadurch werden die Abflußverhältnisse oft recht verwickelt, schwer durchsichtig und schlecht vergleichbar.

Im Kalkgebiete hemmen Kluftkarren den Abfluß; Karsttrichter, Uvalen und Karstwannen stören die einheitliche Entwässerung und ziehen gesondert für sich den Abfluß an ihre Tiefpunkte. Die Unebenheiten der Oberfläche der Karstgebiete tragen besonders zur Speisung der Quellen bei; selbst bei stärkster Regendichte sammelt sich auf den meisten verkarsteten Hochflächen keine oberirdische Wasserader, während aus den Kaminen und winzigen Felsschluchten der jugendlichen Steilsäume der Kalkplatten reißende Bächlein in die Tiefe stürzen.

Je mehr also Kleinformen die Erdoberfläche aufrauhen, desto größere Niederschlagsmengen kommen unter sonst gleichen Umständen den Quellen zugute; die Unebenheiten des Bodens müssen aber die Wasserfäden zwingen, langsamer abzufließen und Umwege einzuschlagen; Oberflächenformen, welche das über die Hänge schießende Wasser sammeln, statt es zu zerstreuen, wirken nur ausnahmsweise und unter besonderen Umständen günstig auf die Ernährung der Quellen hin.

Die Eile der Wasserfäden bremsen vor allem alle Einschaltungen mäßigen Gefälles auf den Hängen; also z. B. die Leisten und die Längsfluren der Täler; ihre Stufentritte laden das Wasser zum Verweilen und zur Einsickerung ein. Ähnlich wirken die Grasbänder des Kahlgebirges und die Sanftschrägen aller gestuften Hänge (Abb. 1 rechts). Die Oberflächen einseitig geneigter und mit dem Hange fallender Schichtfolgen (Abb. 1 links) dagegen treiben mit ihren meist glatten Schichtflächen das Niederschlagwasser zur Eile an, ebenso entblößte Gletscherschliffe, Verwerfungsflächen, Harnische usw. Überhaupt begünstigen glatte, gleichmäßig ausgeformte Abdachungen den Abfluß, mögen sie auf welche Weise immer entstanden sein.

Abb. 1. Einseitig geneigte Schichtfolgen begünstigen den Abfluß des Wassers auf jenen Hangflächen, welche mit ihnen gleichsinnig abdachen; jene Hänge, welche die Schichtköpfe entblößen, verzögern ihn und befördern die Einsickerung.

Die unruhigen Formen der Bergsturzablagerungen, der Gletscherlandschaften aus der Eiszeit und der Dünen verzögern den Abfluß, indem sie ihn verteilen und zersplittern.

Wie Höfer (3) gezeigt hat, kann der Einfluß der Landformen auf

Abfluß und Einsickerung nicht erschöpfend behandelt werden, wenn man nicht die Richtung der vorherrschenden Regenwinde und ihre Einfallwinkel berücksichtigt. Fällt z. B. der Regen auf die rechte Seite der Abb. 1 im Sinne der Pfeile auf, dann fließt über den linksseitigen Hang weniger Wasser ab als über den rechtsseitigen. Fallen die Regentropfen lotrecht auf den Hang auf, dann entscheidet unter sonst gleichen Umständen über die Menge des Abflusses die Länge der Böschung, ihre Steilheit und das Gesteineinfallen in engverbundener Weise. Kommt der Regen von links, dann ist diese Seite mehr begünstigt; der Abfluß hängt aber im einzelnen außerdem noch von dem Winkel des Regeneinfalles, von der Klüftung und Schichtung des Gesteins und von mancherlei anderen Einflüssen ab.

Inwieweit der Abfluß des Niederschlagwassers von dem Klima abhängt, ist leicht einzusehen; alle Züge des Klimas, welche die Verdunstung fördern, vermindern den Abfluß. Dieser ist daher in heißen Ländern unter sonst gleichen Bedingungen geringer als in kalten Gebieten.

e) Die Einsickerung der Niederschläge in den Untergrund (Versickerung).

Von den Rauheiten der Oberflächengestaltung der Landschaft leitet ein Übergang fast unmerklich hinüber zu den Rauhheiten der Bodenoberfläche, wie sie durch die Körnung, den Verband, das Gefüge, die Tracht und die Klüftung des Gesteins bedingt sind. Ausführliche Aufschlüsse über diese Eigenschaften der Gesteine geben die meisten Lehrbücher über technische Gesteinskunde.

Grobkörnige Ablagerungen setzen dem oberirdischen Abflusse der Niederschläge tausend kleine Hindernisse entgegen und erleichtern ihnen andererseits das Eindringen in ihre oft verhältnismäßig weiten Hohlräume; in gleicher Weise wirken alle Spalten und offenen Klüfte der verschiedensten Gesteinarten, auch der dichten, auf die Versickerung. Deshalb verschlucken Blockmeere und Bergsturzmassen, Schutthalden und Ufermoränen, klüftige Kalke, zerhackte Sandsteine, engständig abgesonderte Basalte usw. gierig das Wasser, welches ihren Leib hinabrieseln will.

Auf das Gefüge des Bodens hat nach I. Schmid (2e) u. a. die Lage großen Einfluß. Auf den Regenluvseiten ist die Schuttdecke dünner und gröber zusammengesetzt als auf den Leeseiten; die Quellen dieser schütten daher ausgeglichener als jene der Luvseiten. Im übrigen schlucken die Gesteine um so mehr Niederschlagswasser, je lückiger sie unter sonst gleichen Umständen sind.

In feinkörnigeren Bergarten macht sich die Reibung der Wasserteilchen an den Bodenkörnern und das Haften des Wassers an den

Erdteilchen mehr oder minder geltend; die Haftkraft wirkt aber nur solange abflußhemmend, bis die Oberflächen der Körner sich allseitig mit einer Wasserhülle von bestimmter Dicke umgeben haben; Harnische (Spiegel) und andere glatte Oberflächen beschleunigen, wie bereits erwähnt, den Abfluß der Niederschläge.

Auf die wassereinfangende Tätigkeit der Gesteinslücken, Felsspalten und sonstigen Hohlräume der Bergarten soll in anderem Zusammenhange noch zurückgekommen werden; sie ermöglichen dem Wasser nicht bloß den Eintritt in den Untergrund, sondern besorgen in der Regel auch seine Weiterleitung in den Gesteinen; sie sind daher stets gangbare Wasserwege zu den Quellen und haben deshalb eine große Bedeutung für die Quellenkunde.

Neben den Gesteinsarten mit stets offenen, schluckbereiten Klüften gibt es auch solche, welche nur zeitweise klaffende Sprünge aufweisen. Hierher gehören besonders die Tone und ihre Verwandten. Während Wärme und Kälte bei den meisten Gesteinen nur in geologischen Zeiträumen neue Risse erzeugen und die vorhandenen bei den Wärmeschwankungen nur wenig erweitert oder verengt werden, zerreißt andauernde Hitze (Dürre) die Tone nach einem mehr oder minder regelmäßigen Spaltennetze, das sich bei starker Durchfeuchtung wieder schließt. Die ersten Riesel der Niederschläge aber gelangen längs der noch offenen Trocknungsrisse mehr oder minder tief in den Boden und speisen das Grundwasser. In Mitteleuropa reichen die Bodenspalten etwa 1 m tief, je nach der Beschaffenheit des Tons, in Ägypten nach Audebeau (6d) 1,5 m bei 10 cm Breite und in heißen Ländern nach Dixey (4b) 2—2,4 m tief bei 25 cm Öffnungsweite. Es ist nur in roher Annäherung richtig, wenn man sagt, alle durchlässigen (wasserwegigen) Gesteine fördern die Versickerung; Verschmierung und Verlegung der Wasserwege, Gesteinsumbildung und andere Vorgänge können in den obersten Schichten manches an sich durchlässigen Gesteins den Niederschlägen den Eintritt in den Untergrund verwehren. So z. B. dann, wenn sich auf dem durchlässigen Löß eine dünne Lehmhaube gebildet hat, wenn Tonkleinchen und dergleichen die Gesteinspalten und Bodenlücken zugeschlämmt haben oder gewisse harz- und wachsartige Abarten des Auflagehumus die unterliegende Bergart abschließen. Umgekehrt verträgt auch der Lehrsatz „Alle undurchlässigen Gesteine hemmen die Einsickerung" eine Einschränkung. Denn Verwitterung, Umlagerungen der Steinchen usw. lockern auch sonst dichtgeschlossene Gesteinoberflächen auf, erzeugen Risse und andere, der frischen Bergart fremde Wasserwege; es hängt dann ganz vom Klima, dem Gestein, der Länge der zur Verfügung stehenden Zeit usw. ab, wie tief die Einwirkungen hinabreichen, die dem Senkwasser immer neue Tore öffnen. Die geschilderten Vorgänge machen auch vor Tonen, Grundmoränen usw. nicht

Halt, umkleiden sie mit einer wasseraufnahmefähigen Haut und geben Anlaß zur Bildung von „Mittelwasser" und „Mittelwasserquellen" (vgl. S. 114).

Über die Einsickerung sind schon manche tieferschürfende physikalische Betrachtungen angestellt worden; so z. B. von A. Vitols (4c). Sie hängt nach ihm vom Luftdrucke, der Schwerkraft, der Haarröhrchenwirkung und den Reibungsverhältnissen im Boden (Gesetz von Darcy) ab. Sickert Wasser in völlig trockenen Boden ein, so legt sich ein Teil der eingedrungenen Wassermenge als Hülle um die Erdkörner und verengt die Wasserwege. Vitols stellt nachfolgende Versickerungsformel auf:

$$(\mu_1 z + y_0)\frac{z''}{g} + y_0 \frac{z}{w_0} = -\mu_1 (z + y_0).$$

Hierin bedeutet w_0 den Durchlässigkeitsbeiwert, μ_1 den Lückigkeitsbeiwert der vorher benetzten Erde, z die oberirdische Wassersäule, w die Geschwindigkeit im unterirdischen Teile y, $z' = -\mu w$, $z'' = -\mu_1 w'$.

Der Verlauf der allgemeinen Versickerungslinie zeigt, daß die Versickerungsverluste aus neuerbauten Gräben, Behältern usw. nicht bloß infolge Zuschlämmung von Hohlräumen mit der Zeit sich vermindern können, sondern auch durch eine zu kräftige Füllung.

Die Verbreitung des Einsickerungsstromes im Boden erfolgt in der Natur oft frei nach allen Seiten von einer Einsickerungsstelle (Quelle, Schluckschlund, Behälter) aus. Nach Vitols erweitert sich die Säule des Versickerungsstromes allmählich nach unten und ihre Mantelfläche nähert sich asymptotisch einer Walze ($y = \infty$). Je weniger w_1 (oben) und $w\infty$ (unten) sich unterscheiden, desto schlanker wird die Stromsäule (Grenzfall: Walze).

$$w_0 dw - (w_0 - w)\, dw = \frac{g}{w_0}(w_0 - w)\, dy;\; w_0\, dw = 0,\; w = w_0 = \text{konst.}$$

Die Ursache der Versickerung ist z. T. die Schwerkraft, z. T. aber auch die Haarröhrchensaugung, gemessen durch die Steighöhe H. Nach Kozeny (4c) beträgt das für die Versickerung in Betracht kommende Gefälle $\frac{h+H+h_1}{h_1}$. Die Bedeutung der Buchstaben klärt die Abb. 2 auf.

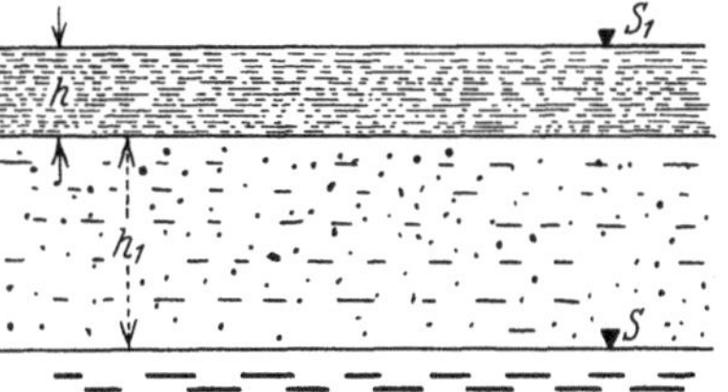

Abb. 2. Versickerung nach Kozeny. S_1 Wasserspiegel der oberirdischen Wasserschicht, h_1 der im Boden zurückgelegte Sickerweg bis zur Spiegellage S.

Die Saugspannung ist nun veränderlich; sie hängt u. a. von dem Wassergehalte des Bodens und damit auch von der Luftfeuchtigkeit ab. Das wahre Gefälle beträgt somit, in Worten ausgedrückt,

$$\frac{\text{Druckhöhe} + \text{Saughöhe}}{\text{Wasserweg.}}$$

In hervorragender Weise beeinflußt der geologische Bau die Versickerung.

Die Einsickerung auf einem Hange befördert jede Art des Einfallens der Schichten, welche die Schichtköpfe ausbeißen läßt (vgl. Abb. 1 rechts); erzeugt der Wechsel ungleich schwer ausräumbarer Bergarten kleine Stufen und Leisten auf dem Hange, so ist der entstehende Stufenhang der Versickerung besonders günstig. Entblößte Schichtflächen (Abb. 1 links) beschleunigen den Wasserabfluß und hindern das Eindringen des Wassers in das Gestein.

In genau der gleichen Weise macht sich der Verlauf der Hauptkluftscharen des Gesteins geltend; oft ist die Klüftung sogar kräftiger ausgeprägt als die Schichtung; am wirksamsten fangen jene Gesteinklüfte die Niederschläge ein, welche annähernd lotrecht stehen und dabei ungefähr im Sinne der Höhenschichtenlinien die oberirdischen Wasserbahnen kreuzen. Klüfte, welche mit der Hangoberfläche gleichlaufen, können ganz unwirksam sein; solche, welche annähernd in der Richtung des Wasserablaufes den Hang schneiden, ziehen nur wenig Wasser an sich.

Abb. 3. Einfluß des Schichteinfallens auf die Einsickerung; hangeinwärtsfallende Schichten begünstigen sie stets, hangauswärtsgeneigte nur dann, wenn das Gestein steiler einschießt als die Lehne.

Dabei sind Schichtflächen und Klüfte, welche mit der Hangoberfläche und schwächer als diese einfallen der Einsickerung im allgemeinen abträglich (Abb. 3, links), ebenso söhlig verlaufende; aufnahmsbereit erscheinen alle widersinnig, d. h. gegen den Hang einfallenden Schichten und Klüfte, sowie von den gleichsinnig einschießenden jene, deren Neigungswinkel gegen die Waagrechte größer ist als jener der Böschung.

Stark gefaltetes Gebirge läßt unter sonst gleichen Umständen in der Regel mehr Wasser eindringen als Tafelland, weil mehr Wasserwege die Niederschläge zum Eindringen einladen. Störungstreifen verschlucken um so mehr Wasser, je breiter sie sind und je hochgradiger die Bergarten in ihnen zerrüttet oder zerquetscht sind; laufen die Zerhackungsstreifen quer über den Hang, so können sie viel Niederschlagswasser abfangen; weniger fängisch wirken Zerrüttungen, deren Längserstreckung annähernd oder genau in der Fallinie des Gehänges liegt.

Die Gesteinart als solche ist von geringerem Einflusse, als gewöhnlich angegeben wird; entscheidender ist die Ausbildungsweise des Gesteins. So wird z. B. in gesundem, weitständig geklüfteten Granit viel weniger Niederschlag einsickern als in einen Quetschgranit, welcher das Wasser wie ein Schwamm aufsaugt und weiterleitet. Ton wird bei der Austrocknung auf Tausenden von Trocknungsrissen dem Wasser Bahnen öffnen (vgl. S. 12). Man kann daher nur in groben

Zügen von der reichlichen Versickerung des Wassers in Kalksteinen, Dolomiten, manchen Sandsteinen, Schottern, Konglomeraten, Sanden usw. sprechen.

Bei den Absatzgesteinen und den Umprägungsgesteinen kommt hierzu noch der Gesteinwechsel auf engem Raume, welcher es verhindert, die Einzugsgebiete von Quellen einheitlich zu betrachten. Eine Ausnahme machen einige wenige Gesteine dieser Gruppen, deren technisches Verhalten trotz großer Manigfaltigkeit im einzelnen über größere Räume wenig wechselt.

Dazu gehört z. B. der Flysch. Er und seine Verwitterungsgebilde erschweren das Eindringen des Wassers in den Boden. Die Niederschläge fließen daher rasch ab und erzeugen häufige und gefährliche Hochfluten, denen andererseits ungewöhnlich tiefe Niedrigwasserstände gegenüberstehen. Die Wasserbewegung findet zumeist nur in den oberen Lagen des Untergrundes statt; daher sind die Quellenspenden im Sommer meist vergleichsweise warm. Aufgenommenes Niederschlagwasser wird zäh festgehalten und nicht in die Tiefe weitergeleitet; nach Regengüssen trocknen die Wege, namentlich im Walde schwer aus; zahlreiche Naßgallen und sumpfige Stellen treten auf. Dagegen trifft man ergiebige Quellen nur spärlich an; die meisten Wasseraustritte sind sehr wenig ergiebig und von ungemein stark wechselnder Schüttung. Die Quellenspende wird durch die kräftige Abschwemmung zu Regenzeiten häufig getrübt; sie ist oft schwach bläulich oder gelblich gefärbt (Aufgußtierchen!) und zeigt sehr veränderliche Wärme (so z. B. in Liburnischen Karst nach Lorenz-Liburnau (2c), zwischen 7,5 und 20° C.

f) Einige Angaben über Quellschüttungen in ihrer Abhängigkeit vom geologischen Bau, von der Bodendecke, den Niederschlägen und der Lage.

Wegen der Verschiedenheit und Vielzahl der Einflüsse auf die Quellergiebigkeit ist es unmöglich, aus einer Übersicht verläßliche Angaben über Versickerung, Quellschüttung usw. zu erhalten. Kommt es ja doch selbst in annähernd ähnlichen Fällen auf die zeitliche und örtliche Verteilung der Niederschläge, auf die Wirtschaft im Quelleinzuggebiete, das örtliche Verhalten des Gesteins im großen usw. an. Derartige Werte des Schrifttums können daher nicht mehr als einen ersten, rohen Anhaltspunkt bieten.

Die meisten vorliegenden Übersichten über Abfluß, Verdunstung und Versickerung beachten nachteiligerweise meist zu wenig, daß der Gang des oberirdischen Abflusses unter sonst gleichen Umständen in kleinen Einzuggebieten innerhalb viel weiterer Grenzen schwankt und mit weit höheren Werten scheitelt als im großen. Außerdem würde es die Brauch-

Kleinste Quellenergiebigkeiten je 100 ha Nährgebiet nach Lauterburg.

Beschreibung des Quellgebietes	Allgemeine Durchlässigkeit des Untergrundes und durchschnittliche Neigung des Geländes								
	sehr undurchlässig			mitteldurchlässig			sehr durchlässig		
	sehr steil	mittelsteil	flach	sehr steil	mittelsteil	flach	sehr steil	mittelsteil	flach
I. Alpenregion									
1. Gletscher- und Firngebiet, ziemlich flache Schutthalden; lockerer Schutt- und Geröllboden und dicht bewaldetes Gebiet, überhaupt stark wasserschluckendes Gelände	1,1—2	1,3—2,7	—	1,9—3,2	2,3—3,9	—	3,4—6,4	3,5—5,47	—
2. Aufgebrochenes Kulturland und leichtes Gehölz	1,50	2,08	—	2,08	2,68	—	2,68	3,27	—
3. Weideland	1,07	1,79	—	1,8	2,50	—	2,50	3,21	—
4. Kahles Felsgebiet	0,36	0,72	—	0,72	1,07	—	1,07	1,43	—
II. Hügelland und Niederung									
1. Geschlossene Waldung; lockerer Schutt- und Geröllboden; steinige oder sandige Ödung	—	1,1—2,26	1,3—2,55	—	1,9—3,23	2,3—3,8	—	2,8—4,5	3,3—5,2
2. Aufgebrochenes Kulturland und leichtes Gehölz	—	1,70	2,20	—	2,20	2,70	—	2,70	3,18
3. Wiesen und Weideland	—	1,47	2,06	—	2,06	2,65	—	2,65	3,13
4. Kahles Felsgebiet (kommt in Niederungen seltener vor)	—	0,60	0,90	—	0,90	1,20	—	1,20	1,47

barkeit der Mehrzahl der in Lehrbüchern enthaltenen Angaben erhöhen, wenn sie die Quell-Mindestspende nicht sogleich in Sekundenlitern ausdrücken, sondern in Beziehung zur Regenhöhe setzen würden.

Der gewissenhafte Ingenieur wird übrigens, soweit es die Umstände und die zur Verfügung stehende Zeit gestatten, in jedem einzelnen Falle die Fragen der Versickerung, des Abflusses und der Quellschüttung durch eigene Beobachtungen und Messungen einwandfrei zu klären suchen.

Für einen ersten, ungefähren Überblick seien nebenstehende Angaben von Lauterburg wiedergegeben.

Für das mit Nadelwald bestockte Buntsandsteingebiet an der oberen Enz gibt Wundt nachstehende Werte in Sekundenlitern je Geviertkilometer an.

Monat	11.	12.	1.	2.	3.	4.	Winter	5.	6.	7.	8.	9.	10.	Somm.	Jahr
Niederschlag ..	52	45	45	35	51	40	44	44	43	47	39	43	23	40	42
Abfluß........	19	25	31	24	35	36	29	26	19	19	16	20	13	19	24
Verdunstung ..	22	9	8	12	11	12	12	25	27	29	25	28	16	25	18

3. Arten des Wassers im Untergrunde.

a) Dampfförmiges Wasser.

In den Gesteinen, besonders in den Lockermassen, können verhältnismäßig beträchtliche Mengen von Wasser in Form von Wasserdampf enthalten sein. Abkühlungsvorgänge können das Wasser aus dem gasförmigen Zustande in den flüssigen überführen; derart verdichtetes Wasser kommt dann unter günstigen Umständen den Quellen zugute. Andererseits verwandelt aber Erwärmung des Gesteins flüssiges Wasser seiner Hohlräume wieder in Wasserdampf; das Wechselspiel kann sich beliebig oft wiederholen.

Eine Verflüssigung von Wasserdampf in Bodenhohlräumen erfolgt auch, wenn dampfgeschwängerte Luftmassen höheren Wärmegrades durch weit kühleres Gestein streichen. Es haben aber bereits Hann (1) u. a. darauf aufmerksam gemacht, daß der so zustandekommende Wassergewinn für den Untergrund von geringer Bedeutung ist.

Mit der Verdichtung gasförmigen Wassers darf die Ansammlung von unterirdischem Wasser aus Nebelschwaden, welche die Berggipfel umbrauen, nicht verwechselt werden. Wie sich z. B. im Walde die kleinen Wasserkügelchen des Nebels vereinigen und schließlich als Wasserfäden an den Zweigen und Ästen herabrieseln, so legen sich die Nebeltröpfchen auch an die Oberfläche des Blockwerkes von Schutthalden, Blockgipfeln usw. und sammeln sich allmählich so reichlich an, daß der von der Haftung nicht mehr festgehaltene Überschuß abtropft und den unterirdischen Wasservorräten zueilt. Wie Höfer u. a. betont haben, darf man die örtliche Bedeutung dieses Vorganges für die Quellspeisung nicht unterschätzen; Höfer (3) hat sogar jene Quellen, welche nach seiner Meinung zum größten Teil von Nebelmassen ernährt werden, mit einem eigenen Namen versehen (Gipfelquellen).

b) Flüssiges Wasser im Untergrunde.

Im Untergrunde beherrschen Schwerkraft (gravity) und Oberflächenkräfte (molekular attraction) die Wasserteilchen. Im Banne der Schwerkraft sinkt das Wasser in den wegsamen Hohlräumen der Gesteine schneller oder langsamer in die Tiefe; dieses Wasser ist in Bewegung oder kann wenigstens in Bewegung gesetzt werden, wenn man ihm ein Gefälle zur Verfügung stellt (bewegliches Wasser); soweit es sich in lotrechter Bewegung nach abwärts befindet, wird es wohl auch Senkwasser genannt; dagegen pflegt man schräg durch die Bergarten sich bewegendes Wasser gewöhnlich Sickerwasser zu nennen; es sickert einer Quelle, einer Baugrube oder einem Brunnen zu. Hat der eingesickerte Wassertropfen den zusammenhängenden Grundwasserspiegel erreicht, dann übt er auf ihn sofort einen Druck aus, der sich unverweilt auch ferneren Stellen des Grundwassers mitteilt; das Senkwasser beeinflußt mithin das Grundwasser sogleich, nachdem es seinen Spiegel erreicht hat; die Senkwassertropfen wandern jedoch später langsam in und mit der Masse eines sich bewegenden Grundwassers weiter.

Hüllchenwasser (Saugwasser).

Zu den Arten unbeweglichen Wassers im Boden gehört das Hüllchenwasser (Grenzflächenwasser, Wandschichtwasser, hygroskopisches Wasser, Saugwasser (Stiny), Rindenwasser, Häutchenwasser, Benetzungswasser, totes Bodenwasser, Haftwasser z. T.). Es überzieht nach Zunker (3) in verdichtetem Zustande die feste Grenzfläche der Bodenteilchen; bei der Verdichtung wird Wärme, die Benetzungswärme entwickelt. Das Hüllchenwasser wird gemessen durch die Wassermenge, welche völlig trockener Boden bei Befeuchtung solange aufnimmt, bis keine weitere Benetzungswärme mehr frei wird; sie wird in Gewichtshundertsteln des trockenen Bodens ausgedrückt. Hinsichtlich der Geräte und Verfahren zu ihrer Bestimmung schlage man bei Mitscherlich (3), Janert (3), oder Mirtsch (3) nach.

Nach den Untersuchungen von Mitscherlich nimmt die Benetzungswärme je Gramm aufgenommenen Wassers mit zunehmender Benetzung etwa im logarithmischen Verhältnisse ab; man schließt daraus, daß die Wasserhüllen um so mehr verdichtet sind, je näher sie der festen Grenzfläche liegen.

Die Dicke der Wasserhülle um die Festteilchen, die sog. Wandschichtdicke wird von den einzelnen Forschern verschieden angegeben; so von

L. J. Weber und G. Lewin mit 1500 · 10^{-6} mm (Durchmesser eines Wassermolekels 0,02 — 0,03 · 10^{-6});

Weber für Bolus alba je nach Art und Verdünnung des Ausflockungsmittels mit 800 — 3000 10^{-6} mm;

Dobeneck

für	Sand	von	2 —1	mm	Korndurchmesser	mit	279 10^{-6} mm
„	„	„	0,5 —0,25	„	„	„	109 „
„	Mu	„	0,171—0,114	„	„	„	70,5 „
„	Mu	„	0,071—0,01	„	„	„	17,1 „

Gradmann-Kozeny für Boden mit etwas mehr als 0,01 mm Korndurchmesser 17,3 10^{-6} mm.

Die Hüllchendicke nimmt nach Dobeneck und Zunker (3) mit dem Halbmesser der Ausbauchung der Körner ab, weil nach der Thomsonschen Gleichung der Dampfdruck eines Flüssigkeitstropfens mit abnehmendem Korndurchmesser zunimmt. Umgekehrt muß in allen Einbauchungen (Lückenzwickeln, Einstülpungen der Kornoberfläche usw.) die Saugkraft stärker und die Wandschichtdicke größer sein.

Die größere Dichte des Hüllchenwassers setzt seinen Gefrierpunkt herab. So gefriert nach Bonyoucos in den Lücken von Ton ein Teil des Wassers auch bei einem Kältegrade von —78° C noch nicht. Eine weitere Folge der verdichteten Wasserhüllen ist die Beeinflussung der Stoffdichteermittlung mit Hilfe des Pyknometers; die Stoffdichte wird zu groß, der Rauminhalt der Festteilchen zu klein bestimmt; außerdem erhält man für die Hohlraumsumme der Bergart einen zu großen Wert (vgl. Zunker [3]).

Die Wandschichten engen die Wasserbahnen ein, welche für einen freien Durchfluß des Senk- und Sickerwassers zur Verfügung stehen.

Nach Vageler u. a. ist zum mindest ein Teil des Häutchenwassers chemisch gebundenes Hydratwasser, das sich ionengerichtet an die Grenzschicht der Feststoffe anlegt.

Bewegliches Haarröhrchenwasser (Kapillarwasser).

Als Haarröhrchenwasser (Kapillarwasser capillary water) kann man alles Wasser bezeichnen, welches sich in den Haarröhrchen bewegt; es gehört somit zum beweglichen Wasser, obwohl jene Teile des Haarröhrchenwassers, welche sich durch sehr enge Räume hindurchzwängen müssen, natürlich nur sehr kleine Geschwindigkeiten erreichen (schwer bewegliches Wasser).

Die Oberflächenspannung verursacht den bekannten Wasseraufstieg in Haarröhrchen; dieser gehorcht dem Gesetze

$$H = \frac{a^2}{r}.$$

Dabei bedeuten: H die Steighöhe in mm, r den Halbmesser des Haarröhrchens (in mm), a^2 der Haarröhrchenbeiwert (Kapillarkonstante, in mm^2).

Die Zugfestigkeit des Wassers, welche nach Ursprung und Renner 300 kg/cm² beträgt, ermöglicht erst die Haarröhrchenerscheinungen. Der Binnendruck (innerer Druck, Kohäsionsdruck) wird von van der Waals für reines Wasser mit 10 700 kg/cm² angegeben. Der Haarröhrchenbeiwert (a^2 in mm^2) ist nach Landolt-Börnstein für reines Wasser bei 750 mm Druck und $g = 9{,}814$ cm/sec bei einem Wärmegrade von

0°	5°	10°	15°	20°	25°	30°
15,406	15,251	15,105	14,959	14,821	14,686	14,556
				(entsprechend 73,26 dyn/cm)		

Das Haarröhrchenwasser steht in den Haarröhrchen unter Unterdruck (vgl. Askenasy).

Die Oberflächenspannung der Festteilchen der Bergarten ist um vieles größer als jene des Wassers. Steigt daher Wasser in Haarröhrchen auf, deren Wände mit Häutchenwasser ausgekleidet sind, so ist die Haarröhrchenwirkung schwächer und die Steiggeschwindigkeit des Wassers beträchtlich geringer (Zunker [3]).

Isobuttersäure setzt in austrocknenden Böden die Oberflächenspannung so stark herab, daß sie unbenetzbar werden für Wasser; eine geringere Oberflächenspannung als Wasser haben auch manche ausgetrocknete, feinlückige, humose Böden mit ungepufferten wachsähnlichen, fettigen Stoffen oder organischen Säuren. Nach Zunker stellt sich die Benetzbarkeit solcher ausgetrockneter Böden erst allmählich in dem Maße wieder ein, als Wasseraufnahme die organischen Säuren wieder verdünnt. Für die Einsickerung der Niederschläge in den Boden sind diese Verhältnisse sehr wichtig.

Beim Aufstiege des Wassers in den Haarröhrchen des Untergrundes füllen sich anfangs alle Haarröhrchen ziemlich gleich schnell mit Steigwasser (Haarröhrchensteigwasser). Später erlischt die Haarröhrchenwirkung in den (verhältnismäßig!) weiteren Schläuchen; das Wasser steigt in den benachbarten engeren Röhrchen aber weiter auf und sperrt dabei in den Weithaarröhrchen und sonstigen Weithohlräumen Luftblasen ein. Außerdem befördert, wie Zunker richtig hervorhebt, auch der Unterdruck des Haarröhrchenwassers an sich schon die Ausscheidung von Bläschen aufgesaugter Luft. Deshalb überschreitet nach Zunker die Steighöhe des von ihm sog. geschlossenen Haarröhrchenwassers selbst in den feinstkörnigen Böden 10 m nicht.

Während anfangs der Stand des Haarröhrchenwassers in der Bodensäule an der Dunkelfärbung des durchfeuchteten Bodens leicht kenntlich ist, trifft das für den späteren Wegraum des Wassers nicht mehr zu.

Die zunehmenden Luftblasen bilden nach Zunker das geschlossene Haarröhrchenwasser (kapillares Wasser nach Versluys [3]). Darüber erhebt sich das offene Haarröhrchenwasser (funiculäres Wasser bei Versluys), das von einem gewissen Punkte an den Boden nicht mehr sichtbarlich durchtränkt und nur durch Wägungen u. dgl. festgestellt werden kann.

Geschlossenes und offenes Haarröhrchenwasser zusammen bilden das Haarröhrchenwasser schlechthin. Das aus dem Grundwasser aufsteigende und mit ihm eng verbundene Haarröhrchenwasser bildet oberhalb des Grundwasserspiegels im Bodendurchschnitt einen Streifen den man Haarröhrchensaum nennt (Kapillarwasserzone, Kapillarsaum [Koehne], capillary fringe der Amerikaner); nur der untere Teil desselben ist mit freiem Auge beobachtbar (sichtbarer Haarröhrchensaum im Gegensatz zum oberen, versteckten Haarröhrchensaum; vgl. auch Abb. 4).

Das Haarröhrchenwasser bildet mit anderen Arten des Bodenwassers zuweilen eine über dem Grundwasserspiegel hängende, von ihm getrennte Wasserschicht; man kann sie dann Hängeschicht (Schwebschicht) und ihren vielverzweigten aber doch zusammenhängenden Wasserinhalt als Hängewasser (Schwebwasser) bezeichnen. Für die Quellspeisung kommt es wohl nur mittelbar in Betracht.

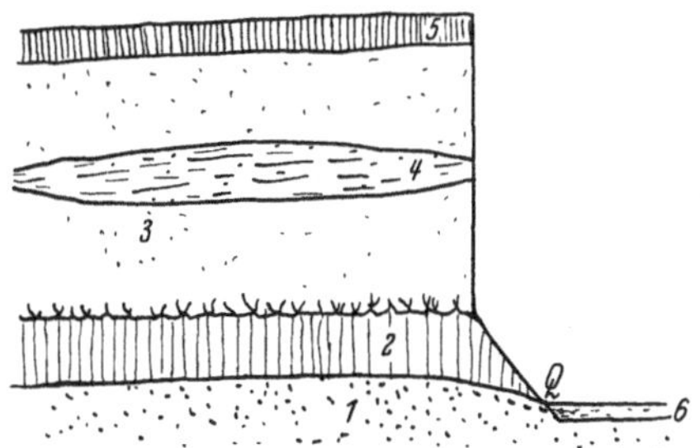

Abb. 4. Über dem Spiegel des Grundwassers im Grundwasserführer *1* erhebt sich der Haarröhrchensaum *2* mit seinen höchsten, oft nicht mehr sichtbaren Verästelungen. *4* Schwebschicht von unbeweglichem Haarröhrchenwasser im durchlässigen Gesteinkörper *3*. Q Quelle, *6* junge Talsohlenaufschüttung, *5* Boden im landwirtschaftlichen Sinne.

Anhängewasser.

Als Anhängewasser (Anlagewasser, Bergfeuchtigkeit, Bergschweiß [Ground moisture bei Keller], Anhängselwasser) kann man jenes Wasser bezeichnen, welches molekular angezogen, die feinsten Gesteinlücken erfüllt (Feinsthaarröhrchenwasser), die Porenwinkel ausstopft (Porenwinkelwasser) und sich als dünne Wasserhaut von gewöhnlicher Dichte um Oberflächenteile der festen Bodenkörner legt (Krustenwasser). Zunker (3) bezeichnet es als Haftwasser. Wie die tieferstehende Übersicht lehrt, wird der Ausdruck Haftwasser jedoch sehr verschieden ausgelegt; er ist auch nicht glücklich gewählt, weil z. B. das Hüllchenwasser ebenfalls an den Bodenteilchen „haftet“.

Gebrauch des Ausdruckes „Haftwasser“ bei verschiedenen Fachschriftstellern.

Zunker 1930: Das flüssige, auf den Bodenteilchen ruhende oder an ihnen haftende, unter normalem Druck oder Unterdruck stehende Wasser, soweit es nicht in Verbindung mit dem Grundwasser steht oder merkbar versickert.

Puchner 1923: Das fest an den Bodenteilchen haftende oder ihre Gesamtheit umschließende, unbewegliche Wasser.

Lebedeff, A. F. 1927: Umgibt die Bodenteilchen häutchenartig (Häutchen- oder Filmwasser) und erfüllt kleine Lückchen voll (hängendes Wasser).

Ramann 1911: Das Wasser, welches durch Adsorption oder durch Kapillarwirkungen an der Oberfläche der Bodenkörner festgehalten wird. Dabei wird das Grenzflächenwasser als hygroskopisches Wasser abgetrennt.

Stebutt 1930: Jenes Wasser welches in den Bodenschichten zurückgehalten wird (im Gegensatz zum rasch absickernden Senkwasser).

Koehne 1928: Jenes Wasser des Überwasserspiegelstreifens, welches durch molekulare Anziehung so fest gehalten wird, daß die Schwerkraft keine Bewegung dieses Wassers auszulösen vermag.

Man kann von Anhängewasser sprechen, weil es sich an die Festteilchen anhängt und an seinem Platze verbleibt, während das bewegliche Haarröhrchenwasser (oder Haarröhrchenwasser schlechthin) nach allen drei Richtungen des Raumes sich bewegen kann. Das Anhängewasser ist somit schwer beweglich bis fast unbeweglich, es fällt nicht ganz mit dem zusammen, was im Schrifttum vielfach als „Hängewasser" bezeichnet wird. Vergleichsweise am besten deckt es sich mit dem, was Koehne (285) Haftwasser genannt hat.

Seine Schichtdicke ist von einer Größenordnung, die es auf der Oberfläche eines benetzten Gesteinskornes sofort als dünner Überzug sichtbar macht; trotzdem vermeide ich den Ausdruck „Benetzungswasser", weil dieser so verschieden gebraucht wird und z. B. auch das Hüllchenwasser mit einschließt.

Die Oberfläche des Anhängewassers kann eben, ausgebaucht oder eingebaucht (Porenwinkelwasser) sein. Bei ausgebauchter Oberfläche ist es einer stärkeren, bei eingebauchter Oberfläche einer schwächeren Verdunstung ausgesetzt, als eine ebene Wasserfläche; nach der Thomsonschen Gleichung wächst der Dampfdruck und damit die Verdunstung mit der Zunahme der auswärts gerichteten Oberflächenkrümmung.

Durch den Unterdruck des Porenwinkelwassers erklärt Zunker das Schwinden der Böden. Der Dampfdruck des Porenwinkelwassers sinkt mit der Zunahme der Oberflächenkrümmung nach einwärts; es nimmt deshalb aus gesättigter Bodenluft Wasser auf. Das häutchenförmig angelagerte Wasser (Häutchenwasser nach Zunker) strömt sowohl flüssig wie als Dampf gegen das Winkelwasser hin.

Grundwasser.

(Groundwater, level water, aqua di livello, eau phréatique, nappe d'eaux souterraines.)

Alles Wasser, das Gesteinshohlräume zusammenhängend erfüllt und unter Ruhedruck sich leicht bewegen kann, heißt Grundwasser. Auf die Beweglichkeit des Wassers unter dem Einflusse der Schwere ruht das Hauptgewicht dieser Art der Umschreibung des Grundwassers, die sich im wesentlichen auch mit den Auffassungen von Paul Range, Zunker und Koehne deckt. Die obere Begrenzung des Grundwassers wird Grundwasserspiegel (water table, level of the water-table, groundwater level) genannt; er ist keine Ebene und oft nicht einmal eine zusammenhängende Fläche; er entsteht gedachtermaßen dadurch, daß man die in verschiedenen Bohrungen, Ausschachtungen, Brunnen usw. eingemessenen Wasserstände miteinander verbindet.

Da in den Gesteinshohlräumen verdichtetes Wasser nur geringe Mengen unterirdischen Wassers liefert, ist das durch Einsickerung von Niederschägen entstandene Grundwasser der hauptsächlichste Ernährer der Quellen; von ihm werden einige der nächsten Abschnitte des Buches handeln. Anhangsweise möge in einer Übersicht noch gezeigt werden, wie verschieden die einzelnen Fachschriftsteller bisher den Ausdruck „Grundwasser" gebraucht haben. Eine Einigung über die einheitliche Bezeichnung der verschiedenen Arten des unterirdischen Wassers wäre daher zur leichteren Verständigung dringend notwendig.

Umschreibung des Begriffes „Grundwasser" bei einigen neueren Schriftstellern.

Ramann, E. 1905: Der Teil des Wassers, welcher in die Tiefe absickert, bis er eine undurchlässige Schicht erreicht, auf der er sich sammelt.

Steuer 1907: Das in lockeren und losen, hauptsächlich in diluvialen, seltener in tertiären und alluvialen Ablagerungen vorkommende Bodenwasser von gleichmäßiger, annähernd dem Jahresmittel entsprechender Wärme, das frei von schwebend mitgeführten, organischen und unorganischen Bestandteilen ist und dessen chemische Zusammensetzung bei einer gewissen Gleichmäßigkeit keine Stoffe enthält, die auf frische, von außen kommende Verunreinigungen hinweisen.

Höfer 1912: Jenes der Erdoberfläche nahe Bodenwasser, welches in lockeren Gesteinsmassen enthalten ist.

Keilhack, K. 1912: Untergrundwasser (mit Ausschluß des künstlich erzeugten) = alles unter der Erdoberfläche befindliche, auf natürlichem Wege dorthin gelangte, flüssige Wasser.

Prinz, E. 1919: Jenes unterirdische Wasser, welches sich in den Trümmergesteinen der Erdkruste, die zu Haufwerken von ausgesprochen gesetzmäßiger Durchlässigkeit gelagert sind, sammelt und nach den Gesetzen des Seihens fortbewegt.

Range, Paul 1923: Alles in der Erde auftretende Wasser, welches in einem Gestein so vorhanden ist, daß es in flüssiger Form wieder zutage treten kann.

Ries, H. and Thomas L. Watson 1925: The water of the saturated zone may be called groundwater or phreatic water.

Keller 1928: Das unter sich zusammenhängende tropfbar flüssige Wasser der Nichthaarröhrchen des Untergrundes.

Kampe 1929: Jenes Bodenwasser, welches die verhältnismäßig kleinen und zahlreichen, in unregelmäßigen wechselseitigen Zusammenhange stehenden Hohlräume vorwiegend loser Haufwerke, oder auch verfestigter klastischer Gesteine erfüllt. Grundwasser und unterirdische Wasserläufe geben das „Bodenwasser".

Zunker, Fr. 1930: Das die spannungsfreien Boden- und Gesteinshohlräume zusammenhängend ausfüllende, nur hydrostatischem Drucke folgende unterirdische Wasser.

Dixey, Frank 1931: The water, that has sunk by percolation into the ground form the groundwater (S. 156).

4. Einiges über das Grundwasser als Erzeuger und Ernährer der Quellen.

a) Die Behälter und Bahnen des Grundwassers.

Als flüssiger Körper muß das Grundwasser in einem Behälter enthalten sein, welcher es abschließt und je nach den Umständen auch freigibt. Das Gefäß, welches das Grundwasser führt, nennen wir „Grundwasserführer" (aquifer, Grundwasserbehälter, Grundwasserbett); der alte Name „Grundwasserträger" (zone of saturation) ist, wie bereits Maltzahn (4a) bemerkte, irreführend.

Alle Betrachtungen über das Grundwasser müssen sich eingehend mit dem Grundwasserführer beschäftigen. Er nimmt das eingedrungene Sickerwasser auf, läßt es schneller oder langsamer durchfließen, sammelt es, speichert es auf und gibt es unter Umständen wieder an die Tagesoberfläche ab. Gerade deshalb muß aber auch jede Untersuchung der Quellen vom Grundwasserführer und seinen physikalischen Eigenschaften ausgehen. Unter diesen ist wiederum am wichtigsten seine Wegsamkeit für Wasser (Wasserwegigkeit, Wasserdurchlässigkeit, permeability).

Die Wasserwegigkeit des Grundwasserführers beeinflußt oder bestimmt sogar entscheidend die Art des Zutagetretens des Wassers, den Quellort, die Wasserspende nach Menge und Güte, die Möglichkeit einer Verunreinigung des Quellwassers und anderes mehr. Unsere Betrachtungen über Quellen und ihre Einteilung müssen daher mit einer Erörterung der Wasserwege im Boden oder geologisch ausgedrückt, der Wasserbahnen in den Gesteinen beginnen.

Alle Wasserwege in den Bergarten der Erdrinde sind Lücken in den Gesteinen; aber nicht alle Unstetigkeiten der Raumerfüllung durch Gesteinsmasse in den Bergarten oder volkstümlicher ausgedrückt, nicht alle Gesteinslücken sind Wasserwege. Nur Hohlräume des Gesteines, welche miteinander und mit einer gedachten oder wirklichen Grenzfläche der Bergart in Verbindung stehen, lassen Wasser durch, vorausgesetzt, daß ihr Querschnitt nicht zu klein ist. Dabei trennt kein wesentlicher Unterschied den festen Fels und die Lockermassen. Gedachtermaßen könnte es also auch lückige Gesteine geben, welche kein Wasser durchlassen. Derartige Bergarten kommen in der Natur auch tatsächlich vor. So durchsetzen z. B. unzählige Luftbläschen den Bimsstein; sie sind aber nach allen Seiten von Glasmasse umschlossen und stehen weder miteinander noch mit der Außenfläche eines Bruchstückes in Verbindung; guter Bimsstein schwimmt daher lange Zeit auf dem Wasser, ohne sich vollzusaugen. Ähnlich liegen die Verhältnisse bei vielen zellig gefügten Brausgesteinen (Zellenkalke, Zellendolomite); die Mehrzahl ihrer „Zellen" ist durch Wände gut abgeschlossen.

Aus diesem Grunde bieten alle Angaben über die Hohlraumsumme eines Bodens dem Quellenkundler nur rohe Anhaltspunkte, die jedoch nicht immer verläßlich sind. Trotzdem muß die Hohlraumsumme nicht selten als annähernder Leitwert für Untersuchungen benützt werden.

Die Hohlraumsumme des Grundwasserführers.

Die Hohlraumsumme einer Bergart wird auf verschiedene Weise bestimmt. So z. B. nach der Formel

$$\text{Hohlraumsumme } (L) = \text{Gesamtrauminhalt} - \text{Festteilcheninhalt} \left(\frac{G}{D} \text{ oder in Hundertsteln ausgedrückt } \frac{G}{D} \cdot 100\right).$$

Dabei bedeutet G das Raumgewicht der Bodenprobe (samt Lücken) und D die Stoffdichte, welche meist mit dem Dichtefläschchen (Pyknometer) bestimmt wird. Die Ermittlung des Gesamtrauminhaltes einer Bodenprobe ist sehr leicht, wenn z. B. ein geometrisch gut begrenztes walzenförmiges Prüfstück mit einem Bodenstecher sorgfältig ausgehoben wurde. War dies aus irgendeinem Grunde nicht möglich, dann empfiehlt sich das Erdöl- oder das Paraffinverfahren.

Bei dem Erdölverfahren legt man die feuchte Bodenscholle auf den Boden eines Gefäßes, dessen Inhalt (randvoll) genau bekannt ist (Abb. 5); man läßt nun aus einer Bürette solange Erdöl einfließen, bis die Bodenprobe vom Erdöl ganz überdeckt und das Glasgefäß randvoll gefüllt ist; der Unterschied: Gefäßinhalt — eingefüllte Erdölmenge gibt genügend genau den Rauminhalt der Gesteinprobe an. Man kann auch ein Gefäß benützen, das einen stark nach abwärts gebogenen Schnabel besitzt und es mit Erdöl vollfüllen. Man stellt sodann unter den Schnabel ein Meßglas, führt die feuchte Scholle vorsichtig ein und läßt sie langsam untersinken. Die Erdölmenge im Meßglas gibt dann unmittelbar den Gesamtrauminhalt der Probe der Bergart an (Sekera).

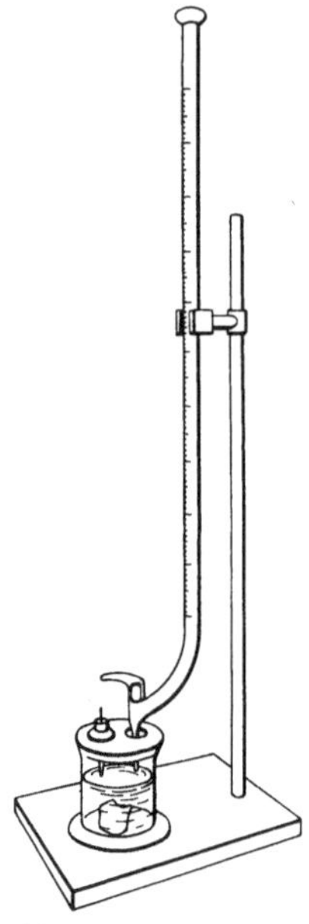

Abb. 5. Rauminhaltsmesser für Bodenproben. Statt randvoll füllt man das Gefäß auch oft so hoch auf, daß der Flüssigkeitsspiegel die Spitze einer Nadel (im Bilde links) gerade berührt.

Trockene Probestücke des Gesteins, welches Grundwasser führt, werden mit einer Paraffinhaut überkleidet; für feuchte Erdarten eignet sich das Verfahren aus dem Grunde nicht, weil das an der Bodenoberfläche haftende Wasser bei der Berührung mit dem geschmolzenen Paraffin Wasserdampf bildet, dessen Blasen die Rauminhaltsbestimmung empfindlich stören können. Die mit der Paraffinhaut überzogene Scholle wird nun genau so behandelt, wie im vorigen Absatze beschrieben wurde. Man erhält aber jetzt den Rauminhalt des Bodens samt Paraffinhaut; um den Einfluß letzterer auszuschalten, löst man die Paraffinhaut vorsichtig ab und wiegt sie; das Gewicht des Paraffins geteilt durch seine Stoffdichte (im Mittel etwa 0,93, übrigens verschieden je nach seinem Schmelzpunkte) ergibt seinen Rauminhalt, der nun von dem ersterhaltenen Werte abgezogen wird.

Für genauere Untersuchungen verwendet man z. B. das Gerät von Frosterus und Frauenhofer (4a), am gewachsenen Untergrunde z. B. das Verfahren von Th. Bieler-Chatelan (4a).

Die im Arbeitsraume ermittelte Hohlraumsumme eines Probestückes der Bergart gibt den Hohlrauminhalt eines ganzen Gesteinskörpers nur dann getreu wieder, wenn das untersuchte Teilstück tatsächlich das Mittel der Gesteinsmasse im großen darstellt; diese Bedingung ist nur bei den Lockermassen vielfach erfüllt; bei den Festgesteinen aber führt vorhandene Klüftigkeit zu derartigen Abweichungen zwischen Gebirgskörper und Probestück, daß alle Bestimmungen im Arbeitsraume mehr oder minder wertlos sind; hier müßten Untersuchungen im großen und in der Natur einsetzen, die aber in der Regel teuer und wohl fast immer nur auf mittelbarem Wege möglich sind.

In Lockermassen hängt die Hohlraumsumme des Bodens weniger von der Korngröße der Ablagerung, sondern von ihrem Verbande (rock texture) bzw. ihrem Gefüge ab. Einige Verbandformen der Gesteine geben die Abb. 6—12 wieder.

Beim Einzelkornverbande liegt Korn an Korn (Abb. 8a); die einzelnen Körner sind manchmal annähernd gleichausmaßig. Die Hohlraumsumme derartiger Kornverbände ist dann leicht errechenbar; man stellt sich die verschiedenen möglichen Lagerungsformen gleichdurchmeßriger Kugeln vor. Manegold, Hofmann und Solf (4a) machen diesbezüglich nachstehende Angaben:

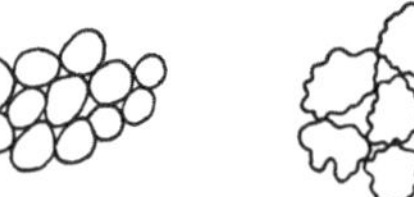

Abb. 6. Annähernd gleichausmaßige Körner von ungefähr gleicher Größe und mit glatter Oberfläche erzeugen meist kleine Hohlraumsummen (links), Rauhigkeit der Oberfläche vergrößert L (Mitte), ebenso unregelmäßige Kornformen (rechts).

Viererpackung: je vier Kugeln berühren aneinander; lockerste Packung $L = 0{,}66$.

Sechserpackung: je sechs Kugeln berühren einander; die Kugeln liegen in den Eckpunkten eines Würfelnetzes. $L = 0{,}4764$.

Achterpackung: $L = 0{,}3954$.

Zehnerpackung: $L = 0{,}3019$.

Zwölferpackung: je zwölf Kugeln berühren einander; dichteste Lagerung $L = 0{,}2595$.

Stiny (363) hat die Angaben obiger Forscher im Versuchswege nachgeprüft und bestätigt gefunden; eingerüttelte Kugeln zeigten eine Kugelzahl und Hohlraumsumme, welche im allgemeinen jener einer Achterpackung ähnlich ist. Damit ist aber freilich noch nicht gesagt, daß die Kugelschüttungen tatsächlich so regelmäßig gepackt sein müssen.

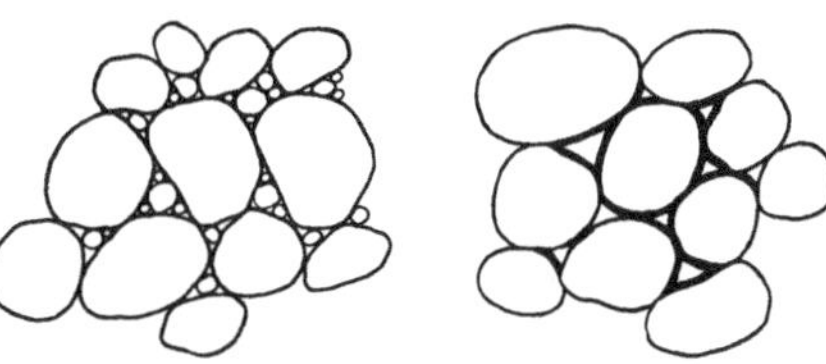

Abb. 7. Der Betrag von L wird z. B. vermindert durch Einlagerung kleinerer Körner in die Hohlzwickel zwischen den größeren (links) oder durch Ansatz von Krusten an die Oberflächen annähernd gleich großer Körner (rechts, dicke Striche); besonders häufig lagert sich Kalksinter in die Lücken ein (Vorstufe der Sandstein- und Konglomeratbildung).

Beim Einzelkornverbande bringt übrigens die Größe und Form der sich aneinanderlegenden Körner mannigfache Abwechslung in das Verbandbild, welches die Bergarten dem Auge darbieten und damit auch in die Art der Hohlräume des Gesteins (Abb. 6 u. 7).

So können z. B. die Körner der Bergart sämtlich annähernd gleich groß und gleichausmaßig sein (vgl. diesbezüglich auch Stiny [4a]); solche von geologischen Vorgängen gut gesonderte Ablagerungen zeigen in aller Regel hohe Lückigkeit (Porosity); dabei sind kantige Körner im allgemeinen ausgiebigere Hohlraumbildner als runde. Bei weniger guter

Saigerung der Korngrößen legen sich kleinere Körner in die Hohlräume zwischen die größeren und verkleinern so Hohlraumsumme und Gesamtwegigkeit der Bergart; in Grenzfällen (Abb. 7 links) stopfen die vorhandenen, allen möglichen Größengruppen angehörigen feineren Teilchen die Lücken zwischen den größeren derartig dicht aus, daß für den Durchgang des Wassers nur mehr wenig Raum verbleibt. An Stelle von Feinteilchen übernehmen nicht selten Bindemittel die Einengung der Wasserwege; ihre Teilchen setzen sich gewöhnlich zuerst an den Berührungsstellen der Körner, in den Lückenwinkeln und an der freien Oberfläche der Körner ab; die Krusten werden durch neue, sich absetzende Häutchen mit der Zeit immer stärker und erfüllen schließlich die Gesteinhohlräume ganz; die Bergarten werden so zu Sandsteinen, Konglomeraten, Breschen usw. und diese Folgegesteine sind dann in dem Maße der Erfüllung der ursprünglichen Hohlräume mit Kittmasse weniger wegsam als ihre Muttergesteine, die Sande, Rundschotter und Kantschuttmassen. Den Vorgang der Zusinterung der Hohlräume läßt Abb. 11 und 28 erkennen.

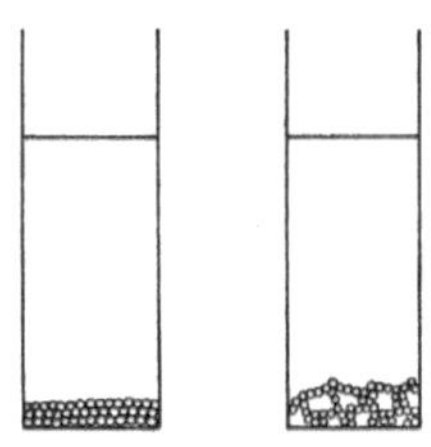

Abb. 8 a. Einzelkornverband. Abb. 8 b. Krümelverband.

Abweichungen ergeben sich auch durch jede Form der Körner, welche von der Gleichausmaßigkeit (Abb. 6 links) abweicht; so z. B. geben langeirunde oder dickplattigrunde Schotter in der Regel große Lückigkeitsziffern (Abb. 6 rechts). Rauhe Kornoberflächen (Abb. 6 Mitte) erhöhen gleichfalls die Wasserwegigkeit.

Neben dem Einzelkornverbande kommt in natürlichen Lockermassen der Flockenverband (Krümelverband) sehr häufig vor (Abb. 8 b). Neben kleinen Hohlräumen zwischen den Teilchen sind weit größere zwischen den Klümpchen der Flocken vorhanden. Der Flockenverband ist unbeständig; gelöste Salze und andere Einflüsse bedingen und erhalten, Auslaugung der Salze usw. zerstören ihn; der Zerfall der Flocken führt den Boden in Einzelkornverband über; spätere Zufuhr von „Ausflockern" (Elektrolyten) usw. können dann wieder einen Krümelverband erzeugen. Mit dem wechselnden Verbande ändert sich die Größe der Hohlräume des Bodens und seine Hohlraumsumme und damit auch seine Fähigkeit zur Wasseraufnahme, Wasserspeicherung und Wasserdurchfuhr. Wir verstehen es so, warum die Wasserwegigkeit der obersten Gesteinschichten innerhalb verhältnismäßig kleiner Zeiträume oft großen Schwankungen unterliegt.

Abb. 9. Flockenwabenverband.

Hohlräume von zweierlei Größenordnungen treten nicht nur beim Krümelverband, sondern auch dann auf, wenn die Körner von Ablagerungen mit Einzelkornverband selbst wieder durchlässig sind. Das trifft z. B. bei Schlackentuffen zu; neben den großen Hohlräumen zwischen

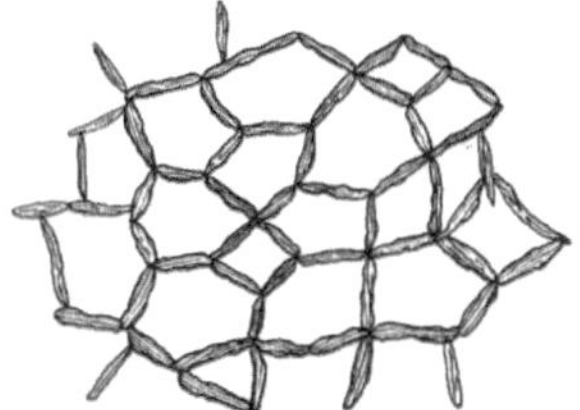

Abb. 10. Schüppchenwabenverband. Die „Waben" werden von Blättchen gebildet; dachziegelartige Übereinanderlagerung von Waben in je einer Wand kommt neben der hier abgebildeten einfachen Schüppchenwand häufiger vor.

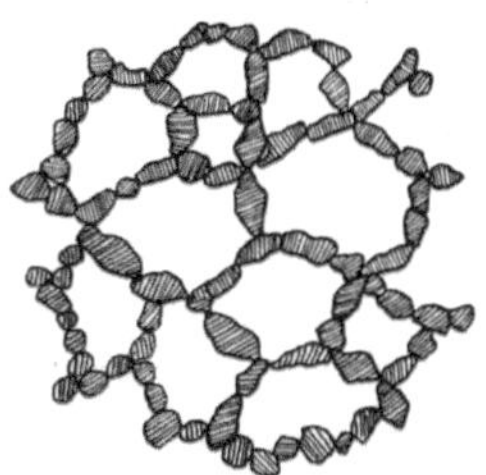

Abb. 11. Kornwabenverband; die Wände der Waben werden aus Körnern gebildet, die durch die Haftkräfte aneinander gegliedert wurden.

den Brocken der Schlackenlava sind hier kleinere vorhanden, welche die Brocken selbst durchlöchern.

Eine sehr große Hohlraumsumme ergibt der **Wabenverband**. Schüppchenförmige Bodenteilchen, wie Glimmerblättchen, Tonteilchen usw. legen sich bei entsprechender Kleinheit, den gegenseitigen Anziehungskräften und dem Haftvermögen folgend, beim Absatze so an- und übereinander, daß ein zelliges Gefüge des Bodens entsteht; selten bilden Körner Wabenverbände (Abb. 11 und 9). Ähnlich können sich Flocken zusammen lagern; darauf hat besonders K. Terzaghi (4c) hingewiesen (Flockenwabenverband; Abb. 9).

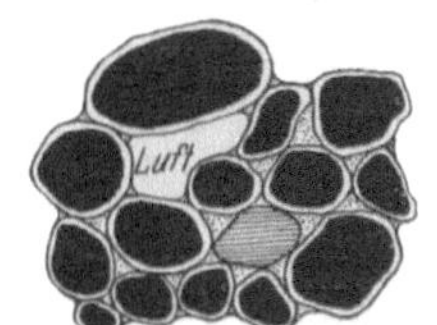

Abb. 12. Schwarz: Festkörner; weiß: Hüllchenwasser; Punkte: Anhängewasser (Lückenwinkelwasser); Striche: bewegliches Haarröhrchenwasser.

Neben den gleichausmaßigen Körnern und den flächenhaft ausgebildeten Schüppchen spielen in den natürlichen Lockermassen die stengeligen Bestandteile eine mehr untergeordnete Rolle.

Der Einfluß der **Korngröße** auf die Hohlraumsumme eines Bodens tritt mehr zurück; trotzdem seien im nachstehenden die gebräuchlicheren Bezeichnungen für die verschiedenen Körnungsgruppen wiedergegeben.

Grobteile:	Mehr als 1200 mm Durchmesser:	Riesenblockwerk, Riesenblöcke
	1200 bis 600 mm	Großblockwerk, Grobblöcke
	600 „ 250 „	Mittelblockwerk, Mittelblöcke
	250 „ 120 „	Kleinblockwerk, Kleinblöcke
	120 „ 60 „	Riesenschotter
	60 „ 45 „	Grobschotter
	45 „ 35 „	Mittelschotter
	35 „ 25 „	Kleinschotter
	25 „ 12 „	Feinschotter
	12 „ 2 „	Grus (eckig), Riesel (rund)

Feinteilchen:	2	bis	1	mm	Grobsand
	1	,,	0,5	,,	Mittelsand
	0,5	,,	0,2	,,	Feinsand
	0,2	,,	0,1	,,	Grobmu (grober Mehlsand)
	0,1	,,	0,05	,,	Mittelmu (mittelfeiner, Mehlsand)
	0,05	,,	0,02	,,	Feinmu
	0,02	,,	0,006	,,	Grobschluff
	0,006	,,	0,002	,,	Feinschluff
	Kleiner als		0,002	,,	Rohtom, Kleinchenton

Auf die Arten der Bestimmung der Korngröße der groben (Sieben!) und der feinen Bestandteile (Schlämmen!) der Lockermassen kann nicht näher eingegangen werden; diesbezüglich sei auf den einschlägigen Abschnitt in meiner „Technischen Gesteinkunde“ (4a) verwiesen.

Die Weite der Wasserwege in den Gesteinen.

Wichtiger als die Gesamthohlraumsumme eines Gesteins ist für die Quellenkunde die Kenntnis der Form und der Größe (Weite) jener Hohlräume, welche für die Speicherung und Weiterleitung des Grundwassers in Betracht kommen.

Die Bezeichnung der Wasserwege nach ihrer lichten Weite ist bei den einzelnen Verfassern verschieden. Weitwegig kann man Schläuche und Spalten nennen, deren lichte Weite 0,2 mm übersteigt. Engwegig sind die Haarröhrchen; ihre lichte Öffnung mißt 0,002—0,2 mm. Lücken unter 0,002 mm kann man kaum mehr Wasserwege nennen.

Kumm, A. (25) unterscheidet überhaarröhrchenmäßige oder überkapillare (Schläuche > 0,508 mm, Spalten > 0,254 mm), haarröhrchenmäßige (0,508—0,0002 mm) und unterhaarröhrchenmäßige Hohlräume.

Die Weite der Wasserbahnen übt höchsten Einfluß auf die Geschwindigkeit des Durchflusses und auf die Reinheit und Güte des Wassers für Trinkzwecke aus; je enger die Wege sind, durch welche sich die Wasserfäden und Wassermoleküle hindurchzwängen müssen, desto vollkommener ist die Befreiung des Wassers von Kleinchen (Kolloiden) verschiedener Stoffe, von Spaltpilzen u. dgl.; die Haftkräfte, welche Fremdstoffe im Wasser zurückhalten, entfalten ihre größte Stärke auf kleineren Oberflächen und werden deshalb erst dann besonders wirksam, wenn das Korn der Bergarten klein oder die Kluftflächen sehr rauh sind.

Engwegige Grundwasserführer bieten den weiteren Vorteil, daß sie die Wasserbewegung verlangsamen und die eingesickerte Wassermenge während eines längeren Zeitraumes austreten lassen; sie begünstigen daher einen gleichmäßigeren Gang der Wasserspende; sehr ausgeglichen ist deshalb z.B. die Wasserschüttung der Buntsandsteinquellen im Gießentale bei Lahr (Baden), welche jahraus, jahrein fast genau dieselbe Wassermenge, nämlich rund 13 l/sec, schütten (O. Lueger). Die Quellenkunde geht besonders der Menge des Wassers nach, welche durch einen bestimmten

Querschnitt des Gesteins durchtreten kann; auch hier kommt es nicht auf die Größe einzelner Hohlräume, sondern auf die geringste lichte Weite der Schläuche an, welche die Gesteinlücken miteinander verbinden. Aus dem gleichen Grunde können uns weder Porenraum (Gesamtinhalt der Lücken in der Raumeinheit), noch Porenziffer an und für sich

Abb. 13. Quellenmund einer schlauchartigen Wasserbahn. Kollienzquelle (Sattnitzfuß) bei Keutschach, Kärtnen. (Aufnahme Stiny 1927.)

einen verläßlichen Anhaltspunkt für die Beurteilung der Wasserwegigkeit eines Gesteins geben; sie bieten nicht einmal eine brauchbare Grundlage für den Vergleich zweier Bergarten untereinander hinsichtlich ihrer Wasserdurchlässigkeit.

Bergarten, welche wegen der Enge der Wasserbahnen unmeßbar wenig Wasser durchlassen, nennen wir w a s s e r d i c h t (impermeable rocks, strati impermeabili, rocce secche o a circolazione pellicolare) oder w a s s e r u n d u r c h l ä s s i g (Grundwassersohlen, Grundwasserstauer, Grundwasserabsperrer, Grundwasserhalter, oder Grundwasserträger im Gegensatze zu den Grundwasserführern); Hohlräume fehlen oder sind so haarröhrchenmäßig klein, daß bei gewöhnlichen Druckverhältnissen keine wahrnehmbaren Wassermengen durchtreten können. Hierher gehören z. B. schwere Tone u. a. m. (impervious rocks, impermeable layers).

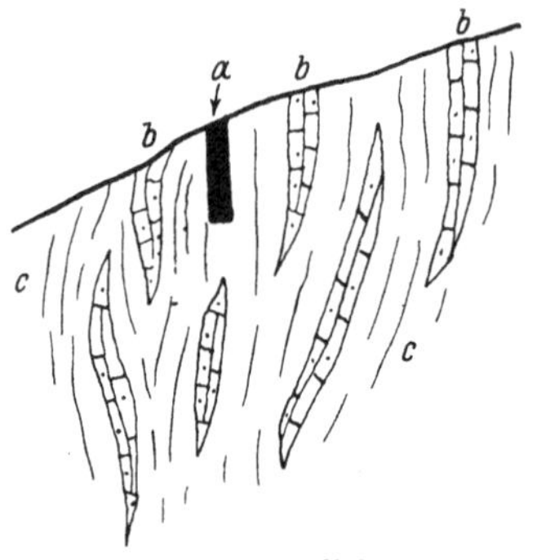

Abb. 14. Der Schacht *a* liefert nur spärliches Schwitzwasser, da er in den Schiefertonen *c* abgeteuft worden ist; daneben kann ein Brunnen, welcher die eingeschalteten, geringmächtigen, kleinklüftigen Kieselsandsteine anfährt, etwas mehr Wasser liefern. Wassergewinnung durch Stollen wäre h er jener mittels Schächten vorzuziehen (Verhältnisse im Flysch des „Glaukonit-Eozäns" der Voralpen).

Sehr wenig durchlässig (rocce semipermeabili) oder „durchschwitzbar", d. h. den Bergschweiß durchlassend sind Gesteine, deren Anschnittflächen in Baugruben usw. gewissermaßen nur zu „schwitzen" (vgl. auch Wegner [10]) scheinen. Durch einen Geviertmeter Querschnittsfläche treten binnen 24 Stunden unter gewöhnlichen Druckverhältnissen etwa 100 bis 900 g Wasser durch (noch nicht veröffentlichte Versuche von Stiny). Die Wasserwege haben den Durchmesser von sehr engen Haarröhrchen. Solche Bergarten halten alle Krankheitskeime zurück, freilich auch soviel Wasser, daß eine Trinkwasserversorgung aus ihnen wohl selten und nur unter besonderen Umständen in Betracht kommt. So hat z. B. der Weiler Berg bei Embach in Salzburg einige runde Brunnenstuben in Grundmoränen angelegt; in jeder dieser sammelt sich Schwitzwasser, das gerade für den Trink- und Kochwasserbedarf einer Hütte ausreicht; in der Nähe von Föderlach im Drautal (Kärnten) bezieht ein kleines Anwesen ebenfalls Schwitzwasser, welches aus einer Grundmoränendecke in eine größere, viereckige, betonierte Sammelgrube sickert. Auch in anderen Moränengebieten Kärntens, wie z. B. in der Umgebung des Klopeinersees, des Zablatnigsees usw. trifft man Schachtbrunnen, welche Schwitzwasser sammeln, sehr häufig an; sie sind in diesen Gegenden meist die einzig mögliche Art, billig Wasser zu erhalten, liefern aber oft kaum genug Trinkwasser für die Hausbewohner, geschweige denn ausreichend Tränkwasser fürs Vieh. Die unvollkommene Ausgestaltung dieser Schwitzwassersammelgruben macht sie überdies noch gesundheitlich bedenklich.

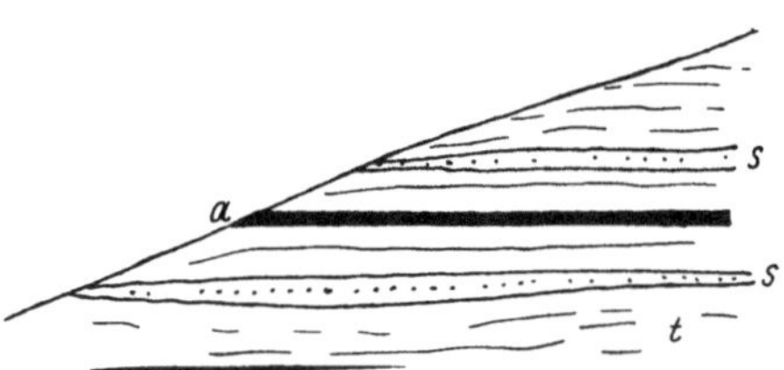

Abb. 15. Wo die Sandlagen *s* ausbeißen, sickert spärlich Wasser aus (Schwitzwasser aus den Tegeln *t*); Stollen *a* erschließen sehr wenig Schwitzwasser und sind unwirtschaftlich; besser bewähren sich Schachtbrunnen, welche eine Sandschnur durchsinken oder kurze Stollen, welche die Sandschmitze selbst anritzen; da Schuttwandern die Sandlagen meist verschleiert, wird der Ansteckpunkt oft falsch gewählt (z. B. bei *a*.)

Durch Dränung von mittelschweren Tonen, Lehmen, Tegeln, Grundmoränen usw. lassen sich allerdings etwas reichlichere Wasserspenden erzielen; es steht überhaupt in derartigen Gesteinen im allgemeinen die gewinnbare Wassermenge in einem gewissen Abhängigkeitsverhältnisse von der geschaffenen Oberfläche, welche Wasser „ausschwitzen" kann. Es ist eine Unzahl von Gesteinslücken vorhanden, doch ist der Querschnitt der einzelnen Wasserwege überaus eng (wohl unter 0,03 mm), der Durchflußwiderstand groß und die durchtretende Wassermenge daher äußerst gering; die Form der Wasserbahnen ist in allen diesen Ablagerungen annähernd gleich und im allgemeinen sehr unregelmäßig-schlauchartig.

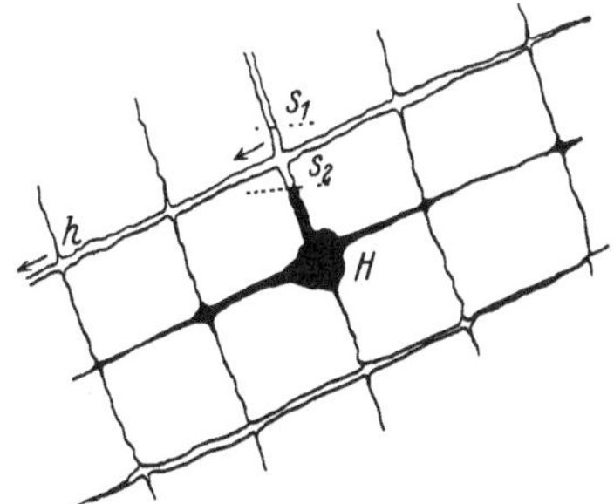

Abb. 16. Steigt im weiten Schlauche (Querschnitt: H) der Wasserspiegel bis s_1, dann kann ein Überlaufen von Wasser in das mit Pfeilen bezeichnete Spaltennetz stattfinden; dieses speist eine ganz andere Quelle als jene ist, welche ihre Wasserspende aus H schöpft.

Seihdurchlässig (durchseihbar) oder kurz seihend (rocce permeabili) kann der Wasserversorgungsingenieur Gesteine nennen, welche das Wasser selbst verhältnismäßig leicht durchlassen, aber feine und gröbere Verunreinigungen (Schwebstoffe, manche Keime usw.) zurückhalten. Je nach dem Grade der Wasserwegigkeit kann man diese Gruppe von Bergarten wieder in feinseihende (langsamseihende; Feinsand, Löß) und grobseihende (rasch seihende, mittelkörnige und gröbere Sande) unterteilen. Ihr Verhalten ist bekannt. Die Wasserbahnen sind noch immer sehr zahlreich und im allgemeinen von unregelmäßig-schlauchähnlicher Form; Erweiterungen auf ein Vielfaches des Durchmessers der Verbindungslücken kommen allerdings vor; so z. B. bei Lavamassen. Seltener seiht Wasser durch Schichtfugen hindurch; für Wasserversorgungen kommen derartige Gesteine wohl kaum in Betracht, so daß sich ein eigener Name für sie (etwa „schichtig seihend") erübrigt.

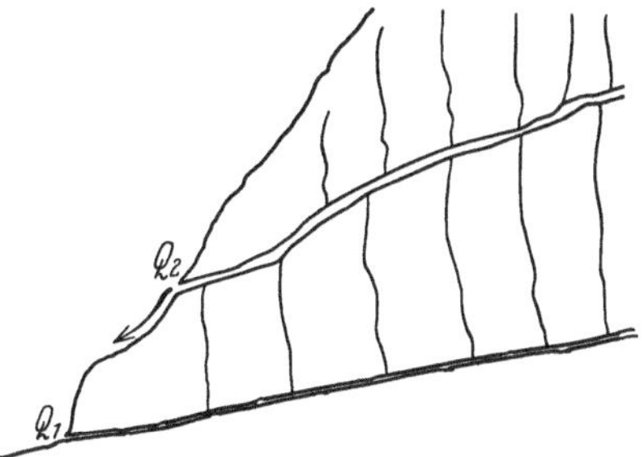

Abb. 17. In Durchschnittszeiten führt die Quelle Q_1 das Wasser des Bergkörpers ab. Nach stark gesteigerter Einsickerung füllen sich die Schläuche, welche Q speisen und der Wasserüberschuß muß durch den weiten Schlauch Q_2 den Weg ins Freie suchen (meist ein alter, nicht mehr ständig benützter Abzugsweg).

Grobdurchlässig (rocce assorbenti, rocce a circolazione semilibera) oder durchrieselbar sind Ablagerungen, welche zwar nicht mehr seihen, aber doch noch keinen freien, gesammelten, rein der Schwerkraft gehorchenden Wasserdurchfluß nach der Art der oberirdischen Wasserläufe gestatten. Der Wasserzudrang zu Ausschachtungen steht nicht mehr in einem einfachen, geraden Verhältnisse zum angeritzten Querschnitte des Grundwasserführers; Erweiterung von Schächten oder Verlängerung von Sickerungen lohnt daher vergleichsweise bei weitem weniger als bei bloß durchschwitzbaren Schichten.

In den bisher betrachteten Gesteinen bewegt sich das Wasser anders als in den oberirdischen Gerinnen; die Haftung und die anderen Erscheinungen der Oberflächenkräfte sind neben der Schwerkraft mehr oder minder wirksam und die Reibung ist groß. Daher ist die Geschwindigkeit der Wasserbewegung sehr klein bis gering; das Wasser „sickert" durch die Bergarten, welche wir deshalb zusammenfassend als „durchsickerbar" bezeichnen können. Zwischen den einzelnen Unterarten der Durchsickerung sind natürlich alle Übergänge denkbar und in der Natur auch verwirklicht. Nun gibt es aber in der Natur auch Bergarten mit so großen Hohlräumen, daß das Wasser in ihnen wie in obertägigen Betten oder in Leitungsrohren frei fließen kann. Solche Gesteine nennen wir freidurchfließbar (rocce penetrabili, rocce a circolazione libera) oder schlechtweg durchfließbar. Die Wasserbewegung ist vergleichsweise rasch, so daß Verunreinigungen aller Art, Sand, Fische, unter Umständen auch Schotter, Astwerk usw. mitgeschwemmt werden können. Derartiges Grundwasser kann natürlich für Trinkwasserversorgungszwecke erst nach einer entsprechenden Reinigung verwendet werden. Es zeigt rasch und kräftig wechselnde Wärme, Zusammensetzung und Schüttung. Die Größe der Wasserwege ist also das entscheidende Kennzeichen der durchfließbaren Gesteinkörper. Nach der Form des Querschnittes und der ganzen Gestalt der Wasserbahnen lassen sich dann weitere Unterscheidungen treffen; darüber soll der folgende Abschnitt einige Auskunft geben.

Nach dem Angeführten ergibt sich nachstehende Einteilung der Gesteine nach ihrer Wasserwegigkeit vom Standpunkte der Quellenkunde aus; die italienischen Bezeichnungen wurden vorwiegend von G. Rovereto (5) übernommen.

Die Form der Wasserwege in den Bergarten.

Was die Formen der Wasserbahnen anlangt, so kann sie linienhaft und flächenhaft ausgebildet sein.

Die nach einer Richtung langgestreckten linigen Wasserwege sind in den Nichtbindern und den Bindern, also überhaupt in den Lockermassen am verbreitetsten; man kann von sich bewegenden Wasserfäden und von Röhrchen, Röhren oder Schläuchen sprechen; Grundwasser, welches sich in derartigen Bahnen bewegt, heißt Schlauchgrundwasser. In zweiter Hinsicht kommt es dann auf die Weite der Wasserschläuche an; sie wechselt allerdings in einer und derselben Was-

Übersicht über die Wasserwegigkeitsverhältnisse der Gesteine.

	Gesteine		Verhalten	Beispiele
1	Gesteine ohne meßbare Wasserbahnen (strati impermeabili) dicht gefügte Gesteine		Wasserstauer, wasserdichte Gesteine	Z. B. Kaolin, schwere Tone
2 Gleichförmige Grundwasserführer	a) Sehr wenig durchlässige Bergarten (strati poco permeabili o semipermeabili)		Durchschwitzbar	Z. B. Lehm, manche Silte, Grundmoränen usw.
	b) Wenig durchlässige Gesteine (strati filtrabili) (Gesteine mit Seihpackung, Seihgerüst)	durchsickerbar	Durchseihbar, seihdurchlässig, feinseihend, grobseihend (rocce permeabili)	Z. B. Löß, Feinsand Mu, lehmige Ausande
	c) Durchlässige Gesteine	durchsickerbar	Nicht seihend, rasch durchlassend (rocce a circolazione semilibera, rocce assorbenti) durchrieselbar	Z. B. Grobsande, Kies, Schotter, die meisten Stirnmoränen
	d) Äußerst durchlässige Bergarten (strati penetrabili)	durchfließbar penetrazione percalazione	Vom Wasser durchströmbar gleich obertätigem Gerinne	Z. B. Gesteine mit Höhlenzügen, offenen Schläuchen, weiten Klüften usw. Ufermoränen, Blockfelder
3 Ungleichförmige Wasserführer	a) Zweibahnige Grundwasserführer		Lehme mit Schnüren von Kies, magere Mergel mit Zwischenlagen von Kalk, Schotter und Sandgemenge mit örtlichen Wasseradern, Kalke und Dolomite mit Schnitten und mit Höhlenschläuchen, Nagelfluh mit Spalten neben den Lücken im Bindemittel	
	b) Dreibahnige Grundwasserführer		Lavamassen mit Verbindungslücken zwischen den rundlichen Hohlräumen, Abkühlungsklüften und Höhlengängen. Nagelfluh mit grobdurchlässigen Spalten und röhrenähnlichen Schläuchen außer den Lücken im Bindemittel.	

serbahn häufig von Stelle zu Stelle sehr. Schlauchgrundwasser ist in den Lockermassen sehr verbreitet; man kann sie daher schlauchdurchlässig (röhrigdurchlässig) nennen. Aber auch sehr feste Bergarten haben z. T. röhrenähnliche Wasserbahnen (Abb. 13, 18, 26); röhrenähnlich, wenn auch sehr unregelmäßig gestaltet, sind die Höhlenschläuche, Naturschächte und Schlote, welche besonders Brausgestein (Kalk, Dolomit) durchziehen, in bescheidener Form aber auch dem Kittschutte (Breschen) und dem Kittschotter (Nagelfluh, Konglomerate) nicht fehlen. In allen löslichen Gesteinen werden diese Wasserwege im Laufe der Zeit erweitert; am raschesten in Gips und Gipssteinen aller Art.

Unter Höhlen stellt man sich in der Regel begeh- oder wenigstens schliefbare Hohlräume vor; nun genügen aber kleineren Wassermengen zum freien Durchflusse bereits weit engere Schläuche, durch welche der

Abb. 18. Quellmund eines höhlenartigen Wasserweges. Schmelzgrotte bei Peggau (Steiermark). Zustand vor ihrer Erschließung.

Mensch nicht hindurchdringen kann; der Unterschied berührt aber das Wesen der Durchfließbarkeit nicht und ist nur ein rein größenordnungsmäßiger.

Wie die Abb. 18 und 19 andeuten, sind die wasserführenden Schläuche der Festgesteine meist nichts anderes als örtliche Ausweitungen von Spalten; sie treten ganz besonders gerne an den Kreuzungspunkten (Scharungen) von Klüften auf. Wo daher in den Festgesteinen schlauchartige

Wasserbahnen vorhanden sind, gibt es in aller Regel auch wasserlässige Klüfte und Fugen.

Dieser Umstand führt uns zur zweiten Hauptform der unterirdischen

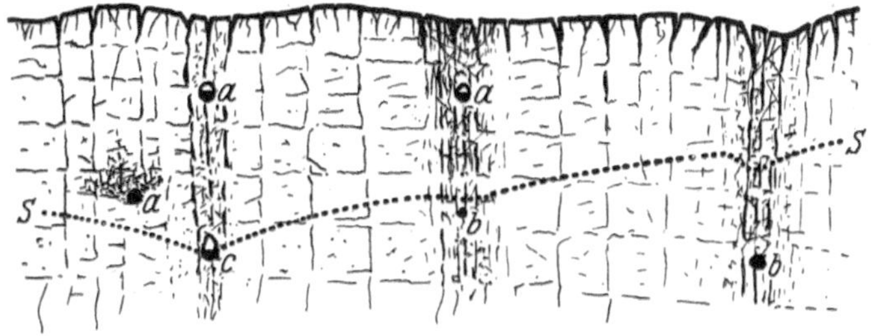

Abb. 19. Verschiedene Schlauchquellen im zerklüfteten, auslaugbaren Gebirge. *a*, *a*, fließen nur bei starker Einsickerung; sie münden hoch über dem Grundwasserspiegel *s*—*s* aus, und zwar ungefähr an der untern Grenze der durch die Oberflächenverwitterung wegiger gemachten Massen. *b*, *b* vollaufende, nicht sehr weite Schläuche mitten im Grundwasserkörper; ihr geringes Fassungsvermögen senkt den Grundwasserspiegel nur wenig ab. *c* ist eine ständig freifließende, ergiebigere Höhlenquelle, welche den Grundwasserspiegel erheblich absenkt. *a* ganz links entwässert eine Quetschlinse; Wasserspende sehr bescheiden.

Wasserwege, zu den flächenhaft sich ausdehnenden *Fugen*, *Spalten* und *Klüften*.

Diese Gruppe von Hohlräumen besteht aus feinen Schnitten (fenditure) und weiter klaffenden Spalten, welche meist in irgendeiner Form zu einem Netze angeordnet sind; man könnte also neben den schlauchdurchlässigen noch feinklüftigdurchlässige und grobklüftig durchlässige Bergarten unterscheiden. In festem Fels herrschen im allgemeinen die flächenartig, also nach zwei Richtungen des Raumes ausgedehnten Hohlräume, die Spalten und Klüfte vor. Wir stellen dieses *Spaltengrundwasser* (Spaltenwasser, Kluftgrundwasser, Kluftwasser) dem Schlauchgrundwasser gegenüber; es bildet nicht getrennte

Abb. 20. Gesteinsspalte im Kalke als Wasserbahn. Unten kleine Quelle. Vellachschlucht bei Miklauzhof, Kärnten. Aufnahme *Stiny* 1932.

Adern, sondern gewissermaßen bewegungsbegabte Wasser schichten im Gestein; meist sind sie zu einem vielmaschigen Netze verflochten (durchströmtes Kluftnetz). Die Durchlässigkeit eines ganzen Gebirgskörpers hängt u. a. von der Weite der Spalten, ihrer Anordnung (besonders gegenüber der Bewegungsrichtung des Grundwassers), ihrer Zahl und Verteilung über die Gesteinmasse hin ab. Der Grad der Zerklüftung eines Gesteins ist ziffermäßig kaum anders zu erfassen als durch Beobachtung der Durchlässigkeitsverhältnisse im großen; zu solchen Messungen geeignete Gebiete finden sich da und dort. Rein behelfsmäßig kann auch die von Stiny (4a) eingeführte Klüftigkeitsziffer, räumlich aufgefaßt, ungefähre Anhaltspunkte zu Vergleichszwecken bieten. Sie kann in entsprechend großen Aufschlüssen erhoben werden und gibt an, wieviele Gesteinklüfte auf den Laufendmeter einer Bergart entfallen; da die Klüfte

Abb. 21. Überschiebungskluft (Bildmitte) als Wasserweg (herabhängende Eiszapfen). Badlwand bei Peggau, Steiermark. Aufnahme Stiny 1931.

häufig nach drei annähernd aufeinander senkrecht stehenden Scharen angeordnet sind, und der Abstand der Klüfte der einzelnen Scharen in der Regel verschieden ist, muß die Klüftigkeitsziffer für diese drei Richtungen im Raume getrennt erhoben werden. Dabei geht man zweckmäßig von der Richtung der Hauptkluftschar aus und stellt die Messungsrichtung nach den übrigen zwei Seiten des Raumes annähernd senkrecht zum Verlaufe der Hauptklüfte ein. Der Abstand der Klüfte einer und derselben Schar ändert wohl auch ab, doch innerhalb geringerer Grenzen; es wird daher im allgemeinen genügen, als Meßlinie eine Strecke zu verwenden, die mindestens etwa zwanzigmal so lang ist als der roh geschätzte mittlere Kluftabstand innerhalb der Schar.

Die Klüftigkeitsziffer eines Gesteines sei z. B. mit 20, 18 und 22 nach den verschiedenen Richtungen des Raumes erhoben worden; auf den Laufendmeter Gesteinsmasse entfallen sonach 18, 20 bzw. 22 Klüfte; die Bergart ist also ziemlich stark zerhackt; die mittlere Größe ihres „Grundkörpers“ beträgt $5 \times 5{,}55 \times 4{,}54$ cm. Je höher die Klüftigkeitsziffer ist, desto mehr Bahnen stehen dem Wasser zur Verfügung. Im Falle gänzlicher Zerquetschung des Gesteins nähert sich sie Klüftigkeitsziffer dem Werte ∞.

Nach der Art ihrer Entstehung erhalten die Klüfte verschiedene Bezeichnungen.

Ein Teil von ihnen steht in engster Beziehung zur Bildung der Bergart selbst. Hierher gehören die sog. Schichtungsklüfte (Schichtfugen) der Absatzgesteine und die Absonderungsklüfte der Durchbruchgesteine (z. B. die säulig angeordneten Klüfte vieler Basalte).

Der größere Teil der Klüfte steht in Zusammenhang mit den Schicksalen, die das Gestein nach seiner Bildung erlitten hat (Störungs- oder Bewegungsklüfte). Es sei da an die Schieferungsfugen erinnert, welche kräftige Durchbewegung einem Absatz- oder einem Durchbruchgestein aufgeprägt hat; unter Druck entstanden, sind sie meist eng und wenig wasserdurchlässig. Dasselbe gilt von anderen Quetschklüften. Dagegen fördern alle Zerrungsklüfte die Wasserbewegung im allgemeinen sehr (Abb. 20). Eine mittlere Linie halten die Überschiebungsklüfte (Abb. 21) ein, deren Entstehung z. T. auf Quetschung und z. T. auf Zerrung zurückzuführen ist.

Vermöge eines Gewirres engstehender Spältchen werden viele Dolomite durchlässig, während die Kalke sich dem Gebirgsdrucke und den Krustenbewegungen gegenüber weit weniger spröde verhalten; in den Ostalpen sind Ramsaudolomit und Hauptdolomit oft klüftigdurchlässig. Es wäre nun gedachtermaßen ohne weiteres möglich, daß alle bauplanmäßig entstandenen Fugen im Gestein gerade nur so wenig aufklaffen, daß reines Wasser durch sie hindurchtreten kann; solche klüftigdurchlässige Bergarten würden also „seihen" und deshalb der Gruppe der „seihdurchlässigen" Gesteine zuzurechnen sein. Man trifft sie aber kaum jemals in der Natur draußen an; fast immer klafft wenigstens ein Teil der Spalten von Natur aus oder infolge der Tätigkeit des in den Bergleibern kreisenden Wassers weit auf; mit einem verläßlichen Seihen des Wassers darf man nur dann rechnen, wenn bloß die wasserabführenden Spalten klaffen, während die mit der Tagesoberfläche in Verbindung stehenden Zubringerklüfte sehr eng sind. Aus diesem Grunde dürfte man die feinklüftigdurchlässigen Gesteine kaum jemals getrennt ausscheiden können, sondern bringt sie am besten bei der Gruppe der grobdurchlässigen Bergarten unter.

Die weitklaffenden Spalten, welche manche Gesteine in verschiedenen Richtungen durchziehen und häufig die unterirdischen Betten von Grundwasser bilden, unterscheiden sich nur der Gestalt nach von den räumigen, durchfließbaren Schläuchen und Höhlen. Dabei können ursprünglich engere Spalten im Laufe der Zeit durch verschiedene geologische Vorgänge erweitert worden sein.

Zwischen schlauchartigen und weitklüftigen Betten untertägiger Gerinne lassen sich Übergänge denken. Zudem sind wohl alle Höhlenschläuche durch örtliche Ausweitung von Spaltenwegen entstanden. Wir brauchen daher zwischen durchfließbaren Schläuchen und frei durchströmbaren Spalten keine tiefere Trennungskerbe einzuhacken.

Wie Weite und Form der Wasserwege entstanden sind, fesselt den Wissenschaftler ebenso sehr als den Ingenieur; man kann eine erworbene Durchlässigkeit (permeabilità aquisita, the water moving through openings of secondary origin) der ursprünglichen (permeabilità originaria) gegenüberstellen. Ein und dasselbe Gestein kann an verschiedenen Punkten der Erdoberfläche ganz abweichende Schicksale erfahren haben; es kann hier seine Durchlässigkeit erst erworben haben und dort unwegsam geblieben sein. Andererseits können ähnliche Schicksale ganz verschiedene Gesteine betroffen und sie allesamt wasserdurchlässig gemacht haben. Bei der Lösung quellenkundlicher Fragen ist daher in erster Linie von den Wasserbahnen, ihrer Form, Größe, Anzahl und Verteilung auszugehen; erst in zweiter Linie ist das „Kind zu taufen" und das Gestein in die wissenschaftliche Ordnung der Bergarten einzureihen. Es hat daher auch wenig Sinn, in einer Quellenkunde die Lückigkeitsziffer von Bergarten anzugeben; sie finden sich übrigens in allen Lehrbüchern über Technische Gesteinkunde (vgl. Stiny [4a] S. 423ff.).

Größe und Gestalt des Grundwasserkörpers.

Auf die Größe und Gestalt des Grundwasserkörpers muß dann ausführlicher eingegangen werden, wenn es sich um die Beurteilung der Entstehung einer Quelle, ihrer Schüttung und ihres Schutzes handelt. Die geologischen Gesichtspunkte für die Ermittlung der Umgrenzung des Grundwasserträgers werden in dem Abschnitte über Quellenschutz Erwähnung finden. Hauptgrundsatz hierbei ist die Aufsuchung der Grenzen des umschließenden, wasserstauenden Gesteins; mit dem „Gefäße" ist dann auch sein „Inhalt" nach Form und Größe bekannt. Meist ähnelt

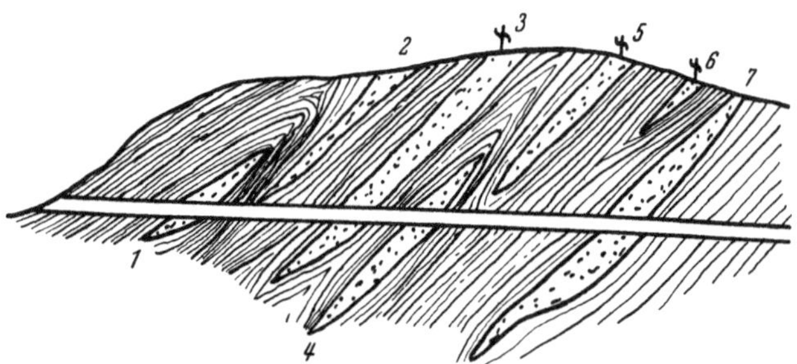

Abb. 22. Stollen in Schiefergestein mit Quetschstreifen (Quetschlinsen). Die Zerrüttungslinsen führen Grundwasser, welches durch die benachbarten, gesünderen Schiefer aufgestaut wird. Wo die Tagoberflächen einzelne Ruschelstreifen aufschließt, werden sie vom Oberflächenwasser gespeist und spenden genügend Wasser für kleine Wasserversorgungsanlagen (Hausbrunnen; natürliche Quellen), diesen entzieht der Stollen bei 3 und 7 Wasser.

seine Gestalt jener des Ausgusses einer Schale oder Schüssel; oft ist sie ganz unregelmäßig.

Eigenartig sind die Fälle, wo in undurchlässige Schichten Lagen, Linsen und Schollen von Grundwasserführern eingeschaltet oder eingeknetet sind. In Stollen, Schächten und Baugruben, die sonst trocken sind, fährt man dann hin und wieder einen „Wassersack" (vgl. Abb. 22 bei 1, 4 und Abb. 90) an; die Lücken seines Grundwasserführers, mögen sie nun aus Hohlraumketten oder Klüften bestehen, sind erfüllt mit dem Bergschweiße, den die wasserstauenden Nachbarn im Laufe der Jahrtausende in sie hineingepreßt haben. Nach der Entleerung der Lücken hört in der Regel der Wasserzutritt auf, es wäre denn, daß die Grundwasserkörper untereinander, mit ausgedehnteren Wasserführern oder mit der Tagoberfläche in Verbindung stünden.

Grundwasserführer mit Wasserbahnen sehr verschiedener Form und Weite.

Wir haben bis jetzt Bergarten betrachtet, welche nur Hohlräume von annähernd gleicher, einheitlicher Größe enthalten; je nach dem örtlich vorhandenen Gesteinkörper ist freilich die Weite dieser Wasserbahnen verschieden und ihre Querschnittsgröße hat uns ja einen willkommenen Grundsatz für die weitere Gliederung der Grundwasserführer geboten. Wir können solche Grundwasserführer als einfach gefügte, gleichförmige, einbahnige, einstufige, einspännige, einheitliche oder eingliedrige (Ausdruck von O. Lehmann) bezeichnen.

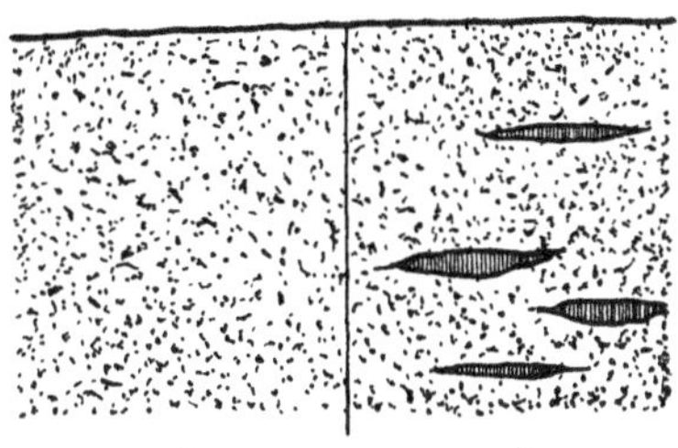

Abb. 23. Einfacher Grundwasserführer: bei *a* unverzweigt (unverästelt), bei *b* mit Nestern oder Linsen von Wasserabsperrern (verzweigter oder verästelter, einbahniger Grundwasserführer).

Derartige einfach gefügte Grundwasserführer können einen einförmigen, unverästelten, geschlossenen Körper bilden (unverzweigte oder unverästelte Grundwasserführer; Abb. 23 links); ihre Geschlossenheit kann aber auch durch Einlagerungen (Nester, Linsen usw.) von Wassersperrern unterbrochen sein (verästelte, verzweigte Grundwasserführer; Abb. 23 rechts). In Schotterfeldern von Bächen und Flüssen sind rasch auskeilende Bänke, Platten, Linsen und unregelmäßige Körper von Nagelfluh keine Seltenheit; sie treten ganz gesetzlos und oft in großer Zahl auf; wenn sie weniger wasserwegig sind als ihre Umgebung, so können sie den Raum, der in der Gesteinsmasse für das Grundwasser und seine Bewegung übrig bleibt, ganz wesentlich schmälern. Derartige verästelte Grundwasserführer, wie sie z. B. das Schöpfwerk der Stadtgemeinde Wien bei Potschach angetroffen hat, zeigen an verschiedenen

Stellen eine recht ungleichmäßige Eignung zur Grundwassergewinnung, weil die Brunnenergiebigkeit von Punkt zu Punkt rasch und um ganze Größenordnungen wechseln kann. In anderen Fällen sind in lockere Sande Platten, Schnüre, Schmitzen, Knollen oder Linsen von Sandstein eingeschaltet (Zusammenwachsungen, Konkretionen).

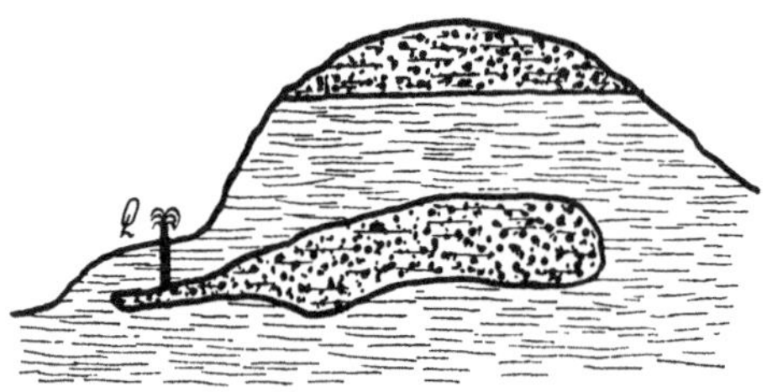

Abb. 24. Eine unförmige Masse eines durchlässigen Gesteins (Punkte) liegt in einer undurchlässigen Bergart eingebettet. Bei Q läßt sich Wasser erschroten. Die Dauerergiebigkeit des Brunnens wird aber klein sein, weil der Grundwasserführer nur von Schwitzwasser ernährt wird.

In den einfachen, unverästelten Grundwasserführern steht das Wasser überall annähernd gleich hoch, weil ja die Weite ihrer Hohlräume keine beträchtlichen Unterschiede aufweist. Überhaupt ist das Wasser in solchen Bergarten ziemlich gleichmäßig verteilt (verteiltes Grundwasser); wo immer man ein Bohrloch bis unter den allgemeinen Grundwasserspiegel abteuft, wird man Wasser anfahren und erhalten.

Die einfach gefügten Grundwasserkörper sind aber nicht die einzigen, die wir kennen. Denn die Natur ist viel mannigfaltiger, als wir gewöhnlich glauben. Sie erzeugt gar häufig Gesteinmassen, welche zwei oder gar mehrere Größenordnungen von Hohlräumen enthalten. Wir können solche Grundwasserführer ungleichförmige, „mehrfach gefügte“,

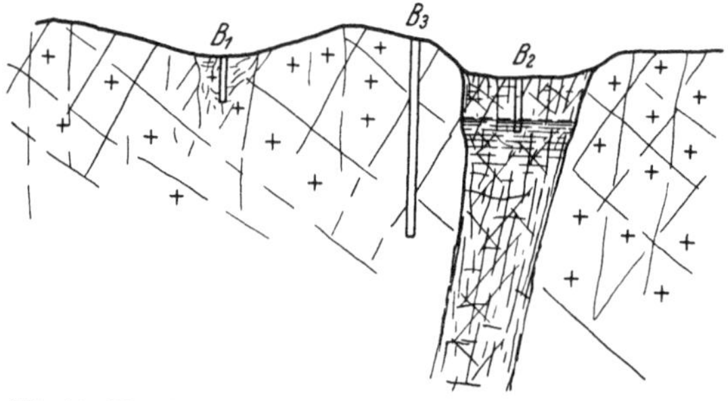

Abb. 25. Mehrbahniger Grundwasserführer. Neben den wasserwegigeren Zerrüttungsstreifen, in denen Bohrlöcher (B_1, B_2) leicht und genügend viel Wasser anfahren, sind enge Klüfte vorhanden, welche oft so wenig Wasser führen, daß Bohrungen (B_3) erfolglos bleiben.

zusammengesetzte, mehrstufige, mehrbahnige oder „mehrgliedrige“ (Ausdruck von O. Lehmann) nennen. Einige Beispiele werden die wichtigsten in der Natur verwirklichten Fälle erläutern und vorführen, ohne freilich die Mannigfaltigkeit der Naturerscheinungen ausschöpfen zu können.

Jeder Ingenieur, welcher eine Baugrube bis unter den Grundwasserspiegel ausgehoben hat, weiß, daß nur äußerst selten das Wasser gleichmäßig aus einer Wand der Grube aussickert. Meist lassen sich ein oder mehrere Orte auf der Wand feststellen, aus denen das Wasser reichlicher austritt als in der Umgebung; es kann an diesen Stellen — je nach der Weite der Wege — herausrieseln oder herausfließen, während die übrigen Teile der Wand ziemlich gleichmäßig Wasser „ausschwitzen" oder „durchseihen" lassen. Die Bahnen, welche das herausrieselnde oder ausfließende Wasser benützt, haben nicht bloß verschiedene Größe, sondern auch verschiedene Gestalt. Manchesmal sind es Klüfte oder Spalten, welche weiter klaffen als ihre Nachbarn, so daß ihnen um eine Größenordnung mehr Wasser entquellen kann. In anderen Fällen handelt es sich um vereinzelte Schläuche, deren Querschnitt jenen der benachbarten Wasserbahnen ganz auffällig übertrifft. Oft handelt es sich auch um Gruppen von bescheideneren Wasserwegen, die nebeneinander liegen, aber in ihrer Gesamtheit doch weit mehr Wasser schütten als die um vieles größeren Flächen ihrer Umgebung.

Abb. 26. Ein vom Wasser ausgelaugter Schlauch zieht von links oben nach rechts unten: seine Wände sind zerfressen und rauh. Außerdem zerhacken wenig klaffende, oft mit dem Schlauche gleichlaufende Spalten den Marmorschiefer. Zweibahniges Gestein. Glocknerstraße unweit des Glocknerhauses. Aufnahme Stiny 1932.

Meistens hat sich das Wasser selbst diese Bahnen höherer Ordnung geschaffen, indem es lösend Gestein (Bindemittel) auslaugte, oder rein mechanisch Feinteilchen fortschwemmte. Besonders durch das örtliche Freispülen des Gerüstes ungleichkörniger Lockermassen entstehen oft „Röhren" in den Ablagerungen; sie verlaufen meist recht gewunden und verzweigen sich wiederholt; ihre Wände sind oft mehr oder minder gut gedichtet, indem das Wasser sie mit Feinteilchen (Kleinchen u. a. m.) auskleidet, oder mit Stoffen überrindet (Aragonit, Kalkspat usw.), die aus Lösungen ausfallen. Diese schlauchähnlichen, den Wasserdurchfluß gegenüber ihrer Umgebung um ein Vielfaches lebhafter begünstigenden Wasserbahnen sind es, welche dem Volksmunde seit altersher als „Wasseradern“ bekannt waren.

Man hat im neueren Schrifttume zuweilen über die „Wasseradern“ (filetti aquei) gelächelt. Salomon (4b), Läufer (6f), Maltzahn (4a) u. a. haben aber wieder mit besonderem Nachdrucke auf ihr Vorhandensein und auf ihr häufiges Vorkommen aufmerksam gemacht.

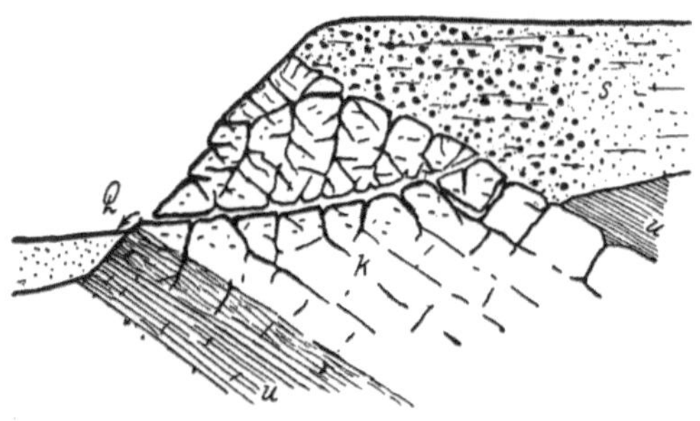

Abb. 27. Zwischen Schiefern (*u*) liegen Marmorbänke. Ihr Ausgehendes ist stark zerklüftet (Wasserbahnen 1. Ordnung); daneben findet sich ein weiter Schlauch (Wasserbahn 2. Ordnung), welcher eine sehr ergiebige Schlauchquelle (bei *Q*) speist; diese ist eigentlich nichts anderes als der Vorfluter des Grundwasserstromes in den ausgedehnten Hangendschottern *S*.

Im Zusammentreffen der einzelnen Wasserbahnen verschiedener Ordnungen ergibt sich in den Gesteinkörpern der Natur große Mannigfaltigkeit. In bloß durchschwitzbaren Ablagerungen können schichtig verlaufende Schnüre oder Spaltenausfüllungen von feinen Sanden vorkommen, welche Wasser durchseihen lassen. Seihdurchlässige Schichten, wie Feinsande u. dgl. können Einlagerungen von feinem Kies enthalten

Abb. 28. Im Quetschgestein übersintern im Laufe der Zeiten Rinden von Aragonit, Kalkspat usw. die Wände der Hohlräume und erzeugen so Breschen. Mittelzeitlicher Kalk am Fuße des Braunsberges bei Hainburg. Aufnahme Stiny 1931.

und dann zweistufige Grundwasserführer darstellen; treten außerdem noch Schmitzen von groben Schottern auf, dann liegt ein dreifachgefügter Grundwasserführer vor. Kalke mit engeren, bloß durchsickerbaren Klüften können daneben von Höhenschläuchen durchzogen sein (Grundwasserführer mit zweierlei Wasserbahnen; Abb. 26, 27, 28, 29)

Zweibahnig ist auch ein Grundwasserführer, welcher zerhackt und außerdem noch von schweren Quetschstreifen zerschnitten ist; hier sind zwei verschiedene Grade der Grobdurchlässigkeit vorhanden, welche im Stollenvortriebe ebensowohl wie bei Wasserversorgungsanlagen eine Rolle spielen können (vgl. Abb. 25).

Häufig treffen wir zusammengesetzte Grundwasserführer in gebirgsbaulich stark beanspruchten Massen mit ihren Quetschgesteinen und

Abb. 29. Wettersteinkalk als mehrbahniger Grundwasserführer (Höhlenschläuche neben Spalten und Schnitten). Wasserfallquelle bei Warmbad Villach nach dem Versiegen. Aufnahme Stiny 1925.

Zerrüttungstreifen, sowie in Karstgebieten; haarröhrchen- und nicht haarröhrchenmäßige Hohlräume kommen hier nebeneinander besonders oft vor; daher finden wir auch regelrechte unterirdische Gerinne in Weitspalten und Höhlenschläuchen und Verteiltwasser mannigfach miteinander verknüpft und verflochten (Abb. 19). Hätte man diese Verhältnisse stets richtig beachtet, dann gäbe es keinen Streit um die Frage des „Karstgrundwassers“ und des „Karstwassers“ überhaupt.

b) Einiges über die Gesetze der Wasserbewegung überhaupt.

Über die Bewegung des Wassers in den Lücken der Bergarten brachte der vorgehende Abschnitt bereits einige Andeutungen. Ehe auf die Bewegung des Grundwassers im Grundwasserführer übergegangen wird, seien einige grundsätzliche Fragen der Bewegung des Wassers überhaupt gestreift.

Die Schnelligkeit der Wasserbewegung hängt unter sonst gleichen Umständen (Gefälle, Form der Bahn, lichte Weite des Wasserweges usw.) von der Zähigkeit (Viskosität) des Wassers ab. Diese (η) hängt wieder vom Wärmegrade und vom Drucke ab; die Art und Weise dieser Abhängigkeit geht aus den tieferstehenden Übersichten hervor.

Druck in kg/cm²	Relative Zähigkeit η nach Bridgman bei				Wärmegrad	$\eta \cdot 10^5$ nach	
	0° C	10,3° C	30° C	75° C		Hosking (1909)	Bingham und White (1912)
1	1,000	0,779	0,488	0,222	0	1792,8	1797
500	0,938	0,755	0,500	0,230	5	1522	1525
1 000	0,921	0,743	0,514	0,239	10	1310,5	1301
1 500	0,932	0,745	0,530	0,247	15	1142	1138
2 000	0,957	0,754	0,550	0,258	20	1000,6	1006
3 000	1,024	0,791	0,599	0,278	25	892,6	894,8
4 000	1,111	0,842	0,658	0,302	30	800	799,8
5 000	1,218	0,908	0,720	0,333	35	724	722,9
6 000	1,347	0,981	0,786	0,367	40	657	656,3
7 000	—	1,064	0,854	0,404	45	600	599,4
8 000	—	1,152	0,923	0,445	50	550	550
9 000	—	—	0,989	0,494	55	508	508,1
10 000	—	—	1,058	—	60	469	473,5
11 000	—	—	1,126	—	65	436	436,9
					70	406	407,5
					75	380	380,6
					80	356	357
					85	335	334,8
					90	316	314,3
					95	300	299,3
					100	284	—

Druck erhöht also die Zähigkeit, Wärme setzt sie herab; dies wird bei der Beurteilung des Aufstieges von heißem Wasser der Warmquellen und auch sonst in der Quellenkunde zu beachten sein.

Nach Ostwald (4c) und anderen kann man das Widerstandsgesetz für fließendes Wasser in folgender Form darstellen: $J = k \cdot v^m$, wobei J das Gefälle, k einen Widerstandsbeiwert und m eine reelle Ziffer bedeutet. Je nach dem Werte von m erhalten wir:

$J = k \cdot v$; $m = 1$; die Beziehung zwischen Gefälle (Druckhöhe) und Geschwindigkeit (Durchflußmenge) ist linig („liniges Gesetz“ von Hagen-Poiseuille). Trifft für feinsandige und engklüftige Grundwasserführer zu und zwar für lotrecht auf- und absteigende und für schräge und waagrechte Bewegung (Druckhöhe = pendenza o cadente specifico = la perdita di carico della falda per metro corrente).

$J = k \cdot v^{\frac{3}{2}}$; $1 < m < 2$. Mittlerer Wert $m = 1{,}5$. Gültig für etwas weitere Wasserbahnen, z. B. in gewissen Kiesen, Hohlwickelschottern, grobkörnigen Sanden usw. Hinsichtlich der Übergänge zum Gesetz der geraden Linie vgl. Stiny (4c) und die Abb. 30.

$J = k \cdot v^2$. Die Druckverluste steigen mit dem Quadrate der Geschwindigkeit. Dieses „Parabelgesetz“ gilt für alle Wasserwege von größerer Weite, auch für Spaltenwasser. Es sind aber hier wieder zwei Fälle zu unterscheiden, die Bewegung des Wassers in offenen Gerinnen und in geschlossenen Leitungen.

Zu diesen Gesetzen sei ergänzend noch nachstehendes bemerkt.

Für vollständig mit Wasser erfüllte natürliche Schläuche gelten angenähert die Formeln, welche man der Berechnung von Rohrleitungen zugrunde zu legen pflegt. Sie sind ähnlich gebaut wie jene für offene Gerinne, nur ist der Widerstandsbeiwert ein anderer und es können Gegensteigungen genommen werden. Bei gleichbleibender Weite der Schläuche usw. liegen hier die Wasserstände in einer Geraden; die Wassermengen stehen in einem quadratischen Verhältnisse zum Druckgefälle (Parabelgesetz).

Das Parabelgesetz gilt auch für die Bewegung des Grundwassers in den Hohlräumen von Kiesen, Schottern u. dgl. Werden aber die Wasserbahnen sehr eng, dann werden die Wassermengen den Druckverlusten (h) unmittelbar verhältnisgleich (Gesetz der Geraden); das Spiegelgefälle wird parabolisch. Für diese Bewegungsart des Grundwassers hat Darcy die nachstehende Formel aufgestellt:

$$Q = k \cdot F \cdot \frac{h}{l},$$

darin bedeutet k einen Beiwert (Durchlässigkeitsziffer); dieser hängt von der Beschaffenheit und Durchlässigkeit der Ablagerung ab, welche das Wasser durchfließt.

In offenen Gerinnen errechnet sich die sekundlich abfließende Wassermenge (Q) nach der Formel

$$Q = F \cdot v \text{ oder } = F \cdot k \sqrt{R \cdot J},$$

dabei bezeichnet F den wasserdurchflossenen Querschnitt, R den sog. Querschnittshalbmesser (hydraulische Tiefe, hydraulischer Halbmesser), v die mittlere Geschwindigkeit des Wassers, k einen auch mit R veränderlichen Widerstandsbeiwert (Rauhigkeitsziffer) und J das Gefälle

$\left(\frac{h}{l} = \text{tg}\alpha\right)$. Die Formel gilt auch für unterirdische, weite Höhlengerinne, soweit in den Wasserlauf nicht vollaufende Strecken oder Dücker eingeschaltet sind. In der Unmöglichkeit, Gegensteigungen zu nehmen, liegt ein grundlegender Unterschied zwischen der Bewegung des Wassers in offenen Gerinnen und in geschlossenen Leitungen.

Für den Ruhezustand des Wassers gilt das bekannte Gesetz der miteinander in Verbindung stehenden Röhren; es findet hier eine sofortige Druckübertragung statt. Das Gesetz hat für manche Erscheinungen im Grundwasserführer und an Quellen Bedeutung; außerdem tritt es in geschlossenen Schläuchen als „Dückerwirkung" in Erscheinung. Auf Wasser, welches sich in irgendeiner Bewegung befindet, kann es selbstverständlich nicht angewendet werden, weil hier Druckverlust eintritt.

c) Die Bewegung des Grundwassers.

Wie bereits weiter oben erwähnt, gilt für die Bewegung des Wassers in Haarröhrchen von geringerer Enge das Gesetz von Hagen-Poisseuille, daß sich in nachstehende Gleichung fassen läßt:

$$Q \text{ (Durchfluß in der Zeiteinheit)} = \frac{k \cdot P \cdot d^4}{l}.$$

P bedeutet den Druck in mm Quecksilber, d den Durchmesser des Haarröhrchens, l seine Länge.

Das Hagensche Gesetz, wie es nach seinem ersten Entdecker eigentlich heißen sollte, gilt nur unter nachstehenden Voraussetzungen:

1. Die einzelnen Flüssigkeitsfäden sind in der Röhre gleichgerichtet, so daß jedes einzelne Flüssigkeitsteilchen nur eine fortschreitende Bewegung in der Richtung der Achse des Röhrchens und keinerlei Bewegung in einem Querschnitte besitzt. Diese Bedingungen sind bei kurzen Haarröhrchen oberhalb eines bestimmten lichten Durchmessers nicht mehr erfüllt, weil an der Einströmungsöffnung innere Wirbelbewegungen stattfinden müssen, die sich erst innerhalb der Röhre verlieren; erst unterhalb 0,01 mm Lichtweite entsprechen schon ganz kurze Haarröhrchen dem Gesetze.

2. Die Haarröhrchen müssen sehr eng sein, sonst gilt das linige Gesetz nicht mehr.

3. Das Haarröhrchen ist gerade; für gekrümmte Röhrchen gilt das Gesetz nur bei kleinen Durchflußgeschwindigkeiten.

4. Die Geschwindigkeit der Wasserbewegung ist klein. Mit zunehder Geschwindigkeit zieht sich vom Ende der Haarröhrchen eine Störung der Geschwindigkeitsverteilung immer weiter in das Innere der Haarröhrchen hinein und ruft durch Wirbelbildungen Abweichungen vom Hagenschen Gesetz hervor.

Die Gestalt der Haarröhrchen in den natürlichen Bergarten weicht nun sehr stark von jenen Voraussetzungen ab, unter welchen das Gesetz von Hagen-Poisseuille strenge giltig ist. In den Gesteinen kann man außerdem nicht von einer Durchflußgeschwindigkeit sprechen, sondern nur von einer Seihgeschwindigkeit (v), welche bewirkt, daß eine bestimmte Menge Flüssigkeit (Q) in der Zeiteinheit durch die Flächeneinheit der Ablagerung oder des Gebirgskörpers durchseiht oder durch-

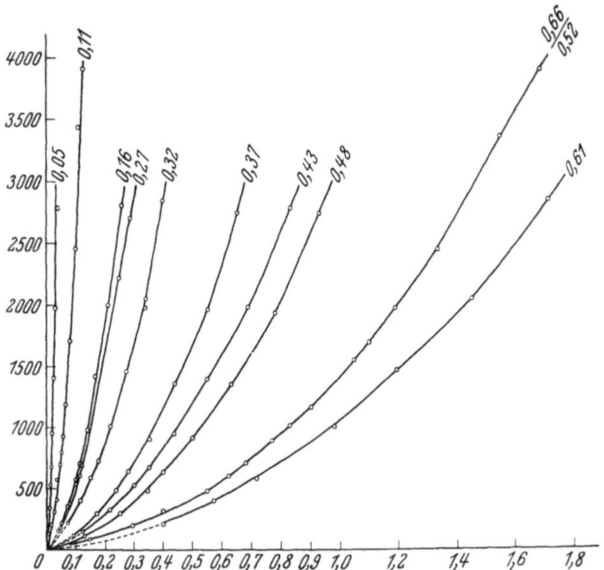

Abb. 30. Durchfluß durch Haarröhrchen bei verschiedener Druckhöhe. Ordinaten: Druck in mm Wassersäule, Abzissen: Durchfluß je 1 Sekunde in cm³.

sickert. Trotzdem sind die Beziehungen auch hier linige und man kann, wie H. Darcy (4c) gefunden hat, die Durchflußmenge Q gleichsetzen $k \cdot F \cdot J$.

In diesem nach Darcy benannten Seihgesetz ist $J = \frac{h}{l}$ in cm, F in Geviertzentimetern und k in cm/sec auszudrücken; k ist der sog. Durchlässigkeitsbeiwert; er kann durch Versuche in der Natur (Kozeny [4c]) und im Arbeitsraume ermittelt werden.

Im Arbeitsraume untersucht man oft nur die Durchlässigkeit einer Gesteinsprobe. Man erhält deshalb verläßliche Werte nur dann, wenn man die Bergart in naturgewachsenem Zustande völlig unverändert in das Untersuchungsgerät bringt; man bedient sich zu diesem Behufe bei stechbaren Lockermassen geeigneter Bodenstecher, die man dann mitsamt der Probe unter Beachtung der nötigen Sorgfalt in den Durchlässigkeitsprüfer einsetzt. Auf diese Weise läßt sich die Durchlässigkeit von Gesteinen im Kleinen untersuchen. Die Übertragung dieser Werte auf die Verhältnisse in der Natur ist aber nur dann möglich, wenn die Wasserwegigkeit des ganzen Gesteinskörpers, der durch die Probe vertreten werden soll, mit der Durchlässigkeit der kleinen Prüfmasse übereinstimmt; das kann zuweilen annähernd der Fall sein, wie z. B. bei mächtigen, gleichartigen Tonlagern, Sandmassen, Löß u. dgl. In der überwiegenden Mehrzahl der Fälle aber weicht die Durchlässigkeit des Probekörpers mehr oder minder stark von jener des Gesteins im großen ab; für die Quellenkunde kommt daher nur letztere in Betracht.

Die Untersuchung der Durchlässigkeit im Arbeitsraume geschieht am besten an einer mittels eines Stechers aus nichtrostendem Metall ausgehobenen Bodenprobe im gewachsenen natürlich gelagerten Zustande. Man setzt die Bodenprobe (Walze) samt dem Stecher in den Durchlässigkeitsmesser (Abb. 31) ein. Die Zwischenräume zwischen Stecher und Gerätewandung werden sorgsam mit Paraffin oder einem anderen, geeigneten Stoffe (Wachs) ausgegossen. In den Zufuhrstrang des Wassers schaltet man einen Wärmemesser ein, um die Durchflußmenge auf einen bestimmten Wärmegrad beziehen zu können. Die häufigsten und unangenehmsten Störungen des Versuches rühren von Luftblasen her; ihre Entstehung wird bei Beginn des Versuches durch eine etwa auftretende Benetzungswärme begünstigt; unvermeidbar sind Luftbläschen, wenn man kaltes Wasser anwendet, welches Gelegenheit hat, sich beim Durchfluß durch das Gerät zu erwärmen. Die Bildung von Luftblasen kann man durch Verwendung ausgekochten Wassers vermeiden. Nach Ehrenberger (4c) soll bereits abgestandenes Wasser genügen. Jedenfalls muß die Wärme des einströmenden Wassers womöglich um einige Grade höher sein als die Luftwärme im Arbeitsraum; sich abkühlendes Wasser entbindet keine Luftbläschen, sondern zeigt eher das Bestreben, sie aufzusaugen. Um vorhandene Luftblasen aus der Bodenprobe zu entfernen, empfiehlt es sich, durch geeignete Wasserleitung zuerst den Boden von unten her mit Wasser allmählich zu sättigen, ehe man den Wasserstrom umkehrt und von oben nach unten fließen läßt.

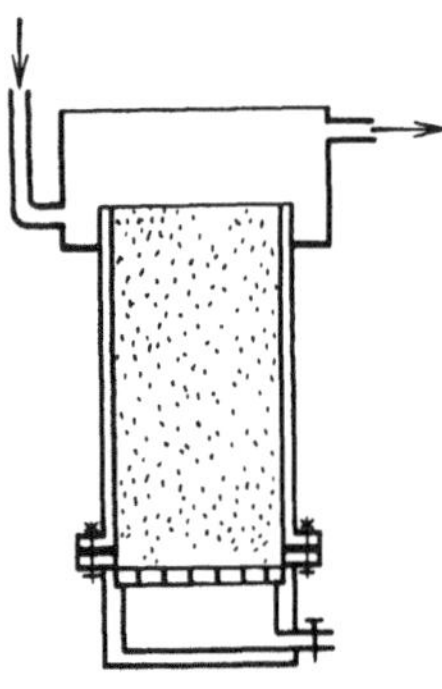

Abb. 31. Durchlässigkeitsmesser. Punkte: eingefüllte Bodenprobe (z. B. Sand).

Die Durchlässigkeit des Bodens für Wasser ändert sich bei feinkörnigen Böden im Laufe der Zeit durch Umlagerungen der Feinteilchen, welche den Boden zusammensetzen; diese Änderungen des Verbandes der Bodenteilchen spielen sich am sinnfälligsten in den oberen Bodenschichten ab, welche dem Wechsel von Hitze und Kälte, von Gefrieren und Wiederauftauen, dem Austrocknen und Wiedernaßwerden, sowie der Einwirkung von elektrischen Erdströmen oder von gelösten und absorbierten Stoffen am meisten ausgesetzt sind. Da die Verbandsänderungen, wie z. B. der Übergang von Einzel- zu Krümelverband u. dgl. Gefügeänderungen bedingen, schwankt hiermit auch die Durchlässigkeit (vgl. S. ˙7).

Bei gekrümelten Böden darf z. B. die Durchflußmenge nicht nach dem Werte des wirksamen Korndurchmessers aus der Schlämmzerlegung heraus beurteilt werden (Kozeny), weil, wie Kozeny (4c) und Stiny (4c) annähernd gleichzeitig betont haben, die Krümel sich technisch verhalten wie große Körner. Nach Kozeny werden daher in gekrümelten Böden vorzugsweise die gewundenen Gänge größeren Querschnittes zwischen den Flocken durchflossen (Weg kleinsten Widerstandes), nicht aber die engen Schläuche zwischen den Einzelteilchen, welche die Krümel zusammensetzen.

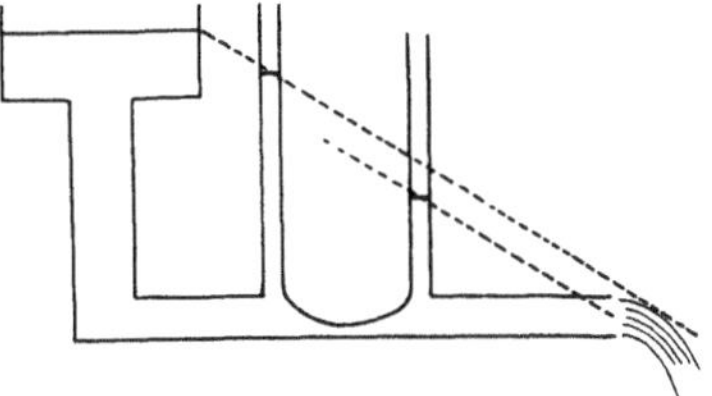

Abb. 32. Bei gleichmäßigem Querschnitte würde der Druckabfall im Sinne der oberen, gestrichelten Linie stattfinden; die Einschnürung wirkt nun so, wie ein an ihrer statt eingeschaltetes, längeres Leitungsstück (Strichellinie links tiefer).

Die Anwesenheit von Salzen und anderen Stoffen beeinflußt gleichfalls die Durchlässigkeit der Bergart; Verdünnungsgrad und Art dieser Stoffe können im Laufe der Zeit stark wechseln.

Das Gesetz von Darcy gilt nur bis zu einer bestimmten oberen Grenzgeschwindigkeit (Schweizer Abdichtungsausschuß: 0,2—0,45 cm/sec, Schoklitsch: 0,4—0,5 cm/sec, Ehrenberger: 0,3—0,4 cm/sec bei 15° C); die schichtige Wasserbewegung geht dann in die wirbelnde über.

Betrachten wir nun die Bewegung des Grundwassers in etwas weiteren Röhrchen und in weiten Schläuchen; sie gehorcht dem Parabelgesetz (S. 47).

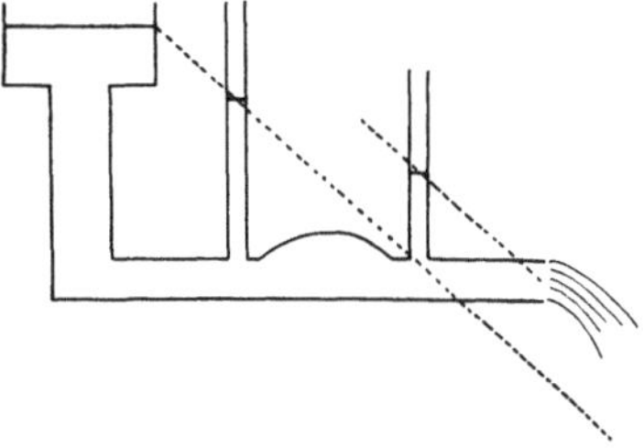

Abb. 33. Eine örtliche Erweiterung des Ausflußrohres wirkt wie eine Verkürzung des Ausflußrohres.

Die Ausflußgeschwindigkeit

$$v = c\sqrt{2gh}$$

am Ende sehr langer Wasserbahnen ist meist sehr klein; größer ist sie nur am Ende kurzer Schläuche und dort, wo die Druckhöhe (h) im Verhältnisse zur Rohrlänge beträchtlich ist. Von der Größe der Ausflußgeschwindigkeit des Wassers hängt die Schurfwirkung der Quelle ab (vgl. S. 189). Der Verlust an Arbeitsfähigkeit des Wassers hängt von der Reibung im Schlauche ab; diese wiederum von der Länge der Bahn, der Form und Weite des durchflossenen Querschnittes, der Beschaffenheit (Rauhigkeit) der Wandung usw.; sie hängt also unter sonst gleichen Umständen erheblich von der Länge des Wasserweges ab.

Der Druck, unter welchem ruhendes Wasser steht, heißt Ruhedruck (hydrostatischer Druck) des Wassers. Er ist größer als der Druck, den fließendes Wasser ausübt (Strömungsdruck, hydrodynamischer Druck); denn ein Teil des Gesamtdruckes wird bei der Erzeugung der Bewegungsgeschwindigkeit verbraucht; so z. B. beim Ausfluß aus Öffnungen die Druckhöhe $h = \frac{v_1^2 - v_2^2}{2\,g}$; der Strömungsdruck im Innern einer Flüssigkeit ist um so größer, je kleiner die Geschwindigkeit, also auch je größer der Querschnitt ist.

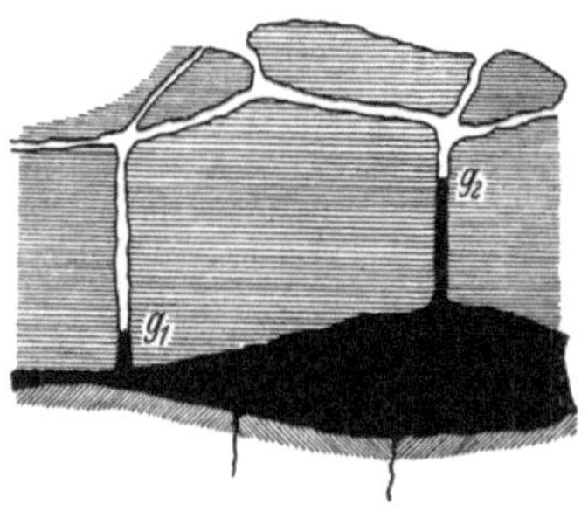

Abb. 34. Zweigen von einem volldurchströmten Schlauche standrohrähnliche Wasserbahnen ab, dann steigt das Wasser in g_2 höher als in g_1; denn g_2 schließt an eine Erweiterung, g_1 dagegen an eine Verengung an.

Wechselt nun die Weite des durchflossenen Rohrstranges, wie dies in der Natur die Regel bildet, dann ändern sich dementsprechend auch Fließgeschwindigkeit und Widerstandshöhe in der Leitung. Gegen Verengungen der Wasserbahnen hin wird ein Teil der Druckhöhe verbraucht für die Vermehrung der Geschwindigkeit (Abb. 32); in sich erweiternden Laufstrecken dagegen nimmt v ab und die Druckhöhe steigt wieder an (Abb. 33). Mit anderen Worten, Erweiterungen der Wasserbahnen wirken wie eine Verkürzung (Abb. 33), Verengungen wie eine Verlängerung (Abb. 32) einer überall gleichweiten Röhre; man kann sich also Engstrecken durch ein entsprechend längeres, weiteres Rohr und Weitungen durch einen engeren Schlauch ersetzt denken, der verhältnismäßig kürzer ist. In den Wasserbahnen der Natur mit ihren unregelmäßigen Querschnitten erfolgt mithin der Druckabfall nicht nach einer geraden Linie (Abb. 35) wie im Musterfall eines Ausflußrohres mit gleichbleibendem Querschnitte, sondern nach einer Linie (livello piezometrico), welche mit zahlreichen Auf- und Abbiegungen ausgestattet ist (Abb. 34).

Fließt das Wasser mit einer merklichen Geschwindigkeit aus, dann geht nur ein Teil der Wucht (lebendigen Kraft, Arbeitsfähigkeit der Bewegung, Bewegungsenergie) durch Reibung verloren. Der Wasserspiegel in aufsteigenden Verästelungen verläuft ähnlich, wie früher besprochen, also gerade bei gleichbleibendem Querschnitte; seine Verlängerung nach aufwärts trifft jedoch nicht den Beckenspiegel, sondern bleibt unter seiner Höhe (Abb. 35); wir unterscheiden dann Druckhöhe (h_1) und Geschwindigkeitshöhe (h_2) (Abb. 35). Die Druckhöhe überwindet die Reibungswiderstände. Die Geschwindigkeitshöhe liefert die Wucht, kraft deren die Flüssigkeit der Austrittsöffnung mit $v = \sqrt{2gh_2}$ entströmt. Wird die Druckhöhe Null (nur gedachtermaßen bei Fehlen der Reibung im Ausflußrohre), dann steigt das Wasser in keinem der Wasserstandsanzeiger in die Höhe ($h_1 + h_2$ = Geschwindigkeitshöhe). Wechselt der Querschnitt, dann ändert sich auch die Geschwindigkeit in den einzelnen Strecken verschiedener Weite und damit die Druckhöhe und die Lage des Wasserspiegels in den Druckanzeigern; die Druckabfallslinie wird mannigfache Gegensteigungen aufweisen. Es kann daher der Wasserspiegel aus diesem Grunde in benachbarten Brunnen sehr verschieden hoch liegen.

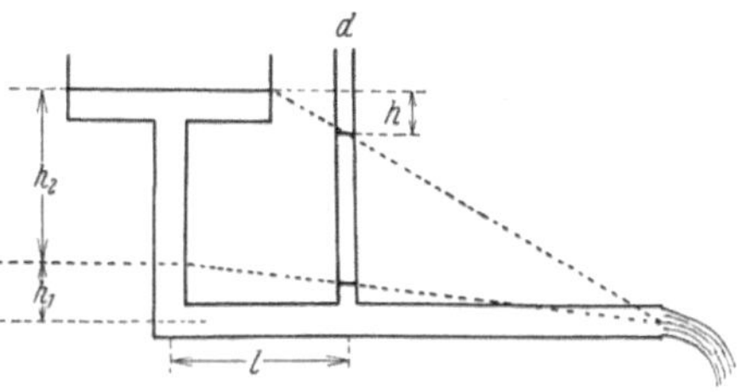

Abb. 35. Ausfluß durch ein Rohr mit gleichbleibendem Querschnitte; h_1 Druckhöhe, h_2 Geschwindigkeitshöhe, l Länge, h Druckverlust.

Von der verschiedenen Einstellung des Wasserspiegels in durchströmten Netzen mit „Standschläuchen" ist jene sehr wohl zu unterscheiden, welche in engeren Röhren und Durchlässen durch Haarröhrchenwirkung veranlaßt wird. Je nach der Weite der Haarröhrchen steigt das Wasser in den Bahnen verschieden hoch und zwar nach der Formel

Abb. 36. Saugwirkung einer Schlaucherweiterung auf eine einmündende Kluft oder engere Röhre.

$$\text{Steighöhe } h = \frac{2\,O}{r s}$$

worin O die Oberflächenspannung, r den Halbmesser des Haarröhrchens in cm und s die Dichte des Wassers (in g je cm³) bedeutet. Die Haarröhrchenwirkung (Abb. 37) kann nicht bloß die Lage des Wasserspiegels

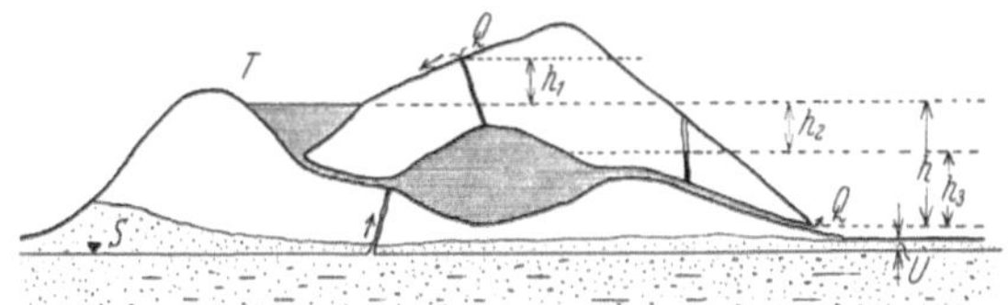

Abb. 37. Nach einer von Venturis Zeichnung empfangenen Anregung. T Teich, Q oben Quelle (Haarröhrenwirkung), Q rechts unten Waller (Hangschutt weggelassen), S Grundwasserspiegel, U sein Abstand von der Talsohle, h_2 Druckverlust im offenen Rohre.

in Brunnen erheblich beeinflussen, sondern auch sonst Hebewirkungen erzeugen, die bisher wenig beachtet worden sind. Über solche Heberwirkungen der Haarröhrchenbewegung hat H. Haedicke (4 b) berichtet; der Grundwasserspiegel stand an der einen Seite einer Grundwasserscheide 0,5, auf der anderen Seite des undurchlässigen Rückens 3,5 m unter dem Rückenscheitel; das Wasser wanderte langsam nach der Seite des tieferen Grundwasserstandes hinüber.

In der Natur zweigen jedoch von einem vollaufenden Wasserschlauche nicht nur Röhrchen nach oben, sondern auch nach den Seiten und nach unten ab. Mündet ein von unten kommender Nebenschlauch nun am Beginne einer Erweiterung ein (Abb. 36), so übt das ausfließende Wasser (z. B. einer Quelle) eine saugende Wirkung auf ihn aus (Druck kleiner als der äußere Luftdruck). Auf diese Weise können zur Wasserspende von Quellen auch Flüssigkeiten u. dgl. beitragen, welche unterhalb der eigentlichen Wasserader liegen; es wirkt also nicht bloß die Haarröhrchenerscheinung allein wasserhebend.

Tritt somit Wasser aus einer Öffnung (Quelle) mit merklicher Geschwindigkeit aus und herrschen ähnliche Verhältnisse, wie sie Abb. 37 rißmäßig darstellt, dann können wir Erscheinungen unterscheiden, welche auf Bewegungsdruck (h_2) zurückzuführen sind, und solche, welche Ruhedruck voraussetzen; sie übergreifen einander und ihre Summe ist ein gleichbleibender Wert. Und da, wie wir gesehen haben auch Haarröhrchenwirkungen sich einstellen können, so wird die Beurteilung einer Quellenspende zuweilen eine sehr verwickelte, genaue Erhebungen erfordernde Angelegenheit.

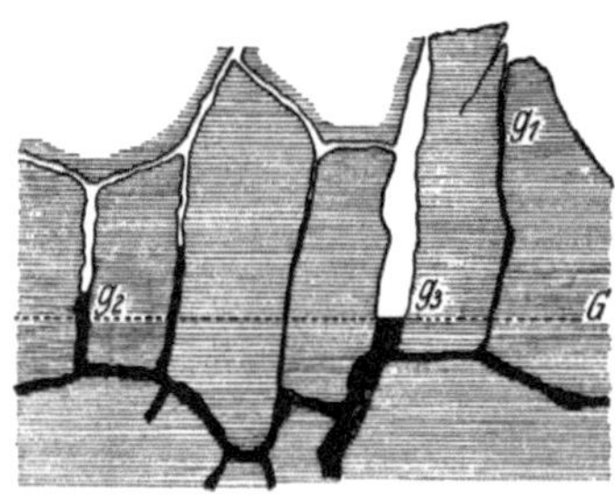

Abb. 38. G Grundwasserspiegel, richtig erhaltbar in der Weitröhre oder klaffenden Spalte g_3; g_1 Wasserstand in einem engen, g_2 in einem weiten Haarröhrchen.

Die Bewegung des Wassers in den Bergarten erfordert nicht unbedingt das Vollaufen der Bahnen mit Wasser; dieses kann sich auch längs der Wandungen der Schläuche bewegen, wenn bei sinkendem Wassergehalte des Bodens die Hohlräume Luft aufzunehmen beginnen (Abb. 12). Die Beweglichkeit der Wasserteilchen nimmt aber mit der Dicke der Häutchen ab, so daß von einem bestimmten Feuchtigkeitsgehalte des Bodens an jede Wasserbewegung überhaupt aufhört und der Durchfluß gleich Null wird.

Die Füllung der Bahnen mit Wasser unterliegt in der Natur überhaupt beträchtlichen Schwankungen von Ort zu Ort und weiter von Zeitpunkt zu Zeitpunkt. Ein Bewegungsgesetz, dem das Wasser bisher gehorcht hat, wird von einem anderen abgelöst; so verwickeln sich die Verhältnisse der Grundwasserbewegung oft sehr. Wichtig ist zum Beispiel folgende Überlegung. Wassermengen, welche im Verhältnisse zur Fläche des durchströmbaren Querschnittes und zum Betrage des vorhandenen Gefälles klein sind, werden einen Hohlraum nach den für Übertagwässer geltenden Gesetzen frei beweglich durchfließen. Schwillt nun bei Niederschlägen die Wassermasse immer mehr und mehr an, dann wird zu einem bestimmten Zeitpunkt der Schlauch das Wasser gerade noch hindurchlassen können; nimmt die Wassermenge noch weiter zu, dann vermag sie der betrachtete Querschnitt nicht mehr abzuführen; es kommt zu einer Stauung des Wassers im Schlauche, die, je nach dem, sich mehr oder weniger weit nach oben fortsetzt und den betrachteten Querschnitt unter Druck setzt. Der Querschnitt fließt dann voll und die Wasserbewegung gehorcht anderen Gesetzen wie bisher. Nach dem Aufhören der Niederschläge entleeren sich dann die Schläuche wieder allmählich; das Vollaufen weicht einer teilweisen Wasserfüllung.

Abb. 39. Wasseraustritte an der Grenze zwischen dem durchlässigeren Gehängschutt und den minder durchlässigen, sandigen Aulehmen. Aushub des Oberwassergrabens der Murkraftwerke bei Laufnitzdorf, Steiermark. Aufnahme Stiny 1931.

In der Natur draußen tritt der Wechsel zwischen Vollaufen und nur teilweiser Erfüllung von Schläuchen auch ein, wenn z. B. ein Stollen einen weiten Schlauch eines großen Grundwasserführers plötzlich anfährt. Auch dann kann das Wasser anfänglich unter Druck und daher mit großer Gewalt und in großen Mengen entweichen. Es hängt dann nur von der Stärke der Speisung des Grundwasserführers ab, ob das Vollaufen des Querschnittes des Schlauches andauert oder nicht; ist nämlich der Zufluß zum Grundwasserführer kleiner als der Abfluß durch die angefahrene Ader, dann wird der Grundwasserführer allmählich entleert und das abfließende Wasser kann hierauf den Querschnitt nicht mehr voll erfüllen; es tritt freies, druckloses Abströmen des Wassers ein (freispiegeliges Durchfließen von Schläuchen). Wenn wir also einen Hohlraum als frei durchfließbar bezeichnen, so meinen wir damit, daß er grundsätzlich fähig sei, entsprechenden Wassermengen freispiegelnde Beweglichkeit zu gestatten; ob dann in der Natur wirklich ein freies Durchfließen stattfindet, hängt von den Umständen ab und tritt erst in zweite Linie, wenngleich es geologisch und technisch recht wichtig ist.

Die Wasserwegigkeit kann im Laufe der Zeit eine Änderung erfahren. Sowohl Wasserdichtheit als auch Wasserdurchlässigkeit sind daher entweder ursprüngliche oder erworbene Eigenschaften eines Gesteines.

So können z. B. die Holzwickel einer seihenden Bergart mit Schluff- und Rohtonteilchen ausgestopft werden; jeder Ingenieur kennt diesen Vorgang von dem allmählichen Unbrauchbarwerden von Seihmassen her. Auch chemische Absätze (Aragonit, Kalkspat, Brauneisen, Kieselsäure usw.) können die Hohlräume eines Gesteins allmählich ausfüllen (Abb. 28) und so eine grobseihende Bergart zunächst feinseihend, sodann durchschwitzbar und schließlich wasserundurchlässig machen; der Ingenieur greift zur künstlichen „Versteinerung" nicht selten im Grundbau (Ausfüllung der Gesteinslücken durch Eis beim Gefrierverfahren, Anwendung chemischer Mittel usw.) und beim Talsperrenbau (Einspritzung von Zementmilch); die Natur verkittet Sande zu Sandsteinen, lose Schotter zu Konglomeraten, eckigen Bergschutt zu Breschen, Gebirgsdruckklein zu Adergesteinen (netzadrigen Kalken, geaderten Kieselschiefern usw.); sie verschmiert zuweilen Klüfte und Schluckschlünde des Karstlandes und verlehmt die Schieferungflächen, Schichtflächen und andere Fugen von kristallinen Schiefern und Absatzgesteinen sowie die Klüfte der Durchbruchgesteine. Andererseits aber laugt das Wasser im Bergleibe oft die Wände an, denen entlang es sich in Hohlräumen bewegt; es erweitert so ständig seine Bahnen (vgl. S. 43 Abb. 26); ferner spült es aus Mischböden (vgl. Übersicht am Schlusse) Feinteilchen aus und schafft so Platz für Wasseradern in Gesteinen, die früher einbahnige Grundwasserführer waren; Dränungen trocknen den Boden rings um die Rohrstränge aus und erzeugen so Spaltenwege für das Grundwasser; größere Wasserentnahmen, wie z. B. aus Brunnen, erhöhen die Zuflußgeschwindigkeit und damit die Stoßkraft des Grundwassers, welches nun befähigt wird, seine Strombahnen zu erweitern.

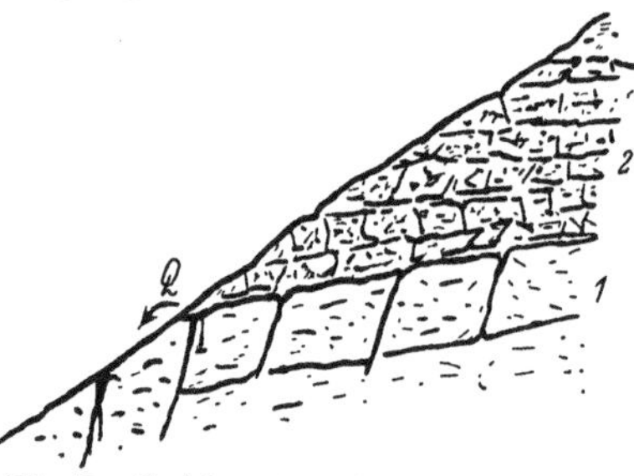

Abb. 40. Gesteinwechsel ist zur Entstehung von Quellen nicht erforderlich. Die oberen Lagen *2* gehören derselben Bergart an, wie die unteren *1*; Jahrtausendelang währende Oberflächenverwitterung hat aber in *2* vorgebildete Schnitte immer weiter und weiter geöffnet, während die Spalten der Schichten *1* untertags geschlossen blieben. Erst eine jugendliche Hebung hat *1* höher geschaltet; die Grenzfläche zwischen den durchlässigen *2* und den wenig durchlässigen Schichten derselben Gesteinsart (z. B. Kalk) liegt nun so hoch, daß bei *Q* eine Grenzquelle aus dem Grundwasserführer *2* austritt. Im Laufe der Jahrtausende wird die Grenze zwischen *2* und *1* von der Verwitterung wieder tiefer gelegt werden.

Bei quellenden Gesteinen, wie Tonen u. dgl. ändert sich übrigens die Wegigkeit ständig mit allen Schwankungen ihres Feuchtigkeitsgrades. Solche Gesteine lassen natürlich im trockenen Zustande mehr Wasser durch als im feuchten.

Die Wasserwegigkeit einer und derselben Bergart kann auch abändern mit der Tiefenlage des betreffenden Gesteins unter der Geländeoberfläche; es kommt hier vor allem auf die geologischen Schicksale an, welche die einzelnen Teile der Gesteinmasse erfahren haben.

So sind im Kalkgebirge die oberen Lagen meist wegiger als die tieferen; ihre Spalten sind durch die Verwitterung geöffnet und vom auslaugenden Sickerwasser geweitet; tiefer unten im Kalkkörper sind die Klüfte noch geschlossen oder wenigstens weniger lebhaft durchlässig; die Aussichten genügend Wasser zu erschließen, sind hier geringer. Derartige Verhältnisse trifft man oft in Schollen an, welche in jugendlicher Zeit emporgehoben worden sind, so daß zur Wegigmachung der Bergart bis in größere Tiefe noch nicht genügend Zeit vorhanden war.

Vollzieht sich die Hebung sehr langsam, oder ist sie bereits zum Stillstande gelangt, dann bietet sich dem unterirdischen Wasser Zeit zur Auslaugung. Die Quellen treten dann vorzüglich am Fuße der Brausgesteinsklötze in den Talungen auf; bis hierher reicht meist die Erweiterung der Schnitte herunter; unter der Talsohle sind die Spalten weniger weit geöffnet und vielfach durch eingelagerte Stoffe verschlossen. So wirft die Erdgeschichte Licht auf die Entstehung und Verteilung mancher Quellen; und diese helfen ihrerseits wieder dem Erdkundler, die Schicksale der Schollen zu verfolgen und zu entschleiern.

Einen Fall umgekehrten Verhaltens führt Reuter (2b) aus dem Gebiete von Regensburg an. Werden nämlich Schollen, deren Oberfläche durch lange Zeiträume in hoher Lage der Auslaugung und Verwitterung ausgesetzt war, später abgesenkt, so erhalten sich die nunmehr in tiefere Lage geratenen Teile der Masse wasserwegig; auf der neuen, früher verkarstet gewesenen und jetzt tiefer geschalteten Oberfläche aber rinnt nun das Oberflächenwasser, schwemmt Sand und Tonteilchen in die Klüfte und verlegt sie ein Stück weit hinab mehr oder minder ganz. Brunnenbohrungen treffen in diesen oberen Teilen kein Wasser an, wohl aber in den tieferen Lagen, deren Hohlräume noch offen sind.

d) Erscheinungsweisen des Grundwassers. Grundwasserstockwerke. Gespanntes Grundwasser.

Wenn man in einer Ablagerung mit seichtliegendem Grundwasser eine Baugrube ausschachtet, so macht man gewöhnlich nachstehende Beobachtungen.

Zuerst durchstößt man den Boden (belt of soil water) im land- oder forstwirtschaftlichen Sinne (Abb. 4); sein Feuchtigkeitsgehalt schwankt außerordentlich mit der Witterung, seiner Bestellung usw. Er bildet in der Regel nur die oberste Schicht eines Streifens, welcher das Grundwasser bedeckt (Grundwasserdeckstreifen, Grundwasserdecke, Überwasserspiegelstreifen [Koehne], zone of aeration [Meinzer, Dixey]); dieser Streifen führt in seinen Hohlräumen meist Luft; die Grundluft ist reich an Wasserdampf; die Zwerglücken und Lückenwinkel sind daher meist wassererfüllt, die Bodenkörnchen von Hüllchenwasser umgeben. Übrigens wechselt die Luft- und Wasserführung des Deckstreifens sehr je nach den Niederschlägen und der durch sie bewirkten Einsickerung. Nach einem Niederschlage, der versickernd das Grundwasser nicht erreichen konnte, kann beim Überspiegelstreifen auch hängendes Grundwasser vorhanden sein (Abb. 4).

Bei weiterer Ausschachtung werden die Wände der Probegrube immer feuchter; aufsteigendes Haarröhrchenwasser färbt diesen Streifen satter und hebt ihn von seinem Dache ab. Wir haben den Haarröhrchenwassersaum erreicht (Kapillarsaum, capillary fringe,); seine Begrenzung nach oben ist sehr unscharf; je nach der Lichtweite einzelner Haarröhrchen bzw. Durchlässe zwischen den Gesteinskörnern steigt das Wasser verschieden hoch empor (vgl. auch S. 53). Aus dem Haarröhrchensaume seiht bereits Wasser in die Baugrube herein. In gewissen feinkörnigen Ablagerungen ist der Grundwassersaum schwer abzugrenzen und entfällt zuweilen wohl auch ganz; so z. B. in sehr groben Ablagerungen. Zwischen Haarröhrchensaum und durchwachsenem Boden (belt of soil water) liegt häufig ein Zwischenstreifen (intermediate belt).

Mit einem Male wird der Wasserzutritt in der Baugrube stärker. Teufen wir sehr rasch ab und pumpen das eingedrungene Wasser stets wieder aus, dann wird der Wasserzudrang bald flächenhaft; wir arbeiten bereits im Grundwasser. Stellen wir die Aushebung und das Pumpen ein, dann füllt sich die Grube bis zu einer bestimmten Höhe mit Wasser; dieser Wasserstand heißt der Grundwasserspiegel (water table, livello aquifero, superficie aquifera). Der Schacht steht nunmehr im Grundwasser (zone of saturation, aqua sotterranea).

Durch Bohrungen oder Ausschachtungen können wir den Grundwasserspiegel unter einer größeren Geländefläche erheben. Wir finden dabei, daß er entweder eben oder nach einer oder mehreren Seiten geneigt ist.

Im ersteren Falle haben wir ruhendes Grundwasser eines sog. Grundwassersees vor uns. Schrägliegender Grundwasserspiegel aber zeigt bewegtes Grundwasser an; fließt das Grundwasser nach einer bestimmten Richtung in einer Art Bett ab, so sprechen wir auch von einem Grundwasserstrom.

In aller Regel speist nur bewegtes Grundwasser die Quellen. Die Quellenkunde beschäftigt sich daher im allgemeinen mit den Grundwasserseen nicht. Doch kann zeitweise (vgl. Abb. 88) ein in Bewegung befindlicher Grundwasserkörper zu einem Grundwassersee werden; dann sind die Quellen versiegt, die das fließende Grundwasser gespeist hat; stauen später stärkere Niederschläge die Wassermenge wieder höher auf, dann gerät sie wieder in Bewegung und strömt da und dort über.

Hat man den Grundwasserspiegel durchsunken, so kann man in den meisten Fällen mehr oder minder tief unter demselben eine Gesteinsschicht erreichen, welche das Grundwasser am weiteren Eindringen in die Tiefe verhindert und es zum „See" oder „Strom" aufgestaut hat; diese Liegendbergart nennt man den Grundwasserstauer (impervious bed, strato impermeabile); sein Begriff ist noch immer etwas unklar und schwankend.

Man meint damit in der Grundwasserkunde fast immer wasserdichte Ablagerungen, während in Wirklichkeit auch wenig durchlässige oder sogar durchlässige Gesteine das Grundwasser „stauen" können. Überall dort, wo das Grundwasser gezwungen ist, aus einem durchlässigeren Mittel in ein weniger durchlässiges Gestein überzutreten, muß es zu einer Stauung des Wassers infolge Verminderung des durchströmbaren Querschnitts kommen. Bei geringerem Unterschiede in den Wegigkeitsverhältnissen zweier Bergarten mag die Aufstauung unbedeutend sein; wo aber Gesteinsmassen recht ungleicher Durchlässigkeit aneinandergrenzen, kann die Stauwirkung recht beträchtlich werden; je nach Umständen stellt sich dann ein erheblicher Überdruck ein oder es wird ein Teil des Wassers zum Austritt, etwa in Form einer Quelle gezwungen. Die Erscheinung ähnelt vollkommen jener, die man dort beobachten kann, wo ein breiter Zug von Menschen von der offenen Straße her durch eine schmale Tür in einen geschlossenen Raum einziehen will; die Menschen stauen und drängen sich an der Pforte, die ihren Strom einschnürt. Grundwasserstauer kann mithin jede weniger durchlässige Bergart sein, welche in der Richtung der Grundwasserbewegung auf eine wegigere folgt. Es brauchen also nicht einmal verschiedene Gesteinsarten aneinander zu grenzen; ein und dasselbe Gestein kann z. B. nahe einer Überschiebungsfläche stark zerhackt und durchlässig, darunter aber druckgeschonter und weit weniger wasserwegig sein (Abb. 41). Zur Stauung des Wassers genügt auch schon eine örtliche Einengung einzelner Schläuche oder Spalten, ja sogar ein kräftiges, zeitliches Schwanken der Durchflußmenge. Das Wasser, daß im engeren Querschnitte nicht mehr Raum findet, mündet

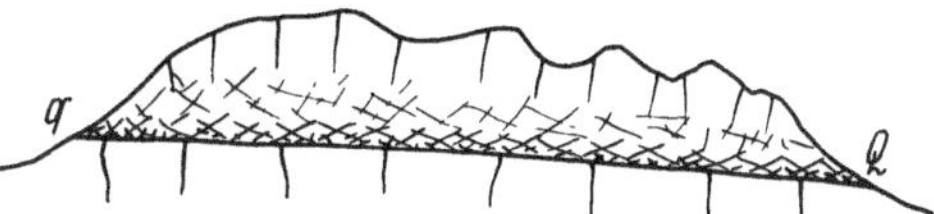

Abb. 41. Längs einer Überschiebungsbahn verstopft feiner, bei der Bewegung erzeugter Schmant mehr oder minder die Klüfte des Gesteins unterhalb der Schubbahn; oberhalb dieser ist dasselbe Gestein stark zerrüttet; diese Rüttelplatte nimmt willig das Wasser auf, welches durch die Klüfte vom Tage her zusickert; an den Ausbissen der Rütterplatte tritt es als freifließende (Q) und als überfließende Quelle (q) zutage.

in seitliche Hohlräume ein oder tritt als Quelle zutage. Im Kalkgebirge, wo die Wasserführung der unterirdischen Schläuche stark wechselt, kommt es zum Auftreten zeitweise fließender Quellen, unter denen die sog. „Übersprünge" (Abb. 17) wohl die häufigsten sind. Aber auch viele sog. „Spaltenquellen" (Abb. 20) verdanken ihr ständiges oder vorübergehendes Erscheinen nicht selten der bloßen Verengung einer Gesteinspalte; ein vollständiger Verschluß erhöht nur die Wasserspende der Quelle, ändert aber nichts am Wesen der Stauung. Man sollte es daher vermeiden, den Ausdruck Grundwasserstauer für wasserdichte Ablagerungen allein zu gebrauchen; eine derartige Verwendung der Bezeichnung ist sinnwidrig und irreführend.

In der Natur folgen Schichten abweichender Durchlässigkeit gewöhnlich wiederholt aufeinander; es ist daher dem Niederschlagwasser häufig Gelegenheit geboten, übereinander liegende und durch stauende Zwischenlagen getrennte Grundwasserbehälter mehr oder minder aufzufüllen. Die einzelnen übereinander folgenden Grundwasserkörper nennen wir Grundwasserstockwerke (falde aquifere, Abb. 97, 110); meist trennen sie lufthältige Gesteinschalen voneinander.

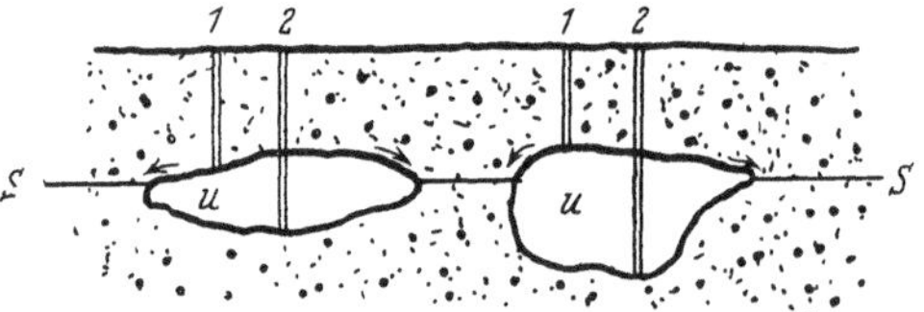

Abb. 42. Die Bohrlöcher S, S fahren nur spärliches Wasser an, das in der Richtung der Pfeile dem allgemeinen Grundwasserspiegel zusickert. Die Bohrlöcher 2, 2 durchstoßen die undurchlässigen, eingelagerten Massen und gespanntes Wasser steigt in ihnen nahezu bis zur Höhe S—S empor.

Wo das unterste Grundwasserstockwerk ergiebiger ist als die oberen, bezeichnen wir es als Hauptgrundwasser und seinen Spiegel als „Hauptgrundwasserspiegel" (main water table, falda profonda). Das obere Grundwasserstockwerk schwebt dann förmlich in der Überwasserspiegelschale des unteren; sein Grundwasser heißt daher „schwebend" (perched water table; in Abb. 43 auf der Dachfläche von L); unglücklich ist der Ausdruck „falsches" Grundwasser.

Die italienischen Fachschriftsteller (z. B. Prinzipi) trennen nicht mit Unrecht die „falda freatica" von der „falda profonda"; die erstere ist „Il primo strato aquifero prossimo alla superficie, che deriva direttamente dalla pioggia o dalle infiltrazioni dei corsi d'aqua sovrastanti;" die zweite Grundwasserschicht aber ist die zona aquifera separata da quelle superficiali da strati relativamente impermeabili (nach Prinzipi [3], S. 630).

Grenzt der Grundwasserspiegel oben an luftführendes Gestein oder an Ablagerungen innerhalb des Haarröhrchensaums, dann nennen wir ihn frei; berührt er dagegen überlagernde Wasserstauer derart, daß diese letzteren in irgendeiner Weise in den Grundwasserkörper eintauchen und sich gegen denselben pressen, dann bezeichnen wir ihn als gespannt oder unfrei (Abb. 42). Der gespannte Grundwasserspiegel liegt tiefer als der freie; fährt man ihn mittels eines Bohrloches oder eines Schachtes an, dann quillt Wasser empor und stellt sich — roh gesprochen — in der Höhenlage des maßgebenden, freien Spiegels ein; wir nennen solches Wasser Steigwasser (Druckwasser, artesisches Wasser, aqua saliente, artesian water); ritzen Geländeformen gespanntes Wasser an, so entstehen aufwallende Quellen (S. 141). In der Natur können gespannte Grundwässer auf verschiedene Weise entstehen; darüber geben die S. 141 und die Abb. 42 soweit nähere Auskunft als dies in einer bloßen Quellenkunde möglich ist.

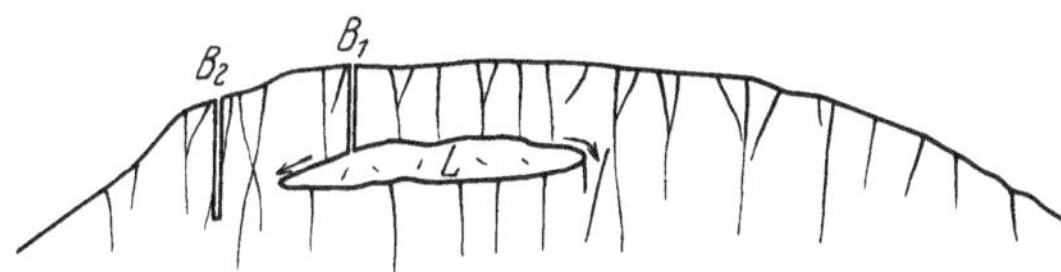

Abb. 43. Bohrloch B_2 bleibt trocken, während B_1 spärliches Sickerwasser einfängt, welches über das Dach der undurchlässigen Linse L absickert.

E. Prinz (3) unterscheidet falsche Grundwasserspiegel von echten. Die ersteren stellen sich vorübergehend ein, wenn man durch Entnahme oder Zutun von Wasser in der Nähe der Meßstelle den echten Grundwasserspiegel beeinflußt oder den Spiegel an der Beobachtungsstelle zu frühe einmißt, ehe sich noch der Spiegel des Bohrloches auf die tatsächliche Höhe eingestellt hat (so z. B. in langsam seihenden Ablagerungen). Die falschen Grundwasserspiegel gehen nach Behebung der Hemmungen wieder in echte über.

e) Die Schwankungen des Grundwasserspiegels.

Die Schwankungen des Grundwasserspiegels kann ein Quellenbüchlein nur insoweit behandeln, als sie für die Unregelmäßigkeiten in der Ernährung der Quellen bedeutsam sind.

Sie sind teils von kurzer, teils von längerer Schwingungsdauer.

Die kurzdauernden Ausschläge der Spiegelschaulinien gehen auf die Niederschläge zurück; je seichtliegender, geringmächtiger und kleiner der Grundwasserkörper ist und je gröbere Ablagerungen ihn aufbauen, um so rascher antwortet der Grundwasserspiegel auf die Witterung.

J. Schmid (2e) berichtet über wichtige Beobachtungen an Schuttquellen. Auf den Luvseiten der regenbringenden Winde überdeckt eine dünnere und grobstückigere Schutthülle den Wasserstauer; infolgedessen zeigen die Waldquellen schon innerhalb von 1—2 Tagen, die Wiesenquellen nach rund 5—6 Tagen einen Ergiebigkeitsscheitel nach jedem Niederschlag. Die Leeseiten tragen ein mächtigeres und vielleicht auch feinkörnigeres Schuttkleid; daher tritt der Höhepunkt der Quellschüttung bei ihnen erst nach 6 (Waldquellen) bzw. 10 Tagen (Wiesenquellen) ein.

Der Gang der Grundwasserschwankungen während des Jahres gibt in vielen Fällen verzögert deutlich den Witterungsablauf wieder, welcher die Jahreszeiten kennzeichnet; wir können diesen Ablauf klimatisch bedingt nennen. Koehne (4b) unterscheidet so ein meerisches und festländisches Gepräge des Ganges der Grundwasserschwankungen.

Die milden Winter des meerischen Klimas unterbrechen die Einsickerung selten auf längere Zeit; die Verdunstung ist in den Wintermonaten gering; infolgedessen hebt sich der Grundwasserstand meist schon zu Beginn des Winters und erreicht im Januar den Höchststand. Gegen Winterende nimmt die Verdunstung zu und senkt den Grundwasserspiegel wieder ab. Die langen strengen festländischen Winter lassen den Grundwasserspiegel erst im April und Mai seinen höchsten Stand erreichen; in Ostdeutschland trifft der Tiefstand etwa im November ein.

Im Alpengebiet wird meist der Sommer mit seinen reichlichen Niederschlägen und der Schneeschmelze (Hochlagen!) zu einer Zeit zunehmender Grundwasserführung.

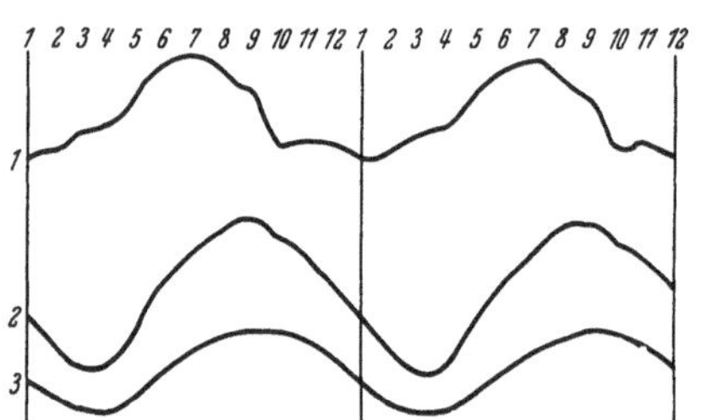

Abb. 44. Vergleich des jährlichen Ganges von Grundwasser, Niederschlag und Flußwasserführung im Steinfelde bei Wiener-Neustadt, N.-Ö. (Nach Kleb.)
1 Niederschlag;
2 Grundwasser, Lokomotivfabrik;
3 Grundwasser, Akademie.

Auf dem Steinfelde bei Wr. Neustadt (N.-Ö.) das aus mächtigen jungen Schottern aufgeschüttet ist, hinken, wie Kleb (6d) nachgewiesen hat, die Grundwasserlinien den Niederschlägen um rund zwei Monate nach (Abb. 44).

Die geologischen Bedingtheiten der Spiegelschwankungen sind mannigfaltige. In Gesteinen mit groben Lücken schwankt der Grundwasserstand häufiger, beträchtlicher und mit geringer Verzögerung gegenüber den Niederschlägen; feinlückige Bergarten zeigen eine ausgeglichenere Ganglinie. Dementsprechend kann man auch verschiedene Quellmusterbeispiele aufstellen (vgl. Schaad [6d]) und den Abschnitt über die Ergiebigkeit der Quellen).

Auf Einflüsse, die vom Monde ausgehen, hat u. a. Petersson (6 e) aufmerksam gemacht.

Langjährige Schwankungen des Grundwasserspiegels werden durch geologische oder durch klimatische Vorgänge bedingt.

Der Abtrag hat im allgemeinen das Bestreben, den Höhenunterschied zwischen Geländeoberkante und Grundwasserspiegel zu verringern; der Auftrag wiederum vergrößert diesen Abstand. Solche Schwankungen des Spiegels sind streng genommen nur scheinbare; es ändert sich in Wirklichkeit die Höhenlage und Gestalt der Landoberfläche.

Wirkliche, langjährige Schwankungen des Grundwasserspiegels gehen zuweilen von Krustenbewegungen aus; aber nur dann, wenn der Grundwasserkörper als socher eine Verstellung der Scholle, die ihn umschließt, mitmacht; in anderen Fällen kommen nur scheinbare Spiegelschwankungen zustande.

Echte, langwellige Bewegungen des Grundwasserspiegels werden weiter durch längere Dürrezeiten oder durch eine Reihe nasser Jahre bewirkt. So stellten sich z. B. in Deutschland in den Jahren 1911 und 1921 außergewöhnliche Tiefstände des Grundwassers ein; in Österreich wurde in den Jahren 1929 und 1930 eine besondere Tieflage des Grundwassers beobachtet.

Echte, dauernde Spiegelschwankungen des Grundwassers stellen sich ferner ein, wenn offene Wasserspiegel, wie jene von Teichen, Seen oder Flüssen mit dem Grundwasser in Wechselbeziehung stehen und nun auf natürlichem Wege oder künstlich gehoben oder abgesenkt werden. Der Mensch veranlaßt sie z.B. durch den Bau von Stauweihern, die Aufstauung eines Sees, die Tieferlegung einer Flußsohle, die Ausführung von Be- oder Entwässerungsanlagen usw. Die Natur erzeugt sie durch Höher- oder Tieferschaltung der Sohle eines Wasserlaufes; diese kann wieder auf tiefere Ursachen, z. B. Krustenbewegungen, zurückgehen.

Die Ursache von langjährigen Schwankungen des Grundwasserspiegels können mithin recht mannigfach und in ihren letzten Herleitungen oft schwer entwirrbar sein.

f) Grundwasserverhältnisse von Küstengebieten.

Wo sich an Meeresküsten Grundwasserführer finden, wie z. B. in Dünengebieten, scheidet sich das süße Grundwasser ziemlich streng vom salzigen. Da das Salzwasser schwerer (1,025 etwa im Mittel) ist als das Süßwasser (1,00), so vermag es auch bei Ausbleiben von Senkwasserzutritt eine Süßwasserkuppe zu tragen, die sich mehrere Meter über dem Spiegel des salzigen Grundwassers erhebt. Das ruhige Gleichgewicht zwischen Süß- und Salzwasser wird jedoch einerseits durch die Niederschläge, andererseits aber durch das Abfließen des Süßwassers gegen das Meer fortwährend gestört. Nähere Auskunft bietet das einschlägige Schrifttum (4f).

g) Beziehungen des Grundwasserspiegels zu den Oberflächenformen.

Sehr verbreitet ist — selbst in amerikanischen Schriften — die Anschauung, daß der Grundwasserspiegel, wenn auch in ausgeglichener und abgeschwächter Form doch den Verlauf der Landoberfläche über ihm abbilde.

Keilhack (3), welcher auf derartige Erscheinungen in Dünengebieten aufmerksam gemacht hat, bemerkt jedoch bereits, daß sich in

Gebieten mit gröber gekörnten Grundwasserführern ein solcher unbedingter Zusammenhang zwischen der Gestalt der Erdoberfläche und des Grundwasserspiegels nicht feststellen läßt. Allgemeiner wird man vielleicht die Naturerscheinung folgender Massen in Worte kleiden können.

Abb. 45. Der Grundwasserspiegel ahmt nicht immer die Oberflächenformen nach, wie in manchen Lehrbüchern (z. B. in jenem von Passarge) zu lesen ist; die stärkere Einsickerung vom mittleren Tälchen her erzeugt in dem engwegigen Grundwasserführer (Punkte!) einen Spiegelscheitel (Grundwasserscheide).

Überall dort, wo infolge der Gesteinsverhältnisse und der Verteilung der Niederschläge eine reichlichere Speisung des Grundwasserspiegels stattfindet als in der Nachbarschaft, werden sich Kuppen des Grundwassers erheben, wenn gleichzeitig die Wegsamkeit des Grundwasserführers derartig ist, daß erst die Vergrößerung des Oberflächengefälles ihn befähigt den Überschuß der Zufuhr zu bewältigen. Ebenso werden sich alle Punkte und Linien oberhalb der Erdoberfläche bemerkbar machen, an und längs denen ein Abströmen des Grundwassers erfolgen kann; auch hier muß sich eine Art Gleichgewichtszustand zwischen Zu- und Abfuhr einstellen; in entsprechend wegigen Grundwasserführern reicht hierzu ein ganz geringes, asymptotisch der Null sich näherndes Gefälle aus, während bei geringerer Wegsamkeit verhältnismäßig größere Druckhöhen sich einstellen werden.

Abb. 46. *1* undurchlässige Schichten; *2* durchlässige Schichten; *Q* Quelle. Der Grundwasserspiegel bildet die Landformen nicht bzw. nur stellenweise ab; die Begründung ist ähnlich wie bei Abb. 46 (siehe diese).

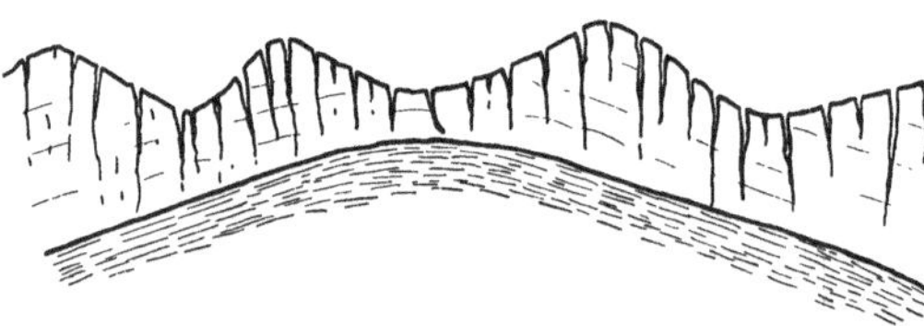

Abb. 47.
Der Grundwasserspiegel (stark ausgezogene Linie) verläuft völlig unabhängig von den Formen des Geländes obertags.

Im allgemeinen empfangen nun die Erhebungen wohl mehr Senkwasser durch die Niederschläge als die Täler, besonders wenn diese eng sind und im Windschatten liegen; unter bestimmten Voraussetzungen kann dann eine Abbildung der Landformen durch den Spiegelverlauf des Grundwassers eintreten. Außerdem zapfen alle Hohlformen mehr oder minder leicht den Grundwasserkörper an. Unter solchen Umständen werden sich dann allerdings Grundwasserspiegel von der Art einstellen, wie Slichter einen gezeichnet hat (wiedergegeben in Ries and Watson (3), S. 309, mit der Beifügung: „section showing relation of water table to surface irregularities"). Es gibt jedoch genug Ausnahmen von dieser „Regel"; man vergleiche z. B. die Abb. 45, 46 und 47, welche einer weiteren Erklärung nicht bedürfen und die Abb. 88 und 144.

5. Die technischen Eigenschaften des Quellwassers und ihre Untersuchung.

Die Untersuchung des Quellwassers kann von jener des Grundwassers nicht getrennt behandelt werden.

Denn erstlich sind Quellen nichts anderes als natürliche Austritte von Grundwasser und umgekehrt ist Grundwasser nur Quellwasser, das die Tagoberfläche aus irgendeiner Ursache noch nicht erreicht hat oder ohne menschliches Zutun (z. B. Brunnen) niemals erreichen wird.

Weiter sind die Anforderungen, welche die menschliche Wirtschaft an das Brauchwasser stellt, genau dieselben, mag man den Wasserbedarf nun aus einer Quelle oder aus Grundwasser schöpfen. Für die einzelnen Verwendungszweige werden allerdings verschiedene Anforderungen an die technischen Eigenschaften des Wassers gestellt. Trinkwasser muß ganz bestimmte Eigenschaften besitzen; da das Quellwasser vorwiegend zu Trinkzwecken verwendet wird, so sollen im vorliegenden Büchlein hauptsächlich jene Eigenschaften der Quellschüttung behandelt werden, welche sie befähigen, den Trinkwasserbedarf des Menschen zu decken. Auf die Anforderungen, welche an Nutzwasser für verschiedene häusliche und gewerbliche Zwecke gestellt werden müssen, kann dagegen nicht näher eingegangen werden; ihre ausführlichere Schilderung gehört in ein Handbuch der Grundwasserkunde oder der Wasserversorgung überhaupt; die meisten Gewerbe entnehmen ja in der Tat ihr Brauchwasser unmittelbar dem Grundwasser. Eine ganze Reihe von Städten mit Quellwasserversorgung gibt das Wasser, welches in erster Linie den Trinkbedarf zu decken hat, auch an gewerbliche Betriebe ab; die Eigenschaften des Wassers müssen aber dann ebenfalls mit dem Maßstabe gemessen werden, den man an reine Trinkwasserversorgungswerke anlegt.

Das Maß, mit welchem die Ärzte, Quelltechniker, Behörden usw. die Brauchbarkeit eines Quellwassers zum Trinken messen, ist nach Zeitläuften, den örtlichen Verhältnissen, dem jeweiligen Stande der Wissenschaften und nach dem ganzen Kulturzustande der Wasserverbraucher ein sehr verschiedenes. Das Verhalten der Verantwortlichen pendelt oft zwischen einer unbegreiflichen Sorglosigkeit und übertriebenster Ängstlichkeit. Man wird den richtigen Mittelweg einhalten, wenn man bedenkt, daß das Wasser zu den ersten und wichtigsten Gütern des Menschen gehört, daß für die Gesundheit und Gesunderhaltung der Bevölkerung alle Opfer gebracht werden müssen, daß aber andererseits dringend nötige Wasserversorgungsanlagen auch nicht durch zu weitgehende Forderungen ganz unmöglich gemacht werden dürfen.

a) Die Wärme des Wassers.

Die Gesundheitsfachleute halten ein Trinkwasser dann für bekömmlich, wenn seine Wärme zwischen 7 und 11° C liegt. Innerhalb dieser Grenzen bevorzugen die einen Menschen zum Durstlöschen kälteres (um 7 bis 8°), die anderen wärmeres Wasser (10 bis 11°). Das Wiener Hochquellenwasser, das bekanntlich sehr erfrischend wirkt, läuft im Sommer in Hausleitungen durchschnittlich mit einer Wärme zwischen 8 und 9° C aus. Erheblich kälteres Wasser trifft man in den Wasserleitungen des Hochgebirges, z. B. in jenen von Schutzhütten, an. Der Lichtbildner klagt dann häufig über schlechtes Wässern der Platten und Abzüge.

Bei einem Wärmegrade von 14° C schmeckt Wasser bereits schal und erfrischt nicht. Zu kaltes Wasser verursacht bei empfindlichen Menschen Erkältungserscheinungen, ruft Erkrankungen des Magens und der Darmwege hervor und schädigt zuweilen auch die Nieren. Bei der Auswahl des Wassers ist aber zu bedenken, daß kaltes Wasser im Haushalte viel leichter erwärmt, als warmes gekühlt werden kann; zum Erwärmen zu kalten Wassers bedarf es ja meistens nur eines kurzen Beiseitestellens des Gefäßes.

Zur Messung der Wasserwärme darf man sich nur eines guten Wärmemessers bedienen, welcher keinem allmählichen Anstiege des Eispunktes unterliegt. Die Wärmemesser sollen daher zumindestens aus Jenaer Normalglas 16 III (mit einfachem, veilem Längsstreifen auf der Rückseite), womöglich aber aus noch raumbeständigeren Gläsern verfertigt sein (etwa aus Borosilikatglas 59 III mit 0,035° oder aus alkalifreiem Wärmemesserglas mit nur 0,014° C Abweichung). Es empfiehlt sich, den Wärmemesser von Zeit zu Zeit nachprüfen zu lassen. Die Teilung soll noch $^{1}/_{10}$° oder wenigstens $^{1}/_{5}$° C mit Sicherheit abzulesen gestatten; diese Forderung ist besonders bei wiederholten Messungen an einer und derselben Quelle zu erheben, weil nur bei entsprechender Genauigkeit der Beobachtung der Wärmegrad der Quelle genügend scharf erfaßt werden kann, um daraus Folgerungen von großer wissenschaftlicher und wirtschaftlicher Tragweite ableiten zu können.

Man mißt bei Quellen gewöhnlich den Auslaufstrahl. In Quelltümpel oder Fassungen soll der Wärmemesser so tief als möglich versenkt werden, um Beeinflussungen der Wasserwärme durch die Außenwärme der Luft tunlichst auszuschalten. Kann man im untergetauchten Zustande nicht ablesen, so muß man Höchst- bzw. Mindestwärmemesser mit stehenbleibendem Quecksilberfaden verwenden oder den Wärmemesser mit einem ihn einschließenden, genügend großen Schöpfgefäße heraufholen und dann ablesen (Schöpfwärmemesser).

In neuerer Zeit werdens ehr genaue, auch zum Wärme-Loten unter Wasser eingerichtete, elektrische Wärmemesser mit größtem Erfolge angewendet; so z. B. bei Heilquellen.

Bei der Messung der Wärme des Wassers pflegt man gewöhnlich auch die Luftwärme zu messen; aus diesem Vorgange zieht man aber erst bei oft wiederholten und über einen längeren Zeitraum verteilten Messungen Nutzen.

Wässer, welche im Sommer auffallend warm und im Winter sehr kalt sind, sind in der Regel verdächtig; sie werden mehr oder weniger ausgiebig durch Oberflächenwässer gespeist und sind daher fast immer Verunreinigungen ausgesetzt.

Die Wärme des Grundwassers hängt nämlich vornehmlich von den Tiefen ab, in denen es sich hauptsächlich bewegt. Seichtliegende Grundwasserströme folgen dem Wärmegange der Luft in den verschiedenen

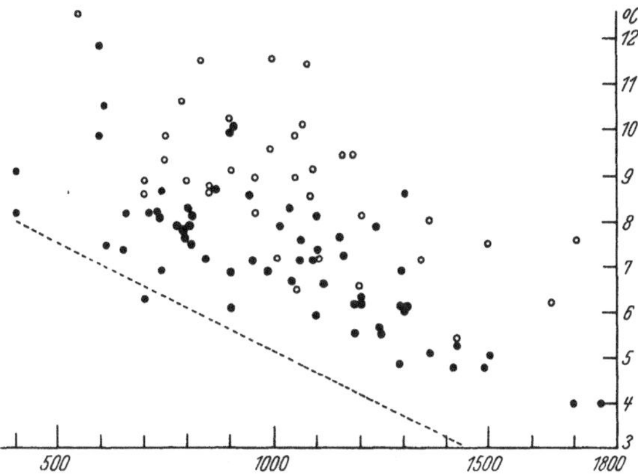

Abb. 48. Waagrechte Linie: Seehöhen, lotrechte Linie: Wärmegrade der Quellspende in den Sommermonaten im kristallinen Grundgebirge des Mur-Mürzgebietes. Vollkreise: schattseitige Quellen. Ringe: sonnseitige Quellen. „Schuttquellen" der alten Einteilung. Ihre Wärme ist im allgemeinen höher als jene der Spaltenquellen. Übrigens schwanken die Wärmegrade bei den Quellgruppen überaus je nach den geologischen Verhältnissen des Einzugsgebietes. Die gestrichelte Linie gibt die mittlere Jahreswärme der Luft in der betreffenden Seehöhenlage nach Klein, Klimatographie der Steiermark, an.

Jahreszeiten mehr oder weniger getreu; tiefes Grundwasser dagegen besitzt eine stets gleichbleibende Wärme, die entweder annähernd der mittleren Jahreswärme des betreffenden Ortes entspricht, oder höher ist als diese; ersteres gilt für Grundwasserströme in einer Tiefe von etwa 20 bis 30 Metern, bis wohin die jährlichen Wärmeschwankungen nicht mehr reichen, letzteres für noch größere Tiefen, in denen sich bekanntlich der Einfluß der Erdwärme bereits geltend macht (Erdwärmentiefenstufe). Quellen, welche im Sommer kälter sind, als der mittleren Jahreswärme des betreffenden Ortes entspricht, verdanken ihre Schüttung meist dem Schmelzen von Schnee oder Eis.

Je größer die Schwankungen der Grundwasserwärme sind, desto seichter muß der unterirdische Strom unter der Erdoberfläche liegen oder in seinem letzten Laufstücke gelegen haben. Decken sich die höchsten und tiefsten Wärmegrade von Luft und Grundwasser zeitlich, so liegt der

Beobachtungspunkt unweit der Stelle, wo das Grundwasser der Erdoberfläche sich am meisten nähert. Hinkt aber die Wärmebewegung des Grundwassers jener der Luft nach, so liegt die Beobachtungsstelle von der seichtesten Lage des Grundwasserspiegels um so weiter entfernt, je langsamer sich die Schwankungen der Luftwärme bemerkbar machen.

Die Beobachtung der Wärme von Quellen, die ja nichts anderes als natürliche Austrittsstellen des Grundwassers sind, kann zur Lösung verschiedener Fragen über die Zusammenhänge der Quellen mit dem Grundwasser beitragen; auch Verbindungen zwischen Flüssen und Grundwasser lassen sich feststellen, wenn bei starker Absenkung des Grund-

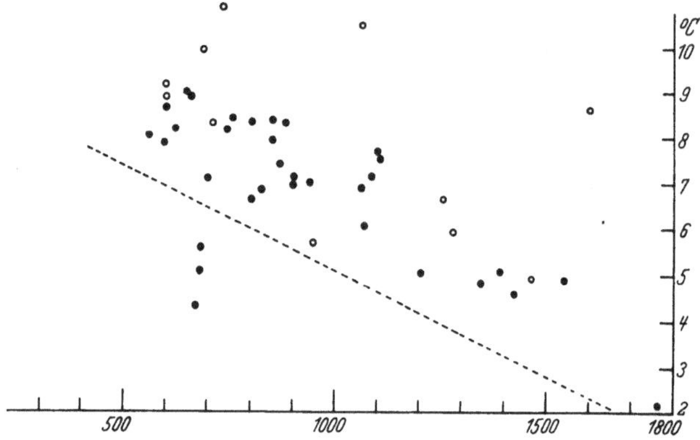

Abb. 49. Allgemeine Erklärung wie bei Abb. 48. Quellen aus Spalten und Zerrüttungsstreifen im kristallinen Berglande des Mur-Mürzgebietes.

wasserspiegels im Winter eine Erniedrigung, im Sommer eine Erhöhung der Grundwasserwärme eintritt. Fährt man in einem Stollen Wasseradern an, deren Wärme in der kalten Jahreszeit innerhalb kurzer Zeit rasch abnimmt, so darf man daraus schließen, daß der Wassereinbruch von kurzer Dauer sein wird; der Wasser zuführende Behälter entleert sich dann sehr schnell und das nachsickernde kältere Wasser kann die Gesteinswärme nicht rasch genug annehmen.

Im übrigen hängt die Wärme des Wassers vom geologischen Baue des Grundwasserkörpers und der Gegend sowie von der Seehöhe ihres Austrittspunktes und von der Abdachung ab. Hierüber verdanken wir besonders Kerner (5b) wertvolle Mitteilungen.

Nach Kerner (5b) stelle ich folgende Abhängigkeiten der Quellen der Tribulaungruppe von der Höhe übersichtlich zusammen:

Die Übersicht läßt einige Wünsche nach Vervollständigung offen. gestattet aber trotzdem das Ziehen einiger wichtiger Schlüsse. Vor allem zeigt sie, daß die Quellen aus gewachsenem Fels im allgemeinen am kühlsten sind; dann folgen jene aus mächtigen Schutthalden; die wärmsten Wässer entspringen geringmächtigen Schuttablagerungen und sehr grobem Blockwert.

Art des Wasseraustrittes	Seehöhe in m					
	1530	1650	1750	1870	1990	2130
An der Grenze von Pyritschiefer und Hauptdolomit	—	3,0	—	—	—	—
An der Grenze von Gneis und dolomitischem Kalk	3,3	—	—	—	—	—
An der Grenze von Urgebirge und auflagernden Dolomitschutthalden	—	—	—	1,6	—	—
An der Grenze von Urgebirge und auflagerndem dolomitischen Moränenschutt	—	—	—	—	1,3	—
Aus Oberflächenmoränen dolomitischen Baustoffes	—	—	2,5	—	—	—
An der Grenze von Dolomit und auflagerndem, dolomitischen Moränenschutt	—	—	—	—	1,9	—
Haldenschuttquellen aus dolomitischen Kalken	4,0	3,4	—	—	—	—
Haldenschuttquellen aus Dolomit	—	—	—	—	2,4	1,7
Am Fuße von Oberflächenformen aus Dolomiten und Kalkphylliten	—	—	—	—	—	2,9
Karschuttquelle im Gebiete kristalliner Schiefer	—	3,8	—	—	—	3,4
An der Grenze zwischen Pyritschiefer und Hauptdolomit mit Schuttvorlage	4,6	4,1	—	—	—	—
Aus Gehängschutt des Glimmerschiefers	4,7	—	3,8	—	—	—
Kluftquelle aus Glimmerschiefer	—	—	—	2,7	—	—
Aus Gehängschutt des Quarzphyllites	4,9	—	—	2,8	2,7	4,8
Aus dolomitischem Gehängeschutte	—	4,4	—	4,6	—	—
Aus Schichtfugen flachgelagerten Dolomites	—	—	4,1	—	3,3	—
Aus flachem Schuttboden im Dolomitgebiete	—	—	—	—	3,3	—
Aus Murkegel aus kristallinem Baustoffe	5,4	—	—	—	—	—
Karschuttquellen im Gebiete des Quarzphyllites	—	—	—	—	3,6	—
Aus Blockhalde aus Quarzkonglomerat	5,8	—	6,5	—	5,2	—
Aus flachem Schuttboden im Gebiete kristalliner Schiefer	—	—	—	6,3	—	—

Für die Abnahme der Quellwärme im Sommer mit der Höhe stellte Kerner (5b) nachstehende Formeln auf:

1. Gehängequellen im Gebiete kristalliner Schiefer . . . . . $t = 10{,}80 - 0{,}40\, h$
2. Gehängequellen im Gebiete des Quarzphyllites . . . . . $t = 10{,}26 - 0{,}40\, h$
3. Quellen am Fuße von Halden aus Dolomitschutt . . . . $t = 10{,}18 - 0{,}40\, h$
4. Kluftquellen aus kristallinem Schiefer . . . . $t = 9{,}03 - 0{,}34\, h$

5. Quellen am Fuße dolomitischer Oberflächenmoränen der Nacheiszeit . . . . $t = 8{,}00—0{,}31\ h$
6. Quellen an der Grenze von kristallinen Schiefern gegen auflagernden Dolomitschutt . . . . $t = 7{,}84—0{,}33\ h$

Die Wärmeabnahme mit der Höhe beträgt sonach bei den Gruppen 1—4 1° je 250 m, bei den übrigen Gruppen etwas weniger.

Die Wechselbeziehungen zwischen Quellen und Seehöhe lassen sich am klarsten aus Schaubildern nach Art jener von Abb. 48 und 49 ablesen. Man ersieht aus ihnen übrigens, daß man sich keine allzu enge Verbundenheit beider erwarten darf; denn außer der Seehöhe und der Abdachung wirken sich noch zahlreiche andere Einflüsse in der Quellwärme aus; so u. a. insbesonders die Lage des Grundwasserspiegels unter der Tagoberfläche und die Luftwegigkeit der Bergart. Spaltenquellen zeigen unter sonst gleichen Verhältnissen meist niedrigere Wärmegrade als Gehängeschuttquellen.

b) Die Reinheit (Klarheit) des Wassers.

Reines Wasser ist vollständig durchsichtig und klar. Unschädlich ist die oft zu beobachtende Trübung des Wassers durch feinste Luftbläschen; das milchige Aussehen solchen Wassers verschwindet auch bald wieder.

Minder harmlos können andere Trübungen (muddy or turbid water) sein; sie werden durch aufgeschwemmte Schwebstoffe veranlaßt; man stellt dann unter dem Mikroskope Mehlsand, Staubteilchen, tonige Stoffe, Eisenoxydhydratflöckchen, Pilzfäden, Pflanzenfasern, Spaltpilze, niedere Tiere und andere Stoffe fest. Oft zeigt sich die Trübung erst einige Zeit nach dem Schöpfen der Probe, wenn man sie der Luft aussetzt; so scheidet sich aus sehr harten Wässern, die reich an doppelsaurem, gelösten Kalke sind, nicht selten kohlensaurer Kalk ab; oder es verwandelt sich gelöstes doppeltkohlensaures Eisen unter dem Einflusse der Belüftung in unlösliches Eisenoxydhydrat; dieses verleiht dem Wasser zuerst einen opalähnlichen Schimmer, später zeigen sich kleine hellockerfarbige Flöckchen.

Ein großer Teil der Trübungen des Wassers ist an sich nicht gesundheitsschädlich. Ihr Vorhandensein kann aber die Tatsache aufdecken, daß zum Quellwasser auch Wasserfäden Zutritt finden, welche nicht genügend geseiht sind; ungenügend seihende Gesteine vermögen aber das Wasser nicht von Krankheitserregern zu befreien.

Aus diesem Grunde ist es notwendig, das Wasser tunlichst gleich an Ort und Stelle auf seine Durchsichtigkeit und Klarheit zu prüfen. Man geht dabei etwa so vor: Eine frisch geschöpfte, ein bis zwei Liter umfassende Probe des Wassers wird durch das sorgfältig gereinigte Gefäß aus farblosem Glase gegen das Licht beobachtet; die Prüfung wird nach einiger Zeit wiederholt. Oder man füllt die Probe in ein Standglas von etwa 30 cm Höhe und 5—10 cm Lichtweite und beobachtet sie; sind ziemlich viele Schwebstoffe vorhanden, so stellt man das Standglas über eine sog. Snellensche Schriftprobe [1] und schöpft so lange Wasser ab, bis man die einzelnen Buchstaben der Leseprobe deutlich zu erkennen vermag; die Höhe der Flüssigkeitssäule in Zentimetern ausgedrückt, bei welcher die Leseprobe sichtbar wird, ergibt ein Maß der Durchsichtigkeit (Durchsichtigkeitsgrad des Wassers). Für genauere und gut vergleichbare Bestimmungen der Wasserklarheit kann man den Durchsichtigkeitsmesser von J. König benützen. Neulich hat Gollnow (5c) ein lichtelektrisches Verfahren empfohlen.

Je nach dem Ergebnisse der rohen Klarheitsprüfung bezeichnet man das Wasser als: klar, schwach opalschillernd, opalschillernd, schwach trübe, trübe oder stark trübe.

Snellensche Schriftprobe 1,0
zur Bestimmung des Durchsichtigkeitsgrades.

1,0.

Der Jüngling, wenn Natur und Kunst ihn
anziehen, glaubt mit einem lebhaften Streben
bald in das innerste Heiligtum zu dringen.
5 4 1 7 8 3 0 9

c) Die Farbe des Wassers.

Reines Wasser erscheint in dicken Schichten blau, in dünnen farblos. Wasser, das in den Glasgefäßen des Haushaltes eine, wenn auch nur schwache Färbung zeigt, weisen wir zurück, solange wir nicht wissen, ob die Ursache seiner Färbung harmlos ist.

Oft zeigt Färbung des Wassers die Anwesenheit von Verunreinigungen oder die Möglichkeit ihres Zutrittes an. In anderen Fällen ist sie unbedenklich; so z. B., wenn sie von geringen Eisenmengen oder unschädlichen, gelösten Humusstoffen (sog. „Wasserhumus" nordischer Forscher z. B. O. Aschan) herrührt (Moorwässer).

Die Färbung des Wassers kann in einem 40—60 cm hohen, farblosen Standglase von mindestens 25 cm lichter Weite über einer weißen Unterlage beobachtet werden; seitlich einfallendes, störendes Licht wird durch eine Hülse aus schwarzem Papier ferngehalten. Die Wahrnehmung der Färbung wird durch ein Vergleichsglas mit überdampftem, reinem Wasser erleichtert. Leicht und genau läßt sich die Farbe des Wassers mit dem bereits erwähnten Durchsichtigkeitsmesser von J. König erheben.

[1] Bei Paul Altmann, Berlin NW 6 erhältlich und von Klut (5c) zum Gebrauche mehrfach abgedruckt.

d) Der Geruch des Wassers.

Trinkwasser und Kochwasser darf nicht unangenehm riechen; am besten hat es überhaupt keinen wie immer gearteten Geruch.

Fäulnisgeruch oder dumpfer, muffiger Geruch machen das Wasser ekelhaft und für die Trinkwasserversorgung ungeeignet. Sie rühren von pflanzlichen und tierischen Resten her, die in mangelhaften Quellfassungen u. dgl. absterben und verfaulen.

Die Abwässer von gewerblichen Betrieben verunreinigen nicht selten die Grund- und Quellwässer und verleihen ihnen einen bestimmten Geruch nach Chlor, Erdöl, Benzin, Teer, Lauge usw.

Grundwässer, die reich an Eisen sind, verraten sich ebenso durch ihren Geruch wie solche, welche reichlich Huminstoffe („Wasserhumus") enthalten (mooriger Geruch der sog. „Schwarzwässer").

Geruch nach Schwefelwasserstoff (faulen Eiern) macht das Wasser widerlich; er kann aber verschiedene Quellen haben und auch harmlos sein. So z. B. wenn er durch Umsetzung von Schwefeleisen und Kohlensäure entsteht. Schädlich ist dagegen in den meisten Fällen ein Schwefelwasserstoffgehalt, der von der Zersetzung von Eiweißstoffen herrührt; er zeigt die Möglichkeit der Anwesenheit oder Einschwemmung von Krankheitskeimen an.

Auch Lebewesen im Wasser veranlassen bestimmte Gerüche; so nach Kolkwitz Asterionella einen fischigen, Synura einen solchen nach frischen Gurken.

Der Geruch des Wassers wird in einer größeren, weithalsigen Flasche zuerst bei Luftwärme, dann nach dem Erwärmen auf 40—50^0 unter kräftigem Schütteln der Probe geprüft. Anwesender Schwefelwasserstoff stört die Prüfung auf etwa noch vorhandene andere Gerüche; man bindet ihn daher nach seiner Feststellung durch Einwerfen einiger Körnchen von schwefelsaurem Kupfer; es entsteht geruchloses Schwefelkupfer (braunes oder schwarzes CuS).

Schwefelwasserstoff kann auch chemisch festgestellt werden. Erwärmt man das Wasser in einem Kölbchen, so färbt etwa entweichender H_2S einen mit essigsaurem Blei getränkten Streifen gelbbraun bis schwarz. Ein noch schärferes Anzeichen ist die Veilfärbung, welche eintritt, wenn man das zu untersuchende Wasser mit Soda und Nitroprussidnatrium versetzt. Ganz kleine Mengen kann man noch mittels Aminodimethylanilin und $FePl_3$ nachweisen; es bildet sich Methylenblau.

e) Der Geschmack des Wassers.

Bei einer Wärme von 7—11^0 soll Trinkwasser frisch und angenehm schmecken; die Beurteilung hängt allerdings bis zu gewissem Grade auch von der Gewohnheit ab; es ist daher bei der Abgabe des Urteiles auch die

Stimme der Ortsbewohner zu hören, welche das Wasser trinken sollen. Freie Kohlensäure erzeugt immer einen prickelnden, angenehmen und erfrischenden Geschmack.

Wie alle bisher genannten Eigenschaften, so ist auch der Geschmack des Wassers stets sofort an Ort und Stelle zu prüfen; die hierzu nötigen Geräte können leicht in einer Handtasche oder einem kleinen Koffer überallhin mitgeführt werden; H. Klut hat einen handsamen ,,Wasserkasten" zusammengestellt[1]; er enthält alle Geräte und Chemikalien, welche die physikalische und chemische Vorprüfung des Wassers im Gelände erfordert.

Die Schmeckfähigkeit ist den einzelnen Menschen in sehr verschiedenem Maße eigen; Alter und starkes Rauchen stumpfen die Geschmacksempfindung ab. Sie kann aber erhöht werden, wenn man das Wasser vor der Prüfung auf 25—35^0 erwärmt.

Die untere Schmeckbarkeitsgrenze liegt bei verschiedenen Stoffen recht ungleich tief. Sie wird angegeben für

Freie Kohlensäure	mit	52,5 mg im Liter
Zink	,,	5 mg Zn (als $ZnSO_4$ gelöst)
Chlornatrium (salzig schmeckend)	,,	300—600 mg im Liter
Magnesiumchlorid (Bitter schmeckend)	,,	28—1600 mg im Liter
Schwefelwasserstoff	,,	0,57—1,15 mg im Liter
Chlorkalk (in entkeimten Wässern)	,,	0,5 mg aktives Chlor im Liter

f) Die chemische Beschaffenheit des Wassers.

Die chemische Zusammensetzung des Wassers zu prüfen, ist die Sache des zünftigen Chemikers; es kann ihre ausführliche Schilderung daher auch nicht die Aufgabe eines Quellenbüchleins sein. Der Nichtchemiker wird nur in einzelnen Fällen gewisse, leicht zu bewerkstelligende, rein güte mäßige Vorprüfungen ausführen können. Die mengenmäßige Feststellung der im Wasser vorhandenen fremden Stoffe bleibt stets dem Fachchemiker vorbehalten; dieser drückt die Menge der im Wasser enthaltenen Stoffe in Tausendstelgrammen je Liter (mg in l) aus.

Ein Nebenzweck bei der chemischen Untersuchung (Chemical examination) ist die Erkundung einer möglichen Verunreinigung des Wassers mit Keimen. Hierüber folgen bei den einzelnen Stoffen gesonderte Angaben. Nach W. P. Mason zeigen folgende Grenzwerte der tieferstehenden Stoffe eine ,,organic contamination" im Wasser auf:

	Teile auf 100 000
Free ammonia	0,012
Albuminoid ammonia	0,028
Nitrites	0,0003
Nitrates	0,389
Oxygen absorbed	0,70

[1] Bei Paul Altmann, Berlin NW 6, Luisenstraße 47 erhältlich.

Die Wechselwirkung (Reaktion) des Wassers.

Die natürlich vorkommenden Wässer können sauer, neutral oder alkalisch sein.

Zur rohen gütemäßigen Feststellung der Wechselwirkung des Wassers genügt im allgemeinen das Einlegen von je einem roten und blauen Lackmuspapierstreifen in die Wasserprobe.

Mengenmäßig bestimmt man die Wechselwirkung des Wassers durch Feststellung des Ionisierungsgrades des Wassers (Wasserstoffionengradigkeit, Wasserstoffionenkonzentration). Sie gibt die Zahl der Gramme des ionisierten Wasserstoffes in 1 Liter an; sie ist $1 \cdot 10^{-7}$, wenn das Wasser rein und neutral ist. Ist die Ionengradigkeit

$> 1 \cdot 10^{-7}$, so ist die Wechselwirkung sauer,
$< 1 \cdot 10^{-7}$, so ist die Wechselwirkung alkalisch.

Der Wasserstoffzeiger (Wasserstoffzahl, Wasserstoffexponent) ist der Logarithmus des umgekehrten Wertes der Ionengradigkeit; er wird meist p_H geschrieben und beträgt

7 bei neutraler,
< 7 ,, saurer,
> 7 ,, alkalischer Wechselwirkung.

Für die Bestimmung der Wasserstoffzahl gibt es bereits sehr handsame, schnell arbeitende Verfahren; so z. B. das Jonoskop und die Verfahren von O. Arrhenius und von H. Niklas, die billigen Universalindikatoren von Merckh u. a.

Ammoniak (NH_3).

Die Anwesenheit von Ammoniak im Wasser ist belanglos, wenn das Gas bei rein chemisch-physikalischen Umsetzungsvorgängen im Wasser oder im Boden entbunden wird; es gesellt sich gerne humus- (Moorgebiete) oder eisenreichen Grundwässern bei.

In allen anderen Fällen ist Ammoniakgehalt von Trinkwasser bedenklich. Er ist nämlich auf Fäulnisvorgänge unter Wirkung von Kleinlebewesen zurückzuführen. Derartiges Wasser kann menschliche oder tierische Abfallstoffe umflossen, durchweicht und durchsickert haben und Krankheitskeime führen.

Die Vorprüfung auf Ammoniak bedient sich der Neßlerschen Lösung (2,5 g Kaliumjodid, 3,5 g Quecksilberjodid, 3,0 g überdampftes Wasser und 100 g 15/100 Kalilauge). Vier bis sechs Tropfen der licht- und luftdicht aufzubewahrenden Lösung erzeugen in etwa 10 g der Wasserprobe eine lebhafte Gelbfärbung, ja bei Anwesenheit von reichlich NH_3 sogar einen kressen bis braunroten Niederschlag von Quecksilberoxyd-Ammoniumjodid. Störende Bestandteile, wie z. B. Tontrübe, entfernt man vorher mit chemisch reinem, kristallisiertem, schwefelsaurem Aluminium;

geprüft wird die vom Bodensatz abgegossene, überstehende, klare Flüssigkeit.

Die Färbung des Wassers durch die Neßlersche Lösung wird bei schwachem Ammoniakgehalte durch Nebenhalten von Vergleichwasser deutlicher erkennbar. Nach dem Grade der Verfärbung oder der Niederschlagbildung spricht man von ,,Spuren", ,,deutlicher", ,,starker" und ,,sehr starker" Wechselwirkung. Wasser, das mehr als bloße ,,Spuren" von Ammoniak enthält, muß später vom Fachchemiker noch mengenmäßig auf NH_3 geprüft werden.

Salpetrige Säure (NHO_2).

Salpetrige Säure schadet in den Mengen, in denen sie im Trinkwasser vorkommen kann, der Gesundheit nicht; sie ist aber der Anzeiger von möglichen Verunreinigungen durch menschliche oder tierische Abfallstoffe und warnt vor der Verseuchung des Trinkwassers; nur selten ist sie das Ergebnis rein unbelebt vor sich gehenden Abbaues von salpetersauren Salzen.

Viele Kleinlebewesen, wie z. B. der Cholerabazillus, scheiden salpetrige Säure ab.

Die Anwesenheit kleinerer Mengen von salpetriger Säure als 0,02 mg N_2O_3 im Liter Wasser wird von H. Klut für unbedenklich gehalten.

Auf salpetrige Säure soll gleich an Ort und Stelle vorgeprüft werden. Man wendet dazu häufig Metaphenylendiamin an, welches eine goldgelbe oder braune bis rötliche Färbung hervorruft. Ein anderes Verfahren setzt zur Wasserprobe 3—5 Tropfen 25/100 Phosphorsäurelösung (oder Schwefelsäure) und später 10—12 Tropfen Jodzinkstärkelösung zu; anwesende salpetrige Säure macht Jod frei und färbt die Lösung

sofort blau, wenn etwa 0,50 mg oder mehr N_2O_3 im Liter Wasser enthalten sind
nach 10 Sekunden wenn etwa 0,30 mg N_2O_3 im Liter Wasser enthalten sind
,, 30 ,, ,, ,, 0,20 ,, ,, ,, ,, ,, ,, ,,
,, 3 Minuten ,, ,, 0,10 ,, ,, ,, ,, ,, ,, ,,
,, 10 ,, ,, ,, Spuren von N_2O_3 anwesend sind.

Salpetersäure (HNO_3).

In den kleinen Mengen, die das Trinkwasser davon enthalten kann, ist die Salpetersäure an sich nicht gesundheitschädlich; in Bleiröhren allerdings begünstigt sie die Lösung dieses giftigen Metalles.

Die Untersuchung des Wassers auf Salpetersäure an Ort und Stelle ist aber deshalb wichtig, weil die Salpetersäure im Untergrund nicht nur auf rein chemischem Wege, sondern auch unter Mithilfe von Kleinlebewesen entstehen kann; derartig gebildete Salpetersäure verrät die Verunreinigung des Grundwasserführers mit menschlichen oder tierischen Abfallstoffen. Die Feststellung von Salpetersäure im Trinkwasser zwingt also zur einwandfreien geologischen Klärung der wichtigen Frage, welchen Ursprunges die anwesende Salpetersäure ist; sprechen die geologischen Verhältnisse des Grundwasserführers und die örtliche Lage der Quelle für eine anorganische Herkunft der Salpetersäure, dann kann auch ein Gehalt von 30—40 mg N_2O_5 im Liter noch erträglich sein. Ein hoher Gehalt an Salpetersäure deutet aber in der Regel auf bedenkliche Verunreinigungen; solche Wässer dürfen natürlich als Trinkwässer nicht verwendet werden.

Nachgewiesen wird die Salpetersäure entweder mit Diphenylamin oder mit Brucin. Ersteres erzeugt Blaufärbung, wenn man eine kleine Probe des zu untersuchenden Wassers (etwa 1 cm^3) in kurzen Zeitzwischenräumen zweimal mit je $\frac{1}{2}$ cm^3 reiner, unverdünnter Schwefelsäure versetzt, in die man einige Kriställchen Diphenylamin eingelegt hat: bei Anwesenheit von salpetriger Säure versagt der Versuch, weil diese gleichfalls das Wasser bläut; in solchen Fällen empfiehlt sich die Anwendung von Brucin, welches obendrein noch weit schärfere Ergebnisse liefert; es weist noch 1 mg N_2O_5 im Liter Wasser nach; nur schneeweißes, von Licht und Luft noch nicht zersetztes Brucin (giftig!) darf verwendet werden.

Brucin zeigt in schwefelsaurer Lösung bei großem Überschusse an Schwefelsäure nur Salpetersäure an und bleibt von anwesender salpetriger Säure unbeeinflußt. Bei der Anwendung folgt man der Winklerschen Vorschrift. Man gießt nach Augenmaß mindestens 3 cm^3 unverdünnte Schwefelsäure in ein Proberöhrchen und träufelt tropfenweise rund 1 cm^3 des zu untersuchenden Wassers ein; dabei erwärmt sich die Mischung. Nachdem man sie auf die ursprüngliche Wasserwärme abgekühlt hat, fügt man unter Umschütteln einige Milligramme Brucin hinzu. Anwesenheit von salpetersauren Salzen gibt sich alsbald durch Rotfärbung zu erkennen.

Härte.

Die Härte eines Wassers wird durch die Anwesenheit von Verbindungen der Erdkalien (Ca, Mg) bedingt. Ihre kohlensauren Salze bilden die vorübergehende (temporäre, transitorische Härte), ihre schwefelsauren, phosphor-, salpeter- und kieselsauren Salze im Verein mit den Chloriden die bleibende Härte (permanente Härte, Nichtkarbonathärte).

Man drückt die Härte in Graden aus. Ein deutscher Härtegrad bedeutet 10 mg CaO in 1 Liter Wasser oder 1 Gewichtsteil CaO auf 100000 Teile Wasser. Dabei ist die Bittererde (MgO) nach dem Verhältnisse MgO : CaO = 1 : 1,4 in Kalk umzurechnen; Salze der Bittererde treten übrigens im allgemeinen in unseren Wässern gegen jene der Kalkerde zurück. Engländer und Franzosen rechnen mit anderen Härtegraden (H).

Es ist

Deutsch. Maß	englisches Maß	französ. Maß
1 CaO auf 100,000 H_2O	= 1,25 englische Härte	= 1,79 französ. Härte
0,8 Deutsche Härte	= 1 Teil $CaCO_3$ auf 70,000 H_2O	= 1,43 französ. Härte
0,56 Deutsche Härte	= 0,7 englische Härte	= 1 Teil $CaCO_3$ auf 100,000 H_2O

Man bezeichnet die Wasser nach ihrem Grade deutscher Gesamthärte nach H. Klut und J. Stiny in folgender Weise:

H = 0— 4: sehr weich (schmeckt meist fade)
4— 8: weich
8—12: mittelhart
12—18: ziemlich hart
18—25: hart
25—50: sehr hart.
> 50: außergewöhnlich hart.

Sehr weiches Wasser liefern Quellen aus Glimmerschiefern, Quarzphylliten, Quarzitschiefern, reinen Quarzsanden und ähnlichen Gesteinen.

Man hat früher sehr harte Gewässer für schädlich gehalten. Neuere Untersuchungen aber behaupten, daß eine Gesamthärte des Trinkwassers bis zu etwa 100 d. H. noch nicht schädlich empfunden wird, wenn der Körper an so hartes Wasser gewohnt ist und bei Zureisenden kein zu jäher Wechsel in der Härte des Genußwassers eintritt. Nur sehr empfindliche Menschen verspüren, wenn sie andere weichere Wässer gewohnt waren, beim Genusse sehr harten Wassers anfangs Störungen der Verdauung, allenfalls Durchfall (namentlich bei bedeutendem Gehalte des Wassers an Gips oder an Bittererdesalzen). Chlormagnesium verleiht in Mengen über 100 mg je Liter dem Wasser meist einen bitteren Geschmack und nachteilige Wirkungen auf die Verdauungswerkzeuge.

Für den Haushalt sind weiche Wässer aus verschiedenen Gründen vorzuziehen.

Fleisch und Hülsenfrüchte kochen im harten Wasser schwer weich, Kaffee und Tee schmecken minder schön, Grog wird durch Ausscheidung von Härtebildnern häufig trübe, Kakao neigt zur Ausflockung und Abscheidung der Fetttröpfchen und ebenso werden Mehlsuppen niemals „glatt“, sondern bleiben flockig.

Beim Waschen vernichtet nach A. Kolb je 1 Härtegrad im Raummeter Waschwasser 0,17 kg Seife. Die sich bildende unlösliche Kalkseife füllt die Lücken zwischen den Gewebfasern aus; sie nimmt der Wäsche die Weichheit und Biegsamkeit und verleiht ihr obendrein häufig dadurch noch einen unangenehmen Geruch. Verwöhnte Damen klagen, daß hartes Wasser die Haut aufrauht und spröde macht; die Kalkseife verstopft, wenn man nicht mit viel frischem Wasser tüchtig nachspült, leicht die Poren der Haut und erschwert ihre Atmung.

In den Rohren der Wasserleitungen setzen harte Wässer Kalksinter ab und engen ihren Querschnitt ein. Daß harte Wässer wegen der Bildung von Kesselstein für die Speisung von Kesseln ungeeignet sind, ist bekannt; solche Wässer müssen vor dem Gebrauche gereinigt, d. h. enthärtet werden.

Man hat die Gesamthärte des Wassers früher an Ort und Stelle oder im Arbeitsraume mit Seifenlösung festgestellt. 45 cm³ Regelseifenlösung, wie sie im Handel erhältlich ist, auf je 100 Teile Wasserprobe angewendet, entspricht 12 deutschen Härtegraden. Man gibt die Seifenlösung zuerst reichlicher und später nur mehr tropfenweise zu; nach jedem Zusatze schüttelt man kräftig und sieht zu, ob der sich bildende Schaum wieder verschwindet oder nicht. Magnesiakalke stören die Härtebestimmung meistens; der Schaum erhält ein schmutziges, käseartiges, klumpiges Aussehen.

Heutzutage wendet man meistens andere Verfahren der Gesamthärtebestimmung an. So z. B. jenes mittels Kaliumpalmitatlösung; dieses schildert C. Blacher in nachstehender Weise:

100 cm³ des zu untersuchenden Wassers mit weniger als 60 d. H. werden mit n/10-Salzsäure und 2 Tropfen einer 1/1000-Methylorangelösung als Anzeiger titriert; von salzhaltigen Wässern muß entsprechend weniger verwendet und mit überdampftem Wasser bis zu 100 cm³ aufgefüllt werden. Der Farbenumschlag von Gelb in Rot darf nicht mehr verschwinden, wenn man die Kohlensäure mittels Wasserstrahlgebläse austreibt. Sodann fügt man 6 bis 8 Tropfen 1/100-Phenolphtaleinlösung hinzu und titriert mit n/10-Kalilauge bis zur schwach alkalischen Wechselwirkung. Ein Überschuß an Kalilauge wird durch einige Tropfen n/10-Salzsäure gerade zum Verschwinden gebracht. Nun fügt man n/10-Kaliumpalmitatlösung bis zur deutlichen Rotfärbung hinzu und zwar soviel, daß die Rotfärbung nach Zusatz von 3 Tropfen n/10-Salzsäure gerade wieder verschwindet. Durch Multiplikation der Anzahl der verbrauchten cm³ n/10-Kaliumpalmitatlösung mit 2,8 erhält man die Gesamthärte des Wassers in deutschen Härtegraden. Die Kaliumpalmitatlösung darf nicht in der Kälte stehen und muß auf ihre richtige Gradigkeit geprüft werden.

Zu diesem Behufe füllt man in einen Erlmeyerkolben 10 bis 20 cm³ klares Kalkwasser mit kohlensäurefreiem, überdampften Wasser auf 100 cm³ auf und setzt 6 bis 8 Tropfen Phenolphtalein zu. Dann titriert man mit n/10-Salzsäure bis zum Umschlag von Rot zu farblos; den Säureüberschuß macht man mit n/10-Kalilauge wett und titriert wie oben erwähnt mit n/10-Kaliumpalmitat. Der Verbrauch an Salzsäure und an Kaliumpalmitat muß gleich sein. Ist die Kaliumpalmitatlösung zu stark, dann muß man sie mit 98/100-Alkohol verdünnen.

Organische Stoffe.

Organische Stoffe im Trinkwasser können unschädlicher oder bedenklicher Herkunft sein.

Der sog. „Wasserhumus“, welcher den „Schwarzwässern“ eine gelbliche bis bräunliche Farbe verleiht, ist unschädlich; er ist besonders in Quellen zugegen, welche aus kalkarmen Einzugsgebieten genährt werden; solches Gelände begünstigt die Bildung von Auflagehumus und von

Mooren. Freilich kommen Moore auch auf kalkreichem Untergrunde vor, wenn seine Oberschicht mehr oder minder stark ausgelaugt ist.

Trinkwässer aus solchen moorigen und anmoorigen Gebieten oder aus Gesteinen mit reichlicher Auflagehumusdecke färben blaues Lackmuspapier schwach bis deutlich rot, schmecken eigenartig fade und riechen zuweilen auch mehr oder minder dumpf moorig. Sie werden, ohne schädlich zu sein, wegen ihrer unerwünschten Färbung und ihres Geschmackes meist ungern getrunken und wären daher vom Genusse tunlichst auszuschließen. Die gelbe Farbe solcher Wässer stört außerdem bei der Verwendung in Bleichereien, Färbereien, Papierwerken usw.; Entfärbung durch Ozon, übermangansaures Kali usw. ist allerdings möglich; zuweilen gelingt die Ausfällung der Huminstoffe durch Beimischung eisenhaltigen Wassers.

Rühren dagegen die Belebtstoffe des Quellwassers von der Zersetzung tierischer Reste und menschlicher Ausscheidungen her, so gefährden sie die Gesundheit des Trinkers.

Man ist übereingekommen, die Menge der anwesenden organischen Stoffe zu messen durch den Verbrauch an übermangansaurem Kali zu ihrer Oxydation u. zw. in Milligrammen verbrauchten Salzes je 1 Liter Wasser. Nach dem Vorschlage von J. König werden dabei 12 mg übermangansaures Kali gleichgesetzt 40 cm^3 1/100-Kaliumpermanganatregellösung (käuflich) oder 63 mg organischen Stoffen.

Abdampfrückstand.

Die Bestimmung und Kenntnis des Abdampfrückstandes hat vom gesundheitlichen Standpunkte aus nur wenig Bedeutung. Wohl aber ist sie oft wichtig für die Beurteilung der Eignung des Wassers zu gewerblichen Zwecken; übersteigt der Abdampfrückstand von Kesselspeisewasser 300 mg im Liter, so führen Kesselsteinansatz oder Kesselschlammbildung zu Unzukömmlichkeiten.

Die Bestimmung des Abdampfrückstandes ist leicht. Man dampft 200 cm^3 der Wasserprobe in einer völlig reinen Platinschale von bekanntem Gewichte auf dem Wasserbade ein und trocknet sie hierauf durch etwa 3 Stunden bei 110^0 C im Trockenschrank. Die Schale wird sodann samt dem Rückstande gewogen; der Gewichtsunterschied gegenüber der leeren Platinschale ergibt den Abdampfrückstand.

Glüht man den Abdampfrückstand etwa 10 Minuten lang, dann verbrennen die organischen Stoffe völlig; man befeuchtet sodann mit einigen Tropfen einer Lösung von kohlensaurem Ammonium, trocknet bei 180^0 C und wiegt. Die Gewichtsabnahme durch das Trocknen und Glühen liefert den Glühverlust, das Gewicht des geglühten Rückstandes den Glührückstand.

Eisengehalt.

Viele Grundwässer und Quellen, namentlich in den Niederungen, enthalten ziemlich viel bis reichlich Eisen in der Form von doppeltkohlensaurem Eisenoxydul gelöst.

Der Eisengehalt von Trinkwässern schadet an sich der Gesundheit nicht, doch führt er zu Unzukömmlichkeiten; sie treten meist schon bei dem niedrigen Gehalte von 0,1—0,2 mg Fe im Liter auf und beruhen auf der Ausscheidung von unlöslichem Eisenoxydhydrat bei der Berührung mit der Luft. Schon nach kurzem Stehen des Wassers erscheint ein leichter Schleier; das Wasser erhält einen gelblichen Stich, beginnt opalähnlich zu schillern und wird sodann trübe; schließen sich die Eisenoxydhydratteilchen zu Flocken zusammen, so klärt sich das Wasser später wieder, indem die Ausflockungen zu Boden sinken.

Die Trübung und Flockenbildung macht das Trinkwasser ekelhaft; höherer Eisengehalt erzeugt weiter einen tintigen Geschmack, der nach Klut bereits bei Vorhandensein von 1,5 mg Fe im Liter deutlich wahrnehmbar ist.

In Rohrleitungen scheiden eisenreiche Wässer Eisenoxydhydratschlamm ab, der besonders dann lästig wird, wenn der Eisengehalt des Wassers Eisen- und Manganspaltpilze anlockt (z. B. Leptothrix, Gallionella, Crenothrix, Sideromonas, Siderocapsa usw.).

Eisenreiche Wässer verunzieren beim Waschen die Wäsche durch Rostflecken und gelbliche Färbung; außerdem riecht solche Wäsche muffig. Eisengehalt des Wasers stört ferner bei der Bereitung von Kaffee und Tee; er legt sich an die Wandungen des Geschirres an und überzieht auch Wasserbecken und Springbrunnen mit einer häßlichen Haut braunen Rostes (Eisenocker); er stört ferner den Betrieb von Gerbereien, Bleichereien, Färbereien, Zeugdruckereien, Papierwerken, die Stärkeerzeugung, den Betrieb der Glas- und Tonwerke usw. Das Eisen verleiht ferner der Milch, dem Rahm und der Butter einen wenig angenehmen, tintenartigen (metallischen) Geschmack und verdirbt den Käse durch Rostflecken.

Die Übelstände treten meist schon bei einem Eisengehalte von mehr als 0,1—0,2 mg Fe im Liter ein; durch Enteisnungsanlagen können sie gemildert oder ganz beseitigt werden; doch verteuern derartige Verfahren die Wasserversorgung und zwingen gar oft zur Aufsuchung anderer, eisenarmer Quellen.

Artmäßig wird das Eisen gewöhnlich mit 2—3 Tropfen Natriumsulfidlösung nachgewiesen. Man träufelt es in ein Standglas von 20 bis 25 cm Lichtweite und 30 cm Höhe und fördert die Beobachtung durch Aufstülpen einer schwarzen Papierrolle oder Metallhülse. Das Standglas wird auf einen Dreifuß von etwa 30—40 mm Höhe über eine weiße Unterlage gestellt. Je nach dem Eisengehalte des Wassers tritt sogleich oder nach 2—3 Minuten eine grünliche (<0,5 mm Fe im Liter) oder grüngelbe bis braunschwarze Färbung ein (Kleinchenlösung von Ferrosulfid). Ein Vergleichsglas mit überdampftem Wasser ermöglicht noch die Wahrnehmung von 0,15 mg Fe im Liter Wasser. Bei Anwesenheit von Ferriverbindungen tritt Trübung durch Schwefelausscheidungen auf; mit Rhodankalium in salzsaurer Lösung versetzt, färben sie das Wasser rosa bis rot, wenn mehr als 0,05 mg im Liter vorhanden sind.

Kalk und Magnesia.

Die genaue mengenmäßige Bestimmung von Kalk- und Bittererde muß dem Fachchemiker überlassen bleiben. Rohe Anhaltspunkte über den Bauschgehalt beider Stoffe bietet die Härtebestimmung.

Chlor.

Jedes Quellwasser enthält wenigstens Spuren von Chlor. Im Trinkwasser sollen jedoch im allgemeinen nicht mehr als 30 mg im Liter vorhanden sein. Bei Anwesenheit größerer Chlormengen schmeckt das Wasser fade, metallisch, salzig oder bitter je nach der Base, an welche Chlor gebunden ist.

Chlormengen, welche den Geschmack des Trinkwassers nicht verändern, sind gesundheitlich unbedenklich, wenn sie auf die Auslaugung chlorhaltiger Gesteine zurückzuführen sind. Schließen geologische Untersuchungen eine derartige Herkunft des Chlors aus, dann sind sie ein Zeichen dafür, daß Reste von Lebewesen oder ihre Ausscheidungen zur Quelle gelangen können; vor solchem Wasser muß aus gesundheitlichen Gründen gewarnt werden.

Mengen von mehr als 200 mg Cl im Liter können in weichen Wässern bereits Metalle und Beton angreifen; bei harten Wässern liegt die Grenze wegen der besseren Chlorbindung höher. In Dampfkesseln fördern Druck und Hitze die Anätzung (Korrosion).

Der artmäßige Nachweis von Chlor kann am handsamsten mit Höllensteinlösung (Silbernitrat) ausgeführt werden; die klare oder falls nötig durchgeseihte und geklärte Wasserprobe zeigt bei Anwesenheit von sehr wenig Chlor eine weißliche Trübung; größere Chlormengen scheiden einen käsigen Niederschlag von Chlorsilber aus, der sich im Lichte bräunt oder schwärzt.

Mangan.

Das Mangan gesellt sich gerne eisenhaltigen Wässern zu; es bildet zuweilen einen schwärzlichen Mulm in den Hohlräumen von Sanden und Kiesen, beteiligt sich an dem Aufbau der sog. ,,Eisenstreifen" im Boden und findet sich gerne im schwarzen Schlick der Niederungen.

Der Mangangehalt des Trinkwassers schädigt die Gesundheit nicht. Er stört aber die gewerbliche Verwendung des Wassers, wenn er 0,1 mg je Liter übersteigt. Seine unangenehmen Wirkungen ähneln völlig jenen des ihm verwandten Eisens, nur färbt es dunkel (Flecken in der Wäsche!); seine Ausfällung wird durch Spaltpilze unterstützt (z. B. durch Crenothrix).

Bei der Prüfung auf Mangan werden nach H. Marshall etwa 50 cm³ der Probe mit 8—10 Tropfen 25/100-Salpetersäure angesäuert und dann vorsichtig mit 5/100-Silbernitratlösung solange versetzt, bis alle Chloride ausgefällt sind und ein geringer Überschuß an Silbernitrat im Wasser vorhanden ist. Man fügt nun 5 cm³ einer 6/100-Ammoniumpersulfatlösung hinzu und kocht die Flüssigkeit eine Viertelstunde lang gelinde, ohne das Chlorsilber abzuseihen. Bei Anwesenheit von Manganverbindungen färbt sich je nach ihrer Menge das Wasser rosa bis rot; bei hohem Mangangehalte scheidet sich oft braunes, unlösliches Manganperhydroxyd ab. Eine anfangs oder während des Kochens sich zuweilen einstellende Braunfärbung hat mit der nachzuweisenden Übermangansäure nichts zu tun; sie verschwindet wieder. Die Beobachtbarkeitsschwelle der Prüfung liegt bei 0,1—0,05 mg im Liter.

Kohlensäure (CO_2).

Die Kohlensäure kommt in mehreren Formen im Wasser vor.

Gebunden wird sie genannt, wenn sie fest an Ca oder Mg gekettet ist ($CaCO_3$, $MgCO_3$).

Halbgebunden ist sie in den doppelkohlensauren Salzen, wie z. B. in $Ca(HCO_3)_2$ und $Mg(HCO_3)_2$; sie entweicht bei der Belüftung teilweise, beim Erwärmen des Wassers vollständig; es bleiben $CaCO_3$ und $MgCO_3$ zurück. Die Menge der halbgebundenen Kohlensäure ist daher immer gleich jener der gebundenen.

Die freie Kohlensäure ist im Wasser als Gas oder als H_2CO_3 gelöst enthalten. Ein Teil von ihr, die sog. „zugehörige" freie Kohlensäure, hält die doppeltkohlensauren Salze im Wasser in Lösung; ein etwa verbleibender Rest greift Metalle, Mörtel, Gesteine usw. an und heißt deshalb „angreifende" (aggressive) Kohlensäure.

1 Liter Wasser löst bei

4° C	1473 cm³	oder	2869 mg CO_2	(Dichte 1,529 der Luftdichte)
8° C	1282 „	„	2491 „ „	
10° C	1194 „	„	2316 „ „	
12° C	1117 „	„	2164 „ „	
15° C	1019 „	„	1969 „ „	

Die freie Kohlensäure verleiht dem Wasser einen erfrischenden, prickelnden Geschmack. Ihren mengenmäßigen Nachweis überläßt man dem Fachchemiker, der am besten selbst an Ort und Stelle die Probe entnimmt.

Das Angriffsvermögen des Wassers wird gewöhnlich nach dem Ausfalle des sog. Marmorlösungsversuches beurteilt. Man führt ihn nach C. Heyer und Tillmans (5c) in folgender Weise durch. 2—3 g reinen Marmorpulvers werden in eine Pulverflasche von rund $^1/_2$ Liter Inhalt eingebracht; hierauf füllt man vorsichtig (um Kohlensäureverluste zu vermeiden) etwa $^1/_2$ Liter der Wasserprobe ein. Nachdem man einen gutsitzenden Glasstopfen eingesetzt hat, mischt man sorgfältig und überläßt die Flasche luftdicht mehrere Tage bis eine Woche lang sich selbst. Von der überstehenden, klaren Flüssigkeit werden 100 cm^3 vorsichtig abgehebert und nach der Vorschrift von G. Lunge mit n/10-Salzsäure und Methylorange titriert; jeder Raumzentimeter n/10-Säure zeigt 2,2 mg gebundene Kohlensäure an. Der Mehrverbrauch an Salzsäure gegenüber der nicht mit Marmor behandelten Wasserprobe zeigt die angreifende freie Kohlensäure an.

Bei dieser Gelegenheit sei erwähnt, daß aber auch noch andere Wässer als solche mit freier Kohlensäure, mit Sauerstoff oder mit beiden Gasen zusammen Beton angreifen können. So z. B. sehr reines Wasser; besonders empfindlich sind Naturzemente, weniger Portlandzemente, ganz unbedeutend Schmelzzemente. Bekannt sind die Schäden, welche schwefelsäurehältige Wässer am Beton anrichten (Zementbacillus); sie treten oft erst nach einer Grundwasserspiegelabsenkung ein; der Schwefelkies und seine Verwandten (Magnetkies, Wasserkies usw.) zersetzen sich unter Luftabschluß (z. B. im luftfreien Grundwasser) nicht; aber sofort nach der Absenkung des Grundwasserspiegels beginnt mit dem Zutritte von Sauerstoff und Wasserdampf die Entbindung von Schwefelsäure.

Schwefelsäure.

Die Schwefelsäure und ihre Salze haben im Brauchwasser verschiedene Herkunft.

Bereits im vorhergehenden Abschnitte wurde darauf hingewiesen, daß sie häufig aus verwitternden Kiesen entsteht. Da nun Schwefelkies selten in einem Gestein ganz fehlt, — er ist ja der „Hans Dampf in allen Gassen" der Mineralogen, — so findet man in vielen Wässern wenigstens Spuren von Schwefelsäure. Die obere Grenze des SO_3-Gehaltes eines Brauchwassers wird gewöhnlich mit 300 mg im Liter angegeben. Nach Reuter (6d) führt z. B. das Wasser von Stetten (Bezirksamt Lichtenfels) 389 mg SO_3 im Liter und ist nicht mehr für Trinkzwecke brauchbar; auch hier in den Schwarzjura-Rhätquellen des bayrischen Jura rührt die Schwefelsäure von dem Kiesgehalte des Schwarzjura her; als Folgebildung tritt Gips ($CaSO_4 \cdot 2\,H_2O$) auf, der im Wasser gelöst bleibt (dauernde Härte!), auch wenn sich der kohlensaure Kalk am Quellmund ausgeschieden hat.

In anderen Fällen ist der Gipsgehalt des Wassers nicht mittelbar, sondern ursprünglich; das Wasser hat dann Anhydrit- oder gipshältige Schichten durchflossen und die leicht lösliche schwefelsaure Kalkerde ausgelaugt. In den Alpen finden sich derartige Schichten in den Werfener Schiefern, seltener in der karnischen und rhätischen Stufe der Trias. In den Karpathen enthalten z. B. skythische Stufe (Iglo füred oder Zips Neudorf) und Rhät (Nagy Zablat bei Trencsin) sowie Tertiär (Sovarer Gebirge bei Eperies) Gips und Anhydrit. In Deutschland hat man auf Gipswässer besonders im Perm, Buntsandstein, Keuper und im Tertiär zu achten.

Ein hoher Gipsgehalt des Wassers greift Mörtel an und erzeugt einen festen, sehr gefährlichen Kesselstein.

Man weist die Schwefelsäure im Wasser am einfachsten mit einigen Tropfen von reinster Baryumchloridlösung nach; diese erzeugt einen weißen Niederschlag von Baryumsulfat.

Sauerstoff.

Die mengenmäßige Bestimmung des Sauerstoffes ist Sache des Chemikers. Jedes Wasser, welches längere Zeit mit der Luft in Berührung war, enthält auch mehr oder weniger Sauerstoff gelöst. Es vermögen je 1 Liter Wasser zu lösen bei

5° C	8,91 cm³ Sauerstoff	
10° C	7,87 ,, ,,	
15° C	7,04 ,, ,,	
20° C	6,36 ,, ,,	
25° C	5,78 ,, ,,	(nach L. W. Winkler)

Gesundheitlich ist der Sauerstoffgehalt des Trinkwassers eher nützlich als schädlich; er löst aber unter Umständen Blei und zeigt sich auch sonst in gewerblichen Betrieben und im Bauwesen angriffslustig. Doch verursachen erst Wasserstoffionengradigkeiten von mehr als $0{,}1$—$0{,}25 \cdot 10^{-7}$ Störungen (z. B. Zerfressen von Eisenbestandteilen); je größer jedoch die Wasserstoffionengradigkeit ist, desto wirksamer gestalten sich die Angriffe des Sauerstoffes. Es bilden sich in den Eisenrohren Rostknollen, Wassertrübungen, Ausfressungen des Metalles, Abscheidungen von Eisenalgen usw. Im Wasser reichlich anwesender, gelöster Kalk wird durch Sauerstoff in Form von $CaCO_3$ ausgefällt; die gebildeten Kristalle haften fest auf der Wandung, schließen sich zu einer dichtgefügten Schutzschicht zusammen und bewahren so Eisen, Blei u. dgl. vor weiteren Angriffen.

Ungelöste Stoffe.

Ungelöste Stoffe im Wasser verdienen die höchste Aufmerksamkeit des Quellengeologen und Quelleningenieurs. Man seiht sie auf bekannte Weise ab. Man kann so ihre Menge und ihre Art feststellen; zu letzterem

Zwecke benützt man mit Vorteil das Mikroskop, nötigenfalls aber auch noch andere mineralogische oder chemische Verfahren.

Die Art der vom Wasser ungelöst mitgeführten Stoffe gibt in den meisten Fällen wertvolle Anhaltspunkte über die Schichten, welche das Wasser vor seinem Austritte als Quelle durchflossen hat. Das kann quellengeologisch von Bedeutung sein.

Abb. 50. Thiesi in Sardinien von Osten her (Aufnahme Stiny 1929). Die mit den zwei Pfeilen links bezeichneten Quellen führen Wasser aus der Algenkalkbank, welche die Stadt trägt (Steilabstürze links); oberhalb der Quellen der Friedhof (!). Weniger der Verunreinigung ausgesetzt ist die Quelle beim Pfeil rechts, welche von der Hangendkalkbank durch eine Mergellage getrennt wird.

Die Art der Seihrückstände begrenzt jedoch auch die Verwendungsmöglichkeit des Wassers. Verhältnismäßig den geringsten Nachteil bringen noch mineralische Teilchen, wie sie zahlreiche Quellen losspülen; doch erregen sie bei vielen Menschen Ekel, wenn sie das Wasser trüben und so dem Auge auffallen. Tonteilchen z. B. erhalten sich viele Stunden lang in Schwebe und verderben das gute Aussehen des Wassers, ohne an sich schädlich zu sein. Die Mineralteilchen setzen sich ferner da und dort in bewegungstoten Winkeln der Leitung ab und stören die Benützung des Wassers in vielen gewerblichen Betrieben.

Sehr verdächtige Zeugen für die Möglichkeit des Zutrittes verunreinigten Oberflächenwassers sind Funde von Abfällen der menschlichen Wirtschaft und von Resten von Tierkörpern (Zellulosefasern, Gewebteile, Mistfetzchen, unverdaute Nahrungsreste, Knochenstückchen, Eier verschiedener Bodenbewohner, Stärkekörner, Kaffeesatz usw.).

Spaltpilze (Bakterien).

Das Wasser führt neben Krankheitserregern (pathogene Bakterien) auch zahlreiche unschädliche Keime (nichtpathogene Bakterien). Die Entdeckung von Krankheitskeimen bei der Untersuchung des Wassers hängt außerordentlich von Zufälligkeiten ab. Man geht bei der Beurteilung eines Trinkwassers eigentlich nur von einem Wahrscheinlichkeitsschlusse aus. Man nimmt an, daß um so eher Krankheitserreger in ein Wasser gelangen können, je reicher es an entwicklungsfähigen Keimen im allgemeinen ist; als unteren Grenzfall der Schädlichkeit betrachtet man in der Regel 100 Keime im cm³ Wasser. Die Forderung hält freilich einer strengen Überprüfung nicht stand; es kann unter Umständen ein Wasser mit 110 Keimen im cm³ harmlos sein und eines mit 80 Keimen im Liter zeitweise Krankheitserreger führen. Es darf daher der Keimzahlbefund niemals allein über die Genießbarkeit des Wassers entscheiden; vielmehr wird das Hauptgewicht auf die Beantwortung der Frage zu legen sein, ob nach den sorgfältig geprüften geologischen, landformenkundlichen und sonstigen örtlichen Verhältnissen, nach der Fassungsart der Quelle usw. der Zutritt von Krankheitserregern zu befürchten ist oder nicht.

Als Anzeiger für Verunreinigungsmöglichkeiten durch Krankheitserreger gilt besonders das Darmkurzstäbchen (Bacterium coli); dieses fehlt kaum jemals im menschlichen und tierischen Darm. An sich ist das Darmkurzstäbchen harmlos; man darf aber als sicher annehmen, daß in ein Wasser mit Darmkurzstäbchen unter Umständen auch gefährliche Krankheitskeime gelangen können. Bei der Fällung des Endurteiles über die Genußfähigkeit eines Wassers soll man aber auch hier den örtlichen und geologischen Befund neben dem Ergebnisse der Kurzstäbchenuntersuchung zu Worte kommen lassen.

Die Untersuchung des Wassers auf Keime und die Probeentnahme fällt in den Aufgabenkreis des Arztes bzw. ärztlichen Chemikers.

Anhang.

Preußen schreibt zur Sicherung gesundheitsmäßiger Trink- und Nutzwasserversorgung folgende Eigenschaften des Wassers vor:

Wärmegrad: Möglichst zwischen 7° und 10° C; nicht unter 4° und nicht über 15° C.

Aussehen: Klar und farblos.

Geruch: Nicht faulig oder kohlartig, sondern vollkommen geruchlos.

Geschmack: Frisch, prickelnd, nicht fad, tintenartig.

Wechselwirkung: Neutral oder schwach alkalisch, nicht sauer wegen Angriff auf Eisen und Beton.

Ammoniak: Nur Spuren; bedenklich, wenn entstanden durch Fäulnis stickstoffhältiger, organischer Stoffe.

Salpetrige Säure: Nur Spuren; meist Anzeiger von Kotverunreinigung.

Salpetersäure: Nicht über 20 mg/l; unbedenklich, wenn sonst einwandfrei und insbesondere Ammoniak und salpetrige Säure fehlen.

Härte (1 = 10 mg CaO im Liter = 14 mg MgO): 5 bis 10, womöglich nicht über 25; ganz weiches Wasser ist ungesund.

Eisen: Möglichst fehlend; unbedenklich und leicht zu entfernen.

Mangan: Unbedenklich.

Blei: Möglichst fehlend; Höchstgehalt 0,35 mg/l.

Chlor: Nicht über 30 mg/l; mitunter Anzeiger von Kotverunreinigung.

Freie Kohlensäure und Sauerstoff: Angenehm schmeckend, jedoch bei saurer Wechselwirkung Metalle und Mörtel angreifend.

Schwefelwasserstoff: Im eisenhaltigen Wasser unbedenklich; sonst Anzeiger von Verunreinigungen durch Siedlungen und Werke.
Kali: Über 10 mg/l verdächtig wegen Kotverunreinigung.
Kieselsäure: Unbedenklich.
Schwefelsäure: Nicht über 10 mg/l; reichliche Anwesenheit erzeugt Verdacht wegen Kotverunreinigung.
Phosphorsäure: Möglichst fehlend; verdächtig wegen Kotverunreinigung.
Aluminium: Unbedenklich.
Abdampfrückstand: Womöglich nicht über 50 mg/l.
Permanganatverbrauch: Möglichst unter 12 mg/l.
Organismen: Möglichst wenig; keine Krankheitserzeugenden Keime.

Von englischer Seite wird die Untersuchung des Wassers auf nachstehende neun Bestandteile verlangt.

1. Free Ammonia, 2. Albuminoid ammonia, 3. Nitrites, 4. Nitrates, 5. Chlorine, 6. Phosphates, 7. Organic and volatile matter, 8. Hardness, 9. Total solids.

Auf die verschiedenen Verfahren zur Reinigung und Verbesserung nicht entsprechenden Wassers kann nicht näher eingegangen werden; Hinweise auf einschlägige Arbeiten und Werke finden sich in dem tieferstehenden Schriftenverzeichnisse. Bloß über die Wirkung der häufig zur Nutz- und Trinkwasserreinigung gebrauchten Seiher aus Sanden seien einige Worte angefügt.

Gut gebaute, richtig geleitete Sand-Seihanlagen liefern gesundheitlich befriedigendes Wasser. Gehalt an Ammoniak und salpetriger Säure, Färbung durch gröbere Schwebstoffe, schwacher Geruch oder Geschmack werden beseitigt. Dagegen werden Härte des Rohwassers und Chlorgehalt kaum beeinflußt, bräunliche Färbung durch Huminstoffe meist nur abgeschwächt, stärkerer Geschmack oder Geruch nicht entfernt, Tontrübungen nur unvollkommen beseitigt. Klümpchen von Kot u. dgl. werden zurückgehalten und damit oft Krankheitskeime abgeseiht; einzelne Spaltpilze (etwa $^1/_{1000}$ jener des Rohwassers) dringen jedoch auch ins Reinwasser ein und leben dort weiter. Sandseihung wird daher immer nur ein Notbehelf bleiben; nur tunlichst wenig verunreinigtes Dränwasser usw. wird für sie zuzulassen sein.

g) Die Ergiebigkeit der Quellen und ihre Schwankungen.

Da Quellen nur die natürlichen Austritte von Grundwasser sind, müssen für ihre Schüttung dieselben Gesetze gelten, wie für die künstliche Wasserentnahme aus dem Grundwasserführer durch Rohrbrunnen, Schachtbrunnen u. dgl. (betreffs Grundwasserschwankungen vgl. S. 61).

In diesen Fällen stellt man die Ergiebigkeit durch Pumpversuche fest. Für die bloße Ermittlung der Größenordnung der Grundwasserergiebigkeit bedient man sich auch der Formel

$$Q = 2\pi\, k J R z;$$

dabei ist k die Durchlässigkeitsziffer (S. 47), R die Reichweite der Spiegelabsenkung beim Probepumpen und z die Höhenlage des unabgesenkten Spiegels über dem Grundwasserstauer.

Kann man zwei Pumpversuche mit verschiedener Entnahme so lange fortführen, bis ein sicherer Gleichgewichtszustand des Spiegels sich eingestellt hat, so läßt sich k aus der Formel errechnen

$$h_1 - h_2 = \frac{Q_1}{2\pi k R J_1} - \frac{Q_2}{2\pi k R J_2} \quad \text{oder} \quad k = \frac{\frac{Q_1}{J_1} - \frac{Q_2}{J_2}}{2\pi R (h_1 - h_2)}.$$

Die Buchstabenerklärung besorgt Abb. 51.

J. Kozeny (4c) zieht aus rechnerischen, durch R. Ehrenberger im Versuchswege bestätigten Ableitungen den Schluß, daß die Absenkung des Grundwasserspiegels nicht tiefer getrieben werden könne, als bis zur halben Höhe des ursprünglichen Spiegels über dem Wasserstauer; pumpt man das Wasser im Brunnen tiefer ab, dann tritt das Wasser in der Brunnenwandung höher aus als der Brunnenspiegel liegt.

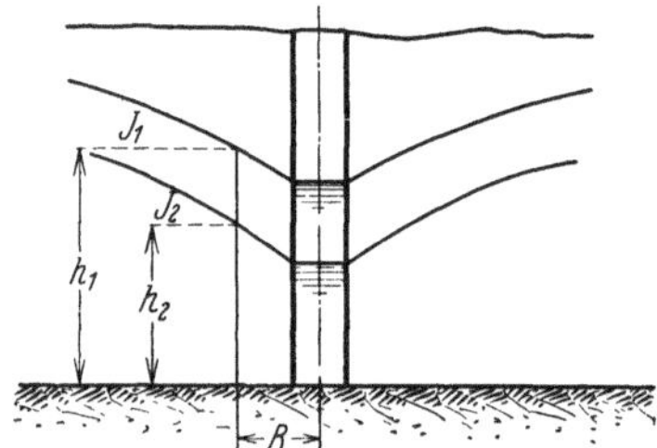

Abb. 51. Spiegelabsenkung durch Wasserentnahme in einem Brunnen. J_1, J_2 Oberflächengefälle, ausgedrückt durch die tg der Winkel bei J_1 und J_2, h_1, h_2 die beobachteten Spiegelhöhen vor und nach dem Pumpen.

Nach Ph. Forchheimer (4c) bewegt sich das Grundwasser in feinlückigen Gesteinen, wenn die Grenzflächen gegeben sind, nach denselben Linien, die eine reibungslose Flüssigkeit beschreiben würde, senkrecht zu den Flächen, für welche die Höhe wertbeständig ist; Grundwasser bewegt sich daher von den „Quellen" (d. i. Einsickerungsstellen) zu den „Senken" (Austrittsstellen = Quellen im geologischen Sinne) derart, daß die Reibungsarbeit einen Mindestbetrag annimmt.

Die Schüttung der Quellen hängt von verschiedenen Umständen ab. Maßgebend ist vor allem die Versickerung und das unterirdische Durchsickerungsgebiet (vgl. S. 184); daneben ist auch allenfalls der Einfluß der Wasserdampfverdichtung, der Speisung durch Nebel (tiefziehende Wolken) usw. zu berücksichtigen.

Für rohe Anschätzungen der zu erhoffenden, nutzbaren oder maßgebenden Quellschüttung möge die Übersicht auf S. 16 dienen. Albert Heim rechnet für die Mittelschweiz nachstehende, gewöhnliche Mindestspenden in Sekundenlitern je 60 ha Sammelfläche aus:

Molasse	1	
Moräne	4	bei 1000 mm Niederschlag
	5—6	„ 1500 „ „

Deckenschottern	6	bei 1000—1200 mm Niederschlag
Kalkfels	1— 5	
Hochflurschottern.	6— 8	
Niederflurschottern und kiesigem Talgrund	8—10	

Über diese nur einer ersten Annäherung gleichzuhaltenden Werte hinaus trachtet aber jede gewissenhafte Vorarbeit für eine Wasserversorgung verläßlichere Grundlagen für den möglichen Wasserbezug aus einer Reihe von eigenen Ergiebigkeitsmessungen zu erlangen. Dabei kommt es viel weniger auf die Erfassung der Hochstände der Quellenspende, als auf die wichtige Feststellung des Betrages und der Dauer einer Mindestschüttung an; diese bestimmt im Zusammenhalte mit der Größe der Hochbehälter usw. die Zeit, den Umfang und die Dauer einer allfälligen Wasserklemme. Die Mindestspende der Quelle ist für die Wasserversorgung die eigentliche, maßgebende Schüttung (nutzbare Schüttung). Das Verhältnis der Höchst- zur Mindestschüttung wird Schwankungsziffer der Schüttung genannt.

Der Haushalt einer Quelle ist für ihre Nutzung um so günstiger, je geringer die Schwankungen in der Ergiebigkeit der Quelle sind; dann gehen augenblickliche Wasserüberschüsse des Grundwasserführers nicht ungenutzt verloren, sondern werden aufgespeichert und in allmählichem Zuschusse zur Auffüllung und Verflachung der Tiefstände verwendet.

Geringe Schwankungen der Quellschüttung setzen voraus, daß das Verhältnis zwischen Fassungsvermögen des entleerbaren Teiles des Grundwasserführers einerseits und dem Ausflusse andererseits sehr groß ist; förderlich sind weiter große Niederschlaghöhen oder ziemlich gleichmäßig über das Jahr verteilte Niederschläge in flüssiger Form. Die Forderung nach einer großen, nicht zu stark schwankenden Quellschüttung kann daher nur von entsprechend flächenhaft ausgedehnten oder von sehr mächtigen Grundwasserführern erfüllt werden. Solche finden sich z. B. in Gebieten mächtiger Aufschüttungen am Fuße von aufsteigenden Hochgebirgen. Die Schwemmfelder des Alpenvorlandes z. B. speisen überall dort, wo sie sehr mächtig sind, Quellen von großer Beständigkeit der Schüttung; so soll z. B. nach A. Heim eine Quelle bei Zürich (Schweiz) während des Jahres um kaum 5 v. H. im Ertrage schwanken. Ähnliches gilt von den Deckenschotter- und Hochflurschotterquellen, die über Schlier, Flinz, Malasse u. dgl. im österreichischen Alpenvorlande entspringen.

Aus leicht erklärlichen Gründen führen daher sehr weite Wasserwege in der Regel zu mehr oder minder lebhaften Schwankungen der Quellergiebigkeiten; eine Ausnahme machen z. B. nur solche Quellen, welche über ein Einzugsgebiet von einer der Quellochweite entsprechenden Größenordnung besitzen; solche Fälle sind aber selten; denn sogar die Quelle der Sorgue bei Vaucluse mit ihrem 1650 km^2 umspannenden Einzugsgebiete zeigt die nicht unbeträchtliche Schwankungsziffer 22 (oder ∞, wenn sie versiegt). Wohl die meisten Quellen mit sehr hoher Schwankungsziffer führen ungeseihtes Wasser.

Quellen mit geringer Schwankungsziffer der Wasserspende besitzen jedoch neben ihren mengenmäßigen Vorzügen noch andere, welche gleichfalls sehr geschätzt werden. Sie zeigen nämlich nur geringe Schwankungen ihrer Wärme, eine stets sich annähernd gleichbleibende chemische Zusammensetzung, einen gleichmäßigen Verlauf ihres Keimgehaltes und eine dauernde Klarheit der Wasserspende. Starke Ergiebigkeitsschwankungen verändern die Verdünnung und Anreicherung der Keime und der Salze lebhaft und bedingen auch kräftige Ausschläge der Wärmeschaulinie.

Man kann daher, wie Groß (4b) z.B. dies tut, vom Standpunkte der Wasserversorgung aus die Quellen nach ihrer Schwankungsziffer der Schüttung in Gütestufen einordnen. Die Schwankungsziffer beträgt bei

ausgezeichneten	Quellen	1 (kaum je verwirklicht)—3
guten	,,	3— 5
minder guten	,,	5— 10
mäßigen	,,	10— 20
schlechten	,,	20—100
sehr schlechten	,,	>100

Bei zeitweise versiegenden Quellen wird die Schüttungsschwankung unendlich; solche Quellen kommen natürlich für eine Wasserversorgung in der Regel gar nicht in Betracht.

Die Schwankungsziffer einer Quelle ist kein dauernder Festwert, sondern unterliegt im Laufe der Zeit Schwankungen; diese werden u. a. durch Veränderungen in der Weite und Beschaffenheit der Wasserwege hervorgerufen. Wie auf S. 56 erwähnt, sind sowohl Verengungen und Verstopfungen, als auch Erweiterungen bestehender Wasserwege möglich; neue Wasserbahnen entstehen durch Auslaugungsvorgänge, die Ausschlämmung von Feinteilchen, die Entfernung der Kluftbeläge usw. Die Schwankungsziffer wird ferner künstlich verändert bei der Fassung der Quelle; denn jede, auch die beste Quellfassung beeinflußt die Auslaufbedingungen des Wassers; man hat es also in den meisten Fällen bis zu gewissem Grade in der Hand, die Schwankungsziffer der Schüttung zu verbessern. Bei schlechten Fassungen tritt leider das Gegenteil ein; die Güte der Quelle wird dadurch oft stark vermindert.

Die Quellen des mitteleuropäischen Hügellandes spenden gewöhnlich im Frühjahr die größte Wassermenge und schütten im Spätsommer oder Herbst am wenigsten Wasser. In den Alpen erreicht die Ergiebigkeit im Spätwinter oder im Vorfrühling einen Tiefpunkt und im Spätsommer ihr Höchstmaß; die Quellen der Wiener Wasserleitung zeigen eine Wasserklemme in sehr strengen Wintern mit langandauerndem Froste und zuweilen auch eine solche in sommerlichen Trockenzeiten.

Um für die Planung einer Wasserversorgungsanlage die nötigen Unterlagen zu schaffen, dürfen weder Zeit noch Kosten gespart werden; Übereilungen bringen schweren, manchesmal kaum mehr gutzumachenden Schaden. Im Rahmen dieser Vorarbeiten nimmt die Ermittlung der Quellmindestschüttung und der Schwankungsziffer einen hervorragenden Platz ein. Je länger die Beobachtungsreihen sind und je dichter die Beobachtungszeiten liegen, desto sichere Grundlagen für die Beurteilung der Möglichkeit der Deckung des Wasserbedarfes gewinnt man; um Fehlplanungen auszuschließen, wird man den Wasserbedarf niemals zu der beobachteten Mindestschüttung in Beziehung setzen, ohne sicherheitshalber für einen gewissen, genügenden Überschuß zu sorgen. Dabei ist auch wohl zu beachten, zu welchen Zeitpunkten der Wasserverbrauch am größten ist; Schüttungs- und Bedarfslinien sind miteinander zu vergleichen.

Die Ergiebigkeitsmessungen müssen an den Quellen um so häufiger gemacht und um so länger fortgesetzt werden, je höher die Schwankungsziffer ist. Im allgemeinen geht man bei der Erhebung der Quellschüttung in nachstehender Weise vor.

Ist die Quelle noch nicht in einwandfreier, Wasserverluste ausschließender Weise gefaßt, so muß man trachten, ihren Ausfluß vorerst meßbar zu machen. Dies geschieht überall dort, wo das Wasser zersplittert abfließt, in der Weise, daß man mit größter Vorsicht die Wasserfäden zusammenführt. Dabei muß man jede Veränderung der Austrittshöhe der Riesel vermeiden; ihre Vergrößerung würde unter Umständen die Verlegung des Quellmundes an eine andere Stelle, ihre Verminderung eine Absenkung des Grundwasserspiegels und eine Verringerung des Grundwasservorrates zur Folge haben; zudem wird in dem einem Falle die Quellschüttung für eine gewisse Zeitspanne verringert, im anderen aber vorübergehend erhöht, so daß man wenig Aussicht hat, den richtigen Betrag der Ergiebigkeitsmessung kennen zu lernen.

Die entsprechend zusammengeleiteten Riesel läßt man bei kleinen Wasserspenden bis zu etwa fünf Sekundenlitern mittels einer dichten Rinne (Stück einer Dachrinne, Rindenstück, Holzrinne u. dgl.) oder eines kurzen Rohres in ein tunlichst großes Gefäß von bekanntem Inhalte fließen; die zur Füllung nötige Zeitdauer wird an einer Stoppuhr abgelesen.

Bei größeren Quellspenden baut man in den Quellabfluß ein gut abgedichtetes, keinerlei Wasserverluste erleidendes vollkommenes Überfallwehr ein. Von den verschiedenen Bauarten empfiehlt sich nach meinen Erfahrungen in der Regel das sog. Ponceletüberfallwehr mit seitlicher Verengung am besten. Die Überfallbreite b wird je nach der Schüttung meistens mit 20—30 cm bemessen; bei sehr großen Quellspenden wendet man auch Breiten von 50 und mehr cm an. Die Kanten der Durchflußöffnung (Abb. 52) verfertigt man am besten aus einem nicht rostenden Metall (Messing, Bronze usw.); dabei schrägt man sie gegen die Wasserseite hin so scharf als möglich zu. Der Abflußquerschnitt muß ein streng geometrisches Rechteck mit genau waagrechter Sohlenkante sein. Damit die seitliche Zusammenziehung der Wasserfäden vollständig erreicht wird, ist es notwendig, daß die Seitenkanten der Öffnung mindestens ebensoweit von der nächsten Uferwand entfernt sind, als der Überfall breit ist. Die Wasserspende errechnet K. Kinzer (5h) aus der Gleichung

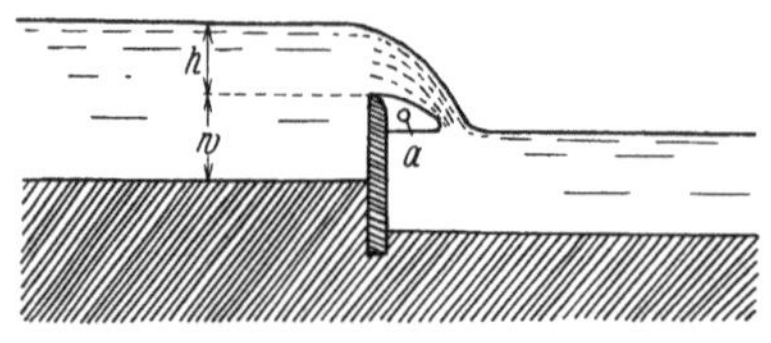

Abb. 52. Vollkommener Überfall; Längenschnitt. h Überfallhöhe.

$$Q = (0{,}4342 + 0{,}009\, b/B - 0{,}0777\, h/h + w) \cdot b \cdot h \sqrt{2 g h}.$$

Die Bedeutung der Buchstaben geht aus der Abb. 52 hervor. Die Kinzersche Formel gilt für Überfallhöhen von 5—20 cm; den Betrag von $h = 5$ cm soll man nicht unterschreiten, wenn man auf verläßliche Werte Gewicht legt. Zur Ablesung von h baut man 100—150 cm hinter der Wehroberkante einen Pegel ein, dessen Nullzeichen man genau eingewogen hat. Als Näherungsformel gibt E. Gross die Gleichung

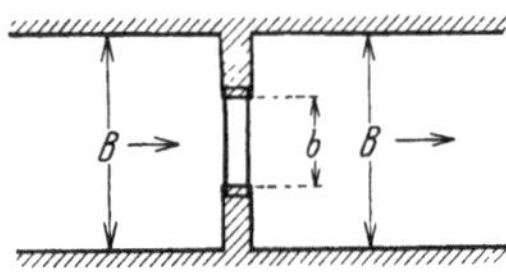

Abb. 53. Vollkommener Überfall mit seitlicher Einschnürung; Grundriß. B Breite des Gerinnes, b Breite des Überfalles.

$$Q = 1{,}8 \cdot b \cdot h \sqrt{h}$$

an.

Für kleinere Abflußmengen zwischen 5 und 25 Sekundenlitern empfiehlt sich auch der dreieckige, vollkommene Überfall. Für ihn hat J. Thomson die Formel

$$Q = 0{,}73 \cdot b \cdot h^{\frac{5}{2}}$$

aufgestellt, worin b die Breite des Überfallstrahls und h seine Höhe bedeutet. Der Ausschnitt ist ein rechteckiges, gleichschenkeliges Dreieck; die Höhe h macht man meist gleich $\frac{b}{2}$. Der Meßpunkt liegt etwa 80 cm oberhalb des Überfalles. Steht zur Messung nur ein sehr geringes Gefälle zur Verfügung, dann wird man unvollkommene Überfälle in den Quellbach einbauen müssen; ihr Unterwasserspiegel liegt höher als die Wehrkrone. Für sie gilt bei Fehlen der Strahleinschnürung die Formel von J. Kozeny, welche Forchheimer in seiner Hydraulik wiedergibt:

$$Q = \frac{2}{3} \mu_1 \sqrt{2 g h_1^{1,5}} \left\{ \frac{3 \mu_2}{2 \mu_1} + \left(1 - \frac{3 \mu_2}{2 \mu_1}\right) \frac{h}{h_1} \right\} \left(\frac{h}{h_1}\right)^{0,28}$$

wobei h die Höhe des Oberwassers über dem Unterwasser und h_1 die Höhe des Oberwasserspiegels über der Wehrkrone bedeutet. Nach den Versuchen im Wasserbauarbeitsraum der Technischen Hochschule Berlin-Charlottenburg wird für sehr glatte Wände und möglichste Ausschaltung von Seiteneinzwängung $2/3\,\mu_1 = 0{,}44$, $\mu_2 = 0{,}586$ oder $\frac{3\,\mu_2}{2\,\mu_1} = 1{,}32$. Die Formel geht dann über in:

$$Q = 0{,}44 \sqrt{2 g h_1}^{1,5} \left\{1{,}32 - \frac{0{,}32\,h}{h_1}\right\} \left(\frac{h}{h_1}\right)^{0,28}$$

Wo ein Quellweiher vorhanden ist, kann man den Überfall leicht in seine Wandung oder in seinen Abflußgraben einbauen; je nach den Geländeverhältnissen wird ein vollkommener oder unvollkommener Überfall zu wählen sein. Wo schwaches Gefälle oder andere Umstände den Einbau eines Überfalles widerraten, schöpft man nach Absperrung des Auslaufes den Quelltumpf vollständig aus und beobachtet die Zeit, welche zu seiner Wiederauffüllung notwendig ist. Beim Ausschöpfen mißt man den Fassungsraum des Quelltopfes bis zum vorher genau bezeichneten Pegelstande. Dieser Vorgang ist jedoch nur für wenig ergiebige Quellen und dann zulässig, wenn man auf besondere Genauigkeit keinen Wert legt. Bei reichlicherem Zuflusse oder Anstrebung verläßlicher Ergebnisse empfiehlt es sich, festzustellen, welche Menge Wasser in der Zeiteinheit abgeschöpft oder abgesaugt (Heberschlauch) werden kann, ohne daß der Pegelstand im Tumpfe sich ändert. Steht elektrischer Strom in der Nähe zur Verfügung, so kann man die Quellspende auch durch Pumpen messen; dabei soll aus weiter oben bereits angeführten Gründen der Spiegel des Quelltumpfes nicht zu stark abgesenkt werden. Jene Pumpenergiebigkeit, bei welcher der Wasserspiegel im Quelltopf gleich hoch bleibt, ist der Schüttung der Quelle gleichzuhalten.

Hand in Hand mit den Ergiebigkeitsmessungen an den Quellen soll auch stets die Ermittlung der Wärme des Wassers, des augenblicklichen Luftdruckes, der Luftwärme, Durchsichtigkeit, der Reinheit, des Geschmackes und des Geruches gehen. Einfache chemische Prüfungen, wie sie in den vorangehenden Abschnitten angegeben wurden, sind gleichfalls zu empfehlen.

Was die Einflüsse auf die Schwankungen in der Schüttung der Quellen anlangt, so sei diesbezüglich auf den Abschnitt verwiesen, welcher die Grundwasserschwankungen behandelt (S. 61); ergänzend sei noch auf Nachstehendes aufmerksam gemacht.

Die Feuerbergtätigkeit verändert die Quellspende sehr. Vor einem Ausbruche nehmen die Schüttungen benachbarter Quellen häufig ab oder setzen ganz aus; es hängt sehr von den Wirkungen des Ausbruches ab, ob nach ihm die Schüttung wieder einsetzt und in welchem Ausmaße;

zuweilen hat man auch schon Vermehrungen der Quellspenden beobachtet.

Über den Einfluß von Erdbeben auf Quellen ist schon wiederholt berichtet worden, so z. B. von Hoernes (9); eine gute, kurze Schilderung gibt K. Keilhack (5a).

Durch künstliche Vermehrung des Grundwassers kann man in günstigen Fällen die Ergiebigkeit von Quellen erhöhen und die Nachteile der natürlichen Schwankungen der Quellspende mehr oder minder ausgiebig beseitigen. Voraussetzung für sie ist die Möglichkeit der Zuleitung von Oberflächenwasser zum Quelleinzugsgebiete und ein genügender wagrechter und lotrechter Abstand des Einsickerungspunktes des zugeführten Wassers vom Quellmunde, damit die Entkeimung des Wassers gewährleistet ist und auch seine Wärmeverhältnisse sich entsprechend verbessern. Das Wasser kann in verschiedener Weise in den Boden eingeführt werden.

Tritt an den geplanten Versickerungsstellen der Grundwasserführer unmittelbar zutage, so berieselt man eine entsprechend große Fläche des Geländes, oder man hebt Versickerungsgräben bzw. Einsickerungsbecken aus; bei Anwendung des Berieselungsverfahrens stört häufig die winterliche Eisdecke. Wo eine mehr oder minder mächtige, undurchlässige Hangendschicht den Grundwasserführer nach oben zu abdeckt, leitet man das zugeführte Wasser am besten in Versickerungsbrunnen ein.

Ob eine Vorreinigung des Wassers erforderlich ist, darüber entscheiden in jedem Einzelfalle die Beschaffenheit und Seihfähigkeit des Grundwasserführers, namentlich in der Strecke zwischen Einsickerungspunkt und Quellmund.

Künstliche Eingriffe können aber auch häufig die Ergiebigkeit von Quellen vermindern oder sie gar zum versiegen bringen. Bekannt ist die entwässernde Wirkung von Stollen, Tunneln usw.; starke, die Quellen schädigende Einflüsse gehen vom Bergbau aus; auch die Abteufung zahlreicher Brunnen im Grundwasserführer, die Ausführung von Entwässerungen, die Trockenlegung von Teichen, Moren und Sümpfen kann die Ergiebigkeit von Quellen beeinflussen; die einschlägigen Fragen fallen in den Aufgabenkreis des Quellenschutzes (S. 179).

Schwankungsziffern einiger Quellen (nach Lueger, Stiny u. a.).

Buntsandsteinquellen im Gießetale bei Lohr	rund	1
Quellen der Aachener Wasserleitung		1,45
Quellen des Wasserwerkes Freiburg i. Breisgau		2
Stixensteiner Quelle (N.-Ö.) vor der Fassung	rund	2,3
Quellen der Dhuis bei Paris (Belgrand)		2,3
Quellen der Wasserleitung von Oberdrauburg (Kärnten) im Wurlitzgraben (Stiny)		4
Städtische Wasserleitung von Baden-Baden (Kuhn)	rund	4
Kaiserbrunn (Schwarzagebiet N.-Ö.) vor der Fassung	rund	4

Mausheckquelle bei Wiesbaden (Winter)	5
Quellen am Goldeck (kristalline Schiefer) bei der Krendlmoaralpe in Kärnten (Stiny) . . . . rund	6
Wolfsbrunnen bei Heidelberg (Drach)	8,5
Quelle der Aach in Baden (Spinnerei Arten)	10
Quellen der ersten Wiener Wasserleitung (Gravé)	10,36
Zaisquelle Fiume (nach Friedrich)	20
Sorguequelle bei Vauclus (Daubrée)	22
Blautopf bei Blaubeuren (Ehmann)	23
Fürstenbrunnen bei Salzburg . . . . rund	25
Quelle von Armentiéres, Frankreich . . . . rund	30
Wyler, Loaranie und Beundenfeldquellen bei Bern	31
La Serriére bei Neuchâtel (Schardt)	33
Quelle bei Auerbach (Gerstner)	61
La Doux (A. Heim) . . . . gewöhnlich	130
. . . . außergewöhnlich	550
Areuse bei St. Sulpice (Heim)	600

6. Die Entstehung und Einteilung der Quellen.

Quellen (Springs, sorgenti, sources) sind nichts anderes als örtliche natürliche Austritte des Grundwassers, mögen sie nun streng vereinzelt angeordnet sein, längs besonderen Linien (Quellreihen, Quellstreifen) erfolgen oder gar gruppenweise auftreten (Quellgruppen). Zu den eigentlichen Quellen im Sinne örtlich begrenzter und räumlich festlegbarer, mehrpunktähnlicher Grundwasseraustritte gehören nicht die in der Natur ziemlich häufigen flächenhaften Ausschwitzungen von Verteiltgrundwasser in engbahnigen Grundwasserführern; man spricht dann besser von Naßgallen, Flächenaustritten, Seihwasserstreifen, Feuchtstreifen usw. Die Natur zeigt das Bestreben nach Bevorzugung einzelner Wasserbahnen und nach Umwandlung der Seihwasserflächen in Gelände mit einzelnen, mehr oder minder für sich abgegrenzten Wasserfäden.

Grundwasser kann nun aus verschiedenen Ursachen seinen Behälter verlassen; es gibt daher ebensoviele Arten von Quellen als es Formen des Austrittes von Grundwasser gibt. Die beste Einteilung der Quellen wird daher wohl diejenige sein, welche von den verschiedenen Bedingungen des Zutagetretens von Grundwasser ausgeht. Eine derartige Unterscheidung und Benennung der Quellen wird gleichzeitig, wie weiter unten von Fall zu Fall gezeigt werden soll, für den Wasserversorgungsingenieur am brauchbarsten und nützlichsten sein; überdies geht die Aufstellung der Hauptgruppen von Merkmalen aus, welche vom Ingenieur ohne tiefschürfende geologische Kenntnisse in der Natur draußen erkannt werden können; erst die weitere Unterteilung stellt höhere Anforderungen an die geologische Vorbildung.

Wir sehen nun in der Natur draußen z. B. das Quellwasser oft völlig überdrucklos auf seiner hangauswärts geneigten Unterlage, rein unmittelbar der Schwere folgend, aus dem Bergleib austreten und im Gefälle abfließen, dabei eine Art Nische im Gehänge ausarbeitend. Ein anderesmal stellen wir fest, daß das Wasser aus dem Grunde, dem es entströmt, förmlich aufwallt; ein ruhiger Druck (statischer Druck, Staudruck) im Gegensatz zum Strömungsdrucke des ersten Falles, treibt es mehr oder minder kräftig zur Tagoberfläche empor, Quelltümpel oder ähnliche Hohlformen schaffend. Eine dritte Art von Quellen leitet von der ersten zur zweiten Gattung hinüber; ein geringer Überdruck läßt Wasser über eine Barre aus einem unterirdischen Gefäße überfließen; so wird der das Überströmen aufrecht erhaltende Überdruck immer wieder sofort auszugleichen gesucht. Danach können wir also freifließende Quellen, Überfließquellen und aufwallende Quellen unterscheiden.

Es gibt nun allerdings eine ganze Anzahl von Quellen, welche die obige Einteilung nicht berücksichtigt; sie sind aber entweder seltener, wie die sog. ,,aussetzenden" Quellen, oder zeigen Besonderheiten ihrer chemischen Beschaffenheit, Wärme und Art ihrer Entstehung wie die Warmquellen, Heißquellen, Gesundbrunnen usw.; wir schließen sie daher der obigen Einteilung, soweit sie sich ihr nicht fügen, als ,,besondere Quellen" an.

Übersicht über die hauptsächlichsten Quellarten.

1. Freifließende Quellen (Rieselquellen, Fließwasserquellen, Auslaufquellen)	a) Grenzflächen - Fließquellen (Grenzquellen)	Höhlenquellen } Röhrenquellen Schlauchquellen } Röhrenquellen Splatenquellen Störungsstreifenquellen Lavaquellen Haldenquellen Gehängeschuttquellen Bergsturzquellen Schwemmkegelquellen Gehängemoorquellen Sinterquellen
	b) Kerbquellen (Ritzquellen, Zapfquellen)	Verschneidungsquellen Furchenquellen Talquellen Gerinnequellen Prallstellenquellen
2. Überlaufquellen (Überläufe)	—	Geländemuldenquellen Kraterquellen Baumuldenquellen Grabensenkenquellen Verwerfungbarrenquellen Sackquellen

3. (Wallerquellen, Ruhedruckfließende Quellen, Wallende Quellen, Waller, Steigquellen)	a) Wallquellen aus weiten Wasserbahnen	Aufwallende Spaltenquellen Aufsteigende Schlauchquellen
	b) Wallquellen aus Verteiltgrundwasser in mehr oder minder geschlossenen Behältern	Kinefaltensteigquellen Schenkelsteigquellen Muldensteigquellen Linsensteigquellen Sacksteigquellen usw.
	c) Wallquellen aus Verteiltgrundwasser in freien Körpern infolge Querschnittsverengung des Grundwasserkörpers	Spornquellen Inselbergquellen usw.
4. Besondere Quellen	—	Aussetzende Quellen (intermittent springs) Heilquellen usw. Untertagquellen

Die hier vertretene Einteilung der Quellen weicht von den herkömmlichen Bezeichnungen der Quellen mehr oder minder ab. Es wäre vom Standpunkte der gegenseitigen Verständigung sehr zu begrüßen, wenn die Einteilung der Quellen einheitlich durchgeführt würde. Wie groß derzeit die herrschende Verwirrung ist, möge eine kurze, selbstverständlich nicht vollständige Übersicht jener Fachausdrücke zeigen, welche einzelne führende Fachschriftsteller für die verschiedenen Quellen anwenden (siehe Seite 98).

Außer dem obigen Grundsatz für die Einteilung der Quellen gibt es natürlich noch zahlreiche andere Gesichtspunkte für die Bezeichnung von Wasseraustritten. Sie schürfen nicht so tief als die Gliederung der Quellen nach ihrer Entstehung, haben aber für Schilderungen und Beschreibungen dort eine gewisse Berechtigung, wo man irgendeine Erscheinung an der Quelle zu einem bestimmten Zwecke besonders hervorheben will.

So unterscheidet man z. B. Waldquellen und Wiesenquellen je nach der wirtschaftlichen Ausnützung des Bodens, dem das Wasser entquillt. Wenn J. Schmid (2e) die Wiesenquellen Rasenquellen nennt, so fördert er damit die Verwechslung mit Wasseraustritten aus ganz seichten Grundwasserführern (Hungerquellen).

Damit ist schon auf die Bezeichnung mancher Quellen mit hoher Schüttungsschwankung hingewiesen: Rasenquellen, Mittelwasserquellen, Hungerquellen usw. Sie fließen nur zur Zeit der Schneeschmelze und nach Niederschlägen, versiegen bei andauerndem Frost und längerer Trockenheit ganz und schütten Wasser, das Verunreinigungen

Kayser	Überfallquelle	z. T. Verwerfungsquelle	z. T. Stauquelle	Talquelle (sources de vallèe nach Martonne)	Schichtquelle
Keilhack	Überfallquelle	z. T. Verwerfungsquelle	z. T. Stauquelle	Überfallquelle	—
Kerner	Überfallquelle	Stauquelle	Rückstauquelle	—	—
Hofer	Überfall- oder Überlaufquellen				—
Andere ältere Bezeichnungen	—	Aufsteigende Spaltenquelle	—	Zapfquelle (Creuder) Spaltenquelle	—
Passarge	Umlaufquelle	—	—	—	Auslaufquelle
Lehmann	Überfließquelle	—	—	—	—
A. Philippson	—	—	—	Randquelle z. T.	—

stark ausgesetzt und für Trinkzwecke unbrauchbar ist. In gewissem Sinne ihr Gegenstück sind die „Riesenquellen“ (Passarge, Supan) mit ihren viele Raummeter je Sekunde betragenden Schüttungen.

Quellen, welche in Talauen oder Ebenen entspringen, hat man als Tiefquellen (Talquellen, Auquellen, Grundwasserquellen) den Bergquellen der Mittelgebirge und den Hochquellen der Hochgebirgslandschaften gegenübergestellt; vielfach wollte man damit bewußt auch einen Unterschied in der Wassergüte zum Ausdruck bringen; in der Regel ist dieser jedoch nur hinsichtlich des Wärmegrades vorhanden; so können z. B. entsprechend beständige „Hochquellen“ erfrischender sein als Tiefquellen in einem Lande mit 10° oder noch mehr mittlerer Jahreswärme. Quellen, die an Küsten liegen, faßt man als Küstenquellen zusammen, obwohl sie sehr verschiedener Entstehung sein können. Unterhalb von Bergeshöhen entspringende Quellen hat H. Höfer (5) Gipfelquellen genannt. Riedelquellen entspringen aus den Seitenhängen der Riedel und besonders am Scheitel jener spitzwinkeligen Riedel, welche zwischen zwei zusammenlaufenden Bächen herausgeschritten sind (Schmid).

Zahlreich sind die Namen, die man für Quellen je nach der Form des Quellmundes ersonnen hat. Nur einige öfter gebrauchte sollen hier Erwähnung finden.

So nennt man z. B. Quellen, die einem Höhlenschlunde entfließen, Höhlenquellen; eine Verunreinigung ihres Wassers ist hier besonders leicht möglich, da ja allerlei Getier in die Höhle eindringen kann. Tritt das Wasser aus einer Kluft zutage, dann kann man von einer Kluftquelle (Spaltenquelle) reden. Ist der Wasser ausspeiende Höhlenstrang an der Ausmündungsstelle für den Menschen nicht schliefbar, so liegt eine gewöhnliche Schlauchquelle vor. Aus engen Schläuchen treten die Aderquellen hervor; den Lücken des Gesteins entsickern die Sickerquellen (Porenquellen), oft Naßgallen erzeugend.

Quellen, welche eine Art Topf oder Tümpel als Mund besitzen, heißen wohl auch Schöpfquellen; ihr Wasser fließt nicht selbsttätig in einen untergestellten Behälter, sondern muß in das Entnahmegefäß geschöpft (gehoben) werden.

Zeitquellen sind Quellen, welche nur eine Zeitlang fließen. Da sie in regnerischen Zeiten und nassen Jahren zum Vorschein kommen, welche die Ernten schädigen und zu Teuerungen der Lebensmittel führen, nennt das Volk sie auch Hungerbrunnen, Teuerungsbrunnen (crie la faime) usw. Ein „Teuerungswasser“ entspringt z. B. zwischen Urfahr und Steyregg, ein „Korntheuerbrunnen“ an der steirisch-kärntnerischen Grenze. Sog. Jahresquellen (nach Lersch) schütten nur in gewissen, feuchteren Jahren, die Sommerquellen nur in diesen Jahreszeiten, die Maibrunnen ähnlich den Frühlingsbrunnen zur Zeit der Schneeschmelze, die Stundenquellen nur während einer kurzen Zeit des Tages; die Stundenquellen liegen meist hoch oben in den Gebirgen oder im hohen Norden; schmilzt die Sommerwärme in den Mittagsstunden („Elferquellen“, „Zwölferquellen“) Schnee und Eis, dann rieseln sie, der Nachtfrost bringt sie wieder zum Versiegen. Die nur zeitweise fließenden Quellen trifft man besonders häufig in niederschlagsarmen Ländern an; ihre Benutzung ist oft sehr erwünscht und geht am besten Hand in Hand mit einer Aufspeicherung.

Nicht nur die Dichter sprechen vom „Felsenquell“; man stellt ganz allgemein aus Fels entspringendes Wasser den Schotter- und Sandquellen gegenüber, ohne allerdings damit einen tieferen Einblick in das Wesen dieser Quellen gewonnen zu haben. Vom Standpunkte der Wassergüte sind „Felsenquellen“ in der Mehrzahl der Fälle schlechter als ihr Ruf.

Liegt der Quellmund unterhalb des Wasserspiegels eines Sees oder des Meeres, dann redet man wohl von einer „Unterwasserquelle“ (Seequellen, Meerquellen).

Quellen, welche in unterirdischen Höhlen austreten, bezeichnet man in der Regel als Untertagquellen; sie sind für die Bergwanderer und die Almwirtschaft in wasserarmen Karstgebieten oft von großer Wichtigkeit (Abb. 61). Der Ingenieur erschrotet, ohne es zu wollen, derartige

„Innenquellen“ oft künstlich beim Vortriebe von Stollen und Tunneln (Abb. 22).

Für die Entstehung und Beurteilung mancher Quellen ist folgende, nicht gar so seltene Erscheinung von hoher Wichtigkeit. Der Austrittspunkt einer Quelle wird später durch einen Bergsturz, einen Schwemmkegel, eine Schutthalde oder eine ähnliche, wasserwegige Ablagerung verlegt; das Wasser der unterirdischen, nicht zugänglichen Quelle (sorgente geologica nach P. Principi (4), Innenquelle, echte Quelle, verborgene Quelle, nicht zu verwechseln mit den zugänglichen Untertagbrunnen) muß nun erst noch ein Stück weit unter den Lockermassen fortfließen, ehe es als Folgequelle (Scheinquelle, Afterquelle) zutage treten kann (sorgente reale nach Principi; Abb. 54). Innerhalb dieser Lockermassen kann das Wasser der Innenquelle Zuflüsse von Grundwasser anderer Art und auch von Tagwasser (Senkwasser) erhalten; bei der Prüfung der Brauchbarkeit der Schüttung der Folgequelle ist zu beurteilen, ob die Beschaffenheit des zusitzenden Grundwassers unbedenklich ist und ob die zur Scheinquelle zutretenden Senkwässer von der Überlagerung einwandfrei geseiht werden. Da dies nur vergleichsweise selten der Fall ist und in der Regel eine Verunreinigung der Folgequelle befürchtet werden muß, strebt man bei Trinkwasserversorgungen die Fassung der verborgenen Quelle an (s. diesbezüglich auch die Absätze über Schuttquellen, Bergsturzquellen usw.).

Abb. 54. Riß zur Erklärung einiger Quellen am Nordfuße der „Sattnitz“ in Mittelkärnten. *1* Liegentone, *2* Sattnitzkonglomerat, *Q* obertägige Quelle, der Verunreinigung ausgesetzt; *q* Innenquelle, durch einen Bergsturz verschleiert.

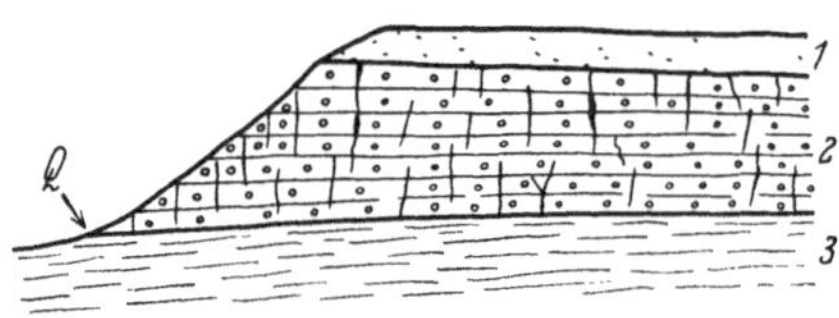

Abb. 55. Schichtgrenzfläche am Ausbisse des undurchlässigen Liegenden (*2*): Im Alpenverbande bedeuten: *3* Schlier, *2* Eiszeitschotter und = Nagelfluh, *1* Löß.

Von unechten Quellen (Abb. 56) kann man vielleicht dort reden, wo ein von durchlässigen Schichten verschluckter Bach („Bachschwinde“) nach kurzem Laufe als „Bachquelle“ wieder zutage tritt. Auch Quellwasser versickert nicht selten wieder. Die tiefer am Hange austretende Folgequelle ist dann in der Regel für Trinkwasserversorgungen ungeeignet. Ihr Wasser zeigt auch im Sommer stets eine unverhältnismäßig höhere Wärme. So maß z. B. eine Gehängschuttquelle oberhalb des Lueger (Tragöß, Steiermark) am 28. Oktober 1929 (1190 m Seehöhe) 6,1° C, die nur 90 m tiefere Folgequelle dagegen bereits 8,1° C. Ein häufiges Beispiel stellt Abb. 56 dar. — So verschwimmen die Unterschiede zwischen Bach und Quelle gar oft.

Künstlich hervorgerufene Austritte des Grundwassers nennt man B r u n n e n; andere, wesentliche Unterschiede zwichen Brunnen und Quellen bestehen kaum.

a) Die freifließenden Quellen.

(Freifließquellen, Fließquellen, Fließwasserquellen, ausfließende Quellen, Rieselquellen, Auslaufquellen [P a s s a r g e]).

In den f r e i f l i e ß e n d e n Quellen (Abb. 55) gehorcht das austretende Wasser fast allein dem Gesetz der Schwere und dem von ihm erzeugten Strömungsdrucke; die Ausflußstrecke des Grundwassers steht unter keinem, wie immer gearteten, etwa durch Stauung von Grundwasser

Abb. 56. Das Wasser eines Hangbächleins versickert an der Spitze eines kleinen Schwemmkogels und tritt am Fuße desselben als „unechte" Quelle wieder zutage (Pfeil). Naßfeld unweit des Glocknerhauses. Aufnahme Stiny 1931.

erzeugtem Überdrucke; deshalb rieselt das Wasser aus dem Bergleibe ohne aufzuwallen oder aufzusprudeln. Der Quellmund wird daher durch die gleiche Arbeitsweise des Wassers geformt, die wir vom rückwärtsschreitenden Tiefenschurfe her kennen; handelt es sich um einen einzelnen, gesammelten Grundwasseraustritt, dann entstehen im Hintergehänge nischenähnliche Vertiefungen, wie die „Q u e l l n i s c h e n", „Quellmulden" oder „Quelltrichter".

Wasser tritt nun aus einem Grundwasserkörper freifließend aus, wenn es sich in Bewegung befindet (Grundwasserstrom!) und seine Bahnen von einer Geländeform angeschnitten werden. Zwei Bedingungen sind also für das Zustandekommen einer Risselquelle erforderlich: Sich bewegende Grundwasserfäden und ein Anschnitt des Grundwasserkörpers bzw. ein Einschnitt in ihm. Man kann sich die Bildung dieser Quellen also am leichtesten vorstellen, wenn man sich im Geiste einen Grundwasserkörper samt stauendem Träger mit einseitig geneigtem Boden formt und dann einen Teil desselben längs einer beliebig geformten Fläche weggenommen denkt. Diese Bildungsart der Auslaufquellen gibt dem Wasserversorgungsingenieur bereits wichtige Anhaltspunkte; die Wasserspende einer solchen Quelle kann in der Regel durch keine Maßnahme dauernd vermehrt werden, welche auf eine bloße Tieferlegung des Austrittspunktes und eine Dränung des Grundwasserführers in der Bewegungsrichtung des Grundwassers hinzielt. Dagegen können Schlitze oder Stollen quer zur Strömungsrichtung des Grundwassers unter bestimmten Voraussetzungen und in gewissen Fällen Erfolg versprechen. Eine Speicherung des Quellwassers im Berginnern durch Aufstauung ist in der Regel wirtschaftlich unmöglich oder nur wenig wirksam.

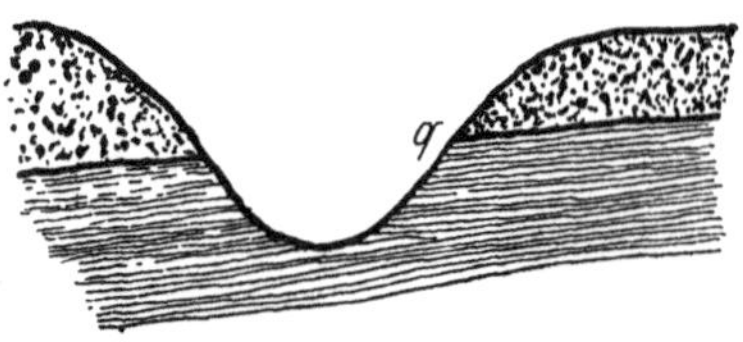

Abb. 57. Die Grenzquelle tritt einseitig an jenem Talhange auf, dessen Schichten bergauswärts einfallen. Am gegenüberliegenden Hange mit seinen einwärts fallenden Schichten tritt meist überhaupt kein Wasser aus; spärliche Quellen aus dem Schichtkopfhange würden allenfalls den Überfließern zuzuzählen sein; ihre Wasserspende ist in aller Regel sehr schwankend, meist sogar nur eine zeitweise.

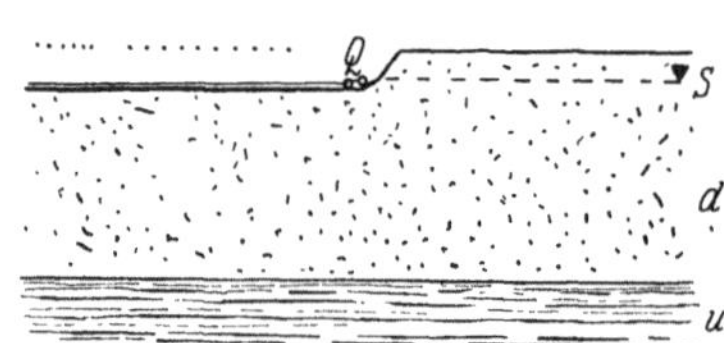

Abb. 58. Zapfquellen. Eine Furche in der Landoberfläche, oft von der Quelle selbst angelegt oder verlängert, zapft den Grundwasserkörper an und bringt einen entsprechenden Teil desselben zum Ausfließen (*Q*). *s* Grundwasserspiegel.

Die Freilegung des Grundwasserführers kann nun bis zu seiner unteren Grenze (Abb. 57) hinab oder bis zur Unterkante einer seiner Ausbildungsarten (Abb. 40) erfolgen. In diesem Falle wird mithin der Grundwasserkörper oder ein Teil desselben in seiner Mächtigkeit einseitig und meist mehr oder minder quer zur Fließrichtung bloßgelegt; seine Sohle ist mindestens in der Austrittsstrecke ein langes Stück weit hangauswärts geneigt, meist aber dacht sie mehr oder minder zur Gänze quellwärts hin ab. Die Tagoberfläche des Geländes hat eine Grenzfläche zwischen einem weniger durchlässigen bis undurchlässigen Mittel und einem leichter durchlässigen Gesteinkörper bloßgelegt; die Verhältnisse können meist ohne besondere geologische Kenntnisse überschaut werden, da es auf die Art des Gesteins in keiner Weise ankommt, sondern nur auf eine leicht beurteilbare Eigenschaft der Bergarten, ihre Wegigkeit für Wasser. Das Gestein kann oberhalb und unterhalb der Grenzfläche das gleiche sein; der Grundwasserstrom trennt dann z. B. nur einen stärker zerhackten von einem weniger zerklüfteten Teilkörper derselben Bergart (Abb. 41); die Grenzfläche führt dann je nach den Verhältnissen nur einen mehr oder minder großen Teil des Grundwassers an den Tag; der Rest sickert unter Umständen weiter in die Tiefe des Bergleibes ein. Ein Sonderfall ist jener, den man bisher eine Schichtquelle genannt hat; die Durchlässigkeitsgrenzfläche trennt zwei gesteinkundlich verschiedene Gesteine, die aber gleichzeitig verschiedenen Grad der Wasserwegigkeit besitzen müssen. Liegen Schichten gesteinskundlich verschieden zu benennender Gesteine übereinander, welche zufällig, z. B. infolge gleichartiger Inanspruchnahme durch den Gebirgsdruck, die gleiche Größenordnung der Durchlässigkeit haben, dann kommt selbstverständlich kein hangauswärts gerichteter Grundwasserstrom und keine Rieselquelle zustande, obwohl rein gesteinskundlich gesprochen ein Schichtwechsel stattfindet.

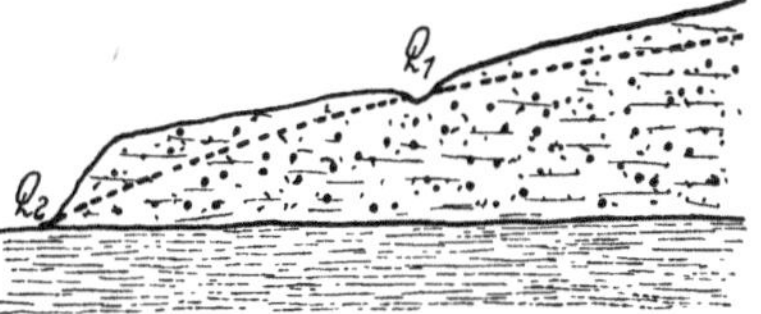

Abb. 59. In den Hohlkehlen (vgl. Abb. 135) der Schotterfluren trifft man das Grundwasser in geringerer Tiefe an als in der Nähe ihrer Vorderkante (oberhalb Q_2); zuweilen kann eine Längsfurche auf der Flur eine Kerbquelle (Q_1) erzeugen; häufiger jedoch finden sich Zapfquellen in Quertälchen.

Man könnte die freifließenden Quellen, welche an der Grenzfläche verschieden durchlässiger Gesteinkörper austreten, wohl am besten „Grenzquellen" (Gruppe 1a; contact springs z. T.) nennen; sie treten tatsächlich an einer Grenze u. z. einer solchen der Wasserwegigkeit, zutage; auch der Ausdruck „Scheidequellen" wäre am Platze; der Ausstrich, dem sie entrieseln, „scheidet" verschieden durchlässige Gesteinmassen.

In anderer Weise wird Grundwasser an den Tag treten, wenn sein Körper nicht bis zur Untergrenze seiner Mächtigkeit aufgeschlitzt, sondern bloß angeritzt wird (Anritzquellen, Gruppe 1b; Zapfquellen, depression springs). Der Geländeeinschnitt reicht dann nicht bis zur unteren Grenze des Grundwasserführers oder einer Ausbildungsart desselben hinab, sondern legt nur einen mehr oder minder kleinen Teil des Grundwasserkörpers frei, so daß aus ihm Wasser austreten muß (vgl. Abb. 58). Eine Vertiefung des Quellmundes oder, was meist auf dasselbe hinausläuft, eine Rückwärtsverlegung des Austrittspunktes entgegen der Strömungsrichtung des Grundwassers vermehrt in der Regel nur vorübergehend die Quellschüttung; da nämlich durch eine solche Maßnahme in den meisten Fällen gleichzeitig der Grundwasserspiegel abgesenkt wird, erfolgt die Steigerung der Wasserspende meist auf Kosten eines vorhandenen Grundwasservorrates und wird früher oder später wieder rückläufig. Derartige mißlungene Fälle einer Erhöhung des Wasserabflusses einer starken Quelle, welche man wohl auch zu den Anritzquellen wird zählen dürfen, hat Kleb (6d) von der Fischa-Dagnitz geschildert[1]. Eine erhebliche, dauernde Vermehrung der Wasserspende wird meist erst erfolgen, wenn die Tieferlegung des Quellmundes bis zur Grenzfläche erfolgt; dann geht aber die Anritzquelle in eine ,,Grenzquelle" über.

Treten wir nun in die Erörterung der einzelnen Unterarten der Rieselquellen ein. Sie fesseln geologisch und rücken den Vorgang der Quellbildung unserem geistigen Auge näher, müssen aber nicht immer — namentlich in schwierigen Einzelfällen — auch vom Ingenieur unterschieden werden.

α) Die Grenzquellen.

(Grenzflächenquellen, Scheidequellen; sorgenti di versamento nach Principi.)

Die gedanklichen und rechnerischen Grundlagen des Wasseraustrittes von Grenzquellen wurden bereits auf S. 87 gestreift. Näheres hierüber bieten die Lehrbücher der Grundwasserbewegung.

Die Gesteinkörper können unterhalb und oberhalb einer tagauswärts geneigten Durchlässigkeitsgrenze sehr mannigfach ausgebildet sein, sowohl was ihre wissenschaftliche gesteinkundliche Bezeichnung als auch den Grad ihrer Durchlässigkeit anlangt. Die Grenzfläche der Gesteinmassen verschiedener Wasserwegigkeit muß sanfter einfallen als die Geländeoberfläche.

Am durchsichtigsten sind die Fälle, in denen eine Ausbißlinie entblößt ist, welche Schichten von grundverschiedener Durchlässigkeit voneinander scheidet (Abb. 55, 57, 59).

Die Nutzung der Schüttung fördert es in aller Regel, wenn das Gelände einen weitwegigen Grundwasserführer angeschnitten hat. Dann wird z. B. eine Wasserader, ein wasserführender Schlauch, eine durchflossene Weitspalte oder ein wasserdurchtränkter Zerrüttungsstreifen ins Freie geführt. Die Fassungsarbeiten gestalten sich ungemein einfach und lassen bei richtiger Ausführung sicheren Erfolg erhoffen. Die Umgebung des Quellmundes soll geologisch so beschaffen sein, daß gesundheitsschädliche Stoffe und Lebewesen zur Wasserader keinen Zugang finden; diese Bedingung wird bei weitlückigen Grundwasserführern selten in hinreichendem Maße erfüllt. Man muß dann für ein entsprechend großes und genügend gesichertes Schutzgebiet sorgen.

Wo offene Spalten des Grundwasserführers über weitere Erstreckung mit der Tagoberfläche in Verbindung stehen, sind schädliche Verunreinigungen des Quellwassers kaum vermeidbar, da man in stärker besiedelten

---

[1] A. a. O. S. 52.

Gebieten kaum ein ausreichendes Schutzgelände wird schaffen können. Zudem schwankt die Wasserspende in ihrer chemischen Zusammensetzung, noch mehr aber in ihrer Ergiebigkeit innerhalb sehr weiter Grenzen; das Grundwasser bewegt sich in den Weitspalten und den großdurchmeßrigen Schläuchen sehr rasch; seine Geschwindigkeit steht deshalb manchesmal hinter der Fließgeschwindigkeit obertägiger Gerinne nur wenig zurück. Deshalb antworten solche Quellen auf Niederschläge sehr rasch und haben gleich den oberirdischen Wasserläufen ihre „Hochwässer" und ihre Tiefstände. Ihre unterirdischen Zubringer nennt man oft „unterirdische Wasserläufe". Sie haben in der Tat mit den oberirdischen Bächen und Flüssen viele Ähnlichkeiten; sie fließen mehr oder weniger rasch dahin, nähren Fische und andere größere Wassertiere, bilden Tümpel, Wasserfälle und Stromschnellen, stoßen Geschiebe vor sich her, nehmen Zubringer auf und verlieren an Schwinden Wasser. Es sind aber auch grundlegende Unterschiede vorhanden. Der untertägige Wasserlauf kann in Dückern Gegensteigungen seines Bettes nehmen; er ändert dabei das Gesetz seiner Bewegung. Zuflüsse münden nicht bloß von der Seite, sondern namentlich auch von der Firste seines Schlauches her ein. Außergewöhnliche Hochwässer, welche den Obertagfluß bloß zum Ausufern, nicht aber zum Verlassen seines bisherigen Bewegungsgesetzes veranlassen können, finden in der unterirdischen Röhre oft keinen Platz; das Gerinne ist eben nach allen Seiten begrenzt; der unterirdische Bach staut sich, das freie Fließen geht in ein Durchströmen von Röhren über; die Wassermassen, die nunmehr im früher benutzten Schlauche nicht mehr genügend Raum zum Abflusse finden, dringen unter statischem Drucke in Nachbarröhren hinein und kommen oft hoch am Gehänge oder weit abseits des gewohnten Quellmundes als „Übersprünge", „Hungerlöcher", „Speilöcher" usw. zum Vorschein (vgl. Abb. 17 und die Verhältnisse an den Badequellen von Warmbad Villach).

Die hier als Grenzquellen zusammengefaßten Quellen wurden in den älteren Einteilungen oft recht verschiedenen Gruppen zugewiesen. Will man sie weiter unterteilen, dann kann man folgende Bezeichnungen anwenden, welche mit der alten Einteilung häufig zusammenfallen und hauptsächlich von der Ausbildung des Quellmundes ausgehen; letzterer ist in der Regel nur eine Abbildung der Form der Wasserbahnen im Berginnern.

Höhlengrenzflächenquellen (Höhlenquellen; tubular springs z. T.). Die langgestreckten, unterirdischen Wasserbahnen sind streckenweise begehbar oder zu mindest schliefbar.

Das gewonnene Wasser eignet sich freilich nur dann ohne vorherige Reinigung zu Trinkwasser, wenn man sich vergewissert hat, daß der großlückige Grundwasserführer von einem seihenden Gesteinkörper derart überdeckt oder umschlossen wird, daß von Tag aus keine schädlichen

Verunreinigungen ins Grundwasser geraten können; die weitwegige Unterlage stellt dann gewissermaßen nur den unterirdischen, wassersammelnden Vorfluter dar, dem von den seihenden Deckschichten das Grundwasser zusickert (Abb. 27). Solches, geseiht einem kurzen Schlauche zusickerndes Grundwasser einer Rieselquelle, benützt beispielsweise die Gemeinde Seeboden am Millstätter See für ihre Trinkwasserversorgung; die amtliche Wasseruntersuchung hat ergeben, daß das Wasser — dem geologischen Befunde entsprechend — einwandfrei ist.

In allen übrigen Fällen sind die Höhlenquellen (wie übrigens auch die Schlauch- und Spaltenquellen) leicht Verunreinigungen ausgesetzt. Man darf daher derartige Quellen zur Trinkwasserversorgung ohne vorherige künstliche Reinigung nur dann heranziehen, wenn im Einzuggebiete keine menschlichen Siedlungen usw. liegen; für die zukünftige Freihaltung des Geländes muß die Festsetzung eines Schutzgebietes sorgen.

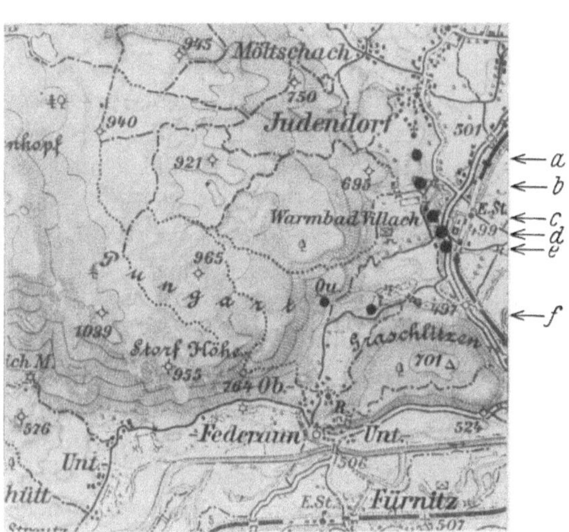

Abb. 60. Schlauchquellen und Höhlenquellen bei Warmbad Villach.
a Hungerlochquelle, *b* Übersprünge auf dem Wege zur Napoleonwiese, *c* Quelle, welche das gedeckte Badebecken speist, *d* Quelle zur Füllung des offenen Schwimmbades, *e* Wäscherquelle oder Pferdeschwemmquelle, *f* kalte Quelle (unten) und Wasserfallquelle (oben bei *Q*).

Höhlenquellen sind in Kalkgebieten sehr häufig; manche Kalke neigen überhaupt sehr zur Höhlenbildung, wie z. B. in Österreich die Kalke des Devon (Schöckelkalk, Hochlantschkalk), der Wettersteinkalk, Dachsteinkalk usw. Wasserreiche Höhlengrenzquellen sind z.B. die Komadinaquelle unterhalb Jablanica (Herzegowina), die Vrioštica-quelle bei Vitina NW von Ljubuški (Herzegowina), die Tihaljinaquelle (Herzegowina), die Unaquelle, die Schwarzenbachquelle (Gollinger Fall, Salzburg), der Fürstenbrunn bei Salzburg (Abb. 139), die Waldbachstrubquelle unweit Hallstatt (O.-Ö.) und viele andere. Die Quelle des Hammerbaches bei Peggau (Steiermark) bricht aus Schöckelkalk hervor und treibt ein kleines Elektrizitätswerk; das Nährgebiet dieser Höhlenquelle wurde erst neulich planmäßig erforscht (vgl. T h e i ß l [6 a b] und Abb. 62). Weit weniger ergiebig ist die benachbarte Quelle der „Schmelzgrotte“ (Lurloch).

Schlauchgrenzquellen. Die untertägigen Wasserwege sind mehr oder minder weite, von der Wassermenge nur ausnahmsweise in niederschlagreichen Zeiten ganz erfüllte Schläuche, die aber nicht weiter begehbar sind. Die Schlauchquellen (Abb. 13) treten gleich den Höhlenquellen vornehmlich in solchen Gesteinen auf, welche das Wasser mehr oder minder leicht auslaugen kann. Dabei ist es ziemlich gleichgültig, ob das ganze Gestein (z. B. Kalk) oder nur das Bindemittel löslich und wegführbar ist, wie z. B. in gewissen Sandsteinen, Konglomeraten, Breschen und Nagelfluharten mit kalkigem, dolomitischem oder mergeligem Kitt. In die Schläuche und Höhlen ergießt sich das benachbarte Grundwasser genau so, wie z. B. obertags in Kerben des Geländes, nur gesellt sich hier noch

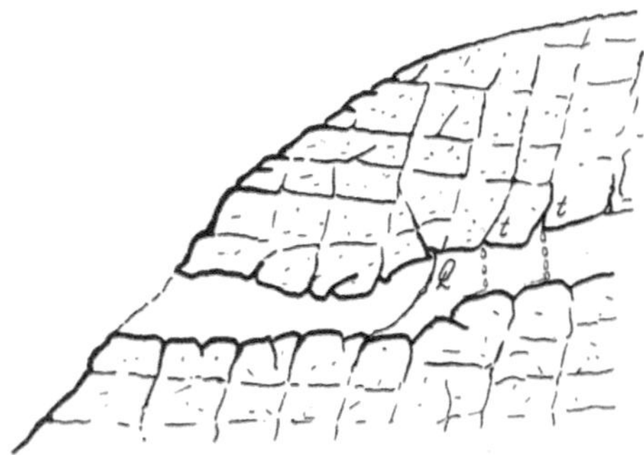

Abb. 61. *Q* Untertagquelle, *t* Firstentropf in einer Höhle.

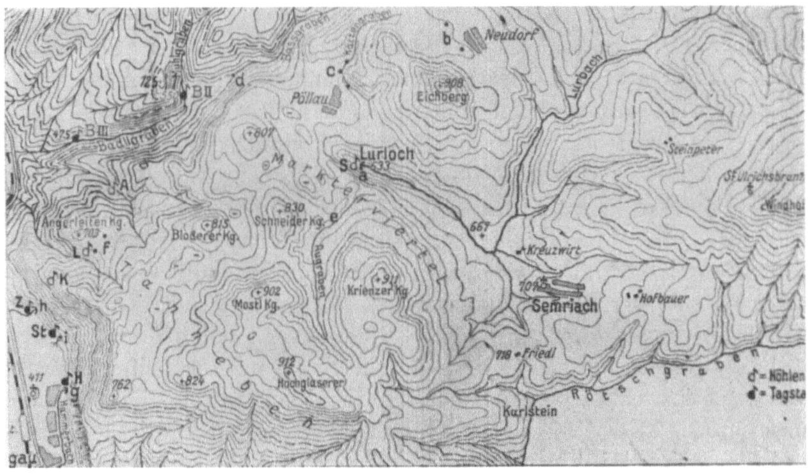

Abb. 62. *h* Schmelzbach-, *H* Hammerbachquelle bei Peggau (Steiermark).

der Firstentropf hinzu. Dieser ist zuweilen nicht unbedeutend: in Höhlen, welche infolge Höherschaltung der Scholle oder Eintiefung des nächsten Vorfluters jetzt trocken daliegen, kommt es zuweilen zur Bildung unterirdischer Quellen; in der bekannten Drachenhöhle bei Mixnitz in Obersteier hat eine solche untertägige Quelle (Spaltenquelle) den Vorzeitmenschen zum Aufenthalte angelockt. Die Erscheinung der unterirdischen Quellen in den sonst als wasserlos verrufenen Karstgesteinen hat für den Laien etwas Überraschendes an sich; der Fachmann kann sie leicht erklären (Abb. 61). Gelangt das Tropfwasser der Firste, das sich zeitweise oder örtlich in kleine Sturzbächlein verwandeln kann, in einen wasserdurchflossenen Schlauch, dann trägt es zu seiner Speisung bei (Schmelzgrotte bei Peggau, Steiermark usw.). Schlauch- und Höhlenquellen sind also nichts anderes als die Ausmündungen untertägiger Wassersammler (Vorfluter, Entwässerungsadern) nahe irgendeiner Durchlässigkeitsgrenze.

Bei den Schlauchquellen bespricht man am besten eine Erscheinung, welche man im zerklüfteten Gebirge, besonders aber im verkarsteten Kalkstein gar häufig antrifft; bei den Höhlenquellen, die sich von den Schlauchquellen ja einzig und allein durch ihre großartigeren Ausmaße unterscheiden, beobachtet man sie seltener. Zu Zeiten der Schneeschmelze oder langandauernder reichlicher Niederschläge genügen die gewohnten Schläuche für die Abfuhr des Grundwassers oft nicht mehr; das Wasser erfüllt nicht bloß eine unterirdische Röhre (z. B. H der Abb. 16) ganz, sondern steigt auch in den benachbarten Spalten und Hohlräumen sich stauend empor; von hier aus kann es in einen anderen Schlauch (z. B. h der Abb. 16) übertreten, der es ins Freie führt. Manche Fachschriftsteller sprechen von „Stauquellen" (Estavellen); bezeichnender ist der Ausdruck „Übersprung" oder „Speiloch". Der Vorgang fällt obertags dann weniger auf, wenn der Schlauch h eine ständig fließende Quelle speist; es wird dann nur ihre Schüttung unverhältnismäßig erhöht. Liegt jedoch der Mund des Schlauches h für gewöhnlich trocken da, dann überrascht seine zeitweise Wasserspende.

Ähnliche Verhältnisse liegen der Abb. 60 zugrunde; wenn die Erscheinung hier noch einmal bildlich dargestellt und erörtert wird, so hat dies seinen Grund darin, daß die Abb. 17 auf die formenkundliche und gebirgbauliche Seite der Erscheinung hinzuweisen gestattet. Bei Q_1 tritt ein jahraus, jahrein fließender, kühler Bronnen schlauchquellartig zutage (z. B. Kaltbachquelle bei Warmbad Villach); in nassen Zeiten schüttet der vergleichsweise enge Schlauch um weniges (etwa 3—5 l/sec) mehr als sonst (2—3 l/sec). Der ganze, große Rest des unterirdischen Hochwassers speist einige benachbarte, ähnliche Quellmünder, hauptsächlich aber ergießt er sich etwa 100 m höher am Felshange empor durch einen weiten Schlauch der 200—300 l/sec. fassen kann und diese Menge auch oft abführt; sein Ausfluß, ein mächtiger Bach, stürzt mit einem hohen sehenswerten Wasserfalle (daher der Name Wasserfallquelle) zum Talgrunde hinunter und nimmt auf seinem weiteren Wege dann auch die Abflüsse der Kaltbachquelle und ihrer Nachbarn auf. Offensichtlich liegt hier eine jugendliche Hebung des Treppenstaffels des „Pungart" und der „Wolfsgrube" vor (vgl. Stiny [4a]); sie leitete eine Tieferschaltung des unterirdischen Entwässerungsnetzes ein; die alten, immer höher steigenden Schläuche wurden leer und speien nur mehr in den nassen Zeiten; die neu sich bildenden aber, welche der Lage der Talsohle wieder angepaßt erscheinen, sind noch nicht genügend weit, um auch die Hochwässer aufnehmen zu können (Abb. 29).

Man hat früher vielfach geglaubt, daß man unter allen Höhlenquellen undurchlässigen Fels zu suchen habe (z. B. Werfenerschichten im Rax-, Schneeberg- und Hochschwabgebiete). Nach unseren Erwägungen ist dies jedoch nicht unbedingt nötig; dort, wo die Höhlen- und

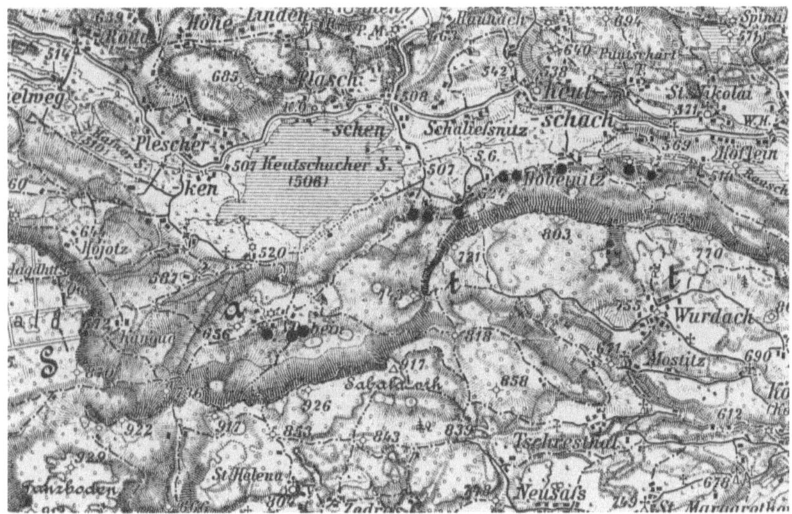

Abb. 63. Quellen am Nordhange der Sattnitz bei Keutschach.
Äußerste Quelle im Osten: Mullnerquelle. Quelle südlich der Ziffer 507: Kollinzquelle.

Schlauchquellen austreten, ist eben das wegsame Gestein zu Ende; in der Tiefe kann die gleiche Bergart noch sehr weit hinabreichen; aber ihre Wasserwege sind hier enger und nicht erweitert; und aus diesem und keinem anderen Grunde stauen sie das Wasser und zwingen es zur Quellbildung.

Den Beweis für die Richtigkeit dieser Auffassung können wir dort leicht erbringen, wo spätere Hebungsvorgänge zahlreiche alte Höhlenquellen zum Versiegen gebracht haben; ihre leeren Mäuler starren weitaufgesperrt aus den Felswänden heraus und verraten in ihrer Anordnung fast immer Zusammenhänge mit der Schichtung und Klüftung des Gesteins. Als diese Höhlenquellen noch flossen, zwang sie auch keine fremde undurchlässige Liegendschicht zum Austritte; ihre Zufuhrbahnen folgten annähernd der unteren Grenze des stärker zerklüfteten Felsens, der aber von derselben Gattung war wie der hangende. Die Hebung gab dann immer tiefere Lagen der Auslaugung und Höhlenbildung preis und ermöglichte die Tieferlegung der Wasserbahnen und der Quellöffnungen. Solche Verhältnisse sind z. B. an der Peggauerwand oberhalb der Hammerbachquelle (Abb. 62) und in den Wänden hinter der Napoleonwiese oberhalb Warmbad Villach aufs schönste verwirklicht.

Spaltengrenzquellen (Fugenquellen, Kluftquellen, fracture springs). Eine offene Felsspalte führt das Grundwasser ins Freie (Abb. 20, 64, 65). Sie finden sich in von der Gebirgsbildung oder den Krustenbewegungen beanspruchten, klüftigen Massen, ohne Unterschied der Gesteinsart; ja man trifft sie im Granit, Gneis usw. fast häufiger als im Brausgestein (Kalk, Dolomit), dessen leichtere Auslaugbarkeit mehr die Entstehung von linigen Hohlräumen, also von Höhlen, Schläuchen und Adern begünstigt. Principi (3) faßt die Spalten-, Schlauch- und Höhlenquellen unter dem Namen „Sorgenti diaclasiche" zusammen.

Abb. 64. Spaltenquelle in der Vellachschlucht bei Miklauzhof, Kärnten. Felskluft in der Bildmitte oberhalb der Gießkanne. Einzelheiten siehe Abb. 20. Aufnahme Stiny 1932.

Auch die Spaltenquellen gehören zu den Grenzquellen; denn das Wasser, das sich in ihnen aus der Nachbarschaft und aus dem Hangenden gesammelt hat, tritt dort zutage, wo die Wegigkeit der Kluft oder der Fuge sich in lotrechtem Sinne verringert oder völlig ein Ende erreicht (Abb. 64, 20, 65). Von den Höhlen- und Schlauchquellen unterscheidet sie die flächenhafte Ausdehnung des Wasserträgers und des Quellmundes. Nach der Weite der Wasserwege könnte man Weit- und Engspaltenquellen unterscheiden, wobei die ersteren der Natur der Sache nach seltener sind als die letzteren. Aus kaum sichtbarlich geöffneten Klüften rieselt nach starken oder lang andauernden Niederschlägen Feuchtigkeit über die Wandfluchten der Gebirge, deren Felsleiber, namentlich im Kalkgebirge, dann förmlich zu „schwitzen" scheinen; nach wenigen Stunden oder nach ein paar Tagen sind die Wände aber schon wieder trocken; dann kennzeichnen nur mehr die blaualgen- und flechtenbewachsenen „Tintenstriche" die alten Wasserbahnen.

Die Ausrichtung des wasserführenden Spaltes im Raume ist nebensächlich; man rechnet deshalb auch die Wasseraustritte aus waagrechten

Fugen zu den Kluftquellen; meist handelt es sich um Schicht- oder Überschiebungsklüfte (Abb. 21).

Während die Schlauch- und Höhlenquellen, die man unter dem Namen „Röhrenquellen" zusammenfassen könnte, den Fuß der Berge bevorzugen und die Nähe der Talsohle lieben, trifft man die Spaltenquellen meist gesetzlos über die Hänge verteilt an. Dies mag mit ihrer im allgemeinen geringeren Weite zusammenhängen; sie schließen sich infolgedessen leichter nach einer unteren Linie, welche sie schräge nach ab-

Abb. 65. Spaltenquelle; Naßfeld unweit des Glocknerhauses. Aufnahme Stiny 1932.

wärts ins Freie leitet, während bei den Röhrenquellen die nach unten zu ausrichtende und streckende Wirkung der Schwere viel wirksamer ist. Es ist dies also derselbe Grund, welcher uns Spaltenquellen im Urgebirge häufiger antreffen läßt als im Kalkgebirge, wo die auslaugende Tätigkeit des Wassers möglichst lotrecht in die Tiefe zu arbeiten strebt bis weniger wegiges Gestein ihr eine andere Richtung weist; finden sich im Brausgestein Spaltenquellen, dann sind sie meist in Bildung begriffene, aber noch nicht fertige Höhlen-(Schlauch-)quellen, während im Urgebirge die Kluftquellen um ein vielfaches zählebiger sind.

Die Menge und Güte der Schüttung der Spaltenquellen hängt natürlich von der Weite der Wasserwege, ihrem Seihvermögen, von der Mächtigkeit der Überlagerung (Höhe des Sickerweges) usw. ab. So schüttet z. B. eine etwa bleistiftdicke Spaltenquelle aus einem Gleitzerrüttungsstreifen des Pöllergrabens bei Leoben (Steiermark) in 1200 m Seehöhe wegen der 70 m mächtigen Überlagerung vergleichsweise warmes Wasser trotz nordseitiger Lage (8,3° C am 14. September 1930). Dagegen besitzt eine schattseitige Quelle am Eingange in den Pressinggraben (N Wolfsberg, Kärnten) im Frühjahr (26. März 1926) und im Sommer (28. Juni 1926) gleiche Wärme (7,9° C, etwa 500 m Seehöhe). Weiter schüttete eine seicht liegende, räumlich beschränkte Quetschschieferlinse in sonniger Lage und rund 750 m Seehöhe unweit des Hierzmann (Teigitschgebiet, Weststeiermark) Wasser, das am 9. März 7,6° C, am 30. Mai 8,1° C und am 22. Juli 1924 etwa 9,3° C maß. Die Seehöhe beeinflußt Quellen aus mächtigen Zerrüttungsstreifen dagegen vergleichsweise weniger; so hatte z. B. eine Zerrüttungsstreifenquelle am l. U. des Waldensteinergrabens unweit Twimberg (Kärnten) am 28. März 1926 in etwa 600 m Seehöhe nur 6,3° C, eine andere geologisch gleichwertige Quelle im oberen Panzergraben in 950 m Seehöhe am 29. März 1926 5,7° C (Glimmerschiefergebiet).

Störungsstreifenquellen (Zerrüttungsstreifenquellen, Ruschelquellen, Zerrüttungsquellen). Dort, wo ein aufgerichteter, mehr oder minder schmaler Streifen zerrütteten oder zerquetschten Gesteins ausbeißt, rieseln oft ergiebige Wasseradern aus dem Bergleibe hervor. Wo die Störungsstreifen aber breiter sind, bilden sich häufig mehrbahnige Grundwasserführer aus; ihre Wasseraustritte sollen tiefer unten besprochen werden (S. 126). Die reinen Störungsstreifenquellen sind daher durch Übergänge mit solchen Störungsstreifenquellen verknüpft, welche einem zusammengesetzten Grundwasserführer entfließen. In den geschonteren Teilen der Störungsmasse können dann auch echte Kluftquellen auftreten (siehe die Beispiele des vorigen Absatzes).

Eine andere Bezeichnung für diese Quellgruppe ist Rütterfelsquellen (Ruschelfelsquellen). Sie entstehen auch dann, wenn stark gequetschtes oder gezerrtes Gestein von weniger beanspruchtem und daher minder wegsamem Fels unterlagert wird. Sie finden sich gerne in Kalk- und Dolomitlandschaften; gewöhnlich bildet der sprödere und daher brüchigere und stärker zerhackte Dolomit den Grundwasserführer. Meist ist die Ergiebigkeit solcher Rütterfelsquellen gering, ihre Schwankungsziffer aber hoch.

Häufig finden sich solche Ruschelquellen dort, wo Überschiebungen das Gestein aufgelockert haben. Zuweilen liegen mehrere Ruschelstreifen stockwerkartig, durch geschontere Lagen getrennt, übereinander. Dann können unter besonderen Umständen die tieferen Quellen weniger ergiebig sein und früher versiegen als die höher gelegenen.

Die Unterscheidung der Zerrüttungsstreifenquellen in solche, welche aus einem mehr weniger söhligen und aus einem schräg aufgerichteten bis lotrecht eingestellten Ausbisse entspringen, hat einigen landformenkundlichen und technischen Wert. Je mehr sich nämlich der Ausstrich des Quetschstreifens oder des Auflockerungsstreifens der waagrechten Lage nähert, um so verzettelter erfolgen die Wasseraustritte und um so mehr verteilen sie sich über die ganze Längenerstreckung des Ausbisses; in demselben Maße wird natürlich auch ihre Fassung erschwert und verteuert.

Die Störungsstreifenquellen leiten ihrer Bezeichnung nach bereits zur Einteilung der Grenzflächenquellen nach einem anderen Gesichtspunkte hinüber. Hier spielt die Art der Gesteine eine Rolle, welche den Grundwasserführer aufbauen.

Lavaquellen. Zu den gesammelten Grundwasseraustritten der Grenzquellen gehören auch die sog. Lavaquellen; das Besondere an ihnen ist nur das Gestein, aus dem der Grundwasserführer zusammengesetzt ist. Da die Lavaströme sich gewöhnlich in einem „Bette" bewegen, mag dieses nun wie immer geformt und aus was immer zusammengesetzt sein, so sammeln sich auch hier, nur in anderer Weise wie bei den Höhlen- und Schlauchquellen, Grundwassermassen zu einem Strange an, der dort an den Tag tritt, wo der Grundwasserführer und sein Wasserweg endet (Endquellen); das ist in unserem Beispiele an der Stirne des erstarrten Lavastromes der Fall.

Lavaquellen schütten oft schlecht oder gar nicht geseihtes Wasser; doch hängt natürlich die Beschaffenheit der Wasserspende — auch hinsichtlich seiner Wärme — sehr von der Mächtigkeit des Lavastromes, seiner Lage (Seehöhe, geographischen Breite) und der Weite seiner Hohlräume ab.

Die großartigsten Beispiele europäischer Lavaquellen bietet wohl der Hangsaum rund um den Ätna (regione circumetnea) dort, wo seine Lavastromenden auf dem verhältnismäßig wenig durchlässigen Absatzgesteinssockel aufruhen. Ergiebige Lavaquellen versorgen auch viele Siedlungen Innerfrankreichs mit Wasser; so z. B. die Sources de Peschadoires am Fuße des Puy de Dôme. Man kennt sie ferner in großer Zahl aus den Feuerberggebieten Islands; sie fehlen aber auch in deutschen Ländern nicht.

Nur der Vollständigkeit halber führe ich auch die Gletscherquellen unter den Endquellen an. Die Schmelzwasserbäche, die im Gletscherleibe und unter seinem mächtigen Eiskörper rieseln, erscheinen frei am Gletscherende; für die Trinkwasserversorgung haben sie wegen ihrer ganz unbeständigen Schüttung und wegen ihrer Trübung kaum irgendeine Bedeutung.

Bergsturzquellen. Auch die Wässer, welche, von der Geländegestalt abhängig, da und dort den Enden von Bergstürzen entspringen, bringen für unsere Einteilung nichts wesentlich Neues. Man gewinnt nur einen tieferen, geologischen Einblick, aber keine technisch bemerkenswerte Erkenntnis, wenn man erfährt, daß die Ablagerung, deren unterer Grenze die Quelle entströmt, ein Bergsturz und nicht etwa eine Blockhalde oder etwas Ähnliches ist (Abb. 66). Daß Bergsturzquellen gar nicht seihen, wenig verläßlich in der Menge ihrer Wasserspenden sind, die Schwankungen der Luftwärme mehr oder weniger treu abbilden und sehr leicht verunreinigt werden können, liegt auf der Hand.

Viele Bergsturzquellen sind Folgequellen. So treten z. B. am Nordfuße der Sattnitzhochfläche zahlreiche Quellen aus; ein Teil von ihnen entspringt unmittelbar aus der Grenzfläche zwischen Liegendtegeln und Sattnitzkonglomerat oder aus einem Schlauche im Konglomerat selbst. An vielen Punkten aber sind von den Steilwänden der Sattnitz größere Massen des Konglomerats losgebrochen; ihre Riesenblöcke haben gar

Abb. 66. Bergsturzquelle. Blockhalden am Fuße der Freiwandspitzen unweit des Glocknerhauses. Aufnahme Stiny 1931.

manche ursprüngliche Quelle unter ihrem Schutte begraben und dem menschlichen Blicke verborgen (Abb. 54). Die Quellwässer müssen sich nun unterirdisch einen Weg durch die Weitwege der Bergsturztrümmerfelder suchen und kommen als Folgequellen am unteren Ende der Blockmassen zum Vorscheine.

Witterschwarten- oder Mittelwasserquellen (Wittergesteinsquellen) treten besonders häufig in Granitgebieten auf. Sie entstehen auch sonst überall dort, wo der Fels infolge Zersprengung und Zersetzung rasch in Stücke zerfällt und den Hang weithin mit seinen Trümmern in wenig mächtigen Lagen übersät; auf der Oberfläche des bisher noch unzersetzten Gesteins sammeln sich dann die Niederschlagswässer und laufen auf ihr bis dorthin ab, wo der gesunde gewachsene Fels („Witterfelsquellen"!) nackt an die Oberfläche tritt, oder sich ihr soweit nähert, daß der Querschnitt der Schuttdecke für den unterirdischen Wasserabfluß zu klein wird; in letzterem Falle haben wir viele Übergänge zu den Zapfquellen.

Wo der Gesteinzerfall die weitaus vorherrschende Verwitterungsform darstellt, bilden vornehmlich aufklaffende Spalten des im übrigen noch ursprünglich gelagerten Gesteins die Wasserwege. Der gesunde Fels des Grundgesteins ist je nach dem Alter der Landoberfläche bis in verschiedene Tiefen hinunter verwittert; offene Klüfte durchziehen den rostenden Fels nach allen Richtungen und saugen das Niederschlagswasser gierig auf. Nach unten zu werden die Spalten immer enger und weniger zahlreich; im gesunden Fels lassen sie in der Zeiteinheit nur mehr wenig Wasser hindurch; sie stauen so das Grundwasser (bzw. das Senkwasser) und zwingen es, seitlich dort den Witterfelskörper zu verlassen, wo die Geländeoberfläche seine Grenze gegen den weniger wegsamen Fels entblößt. In alten Granitlandschaften reicht die Verwitterungsschwarte oft zehn und mehr Meter tief; ihre Mächtigkeit wächst in den Quetsch- und Zerrüttungsstreifen. Sie können dann wohl mitunter einigermaßen ergiebig, leidlich geseiht und für Trinkzwecke brauchbar sein.

Die Stauung des Wassers am gesunden und daher engklüftigen Gestein wird in der Regel noch dadurch befördert, daß die Senkwässer von oben Feinteilchen in die Spalten einspülen und sie so im Laufe der Jahrtausende, wenigstens stellenweise, immer mehr und mehr schließen.

Hierher gehören wohl auch die Gipfelquellen Höfers[1]; zu ihrer Speisung dürfte im Hochgebirge nach Höfers Ansicht auch der warme Nebel beitragen, der im Sommer so oft die kalten Felsen der Hochgipfel umbraut. Mannigfache Übergänge verbinden sie mit den Spaltenquellen und es ist oft nur eine Frage der Tiefe, bis zu der die Verwitterung reicht, ob man eine Quelle dieser Gruppe oder jener der Witterfelsquellen zurechnet.

Witterfelsquellen trifft man sowohl im Urgebirge, wie im Kalkgebirge häufig an. Ihre Entstehung wird recht klar, wenn man z. B. nach einem kräftigen Regen eine Kalkalpenschlucht durchwandert; aus den Klüften und Spalten der Felswände tropft und rinnt überall Wasser herunter, herausgeleitet entlang der verschiedenen Überschiebungsflächen, Schichtfugen usw., welche die Verwitterung mehr oder minder weit geöffnet hat.

Außerdem kann sich, wie bereits auf S. 97 angedeutet, spärliches Mittelwasser auch in der obersten Schicht von bindigen, an sich undurchlässigen Bergarten sammeln, wenn ihre Oberfläche gegen raschen Abtrag geschützt und längere Zeit einer kräftigen Verwitterung oder sonstigen Umlagerung der Teilchen ausgesetzt ist (Witterbodenquellen). Dann entsteht selbst auf schweren Tonen eine Schwarte weniger festen,

[1] A. a. O. S. 92—93.

etwas aufgelockerten, nicht mehr ganz wasserundurchlässigen Bodens, dessen Bildung natürlich Pflanzenwuchs und entsprechendes Klima besonders fördern. Auffällig wird diese dem Senkwasser zugängliche Oberschicht des bindigen Gesteins in den meisten Fällen durch seine Verfärbung; blaugraue Tone werden in unseren Gegenden bis in mehrere Meter Tiefe hinunter ockergelb bis ockerbraun; graulichweiße Grundmoränen unterliegen der Auflockerung und Umstellung ihres Gefüges je nach ihrem Stein- und Blockgehalte noch stärker wie gewöhnliche Tone oder Letten und nehmen dabei mehr oder minder kräftige, gelbliche und bräunliche Farbtöne an. Dort, wo der Umschlag der Farbe von der des Eisenoxyduls in jene des Oxydhydrates wahrnehmbar ist, sammeln sich die Senkwasserfäden zu wenig ergiebigen Mittelwasserschichten. Ihre Bewegung über dem ganz undurchlässigen Liegenden veranlaßt aber nicht bloß sehr häufig Naßgallen und unverläßliche Wasseraustritte aus den Hängen, sondern leitet gar nicht selten Rutschungen ein oder befördert sie wenigstens.

Die so entstehenden Mittelwasserquellen spenden nach Niederschlägen oder während der Schneeschmelze reichlich Wasser, versiegen aber schon in kurzen Trockenzeiten ganz und werden daher auch „Hungerquellen" genannt (vgl. S. 99); wegen der im Innern des lockeren Verwitterungsschuttes vor sich gehenden, lebhaften Verdunstung führen sie im Gebirge in der Regel kühles Wasser. Im Mittelgebirge und in den Hügelländern unterliegen sie jedoch starken Wärmeschwankungen; im Sommer ist ihre Schüttung, wenn überhaupt vorhanden, lauwarm, im Winter eingefroren. Zu Trinkwasserversorgungen sind sie auch aus dem Grunde ungeeignet, weil ihr Wasser in besiedelten und bebauten Gegenden sehr leicht der Verunreinigung ausgesetzt ist. Trotzdem trifft man Brunnen, die Mittelwasser schöpfen oder pumpen häufiger an, als der Gesundheit der Bevölkerung zuträglich ist. In den auf S. 32 geschilderten Schwitzwasserbrunnen erhöht zuweilen Mittelwasser die Wasserspende. Sie übersteigt aber trotzdem je Schachtbrunnen selten die Menge von einigen Hundert Litern täglich, so daß sie bei großem Bedarfe rasch erschöpft ist.

Mannigfache Beziehungen verknüpfen die Mittelwasserquellen mit den Gehängeschuttquellen. Sie entspringen dem oft bewachsenen Schuttkleide der Hänge, soweit es nicht eine bestimmtere, geologische Bezeichnung verdient und noch unter den Sammelnamen „Verwitterungsmantel" fällt. Ausgeschlossen sind die Wasserfäden und Bächlein, die den echten Schuttkegeln und wohlgeformten Schutthalden, den Schwemmkegeln und den Bergsturzmassen entquellen. Sie decken sich in der Hauptsache mit dem, was man oft kurzweg „Schuttquellen" genannt hat. Die Wasserfäden, die aus dem allgemeinen, ungesaigerten Schuttmantel der Berge austreten, gehören aber nur dann in unsere

Gruppe der Grenzflächenquellen, wenn tatsächlich eine wasserstauende Unterlage sie an den Tag treibt. Wird jedoch der Grundwasserführer in höherer Lage angeritzt, dann gehören sie zu den Zapfquellen (vgl. S. 131); diese reinliche Scheidung der Schuttquellen in Gehängeschuttgrenzquellen und in Gehängeschuttzapfquellen ist nicht nur entstehungsgeschichtlich, sondern namentlich technisch wichtig, da hiervon vor allem die Art der Fassung, die Schüttungsschwankungszahl und manches andere abhängen.

Die Gehängeschuttgrenzquellen haben im allgemeinen eine größere und weniger schwankende Ergiebigkeit als die Mittelwasserquellen, in welche sie mengen- und gütemäßig übergehen. Übrigens hängt ihre Wärme, ihre Schüttungsschwankungsziffer und ihre Keimfreiheit sehr von der Mächtigkeit und Korngrößenverteilung des Gehängschuttes ab.

Wie großen Einfluß die Gebirgsüberlagerung über den Wasserwegen auf die Wärme des Quellwassers ausübt, zeigt die Messung zweier benachbarter Quellen am Südhange unterhalb des Rosseck (Bruck a. M. SW) unweit der ehemaligen Straßmeieralm; die eine (1470 m Seehöhe) entfließt einer Spalte des Gneises und hatte 4,9^{0} C (etwa $^{1}/_{4}$ l/sec), die andere entspringt in 1510 m Seehöhe aus Hangschutt geringer Mächtigkeit und maß am gleichen Tage (15. September 1927) 7,5^{0} bei etwa $^{3}/_{4}$ l/sec Schüttung. In der kühleren Jahreszeit kehrt sich dann das Verhältnis um: die seichter liegenden Zuflüsse sind schon abgekühlt, die mächtigeren Grundwasserführer besitzen noch Wärmevorrat; so maß z. B. am 13. Oktober 1925 eine Quelle aus geringmächtigem Quarzitschieferschutt des Preßnitzgrabens (Obersteier) in 1240 m Seehöhe 4,3^{0} C, ein anderes Brünnl unweit davon in 1230 m Seehöhe aber 7,9^{0} C, weil es durch einen mächtigeren Grundwasserkörper aus Quarzitschieferschutt gespeist wird.

J. Stiny (10) hat darauf hingewiesen, daß zahlreiche Gehängeschuttendquellen dort entspringen, wo Altlandreste der Höhen sich herabsenken zu den Neubaustreifen der Tiefe; die rückwärtsschreitende Einwühlung der Jungbächlein und der gleichfalls hangeinwärts sich einfressende Massenabtrag legen in der Nähe des Hangknickes, mit dem das Altland an das Neuland stößt, in aller Regel das felsige Grundgestein bloß; sie zwingen so das Grundwasser der Schuttkappe des Altlandes zum Austritte.

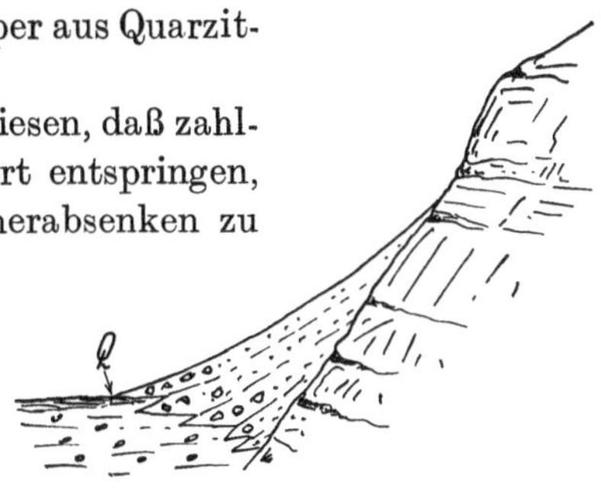

Abb. 67. Haldenquelle (Q).

Schutthaldenquellen, *Schuttkegelquellen* oder Haldenquellen (Blockhalden-, Schutthaldenquellen) entspringen dort, wo der

Fuß der Ablagerung auf einem undurchlässigen Untergrunde aufsitzt; es gehören mithin auch sie zu den Endquellen. Ihnen verwandt sind die Blockmeer- und die Blocklammer-(Blockstrom-)quellen; ihre Grundwasserführer sind überaus grobkörnig und diesem Übelstande entsprechen auch die Mengen- und Wärmeverhältnisse dieser Quellen.

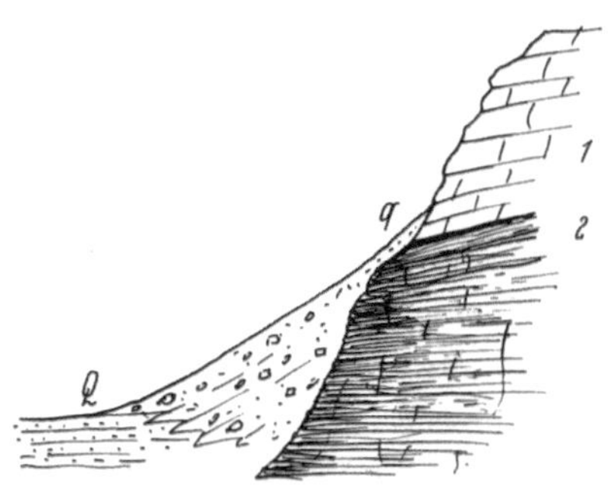

Abb. 68. Unechte Haldenquelle. Das bei Q austretende Grundwasser stammt von der Quelle q, welche sich unterirdisch in die Halde ergießt. Q Folgequelle, q Untertagquelle (Innenquelle, verborgene Quelle).

Auf die Lage des Austrittspunktes hat natürlich, wie bei allen Endquellen die Form des Geländes, namentlich der Unterlage großen Einfluß (Abb. 70).

Die Eigenschaften der Haldenquellen sind bekannt; man hat sie früher auch Schuttquellen (Schuttgrundquellen; Abb. 67) genannt. Nun gibt es aber verschiedene Arten von Gebirgsschutt, die sich überdies noch technisch sehr verschieden verhalten; man denke da nur an den Schutt der Halden und Kegelleiber und vergleiche ihn mit dem Schutte, den die Eisströme verfrachten, mit dem vom Wasser geförderten „Schotter“ oder mit dem Schutte, welcher hüllenähnlich die Hänge der Berge überkleidet; wie verschieden kann doch die Wasserwegigkeit dieser Ablagerungen und ihr Vermögen, schädliche Verunreinigungen des Wassers zurückzuhalten, sein! Ich ziehe es daher vor, die Haldenquellen eindeutig so zu benennen, daß Verwechslungen unmöglich sind.

Abb. 69. Schieferauerquelle in Hinternaßwald (N.-Ö.). Der Wasseraustritt ist unweit des Turmes gefaßt, auf welchen der Pfeil hinweist; er erfolgt an der Grenze von Werfener Schiefer und Gutensteiner Kalk, wird aber durch Schutt verhüllt.

Nicht immer stammt das Wasser der Haldenquellen einzig und allein aus Niederschlägen, welche auf den Schuttkörper der Halde selber auftreffen. Meist mischt sich zu ihm Oberflächenwasser, das zur Zeit heftiger Niederschläge oder rascher Schneeschmelze sich in den Steinschlagrunsen oder den Kaminen sammelt, welche die einzelnen Kegelchen der Halde mit Baustoff beliefern oder in früheren Zeiten damit versorgt haben. Oder es tritt, von der Schutthalde überströmt und dem Blicke verdeckt, an der Rückwand, an die sich die Halde lehnt, irgendeine Quelle (sorgente geologica nach Principi) zutage, deren Schüttung sich ebenfalls dem haldeneigenen Wasser beimengt. Solche Haldenquellen könnten wir gemischte Haldenquellen (Abb. 68, 69) nennen; gibt in der Schüttung der Quelle am Haldenfuße die untertägige Hangquelle völlig den Ausschlag, dann ist die Bezeichnung „Haldenfolgequelle“ am Platze (Scheinschuttquelle, unechte Haldenquelle).

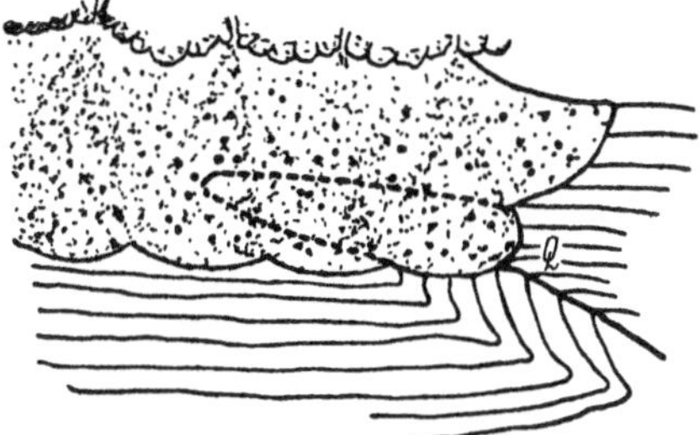

Abb. 70. Haldenquelle (Q). Strichlinie: Verschüttete Mulde.

Es ist allgemein bekannt, daß man dort, wo unechte Haldenquellen vorliegen, trachten wird, womöglich die ursprüngliche Quelle an der Rückenlehne der Halde zu fassen. Ihr Austrittspunkt verrät sich auf der Halde nicht selten durch einen Pflanzenwuchs, welcher von dem der Umgebung abweicht, durch häufiges Einschlagen des Blitzes oder durch Neigung zum Aperbleiben bei Schneefällen. Da der Quellpunkt der Scheinquelle tiefer liegt als jener der „echten“ Quelle, so erzielt die Fassung an der Haldenrücklehne nicht bloß einen unschätzbaren gesundheitlichen Vorteil, sondern auch ein größeres Gefälle. Können ja doch z. B. die Haldenquellen in der Talaue vieler Gegenden nur künstlich, z. B. mit Hilfe von Widderanlagen, in laufende Brunnen des Gebrauchsortes geleitet werden.

Einigermaßen von Belang kann auch das Vorhandensein einer Pflanzendecke auf den Halden werden. Sie bremst im allgemeinen das rasche Eindringen des Niederschlagwassers und befördert bis zu einem gewissen Grade seinen Abfluß, indem sie die Lücken zwischen den Schuttbrocken allmählich mit ihren Wurzeln, mit Humus und mit Wittergebilden ausfüllt. Sie verbraucht einen Teil der auffallenden Niederschläge und schmälert auch dadurch in geringem Maße die Quellhöchstschüttung. Sie schützt aber auch andererseits das eingedrungene Wasser vor rascher Verdunstung und gibt aufgenommenes, aber überschüssiges Wasser langsamer an die Hohlräume der Halde ab.

Der Verwendung einer echten, unvermischten Haldenquelle zur Trinkwasserversorgung muß eine sorgfältige Prüfung der Mächtigkeit der Halde und des Aufbaues ihrer oberen Teile vorangehen. Hierzu sind einige tiefere Schurfröschen oder Probeschächte notwendig. Meist ist ein ausgedehntes Schutzgebiet erforderlich, um schädliche Verunreinigungen zu verhüten. Da die Halden an ihrem Fuße meist mäßig geneigt sind, muß man zwecks Fassung der Quelle häufig eine lange Rösche aufgraben; von der Oberflächenform der stauenden Unterlage hängt es ab, ob der Fangschlitz an seinem oberen Ende gegabelt oder gar verästelt werden muß.

Schwemmkegelquellen. Dort, wo steile Schwemmleiber, aus grobem, wenig gerundetem Schutte aufgehäuft, ihre sachte geschwungenen Linien mit dem Talboden verflößen, treten nicht selten Schwemmkegelquellen aus; meist sind sie längs einer Linie, die dem Fußrande des Kegel sich anschmiegt, aufgereiht. Übrigens hängen ihre Austrittspunkte sehr von der Ausformung der Unterlage des Kegelleibes ab. Sie werden in den seltensten Fällen von den Niederschlägen, die auf die Schwemmassen selbst auftreffen, genährt; fast ausnahmslos speist sie Wasser des Baches, der den Kegel aufgeschüttet hat; dieser dringt teilweise, manchmal (wenigstens in Trockenzeiten) auch zur Gänze in die meist recht groben Lockermassen ein und fließt aus ihnen dort wieder heraus, wo sie enden (Endquellen). In anderen Fällen sickert Wasser des

Abb. 71. Schichtgrenzquelle aus überlagerndem Sattnitzkonglomerat N von Miklautzhof, Kärnten.

Talbaches in die talauswärts gelegenen, einer Prallstelle zugekehrten Ränder des Schwemmleibes ein, durchrieselt die stark wasserlässigen Schwemmassen und tritt am talabwärtsgekehrten Saume des Kegels wieder zutage.

Das Wasser solcher Schwemmkegelquellen ist in aller Regel unrein und unter Umständen gesundheitsschädlich; dies besonders dann, wenn auf den Schwemmkegeln Vieh weidet oder menschliche Wohnungen stehen.

Nur ein Sonderfall von mehr oder weniger berechtigtem Dasein sind die Schichtquellen (strata springs), welche dadurch entstehen, daß ein im Hangenden von undurchlässigen Schichten gelegener, gesteinskundlich anders zu bezeichnender Grundwasserführer durch den Massenabtrag bis zu seiner Untergrenze angeschnitten wird und offen zutage ausbeißt; die Grenzfläche ist also hier eine Schichtgrenzfläche (Steinscheide [Abb. 72]) im engsten Sinne des Wortes (vgl. auch Abb. 73). Dabei bildet sich am Quellorte eine Absenkungslinie, die von der Anzapfungsstelle gegen das Berginnere etwa parabolisch ansteigt. Ein Schönheitsfehler der Bezeichnung „Schichtquelle" ist, daß sie den Einteilungsgrundsatz etwas verschiebt, der aus den anderen Ausdrücken durchleuchtet.

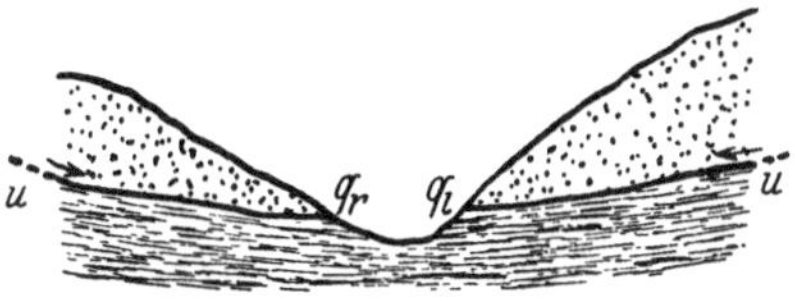

Abb. 72.

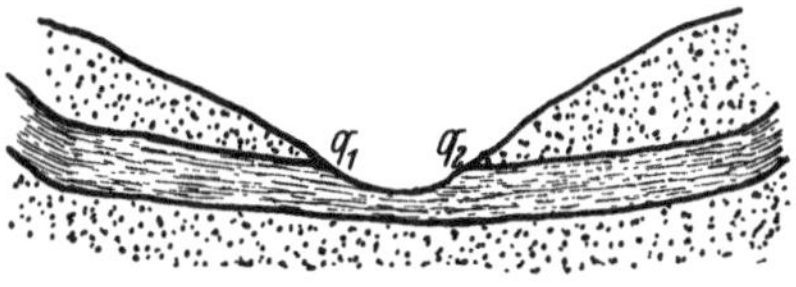

Abb. 73.

Abb. 72 und 73. Punkte: durchlässiges Gestein, Striche: wasserundurchlässige oder doch weniger wasserwege Bergart. Sowohl die Quellen in Abb. 73 als auch jene der Abb. 72 sind Grenzquellen; wegen der Neigung der Trennungfläche zwischen wegiger und weniger wegsamer Gesteinmasse gegen die Talung hin treten sowohl am rechten (q_r) als am linken Talufer (q_l) Quellen aus. Es ist für das Zutagetreten des Grundwassers ganz bedeutungslos, ob die Grenzflächen zwischen den Massen verschiedener Durchlässigkeit eine alte Ungleichförmigkeitsfläche oder eine Schichtfläche (Abb. 72) ist oder ob eine Schichte gebirgsbildungmäßig zu eine Mulde verbogen wurde (Abb. 73).

Die undurchlässige Schicht kann annähernd söhlig ausbeißen; dann vollzieht sich der Wasserzutritt im allgemeinen längs der ganzen, waagrecht verlaufenden Ausstrichslinie der wasserstauenden Schichte (Abb. 79 u. 148); oft schiebt sich eine breite und tiefe Quellnische in den Hang hinein (Abb. 79) oder es wird ein viele Hunderte von Metern (S. 199) langer Geländestreifen sachte rückwärts verlegt.

Infolge dieser Verteilung der Quellenspende auf eine lange Strecke sinkt aber auch die Ergiebigkeit solcher Schichtquellen oft bis zu einer bloßen Durchfeuchtung des Bodens herab, die sich durch einen den Naßgallen eigentümlichen Pflanzwuchs verrät. Besitzt jedoch der Talrand Einbuchtungen, dann beschränkt sich der Austritt von Quellen um so mehr auf diese Nischen des Gehänges, je weiter sie in den Hang zurückreichen; kommt es zur Bildung förmlicher Nebentälchen, dann bleiben die Talvorsprünge zwischen ihnen meist ganz trocken; es treten dafür im Hintergrunde der Tälchen um so ergiebigere Quellen auf; für beide Arten von Schichtquellen bietet die Umgebung von Seitenstetten (Niederösterreich), ja das ganze österreichische Alpenvorland, zahlreiche Beispiele. Hier ruhen wasserführende Eiszeitkonglomerate undurchlässigem Schlier auf (Abb. 55 u. 136) und bilden nicht selten die einzige Wasserversorgungsmöglichkeit der Einzelgehöfte, Weiler und Ortschaften.

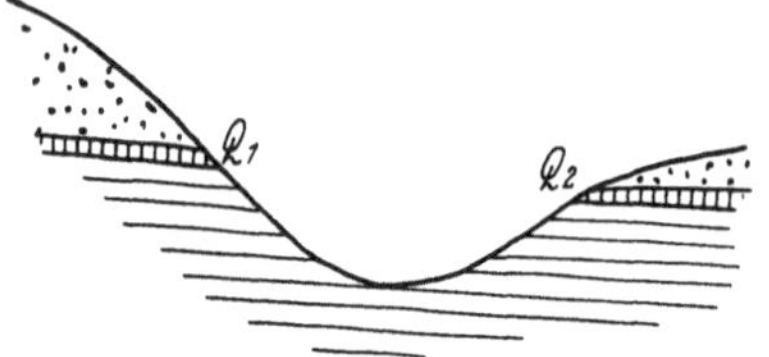

Abb. 74. Punkte: wasserdurchlässig, Striche: weniger wasserdurchlässig. Nur bei Q_1 treten echte Grenzfließquellen auf; auf dem gegenüberliegendem Gehänge zeigen sich Quellen (Q_2), welche weniger Wasser schütten, entstehunggeschichtlich und technisch sich wesentlich anders verhalten und daher auch einer anderen Hauptgruppe von Quellen, den Überfließquellen angehören. Ihre Wasserspende kann annehmbarer sein als jene der Überfließer auf Abb. 57, auf welcher die Schichten steiler einfallen.

Fällt die wasserstauende Schicht gegen die Achse des Tales ein, dann neigen sich auch die Quellorte gegen den Talboden zu; in seiner Nähe finden sich auch die ergiebigsten Quellen. Der Neigungssinn des Schichtausbisses kann talein- oder talauswärts gerichtet sein; in letzterem Falle muß aber sein Neigungswinkel größer sein als jener der Talsohle, wenn ein Schnitt mit ihr zustande kommen soll.

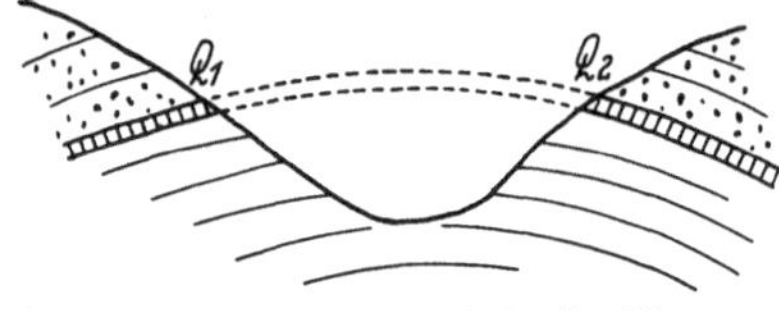

Abb. 75. Schneidet ein Tal ein Gewölbe an, dann bilden sich keine Freifließer, sondern höchstens wenig ergiebige Überfließer ($Q_1 Q_2$).

Schneidet das Tal eine Schichtmulde an (Abb. 72 u. 73), dann tragen beide Talhänge längs des Ausbisses der stauenden Bergart Schichtquellen und zwar je nach dem Zusammenfallen oder der Nichtübereinstimmung von Talmitte und Muldenumbiegung in annähernd gleicher oder ungleicher Höhenlage. Wird dagegen ein Sattel von einem Tale geschnitten, so kann sich keine Quellebene von nennenswerter Ergiebigkeit bilden und es bleiben daher beide Einhänge um so trockener, je steiler die Sattelschenkel von der Achse wegfallen (Abb. 75).

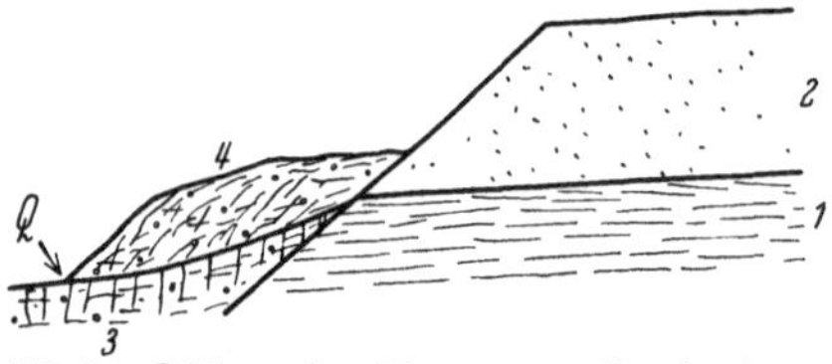

Abb. 76. Bildung einer Hangmoorquelle. An der Grenze von durchlässig (*2*): undurchlässig (*1*) tritt Wasser aus, welches das Moor *4* auf seiner undurchlässigen Unterlage *4* speist und durch die Folgequelle *Q* nährt. *3* kann verschieden von *s* oder gleich *s* sein.

Völlig söhlige Schichtlagerung leitet zur Bildung von Überfließquellen (s. S. 133) hinüber; ihre Ergiebigkeit hängt im allgemeinen von der Breite der Riedel zwischen den quellspendenden Talungen ab.

Ist das Tal in eine einseitig geneigte Schichttafel eingesenkt (Abb. 57, 74), dann können bei flachem Einfallen der Schichten beide Talhänge Quellen führen, und zwar der mit den Schichten fallende ergiebigere als jener, auf welchem die Schichtflächen bergeinwärts einfallen. In steiler aufgerichteten Schichten aber wird auf dem Hange mit bergauswärts fallenden Schichten ein Quellreichtum herrschen, der gegen die unter Umständen völlige Quellenlosigkeit der gegenüberliegenden Abdachung um so auffälliger hervortritt.

Zeigt die wasserundurchlässige Schicht eine wellig-unebene Ausbildung ihrer Oberfläche, dann sammeln sich in den Mulden und Vertiefungen des Wasserstauers ergiebigere Grundwasserströme; Quellen

Abb. 77. Sinterquellenhügel W des Erbsattels am Ausgange des Schindelgrabens. (St. Gallen-Umgebung, Steiermark.) Aufnahme Stiny 1930.

treten in einem so gebauten Gelände natürlich vornehmlich dort in größerer Ergiebigkeit auf, wo die Erdoberfläche Furchen und Senken des Grundwasserstauers anschneidet; seine Rücken bleiben dagegen quellenarm oder zeitweise auch ganz trocken.

Gehängemoorquellen und Moorquellen überhaupt. Hangmoore bilden sich gewöhnlich dort, wo eine Quelle irgend einer Art den Hang vernäßt. Das aus dem Hange in das Moor eintretende Wasser verteilt sich im Moor und tritt an seinem Fuße in Form einer Folgequelle frei wieder aus (Abb. 76). Bei Quellfassungen muß die Moordecke durchschnitten und das Wasser am ursprünglichen Austrittspunkt aus dem Hange aufgefangen werden; man kann dadurch vermeiden, daß das Wasser moorig riecht und schmeckt und schützt es so auch besser vor Verunreinigungen.

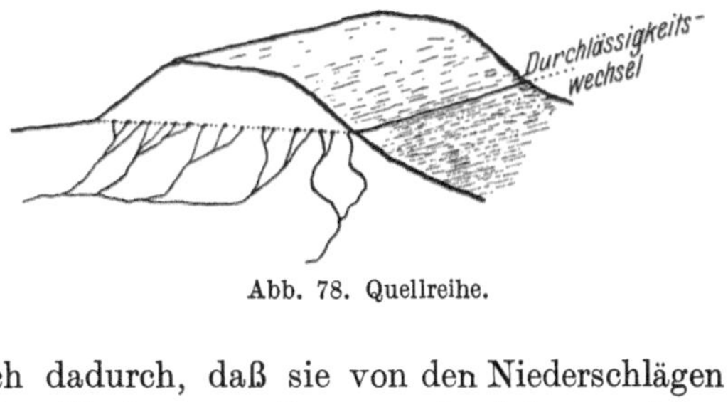

Abb. 78. Quellreihe.

Hochmoorquellen unterscheiden sich von den vorigen u. a. hauptsächlich dadurch, daß sie von den Niederschlägen gespeist werden, welche das Hochmoor auffängt, aufspeichert und nur spärlich über seine uhrglasförmige Wölbung abfließen oder an seinem Fuße austreten läßt. Ein Teil der Hochmoorquellen gehört allerdings zu den Kerbquellen; ihr Wasser wird von den Rüllen abgezapft.

Den Gehängemoorquellen ähneln ihrer Bildung nach die Sinterquellen. Am Gehänge austretendes Wasser setzt Sinter (meist Aragonit- oder Kalksinter) ab (Abb. 77); die Sintermassen vergrößern sich immer mehr und mehr, verschleiern den ursprünglichen Quellort und bauen sich oft mehrere Scheinquellen. Ihre Behandlung gleicht jener der Gehängemoorquellen; der Pfropfen vor dem ursprünglichen Quellmunde muß durchschnitten und die Wasserader unmittelbar an ihrem Austrittspunkte gefaßt werden. Die Quellspende besitzt natürlich im allgemeinen hohe bis sehr hohe Härtegrade.

Anhang zu den Grenzquellen.

Der bisher erörterten, mehr oder weniger punktweise erfolgenden Art des Wasseraustrittes von Rieselquellen steht eine andere gegenüber, welche das Grundwasser längs einer Linie oder eines Streifens aus dem bloßgelegten Grundwasserführer heraussikkern läßt. Es handelt sich hier fast immer um Verteiltgrundwasser, das mehr oder weniger gleichmäßig einem lang sich hinziehenden Ausbisse des Wasserführers entströmt. Da aber die Wasserwege in unseren Bergarten kaum jemals völlig gleichweit sind, sickert das Grundwasser längs der Ausbißlinie da und dort etwas reichlicher aus dem Erdreiche hervor; es entstehen kleine Quellfäden, die sich dann weiter unten zu Bächlein vereinigen können. So kommen dann Quellreihen (Abb. 78) zustande; jede begünstigte Wasserbahn trachtet, sich durch Auflösung des Gesteins oder durch Ausschlämmung von Feinteilchen zu erweitern; so entsteht am Ausbisse mehr oder weniger deutlich das Bild eines zusammengesetzten mehrbahnigen Grundwasserführers; die entstandenen Adern (Abb. 79) können sich aber nahe hinter der Austrittsstelle bald verästeln und strauchartig verzweigen, so daß weiter rückwärts die Einbahnigkeit des Wasserführers noch gewahrt bleibt. Für die Wasserfassung besitzt dieser Umstand hervorragende Bedeutung; es bringt oft Verluste, wenn man die Fassung bis über den Bereich der Mehrbahnigkeit des Grundwasserführers fortsetzt. Genau so, wie sich oberirdische Gerinne rückwärts einschneidend verlängern und vergrößern, kommt auch dem Vorgange der Bildung von Wasseradern und Wasserschläuchen unter Tag Selbst-

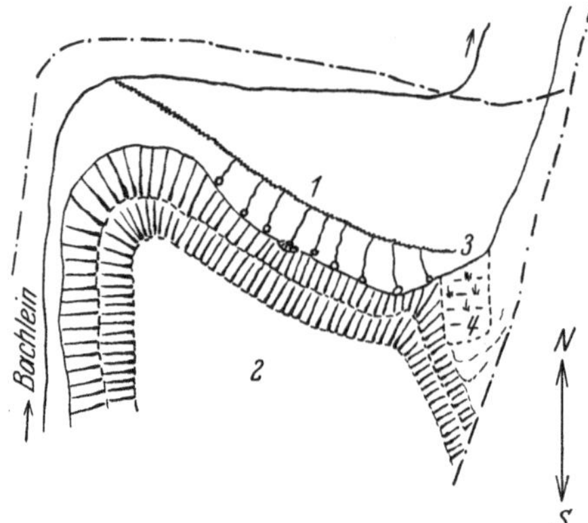

Abb. 79. Quellreihe sudlich von Rotschitschach, Jauntal, Kärnten.
1 Hauptriesel, in Abb. 126 abgebildet, *3* Sammelgraben; *4* Naßquelle; *2* Eiszeitschotterflur.

verstärkung und Rückwärtsfortschreiten zu. So können mit der Zeit größere Teile des Grundwasserführers, die früher noch einbahnig waren, zwei- oder mehrbahnig und bis zu einem gewissen Grade „entwässert" (gedränt) werden. Der nasse Streifen am Hange wird immer weniger feucht; die Wasseraustritte werden spärlicher und beschränken sich zunehmend immer mehr auf die einzelnen Adern; der Hang erscheint im Ganzen betrachtet, trocken und nur die längs der Linie aufgereihten, an Zahl beträchtlich verminderten Quellen verraten noch den Ausstrich einer wichtigen Grenze zwischen zwei Massen verschiedener Wasserwegigkeit. Da früher auf dem ganzen nassen Streifen viel langsam aussеihendes Wasser verdunstete, fließt jetzt dem Vorflutbächlein eine etwas größere Wassermenge zu als früher; für die Entwicklung des Gewässernetzes und die Landformung kann dieser Umstand von einiger Bedeutung werden.

In die Gruppe dieser „Reihenquellen" gehören auch vielfach Schichtquellen der älteren Einteilung (vgl. S. 121). Daß es sich aber nicht immer um den Ausstrich von Schichtgrenzen handeln muß und daß der Begriff der „Durchlässigkeitsgrenze" (Grenzfläche verschiedener Wasserwegigkeiten) der umfassendere ist, wurde bereits weiter oben hervorgehoben.

Reihenfließquellen (Abb. 79) treten nun je nach der Form der Grenzfläche auf den Hängen in verschiedener Weise auf; sie sind mittelbar auch vom Gebirgsbaue abhängig; einige häufigere Fälle stellen die Abb. 78, 79, 39 u. 148 dar; sie bedürfen keiner weiteren Erläuterung. Sofern die Reihenquellen der Ausdruck gleichartiger, feinwegiger Grundwasserführer sind, liefern sie meistenteils gutes Wasser von ziemlich gleichmäßiger Schüttung.

Technisch sind Quellenreihen nicht besonders günstig, weil sie mehrere bis viele Fassungen notwendig machen und der Sammelrohrstrang meist quer oder sanft schräg über einen Hang geführt werden muß. Eine solche Führung setzt aber das Sammelrohr den Schuttbewegungen aus und gefährdet unter Umständen seinen Bestand; Sicherungsmaßnahmen verteuern aber wieder die Anlage. Bei der Wasserversorgung von Baden-Baden konnte man die rund 1200 m langen Sammelstollen und Zwischenleitungen (rund 800 m) in gewachsenem Fels standsicher ausführen; sie folgen der Grenzfläche zwischen dem wenig durchlässigen Granit und den ungleichförmig aufgelagerten, gut wasserwegigen Buntsandsteinen (vgl. Lueger [2a]).

Günstiger gestalten sich meistens Quellenfassung und -ableitung, wenn sich aus irgendeinem Grunde weniger, aber dafür ergiebigere Wasseradern gebildet haben (Harzbachquellenfassung der Stadt Baden-Baden).

Etwas verwickelter gestaltet sich bereits die Sachlage, wenn ein zusammengesetzter Grundwasserführer von der Tagoberfläche angeschnitten wird. Besitzt dieser neben seihenden Hohlraumverflechtungen auch durchfließbare, so wird man neben wasserspendenden, örtlich beschränkten Adern und Schläuchen auch Wasserfäden beobachten können, welche ihre Austrittsfläche bloß nässen. Es liegt dann ein zusammengesetzter oder mehrbahniger Wasseraustritt vor. Seine Behandlung ist etwas umständlicher als jene einfacher Riesel aus weiteren Hohlräumen; auch die Arbeiter leiden unter der Vernässung der Arbeits-

Abb. 80. Der Quellnische entfließen mehrere Quellriesel; nur zwei davon werden in Holzrinnen abgeleitet. Im Berginnern verästeln sich die Adern mehr und mehr; der Grundwasserführer erscheint schließlich einbahnig. Einzelquelle der Quellreihe südlich von Rotschitschach im Jauntale, Kärnten (vgl. Zeichnung, Abb. 79). Aufnahme Stiny 1932.

stellen mehr. Neben dem Hauptriesel kann man auch die Sickerfäden oder einen Teil derselben fassen und so die Wasserspende des Quellortes besser ausnützen als durch Einfangen der Einzelader allein; eine Vermehrung des Gesamtaustrittes tritt allerdings dadurch nicht ein.

Derartig zusammengesetzte (mehrstufige) Wasseraustritte beobachtet man z. B. öfters dort, wo breite Zerrüttungsstreifen zutage ausstreichen. In keinem Quetsch- oder Zerrüttungsstreifen ist der Grad der Zerstückelung und Zerkleinerung des Gesteins überall gleich; es finden sich auch hier hochgradig beanspruchte Gesteinkörper neben geschonteren. Dies beeinflußt natürlich auch Wasserlässigkeit und Wasserführung des Streifens. Neben seihenden bilden sich auch grobdurchlässige oder gar durchfließbare Wasserwege aus; die Anschnitte sind dann vollständig vernäßt; aus dem nassen Hange treten da und dort einzelne Wasserfäden und zuweilen auch stärkere Riesel heraus; der Ausdruck „quellige Orte“ für solches Gelände, wie ihn die Pflanzenkundler gerne gebrauchen, klingt sehr treffend.

Im Teigitschgebiete hat der Kraftwerkstollen zahlreiche derartige Zerrüttungsstreifen durchörtert; zur allgemeinen Nässe dieser Strecken mit ihrem Firstentropf und ihren nässenden Ulmen gesellten sich da und dort Wasseradern und ergiebigere Riesel. Obertags aber gaben sich die Zerrüttungsstreifen gerade durch die oben geschilderte Art der Grundwasseraustritte zu erkennen; der im allgemeinen feuchtere Boden wird von den Bauern als Wiese benutzt; dem Walde bleiben die trockenen Gebiete gesünderen Gesteins zugewiesen; die feuchten Wiesenhänge neigen zum Abwandern des Schuttes; da und dort treten schwächere und stärkere Quellen auf, deren wilde, ungeregelte Abflüsse die allgemeine Vernässung des Geländes nur erhöhen. Wo der Mensch aber die Wiesen nicht pflegt und als solche erhält, fliegen Samen von Weiden, Erlen und anderen feuchtigkeitertragenden Holzarten an und bilden mit der Zeit fast undurchdringliche Dickichte und buschbewachsene Moräste. Solche Streifen von Erlenbuschwald fallen dem Kenner oft schon von weitem auf; am häufigsten begegnet man ihnen im Urgebirge (Teigitschgebiet, Lavanttal usw.).

β) Kerbquellen (Zapfquellen).

Die Gruppe der bisher betrachteten freifließenden Grenzquellen umfaßt eine große Zahl von Quellen des Hügellandes, des Mittelgebirges und der Hochgebirge. In der Ebene tritt jedoch die zweite, große Gruppe der Fließquellen im allgemeinen häufiger auf: jene der „Kerbquellen“ oder Ritzquellen (Einschnittquellen, Zapfquellen, Anritzquellen usw.). Sie entstehen dadurch, daß eine langgestreckte Hohlform des Geländes, etwa eine Verschneidung, eine Rinne, eine Siefe oder ein Tal (Abb. 58) den Grundwasserführer „anritzt“ und gewissermaßen „anzapft“. Die Kerbe, die in den Grundwasserkörper eingehackt wird, läßt Wasser aus ihm ausfließen. Und da Kerben überall auf dem festen Lande vorkommen können, finden wir die Kerbquellen nicht bloß auf die Flachländer beschränkt, wo sie an Häufigkeit die Grenzquellen übertreffen, sondern begegnen ihnen auch im Hügellande und im Gebirge, kurz überall dort, wo der Abtrag und besonders das rinnende Oberflächenwasser eine Furche in einem Grundwasserführer bis unter den Grundwasserspiegel hinab ausarbeiten kann. Der Geländeanschnitt erfolgt bei ihnen nicht einseitig, wie bei den Grenzfließquellen, sondern zweiflächig, das heißt, es werden mehr oder minder deutlich Wasseraustritte von zwei Seiten her hervorgerufen. Meist ist der Einschnitt der Strömungsrichtung des

Grundwassers gleichgerichtet (Längskerben); doch kommen auch Abweichungen von dieser Regel vor (Querkerben). Die Kerben verursachen häufig Naßgallen, Feuchtstreifen u. dgl. („seepage").

Die theoretischen Grundlagen der Bildung der Anritzquellen haben L. Hopf und E. Trefftz (6a) zu klären versucht. Nach ihnen verhält sich bis auf Größen von der Ordnung $\frac{\alpha}{\pi}$ (α = Gefällswinkel der undurchlässigen Sohle) die abgefangene Grundwassermenge (Abb. 82) zum gesamten Grundwasserdurchflusse im Grundwasserführer wie die Absenkung des Spiegels (h) unter den ungestörten Grundwasserspiegel zur Mächtigkeit des Grundwasserführers (H_1).

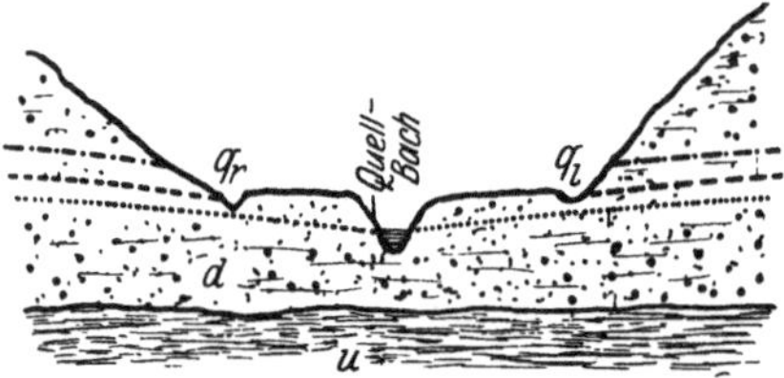

Abb. 81. Talquellen (bei q_r und q_l); ihr Austrittspunkt liegt je nach dem Stande des Grundwasserspiegels bald höher bald tiefer; ist der Grundwasserspiegel bis zur feingepunkteten Linie heruntergesunken, dann liegen q_r und q_l trocken, während die Gerinnequellen noch fließen, die den Bach speisen.

$$\frac{Q_1 - Q_2}{Q_1} = \frac{h}{H_1}$$

Die Quellspende wird also in erster Linie von der Absenkung bestimmt und hängt von der Breite der anzapfenden Furche oder der Wassertiefe in einem Abfanggraben nicht ab.

Die Kerbquellen sind wichtig für manche Flachlandsgebiete, die ohne sie wasserarm wären; sie können zur Bewässerung des Landes herangezogen werden. Für die Zwecke der Trinkwasserversorgung eignen sich derartig tiefliegende Austritte weniger, da das Grundwasser in ihrer Umgebung meist sehr seicht liegt und daher leicht verunreinigt werden kann. Es sind deshalb in der Regel ausgedehnte Schutzgebiete nötig; diese aber verteuern die Anlage. Ein weiterer Nachteil solcher Kerbquellen ist, daß sie meistens nur wenig Vorflut besitzen und deshalb auch selten stärker vertieft werden können; übrigens geht die Tieferlegung ihres Austrittspunktes, wie bereits weiter oben erwähnt, häufig auf Kosten des Wasservorrates; mehr empfehlen sich in aller Regel Einfangmaßnahmen schräge zur Richtung der Grundwasserbewegung. Diesen Nachteilen gegenüber kommt es weniger in Betracht, daß Kerbquellen vergleichsweise leicht gefaßt und in einem gemeinsamen Strang eingeleitet werden können.

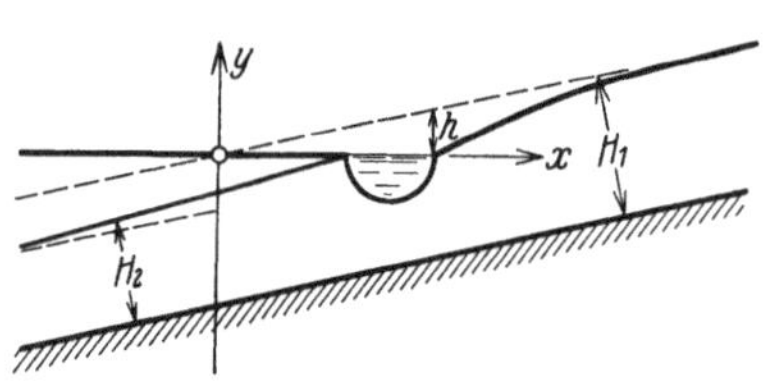

Abb. 82. Wirkungsweise eines Grabens, welcher in einen Grundwasserkörper von der Mächtigkeit H_1 eingesenkt ist. Nach L. Hopf und E. Trefftz.

Die Kerbquellen der Ebenen fallen häufig mit jenen zusammen, die man früher wegen ihrer Lage „Tiefquellen" genannt hat. Versiegt die

Wasserschüttung einer Anritzquelle in Trockenzeiten, so trifft eine Nachgrabung in gewisser Tiefe unter dem alten Quellmunde in aller Regel noch Wasser an; das unterscheidet sie von den Grenzflächenquellen, deren Versiegen jede weitere Nachgrabung aussichtslos macht.

Talquellen (Sorgenti die emergenza). Ein Tal (Abb. 81) wühlt den Grundwasserkörper auf und gibt längs der Hangfüße dem Grundwasser Gelegenheit zum Austritte. Zu einer Zeit, da man die Täler als klaffende Gebirgsspalten betrachtete, hat man solche Austritte vielfach auch ,,Spaltenquellen" genannt; heute erscheint dieser Ausdruck sinnwidrig.

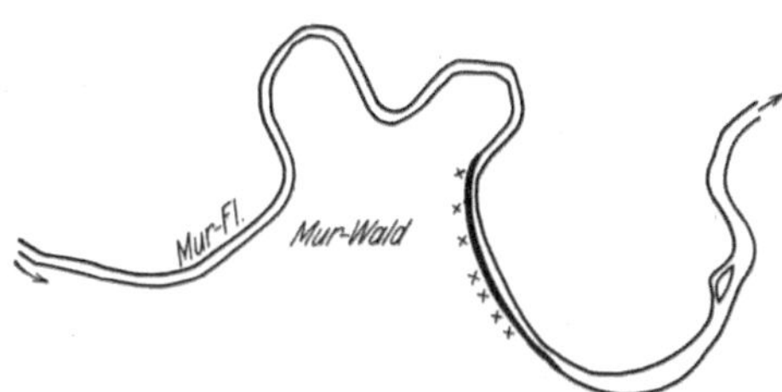

Abb. 83. Falsche Windungsquellen: die ,,Siebenbrünn" im Murwalde zwischen Judenburg und Zeltweg. Dicker schwarzer Strich: Ausbisse undurchlässigen Tertiärs, Andreaskreuze: Wasseraustritte (Grenzquellen). Hangendes: Eiszeitschotter.

Die Höhenlage des Wasseraustrittes am Hangfuße kann wechseln (Abb. 81 bei q_r und q_l); sie folgt dann dem Steigen und Sinken des Grundwasserspiegels im Berginnern; bei Fassungen ist darauf Rücksicht zu nehmen (vgl. diesbezüglich auch S. 131).

Gerinnequellen sind Ergüsse des Grundwassers in das Bett eines Wasserlaufes, welcher mit dem Grundwasser in Verbindung steht. Ihre

Abb. 84. Sanft geschwungene Nische (Pfeile!) von Windungsquellen am Billbach bei St. Gallen, Steiermark. Aufnahme Stiny 1930.

Austritte werden meist erst bei starkem und zugleich raschem Sinken des Flußspiegels bemerkbar; häufig entbinden sie während der warmen Jahreszeit im Boden aufgesaugte Luft, deren aufperlende und am Wasserspiegel zerplatzende Blasen bei Hochstand der Tagwasserläufe ihre Zutrittspunkte verraten. Für Wasserversorgungen kommen sie nicht in Betracht.

Ihnen verwandt sind die Windungsquellen (Schleifenquellen, Prallstellenquellen). Sie treten im Gefolge von erzwungenen oder auch von freien, mehr oder minder eingesenkten Krümmungen rinnender Gewässer auf. Am unteren Ende einer Flußausbiegung sickert Wasser in die Ablagerungen, um welche sich die talwärts nächstfolgende Schlinge legt; meist handelt es sich um die Leiber von Schwemmkegeln, Schuttkegeln oder um ältere Absätze des Flusses selbst. Am oberen Ende der nächsten Ausbiegung des Gewässers nach derselben Seite hin tritt dann, durch die beginnende Prallstelle angeritzt, Grundwasser in Form von Quellen wieder aus. Oft entsteht eine ganze Quellreihe; solchen Windungsquellen begegnen wir am häufigsten im Berglande, wo die zahlreichen Schwemmkegel der Seitenbäche gar manchen Aufnehmer zur Seite drängen und zum Umfließen ihres Fußes zwingen; ein hübsches Beispiel einer Reihe von Windungsquellen hat Höfer ([3], S. 57, Abb. 13) abgebildet. Windungsquellen gehen in Schwemmkegelquellen (S. 120) über, wenn ihr Austritt frei erfolgt, ohne durch den Anhieb des Geländes in einer Prallstelle erzwungen zu sein.

Unechte Windungsquellen sind freilich von der Speisung durch eindringendes Bachwasser mehr oder minder unabhängig. Aber selbst dann ist ihre Schüttung selten ohne weiteres als Trinkwasser geeignet; es ist, wie die Wasserspende auch der echten Windungsquellen, meist schlecht geseiht und ebendrum in aller Regel der Verunreinigung, ja manchmal sogar der Überflutung durch Hochwässer ausgesetzt.

Falsche Windungsquellen treten in der vielfach gewundenen Laufstrecke der Mur unterhalb von Judenburg (Steiermark) auf. Hier hat der Murfluß in tiefer Schlucht emportauchende Tertiärtone angeschnitten und eine Quellreihe, die sog. „Sieben Brunnen" erzeugt; in Wirklichkeit liegen echte Schichtquellen (Grenzquellen) vor; es ist nur ein nebensächlicher Zufall, daß der Ausbiß des Grundwasserstauers durch eine Flußkrümmung hervorgerufen worden ist (Abb. 83).

Den Kerbquellen der Täler und Ebenen (Kerbtiefquellen), welche in den vorhergehenden Absätzen kurz geschildert wurden, stehen die Hangkerbquellen gegenüber, welche oberhalb des Bergfußes am Hange entspringen. Je nach der Form der Kerbe, welche ins Gehänge eingeschnitten ist, können wir weiters unterscheiden:

Verschneidungsquellen; sie entstehen, wenn eine Hangverschneidung den Grundwasserkörper anritzt. Sie können naturgemäß nur geringe, stark schwankende, und meist schlecht geseihte Wasserspenden liefern.

Furchenquellen. Eine Geländefurche, ein zeitweise trockenes oder verlassenes Bachbett oder dgl. legt auf längere oder kürzere Erstreckung einen Grundwasserkörper bloß.

Muldenquellen; sie treten in einer langgestreckten oder kurzmuscheligen Hangmulde aus und sind meist durch Bodenbewegungen bloßgelegt worden.

Zu den Hangkerbquellen gehören viele der sog. „Schuttquellen“ der älteren Quelleneinteilungen; man könnte sie am besten Gehängeschuttkerbquellen nennen. Um ihre Untersuchung hat sich besonders J. Schmid (2e) verdient gemacht; in wieweit seine Ergebnisse aus der Schwarzwaldlandschaft in andere Gebiete übertragen werden dürfen, muß fallweise beurteilt werden.

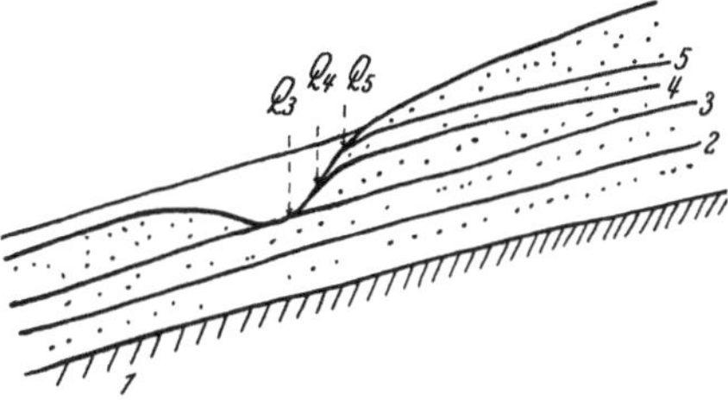

Abb. 85. Wasseraustritte in Quellmulden. *1* Felsuntergrunde, *2, 3, 4, 5* Grundwasserstände, Q_3, Q_4, Q_5 zugehörige Quellaustritte (frei nach J. Schmid).

Die Quellhohlform ist gewöhnlich eine langgestreckte flache Hangmulde, eine seichte Nische, zuweilen auch ein kleiner Trichter oder Kessel; auch quergestreckte Quelltröge mit mehreren, gleichlaufenden Rieseln kommen vor. Von ausgesprochenen Quellhohlformen mit zeitweise oder ständig fließenden Rieseln leiten Übergänge zu Naßgallen hinüber, die dem Auge weniger durch eine an sie geknüpfte Kleinform als durch ihren Pflanzenwuchs auffallen; Sumpfdotterblume, Weiderich, Kohldistel, Seggen, Binsen, Rasenbinsen, Simsen, Wollgras usw. treten in tiefern, blauer Eisenhut (Aconitum Napellus) und stachlige Kratzdistel (Cirsium spinosissimum) auf Feuchtstellen der Hochlagen auf. Zuweilen stellt, wie J. Schmid berichtet, eine einfache kleine Bodenöffnung die Ausmündung einer unterirdischen, von der Hangfurche angeschnittenen Wasserader dar. In fast allen Fällen, wo die Schüttung wenigstens zeitweise nennenswert ist, legen die Riesel das steinige Trümmerwerk des Gehängeschuttes bloß; sie haben ja die Feinteilchen zwischen dem Grobgerüst des Bodens bereits ausgespült und rieseln nun über die zurückgebliebenen groben Bruchstücke hinunter.

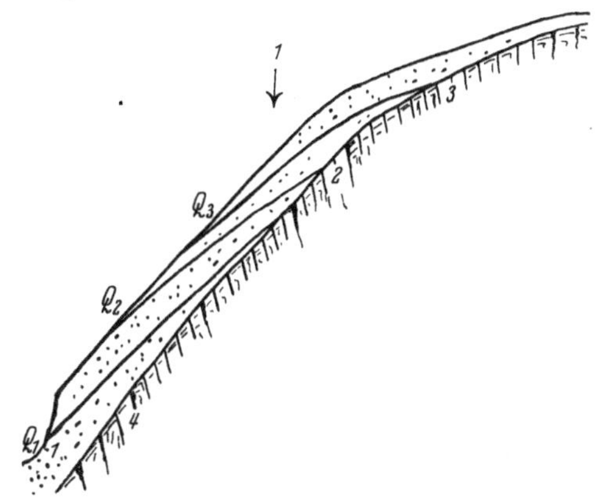

Abb. 86. *1, 2, 3*, Grundwasserstände zu verschiedenen Zeiten, Q_1, Q_2, Q_3 zugehörige Quellaustritte, *4* Grundgebirge (frei nach J. Schmid).

Der Anschnitt des Grundwasserführers kann mehrstufig sein. Dann senkt sich in eine ältere, irgendwie weitere Quellhohlform eine weniger räumige, junge ein, welche derzeit die Anzapfung allein besorgt. Dabei ist die Gestalt der ineinander geschachtelten Hohlformen mehr nebensächlich; Schmid fand, daß eine Quellmulde in eine langgestreckte Hangmulde eingetieft war; es kommen aber auch schmälere anzapfende Jungrunsen usw. vor, die in breitere, ältere Furchen eingekerbt sind.

Die Höhenlage der Quellaustritte hängt sehr vom Grundwasserstande und seinen Schwankungen ab. Die Abb. 85 u. 86 zeigen dies besser als viele Worte.

Die Schwankungsziffer und Ortbeständigkeit der Hangkerbquellen kann nach Schmid (2e) zuweilen roh schon aus ihrer Hohlform beurteilt werden. Je kürzer und je besser ausgeprägt sie ist, desto weniger wandert der Austrittspunkt des Wassers auf und ab und desto beständiger ist auch die Schüttung. Langgedehnte Hangmulden verraten örtlich wechselnde Austritte von schwankender Ergiebigkeit; dabei verhalten sich Nord- und Ostlagen günstiger als Süd- und Westhänge. Diese Beobachtungen sind für die Planung von Quellfassungen wichtig.

Über den Schüttungsgang der Hangkerbquellen des Schwarzwaldes verdanken wir J. Schmid (2e) wichtige Anhaltspunkte. Auf den Luvseiten der regenbringenden Winde sind die Schwankungsziffern durchwegs höher als auf den Leehängen. Hier bleibt die Quellschüttung verhältnismäßig kräftig und nimmt nach der Schneeschmelze nur langsam ab. Auf den Luvseiten hingegen sinkt die Ergiebigkeit nach der Schneeschmelze rasch und bleibt während des ganzen Sommers in Menge und Schwankung recht bescheiden.

Was die Verunreinigungsmöglichkeiten bei den Hangkerbquellen anlangt, so hängen sie seltener von der Siedlungsdichte und Bewirtschaftungsart ihres Einzugsgebietes als von der Mächtigkeit und Seihfähigkeit des Grundwasserführers ab. Diese lassen häufig zu wünschen übrig. Für die Beurteilung ist es nötig, die Lage des Grundwasserspiegels an mehreren Punkten oberhalb der Quelle durch Probeschürfungen (Röschen, Schächte, seltener Bohrungen) kennen zu lernen. Alle offenen Schurförter geben gleichzeitig einen guten Einblick in die Beschaffenheit des Grundwasserführers und seiner Tagdecke; dabei kommt es nicht so sehr auf die Größe der einzelnen Bruchstücke des Bodengerüstes als auf die Erfüllung seiner Zwickel mit Feinteilchen an.

Die Zahl und Verteilungsdichte der Feinteilchen im Gehängeschutt sollte eigentlich von unten nach oben zunehmen; in demselben Maße würde auch die Wegigkeit des Grundwasserführers von der Oberfläche gegen das Grundgestein zunehmen. Eine solche Sachlage wäre für den Schutz der Kerbquellen gegen Verunreinigungen in allen jenen Fällen günstig, in welchen die Mächtigkeit der oberen Lagen des Gehängeschuttes über dem Grundwasserspiegel ausreichend ist, um die Seihung des vom Tage her eindringenden Senkwassers zu gewährleisten. In der Natur treten aber bisweilen Vorgänge auf, welche die Seihfähigkeit des Gehängeschuttes ungünstig beeinflussen; das Grundgestein verwittert schwer und liefert nur wenige Feinteilchen und auch diese bleiben den Deckschichten des Hangschuttes nicht erhalten, sondern werden tiefer gespült und beginnen das Ausgehende des Grundgebirges zu verlegen, während in den oberen Lagen dem Eindringen von verunreinigtem Tagwasser Türen und Tore geöffnet sind. In solchen Fällen kommt es nicht selten vor, daß aufgetretene Quellbächlein hangabwärts wieder verschwinden, um einige hundert Meter weiter unten als Folgequelle wieder an den Tag zu kommen. Auf die Erkundung der Beschaffenheit des Gehängschuttes bis zum Grundwasser hinab ist daher großer Wert zu legen.

b) Überfließquellen.

An die freifließenden Quellen reihen sich, wie aus Abb. 87 hervorgeht, unmittelbar die Überlaufquellen an. (Überfließquellen [O. Lehmann], Überfließer, Überfallquellen, Umlaufquellen [nach Passarge].) Ihr unterscheidendes Merkmal ist die Barre, welche sich dem Laufe des Grundwassers entgegenstellt, es aufstaut und zwingt, am tiefsten Punkte des stauenden Hindernisses über die Krone der Barre überzulaufen (Abb. 87). Die Überfließquellen, früher in etwas übertriebener Weise auch Überfallquellen genannt, schütten also ihr Wasser nicht unter dem unmittelbar bewegenden Antriebe der Schwerkraft, sondern stehen unter dem Einflusse des durch den Aufstau sich bildenden, ruhigen Überdruckes; hört dieser z. B. infolge langen Ausbleibens der Niederschläge auf, dann endet auch die Wasserschüttung, obwohl vor der Barre noch Wasser vorhanden ist; freifließende Quellen dagegen haben bei ihrem Versiegen ihren Grundwasserkörper erschöpft. Da der Wasserspiegel sehr vieler Überlaufquellen den Beckenrand nur ganz wenig überragt, versiegen die Überfließer in Trockenzeiten verhältnismäßig sehr rasch; auf Niederschläge und Schneeschmelze antworten sie nahezu sofort. Die Form des Wasserstauers der Überfließquellen gleicht somit einem Topfe oder einer Schüssel; einmal mit Flüssigkeit bis zum Rande gefüllt bringt sie jeder weitere Tropfen sofort zum Überrinnen; hört jedoch das Zugießen auf, dann endet auch bald das Überlaufen. Die Hohlform des Topfes ist allerdings verschieden; von der Form einer flachen Schüssel, ja sogar einer wasserstauenden völligen Ebene gibt es alle Übergänge bis zum engen aber tiefen Wassersack (Abb. 89); auch andere ganz unregelmäßige Hohlformen sind denkbar und in der Natur auch verwirklicht; darüber weiter unten mehr. Gegenüber der Flüssigkeit, die ein oberirdisches Becken birgt, bestehen natürlich gewisse Unterschiede. So erfüllt das Wasser der Behälter der Überfließquellen nicht den ganzen Raum des Beckens, sondern nur die vom Gestein freigelassenen Teile des

Behälters; dies sind wenige Hundertstel bis etwa 0,4, selten mehr (Rauchwacken, zellige Kalke); darauf hat man bei der Vorratanschätzung Rücksicht zu nehmen. Ferner bedingt die Reibung in den engen Wasserbahnen eine uhrglasähnliche Aufwölbung des Grundwasserspiegels, die bei reichlichem Zufluß recht erheblich sein kann; sie bewirkt auch die Bildung von unterirdischen Überfließquellen auf mehr oder minder ebenflächig begrenzten, meist wenig ausgedehnten Wasserstauern (Abb. 87 Mitte).

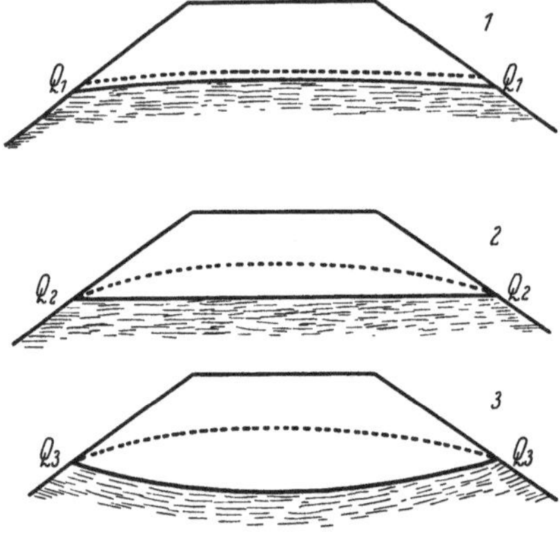

Abb. 87. Oben (1). Die Grenzfläche zwischen durchlässigem Gestein (weiß) und undurchlässiger Bergart (unregelmäßig gestrichelt) verläuft sanft nach oben ausgebaucht; infolgedessen gehören die Riesel $Q_1 Q_1$ zu den Freifließern Mitte (2). Das Dach des Wasserstauers liegt genau waagrecht. Infolge der Reibung ist besonders in engwegigen Grundwasserführern ein Überdruck notwendig, um das Wasser gegen $Q_2 Q_2$ zum Abfließen zu bringen. $Q_1 Q_2$ schlagen daher die Brücke zu den Überfließquellen $Q_3 Q_3$ der unteren Zeichnung (3). Wie bei dieser scheitelt auch im Falle 2 der Grundwasserspiegel mit einer Grundwasserscheide.

Nimmt man einen Grundwasserbehälter mit abwärts ausgebauchter Sohle an, so wird ihm kein Wasser entquellen, wenn der Wasserspiegel gleich hoch mit dem Rande des unterirdischen Wassergefäßes steht. Stellt sich aber durch neuerliche Einsickerung ein genügender Überdruck ein (Abb. 87 unten) so läuft Grundwasser in Form von Quellen über den Behälterrand über. Die Veränderung der Spiegellage durch die Quellaustritte erfolgt um so langsamer, je geringer das Spiegelgefälle ist. Die Ergiebigkeit gehorcht dem Gesetze (J. Boussinesq) $Q = A \cdot e^{-\alpha t}$, worin t die Zeit, A und α unveränderliche Beiwerte bedeuten; dabei ist angenommen, daß kein neuerlicher Zufluß erfolgt. Heben neuerliche Einsickerungen zu den

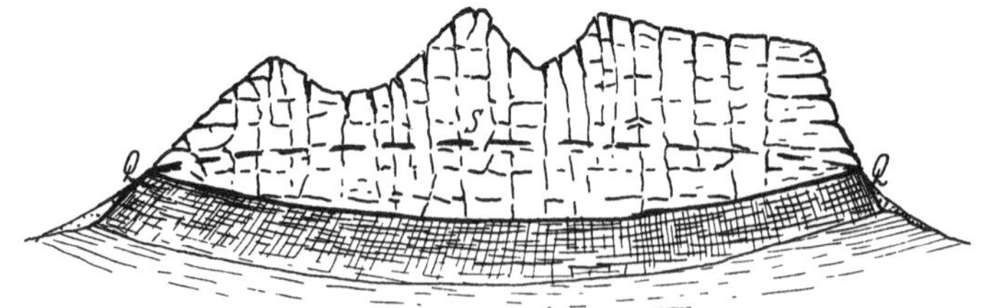

Abb. 88. Der Grundwasserbehälter bildet eine regelrechte Schüssel. $Q\,Q$ Überfließquellen.

Zeiten t_1, $t_2 \ldots$ den Spiegel um η_1, $\eta_2 \ldots$, so nähert sich der Abfluß asymptotisch der Größe

$$Q = A\, e^{-\alpha t} + B\,[\eta_1^{-\alpha(t - t_1)} + \eta_2^{-\alpha(t - t_2)} + \ldots]$$

worin B wieder ein Festwert ist.

Unter günstigen Umständen kann man, wie z. B. M. Porchet (6a—b) es tat, durch Beobachtung der Spiegelschwankungen auf die Lage der undurchlässigen Schicht zurückschließen. Aus Versiegeschaulinien hat F. Fischer berechnet, welcher Teil des Ausflusses nach Regenfällen aus dem Vorrat stammt; er ermittelte so den Zusammenhang zwischen Niederschlag und Abfluß.

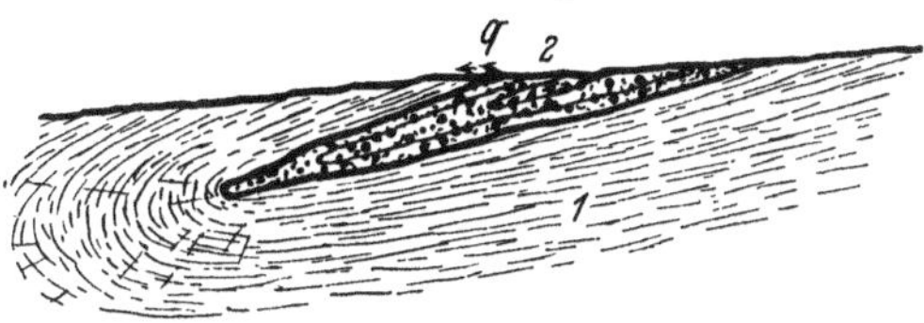

Abb. 89. Der Grundwasserbehälter wird durch eine eng zusammengepreßte, liegende Mulde gebildet.

Irrtümlich ist die Anschauung, daß sich im Grundwasserstaubecken unter einer Schicht des „Fließens" (zone of discharge) eine „statische" Masse befinden soll; dagegen haben O. Lehmann (5a) u. a. bereits angekämpft. Eine Ausnahme von diesem „allseitigen" Zuströmen von Grundwasser zu einer Austrittstelle bilden nur vollständige Wassersäcke (Abb. 89, 90), oder Ausstülpungen des Wasserführers, die in einer unzureichenden Verbindung mit dem Hauptbecken stehen.

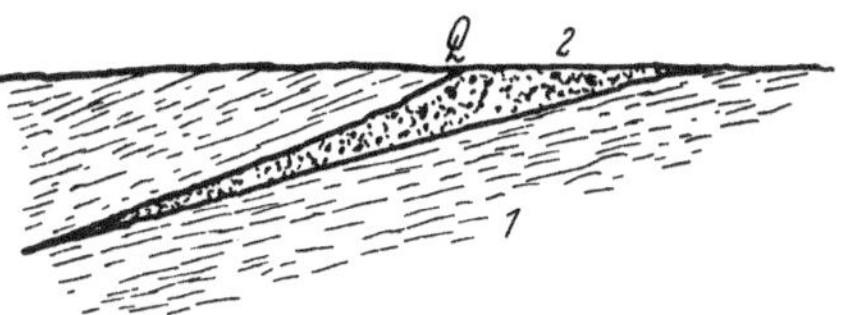

Abb. 90. *1* Wasserstauer, *2* Wasserführer, durch Auskeilen einer Schicht entstanden.

Die Überlaufquellen bilden die einzige Quellgruppe, welche ihren Wesenszug im Laufe der Zeit nicht ändert. Freifließende Quellen können z. B. in „Waller" übergehen und dabei gelegentlich außerdem noch

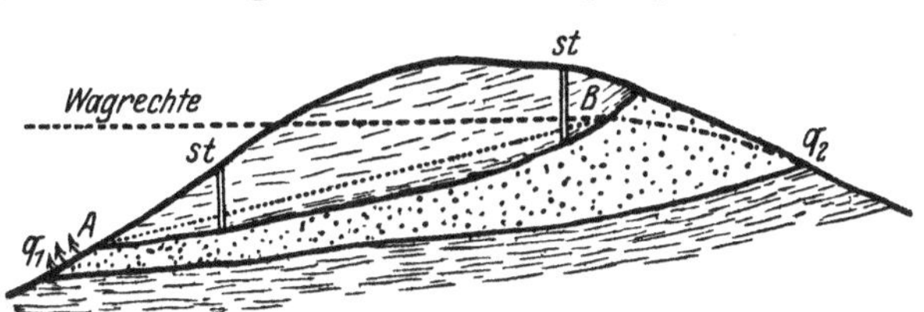

Abb. 91. Druckwasser mit dem Spiegel $B\,q_2$ speist bei q_1 lebhaft sprudelnde Quellen (Waller) und bei q_2 eine spärlich schüttende Überfließquelle. Bohrlöcher bei *st* erschroten Steigwasser (*A*—*B* Steigwasserspiegel). Sinkt die Nährwassermenge unter die Wasserspende von q_1 (und der Bohrbrunnen, wenn solche bestehen), dann versiegt zuerst q_2; später wird q_1 zum bloßen Freifließer. Wäre man imstande, die wasserführende Schicht bei *A*—q_1 vollständig abzuschließen, dann würde das Wasser in den Bohrlöchern *st* nach dem Gesetze der miteinander in Verbindung stehenden Gefäße, also fast bis zur eingezeichneten Waagrechten emporsteigen.

Überfließquellen erzeugen (Abb. 91); umgekehrt gehen Steigquellen zuweilen in Freifließer über (Abb. 91); Überlaufquellen dagegen ändern ihr Gepräge nicht, sie versiegen höchstens. Dabei nimmt die Ausbauchung ihres Spiegels im Laufe der Zeit allmählich bis zu einem bestimmten Grade ab.

Technisch wäre vorläufig folgendes zu bemerken. Durch Vertiefung der Überlaufkante des Grundwasserführers kann die Schüttung einer Überfließquelle vorübergehend erhöht werden, allerdings auf Kosten des Vorrates. Dieser läßt sich zur Speicherung von Wasser für Spitzendeckungszwecke verwenden, wenn es gelingt, die stauende Barre künstlich zu erhöhen und eine den Abfluß regelnde Schütze einzubauen oder den unterirdischen Wasserweiher mit einem Stollen oder einer tiefen Rösche anzuzapfen und regelbar wieder aufzustauen. In dieser Hinsicht gleichen die Grundwasserseen der Überfließquellen genau den obertägigen Seen.

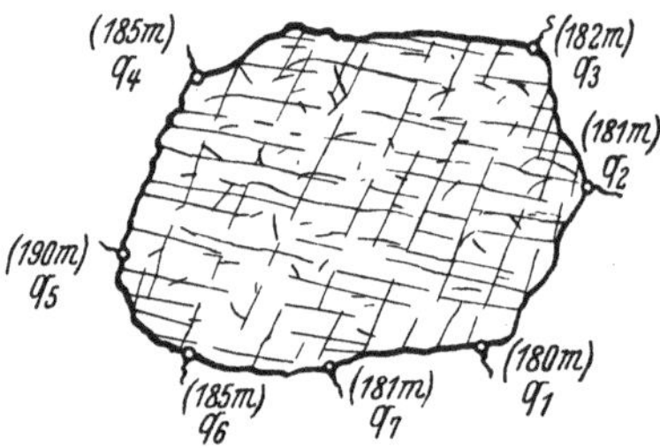

Abb. 92. Draufsicht auf einen Kalkstock mit Überlaufquellen; die eingeklammerten Ziffern geben die Seehöhe der einzelnen Quellen an; vertieft man bei der Fassung der Quelle q_1 die Überlaufschwelle in entsprechendem Maße durch eine Kerbe, dann kann es gelingen, die benachbarten Quellen q_2, q_3 und q_7 zu schwächen und q_4, q_5 und q_6 zum Versiegen zu bringen; damit erzielt man bei q_1 eine dauernd höhere Wasserspende entsprechend der abgezapften Schüttung der anderen Quellen.

Dort, wo eine Wanne mehrere Überläufe besitzt, kann die Vertiefung eines Quellmundes leicht die Schüttung anderer Wasseraustritte schädigen; darauf ist bei der Fassung solcher Quellen Bedacht zu nehmen, um unangenehmen, unvorhergesehenen Schadenersatzansprüchen auszuweichen (Abb. 92, 93). Je weniger solche Anzapfstellen vorhanden sind, um so ergiebiger werden die einzelnen Quellen unter sonst gleichen Umständen (gleiche Höhenlage, gleiches Einzugsgebiet) sein. Von weiterem Einfluß ist dann auch die Geländeform, welcher die Überfließquelle entspringt; annähernd gleichen Krümmungshalbmesser vorausgesetzt, schütten Quellen in einspringenden Kleinformen (Mulden, Sacktälern) mehr Wasser, als solche aus Auslaufrücken, Rippen

Abb. 93. Überfließquellen Q_1 Q_2 am Fuße des Hauensteins bei Maria-Trost unweit von Graz. Wasserstauer: vorwiegend Tertiär, z. T. auch altzeitliche Schiefer. Eine Tieferlegung von Q_1 würde die eingezeichnete, örtliche Senkung des Grundwasserspiegels hervorrufen; sie müßte aber sehr erheblich sein, um Q_2 zum Versiegen zu bringen.

und anderen ausspringenden Hangformen (gleiche sonstige Umstände natürlich vorausgesetzt).

Eine weitere Gliederung der Überfließquellen beleuchtet dann die Entstehung der Barre; gleichzeitig wird dadurch die Form des überlaufenden unterirdischen Beckens bestimmt. Die Gefäßwandung muß nicht unbedingt völlig wasserdicht sein; zur Ansammlung eines Grundwasserkörpers genügen bei reichlicher Ernährung auch schon erhebliche Unterschiede in der Durchlässigkeit von Beckenwand und Beckeninhalt (Grundwasserführer). Die Weite der Wege des Überlaufes bedingt weitere, aber doch nicht wesenändernde Unterschiede; so speien manche Becken den Wasserüberschuß in Höhlenmündungen und Schlauchöffnungen aus, andere wiederum lassen das Wasser durch Spalten, „Adern" oder Verteiltwasserwege austreten. Man kann die Form des Quellmundes dann in der Bezeichnung entsprechend zum Ausdruck bringen; so z. B. indem man sagt: Überfließhöhlenquellen, Überfließschlauchquellen, Spaltenüberfließer, Überfließriesel (-Adern) usw. Mit

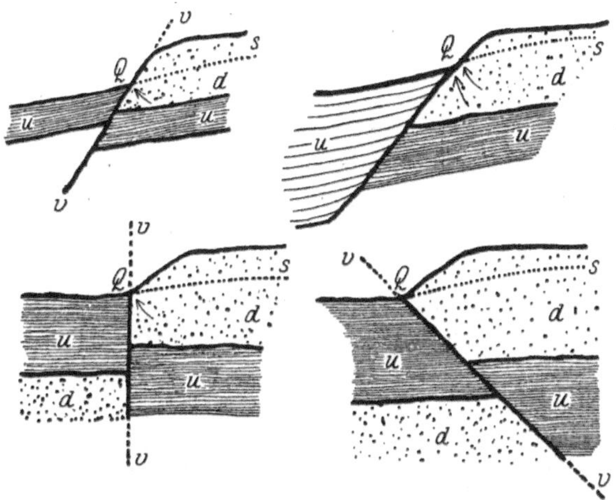

Abb. 94. Geländeform in allen vier Fällen gleich. Verwerfung (oben links) und bloße Anlagerung an eine ältere Abtragböschung (oben rechts) können die gleichen Vorbedingungen für den Austritt von Quellen hervorrufen. Die Größe des Grundwasservorrates hängt u. a. auch von der Neigung der Verwerfungsfläche ab (rechts oben, links unten, rechts unten).

der Weite des Entleerungsschlundes hängt natürlich auch die Wasserspende der Überfließquellen ursächlich zusammen; sie beträgt z. B. bei der berühmten Vauclusequelle in Frankreich bis 22 m^3/sec; in Trockenzeiten liefert sie allerdings keine Wasserspende; in wasserreichen Zeiten aber kann der Mund des Höhlenschlauches die Wassermasse kaum fassen. Zu den Überfließschlauchquellen — man könnte auch Schlauchüberfließern sagen —, gehört z. B. die Wasseralmquelle der 1. Wienerhochquellenleitung, welche am Nordostfuße der Schneealpe (1904) in einer Seehöhe von rund 802 m zutage tritt.

Die Art des Zustandekommens des untertägigen Behälters sei durch nachstehende Fälle erläutert; Vollständigkeit kann bei der Vielseitigkeit des Naturgeschehens natürlich weder angestrebt noch erreicht werden.

Eine Wanne einer alten Landoberfläche, die später unter einer mächtigen Decke lockerer, wasserwegiger Absätze begraben und in der folgenden Zeit vom Abtrage wieder angeschnitten wurde, kann ohne weiteres Überfließquellen erzeugen. Oder es setzen sich um einen Hügel aus wasserlässigen Massen undurchlässige Bergarten ab und bilden eine umrahmende Wand um den Grundwasserführer (Abb. 94 rechts oben und 92).

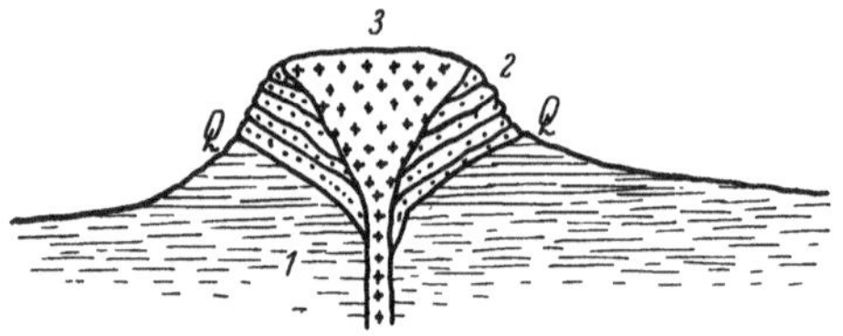

Abb. 95. *Q Q* Überfließquellen. Feuerbergtuffe (2) und erstarrte Glutflüsse *3* bilden den Grundwasserträger; er ist trichterförmig in undurchlässige Schichten (*1*, z. B. Tertiär) eingesenkt.

Unter günstigen Umständen — waagrechte Lage der Überfallkante usw. — können sich solche Überfließriesel auch in Reihen anordnen (Abb. 88).

Die lockeren, lückigen (schlackigen) und absonderungsklüftigen Ausfüllungen erloschener Krater liefern, wenn sie in eine undurchlässige oder wenig wegige Unterlage eingesenkt sind, gleichfalls sehr häufig Überfließquellen; dieser Entstehung sind die Quellen am Steinberge bei Feldbach (Ost-Steiermark) und in vielen anderen Gebieten mit erloschenen, dem Abtrage anheimfallenden Feuerbergen (Abb. 95).

In anderen Fällen hat die Gebirgsbildung eine Schüssel geschaffen, welche sich mit Wasser füllt und den Überschuß über den niedrigsten Punkt oder die tiefsten Stellen des Schalenrandes überlaufen läßt (Muldenüberfließquellen); dies ist wohl die in den Lehrbüchern am häufigsten abgebildete und erörterte Abart der „Überfallquellen". O. Lehmann nennt sie „Muldenstauquellen", doch scheint mir die Einführung des Wortes „Stauquelle" in diesem Zusammenhange weniger glücklich, obwohl sie an sich sinngemäß wäre. Principi (6ab) bezeichnet sie als „sorgenti di sfioramento". Wie Abb. 89 versinnlichen soll, können sich Überlaufquellen nicht bloß an weitgespannte, sondern auch an enggepreßte Mulden knüpfen.

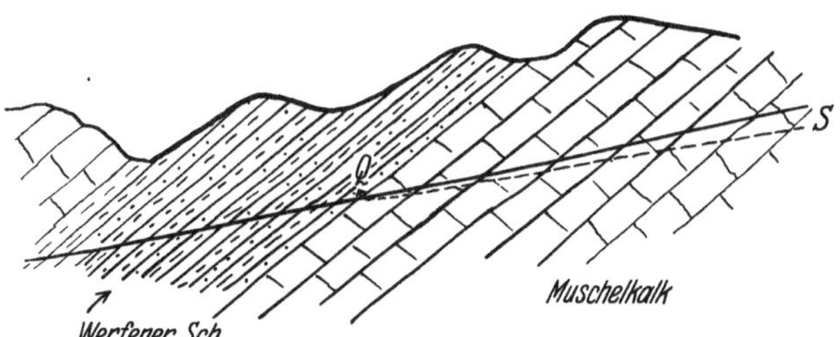

Abb. 96. Überfließquelle. *S* Grundwasserspiegel, ausgezogene Linie Talboden. Geologische Verhältnisse bei den Quellen des Thurozer Tales, welche die Stadt Žilina (Sillein, Slowakei) mit Wasser versorgen.

Genau dasselbe Quellenbild liefert aber auch eine vom Abtrage angeschnittene Linse eines Wasserführers in einem Wasserabsperrer (Abb. 90). Die Linse kann natürlich flach oder dickbauchig, sanft geneigt und in ursprünglicher Lage oder auch steiler aufgerichtet sein („Sackquellen"). Solche Sackquellen entstehen aber auch schon dort, wo eine Schichtfolge, die einen (oder mehrere) Wasserführer einschließt, steiler einschießt (Abb. 96) als das Gelände (sorgenti di trabocco per sbarramento nach Principi). Aber auch im selben Gesteine können sich quellenerzeugende Wassersäcke bilden, wenn ein steil einschießender wasserwegiger Zerrüttungsstreifen eine wenig oder gar nicht durchlässige Bergart durchsetzt. Die hier „Linsen"- oder „Sackquellen" genannten Wasseraustritte hat man auch „Stauquellen" genannt. Ein hübsches vielgenanntes Beispiel einer solchen Stauquelle verdanken wir H. Stille, welcher nachwies, daß die Aufstauung des in den Plänerkalken oberhalb Paderborn kreisenden Grundwassers durch bei der Stadt Paderborn durchstreichenden hangenden, undurchlässigen Emscher Mergel zur Bildung der bekannten Paderquellen geführt hat.

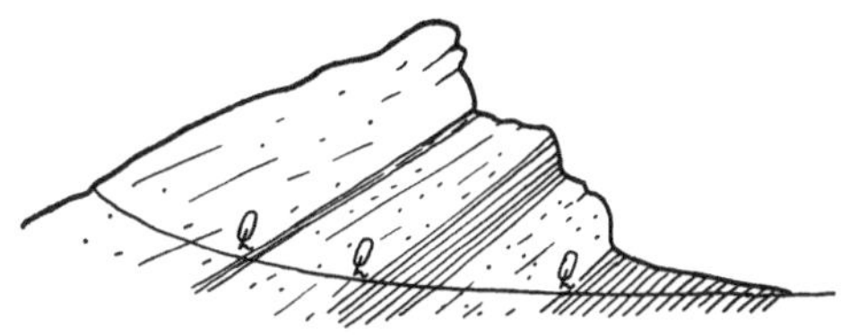

Abb. 97. Q, Q, Q Überfließquellen an den Stellen, wo die Talsohle (ausgezogene Linie) eine Grenzfläche durchlässig — weniger durchlässig (gestrichelt) schneidet.

Unterirdische Wasserbehälter können aber nicht bloß durch den Abtrag (Gletscherwannen, Ausblasungsschüsseln usw.) oder durch Faltungvorgänge (Mulden, Kofferfalten) entstehen, sondern bilden sich auch durch Krustenbewegungen infolge von Einbeulungen und Einwannungen oder durch Schollenverstellungen unter Bruch. Dafür seien nur einige wenige Belege angeführt.

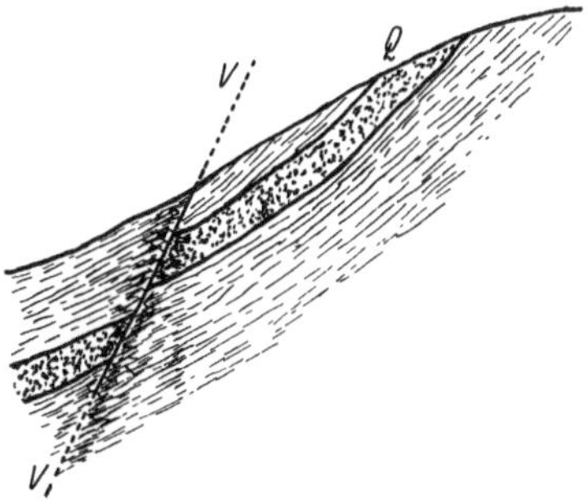

Abb. 98. Eine Verwerfung (V—V) schneidet einen Wasserführer (Punkte) wasserdicht ab und veranlaßt die Entstehung des Überfließers Q. In dem Falle, daß die Verwerfung längs V—V zu einer Zerrüttung geführt hat, würde an der Tagoberfläche unterhalb V der Zeichnung ein Spaltenwaller aufsprudeln. Es hängt dann ganz von dem Verhältnis zwischen Schüttung des Wallers und seiner Ernährung ab, ob neben ihm noch der Überfließer Q bestehen bleibt oder nicht.

Einfache Verwerfungen können undurchlässige Schichten in eine derartige Lage zu durchlässigen bringen, daß hierdurch Überfließquellen (sorgenti di trabocco per sbarramento) hervorgerufen werden (vgl. Abb. 94); die Richtung des Einfallens der Verwerfungsfläche und der Grad ihrer Neigung gegen die Waagrechte bedingen Sonderformen, die technisch einander nicht gleichwertig sind. Im Falle 1 der Abb. 94 ist es z. B. möglich, Trinkwasser aus demselben Behälter auch durch eine Bohrung zu erschroten und so die Entnahmestelle des Wassers besser vor Verunreinigungen zu schützen; je nach den Geländeverhältnissen und nach der Lage des Bohrpunktes wird das Wasser bis nahe an die Tagoberfläche oder bis über diese hinaus emporsteigen. Man hat dann die Überfallquelle nicht als solche ausgenützt, sondern in einen Steigwasserbrunnen umgewandelt. Der Wasservorrat ist, sonst gleiche Umstände vorausgesetzt, im Falle 1 am größten und im Falle 4 am kleinsten. Eine genau dem Falle 1 gleichwertige Überfließquelle kann jedoch auch ohne jede Verwerfung dadurch zustandekommen, daß sich an eine alte Abtragböschung aus durchlässigen Baustoffen später undurchlässige Massen anlagern und den Grundwasserführer abschließen (Abb. 94 oben rechts; vgl. auch S. 138). Diese Erscheinung wird z. B. häufig dort eintreten, wo die unteren Teile eines Hanges aus Sand oder Schotter, die höheren aber aus mächtigen Tonen oder Tegeln bestehen; Rutschungen und Abschwemmung erzeugen dann „Lehmfüße", die sich nicht bloß vor die Hänge vorbauen, sondern auch den Talboden erhöhen und abdichten können (sorgenti di trabocco per sbarramento nach Principi). Vielfach bezeichnet man einen solchen, einseitig erscheinenden, oder einseitig veranlaßten Stau auch einen „halben" Stau im Gegensatz zum „echten" Stau der natürlichen Mulden; der Ausdruck erscheint wenig glücklich, wenn man bedenkt, daß zur Herstellung eines Behälters irgendeine Gegenwandung doch nötig ist.

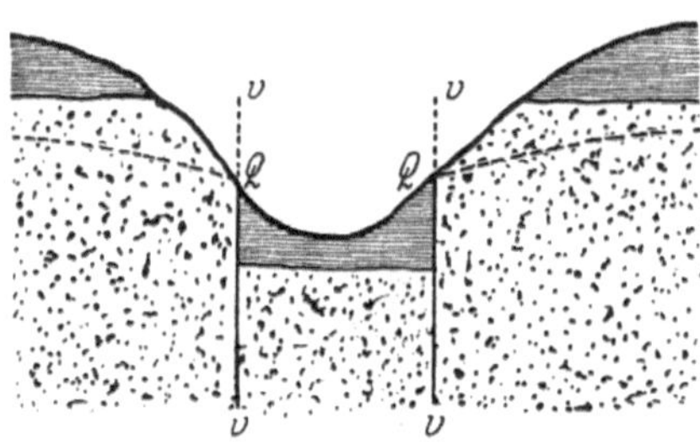

Abb. 99. Über die Ränder eines geologischen Grabens, den die Verwerfungen v—v begrenzen, rieseln Überfließer (Q, Q) herab.

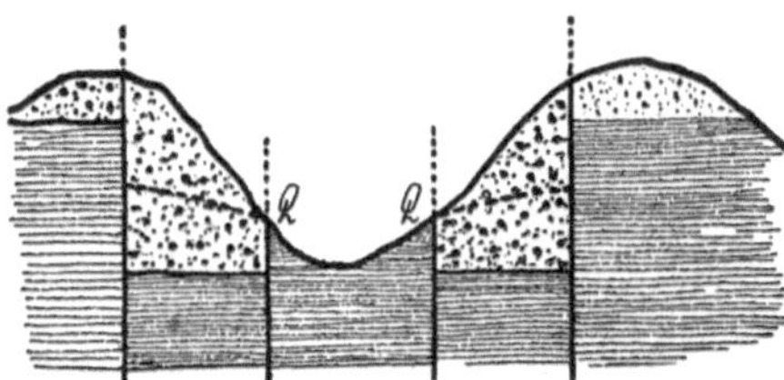

Abb. 100. Auch Staffelbrüche können Überfließer (Q, Q) veranlassen.

Principi (6ab) weist schließlich darauf hin, daß schon Gänge von Durchbruchgesteinen und Erzen den Lauf des Grundwassers stauen und sein Überfließen erzwingen können. Frank Dixey (6ab) gibt auf S. 182, Abb. 46d ein hübsches Beispiel zweier Gesteingänge, welche Grundwasserführer durchdringen und ihr Wasser in Form von Quellen an die Erdoberfläche treiben (The vein, dolerite dyke, or other igneous intrusion impounds the water entering flat — lying porous beds and allows it to escape as a spring).

Unterirdische Überlaufbecken können sich auch durch Grabenbrüche nach Art der Abb. 99 bilden. Verwickelter ist der Fall der Abb. 100; es entsteht in beiden Fällen ein echter Stau.

Weniger durchsichtig als die erörterten sind jene Fälle, in welchen die Durchlässigkeit eines Grundwasserführers nach oben hin allmählich abnimmt; wird er nun von der Landoberfläche in ähnlicher Weise abgeschnitten, wie die stauende Deckschicht der Abb. 114, so entstehen auch hier Wasseraustritte (*Q* der Abb. 114); bei allmählichem Feinerwerden des Kornes der Hangendmassen quillt aber das Wasser nicht an einem Punkte oder längs einer Linie empor, sondern es näßt einen mehr oder minder großen Fleck der Tagoberfläche oder einen breiten Streifen desselben; Fassung des Wassers und Reinhalten desselben können dann verhältnismäßig schwierig werden und teuer zu stehen kommen.

c) Aufwallende Quellen (Waller).

(„Sprudel", Waller, Speier (z. T.), Steigquellen, ruhedruckfließende Quellen, aufwallende Quellen, überdruckfließende Quellen, wallende Quellen; sorgenti ascendenti z. T., artesian springs, tubular springs z. T., fracture springs z. T., „Aufstehwasser" des Volksmundes).

Auf irgendwelche Weise entsteht im Grundwasserkörper ein ruhiger Überdruck; unter seinem Antriebe drängt nun so viel Wasser der Schwere entgegen an die Geländeoberfläche, daß eine Art Gleichgewichtszustand zwischen Ausfluß und Überdruck hergestellt wird; ist das Wasser eines einfachen grobwegigen (Abb. 101) oder eines zusammengesetzten Grundwasserführers in Schläuchen und Strängen gesammelt, dann dringt gewöhnlich der gesamte Durchfluß eines solchen unterirdischen Wasserweges zur Tagoberfläche empor; anders bei Verteiltgrundwasser; dieses gibt in der Regel nur einen Teil seiner Menge an die obertägigen Wasserläufe in Form von Wallquellen ab, während der Rest Überlaufquellen speist (Abb. 91).

Die Steigwässer und ihre „Quellaustritte" werden öfter, als zutrifft, nach dem Gesetze der miteinander verbundenen Gefäße erklärt. Die Wandungen desselben müssen jedoch nicht völlig wasserundurchlässig sein; es genügt bereits, wenn sie einen Durchlässigkeitsunterschied gegenüber den Grundwasserführer zeigen. In vielen Fällen stimmt die Annahme von miteinander in Verbindung stehenden Gefäßen. So entstehen z. B. die sog. aufsteigenden Schichtquellen dadurch, daß eine durch den allgemeinen Massenabtrag angeschnittene Mulde, zwei verschieden lange Schenkel aufweist; in der wasserlässigen Schicht des höher emporsteigenden Schenkels wächst der Druck des sich ansammelnden Wassers und treibt den Wasserüberschuß am tiefsten Punkte des niedrigen Muldenschenkels mit um so größerer Kraft heraus, je größer der Wasserspiegelunterschied in den beiden Schenkeln ist. Hierher gehören nach Keilhack die starke Sprudelquelle südlich von Kalau in der Mark und die prachtvoll glockenförmig aufgewölbte Quelle bei Gerfin unweit Bublitz in Pommern.

In zahlreichen anderen Fällen aber gehorchen die Wässer den Regeln des Druckgefälles und folgen einer Druckgefällslinie (vgl. S. 52), dem „livello piezometrico“ der italienischen Fachschriftsteller. In Ausnahmsfällen mag wohl die Last der Hangendschichten die Quelle der Unterdrucksetzung des Grundwassers sein.

Abb. 101. Tertiäre Mergel (t) sind Kalken (K) an- und aufgelagert; bei Q sprudelt ein kleiner Waller empor. Erweitert man bei einer Fassung den Quellmund bis zum Fels, dann vergrößert man anfänglich die Wasserspende. Später aber nimmt sie in dem Maße ab, als der Wasserspiegel von S bis A sinkt. Von nun ab ist der „Waller“ ein „Überfließer“ geworden und zeigt alle Nachteile desselben: sehr ungleichmäßige Schüttung, zeitweises Versiegen usw.

So läßt z. B. A. Tornquist (6c) die Steigbrunnen in den Juraschichten Ostpreußens durch den Druck des wasserundurchlässigen Hangenden entstehen und nennt sie „Schichtdruckquellen“. Kurz darauf führt Hibsch (6c) die Spannung der Wässer in der oberen Kreide Nordböhmens auf den gleichen Grund zurück. Ähnliche Anschauungen haben später W. L. Russel (6c) und K. Terzaghi geäußert. Zweifellos hat die Spannung des Wassers in derartigen Sandwasserkissen nur eine beschränkte zeitliche Dauer; sie hört auf, wenn das Überdruckwasser im Laufe langer Zeiträume durch die Feinstwege des Hangenden entwichen ist und die Last des Daches sich bereits ganz auf die Feinstteilchen der wasserführenden Unterlage übertragen hat; sie wird dann nicht mehr vom Wasser, sondern von dem Korngerüste des Wasserführers aufgenommen, dessen Lagerung sich dem ausgeübten Drucke allmählich angepaßt hat. In anderen Gesteinen als Lockermassen ist diese vorübergehende Bildung von Druckwasser wohl überhaupt kaum denkbar; federnde Deckschichten können dagegen ohne weiteres Druckschwankungen (z. B. durch die Gezeiten) übertragen (vgl. J. Olshausen [6c]).

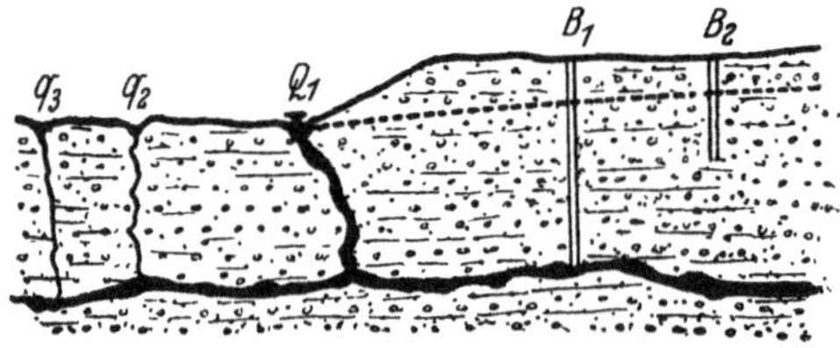

Abb. 102. Aufwallende Steigquellen (Q_1, q_2, q_3). Die eiszeitlichen Schotter- und Hagelfluhmassen führen „verteiltes“ Grundwasser und solches, welches „Feinspalten“ erfüllt; in diesem Grundwasser erschrotet eine Bohrung nur geringe Wassermengen (z. B. B_1 etwa 1 l/sec); wo aber ein Brunnenschacht die „Ader“ anfährt, welche die „Wallquellen“ Q_1 (sehr kräftig, etwa 30—40 l sec liefernd) q_2, q_3 (letztere beiden weit schwächer) speist, kann eine Wassermenge von 40—50 l/sec erschlossen werden (vereinfachte Darstellung der Verhältnisse im Grundwassergebiete von Straschitz-Lak südlich von Klagenfurt).

Die Entstehung der dritten, großen Gruppe von Quellen bedingt es, daß ihre Schüttung „wallend“ in einer Art Quelltümpel aufsteigt; das „Aufwallen“ muß nicht immer auch die Oberfläche der Wasserfüllung des Quellbeckens in Unruhe versetzen; man merkt in aller Regel schon am Grunde des Tümpels an mitgerissenen, auf- und abtanzenden Sandkörnchen ganz deutlich das wirbelnde Empordrängen des Grundwassers. Führt das Quellbecken Schlamm, so wird das Aufwallen des Wassers noch deutlicher kenntlich; so berichtet z. B. Seidl (6d): „Ein geringer hydrostatischer Druck verursacht hier (d. h. im Gebiete der Schmücke, hohen Schrecke und Finne) ein unausgesetztes Aufstoßen des Wassers, das sich mit den feinen Schlammteilchen des Untergrundes belädt und dadurch die Gestalt deutlich sichtbarer Wolken annimmt."

Steht das Grundwasser unter starkem Überdruck, dann geht das „Aufwallen" in „Sprudeln" (Sprudelquellen, Sprudel) über; in besonderen Fällen springt eine Wassersäule empor (Springquellen; jedoch mit Ausschluß der durch Dämpfe und Gase hochgetriebenen). Der Betrag des Wasseraufstieges kann mithin ganz außerordentlich verschieden sein; immer hängt er in erster Linie von vorhandenen Überdrucken und von Reibungsverlusten ab.

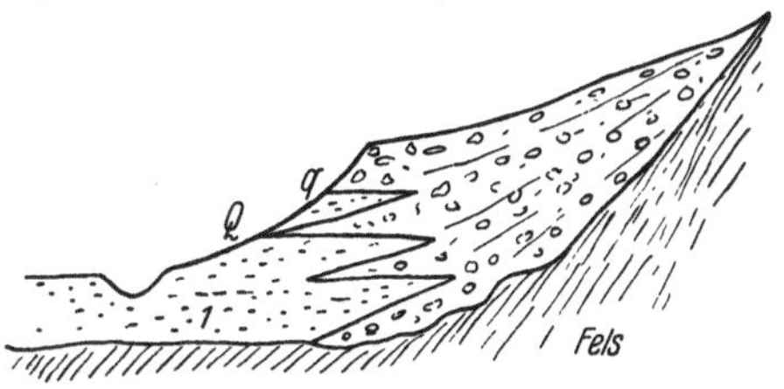

Abb. 103. Die Ablagerungen der Seitentäler (Schwemmkegel) sind sehr häufig mit jenen des Hauptflusses verzahnt. Erstere sind in der Regel grobkörniger und daher wasserwegiger als die letzteren. Wird der Rand des Schwemmkegels nun durch den Vorfluter angenagt, oder schneidet ihn eine künstliche Abgrabung (Einschnitt, Graben) an, dann rieseln an den Grenzflächen zwischen mehr und weniger durchlässigen Massen Wasserfäden heraus (q, Q); dabei ist q eine wenig ergiebige und häufig versiegende Grenzquelle, Q dagegen je nach dem Grade der Auffüllung des Grundwasserführers bald ein Waller, bald eine Grenzquelle.

Der Überdruck macht sich oft nur ganz wenig bemerkbar. So z. B. bei jenen aufwallenden Quellen, welche in den Talauen und Ebenen zur Regenzeit entstehen; der Grundwasserspiegel steigt und schneidet schließlich da und dort die Geländeoberfläche; das Grundwasser quillt ruhig empor und erfüllt allmählich die Senken. Principi (6a) nennt solche Quellen „sorgenti di emergenza".

Die aufwallenden Quellen bevorzugen im großen und ganzen die Talauen und die Ebenen. Kennzeichnend für sie sind Quellöcher, Quellkessel, Quelltümpel, Quellweiher, Quellsümpfe usw.; diese Form des Wasseraustrittes und der Quellumgebung entspricht dem Umstande, daß sie gewissermaßen den Grundwasserträger rings um sich anschneiden oder aus einem Loche emporquellen. In Italien spricht man von „pozze sorgentifere" (designate localmente col nome di „laghi"), „tombe" (nel Veneto), „polle" („fontanili", „resultive") usw.

Waller fehlen aber auch auf Hängen nicht. So entspringt z. B. der aus mehreren Adern Sand aufwirbelnde „Goldene Brunnen" (Zlata studna; 5,6° C, etwa 5 l/sec mittlere Spende) in 510 mm Seehöhe aus den Tertiärhängen unterhalb der Nordgipfel des Sovarer-Gebirges östlich von Přešov (Eperjes) in der Slovakei.

Für die Zwecke der Trinkwasserversorgung sind die „Waller“ der Ebenen vielfach ungeeignet. Ihr Wasser ist meist der leichten Verunreinigung ausgesetzt, weil das Gelände in der Nähe des Quellmundes sehr häufig eben ist oder nur sanft ansteigt und dem Quellaustritt seihende oder gar abschließende Ablagerungen fehlen. Eine Ausnahme von dieser Regel machen z. B. „Waller“, welche die Stadtgemeinde Klagenfurt zur Ergänzung ihrer Trinkwasserversorgung benützt hat; hier war es dank der Ausformung des Geländes durch Anzapfung der Wasseradern vor ihrem Austritte und Schaffung eines entsprechenden Schutzgebietes möglich, einwandfreies Wasser in ausreichender Menge zu erhalten (vgl. Abb. 102 u. 107).

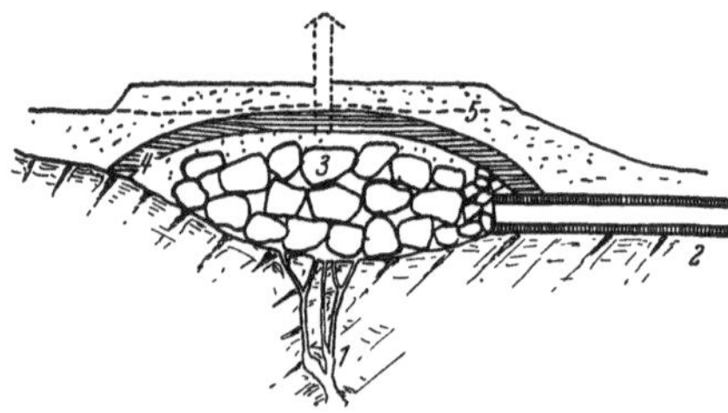

Abb. 104. Einfache Fassung eines Wallers aus Felsspalten. *1* Wasseradern längs Felsspalten, *2* Abzugrohr, *3* Bruchsteinfüllung, *4* Lehmschlag, *5* ursprüngliche Geländeoberfläche (frei nach Lueger).

In seltenen Fällen breiten Schlicke, Aulehme oder lehmige Ausande eine schützende Decke über den Wasserführer der Waller; dann kann man das Schutzgebiet verhältnismäßig klein bemessen; ebenso in jenen Lagen, wo das Gelände hinter der Quelle rasch sich zu genügenden Überlagerungshöhen emporschwingt.

Die Fassung der Waller erfolgt meist mit Hilfe von Sicker-(Sammel-) Gruben, weiten Schächten oder gemauerten und eingefriedeten, womöglich überdachten Becken (vgl. Abb. 104 u. 105). Die Arbeiten werden bei aufwallenden „Tiefquellen“ der Auen und Schotterebenen häufig durch den hohen Grundwasserstand erschwert; der Mangel an genügender Vorflut verhindert dann oft auch eine tiefere Fassung, die nicht selten aus verschiedenen Gründen wünschenswert wäre.

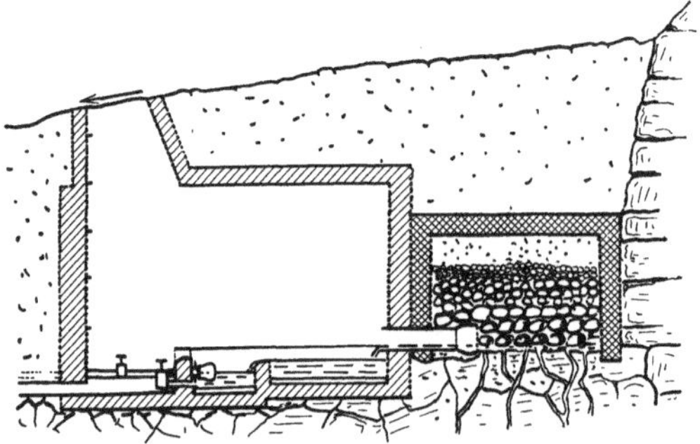
Abb. 105. Bessere Ausführung der Fassung von aufwallendem Spaltenwasser (frei nach Friedrich).

In vielen Fällen ist die Schüttung der aufwallenden Quellen nach Menge und Güte außerordentlich unbeständig; hängt sie ja doch von einer vielfach so wechselnden Größe wie vom Überdrucke ab. Viele „Waller“ versiegen rasch und oft. Ihre Abhängigkeit von den Niederschlägen wächst mit der steigenden Kleinheit des Niederschlaggebietes (oder Nährgebietes überhaupt). Wo der sich bewegende Grundwasserkörper dünn ist und noch dazu seicht liegt, erwärmen sie sich im Sommer kräftig und kühlen im Winter wieder stark ab.

Vertiefung des Austrittspunktes bzw. tiefere Fassung kann die Ergiebigkeit der Quellspende bis zu einer gewissen Grenze steigern, insbesondere dort, wo sich das Wasser aus einem sehr ausgedehnten Einzuggebiete in mehr oder minder abgeschlossenen Adern und Schläuchen zur Quelle hin bewegt; freilich wird dabei oft benachbarten Quellen Wasser entzogen, oder die Dauer der vermehrten Schüttung zeitlich stark gekürzt; auf keinen Fall aber darf man sich zu Maßnahmen verleiten lassen, welche am Grundwasservorrat zehren und den Gesamtgrundwasserspiegel absenken; der Absenkungstrichter reicht in diesem Falle gedachtermaßen über das Gebiet des Grundwasserkörpers hinaus und vermehrt nur vorübergehend die Schüttung. In manchen Grundwasserführern ruft das Tieferlegen des Wallermundes ein lästiges Mitreißen von Sandkörnern usw. hervor.

Geringer ist der folgende Nachteil, mit dem jede Wasserversorgungsanlage zu rechnen hat, die einen „Waller“ benutzt oder in seiner Nähe errichtet wird. Der Grundwasserspiegel hat nämlich in aller Regel gegen die Quelle hin ein stärkeres Gefälle (quelleigene Absenkungstrichter des Grundwassers); solche Bereiche werden aber im allgemeinen zur Wasserentnahme nicht empfohlen (vgl. Prinz [5a]).

Je nach der Form des Wasseraustrittes, die ihrerseits wieder von der Beschaffenheit des Grundwasserführers und der Weite seiner Wasserwege abhängt, lassen sich verschiedene Untergruppen von überdruckfließenden Quellen unterscheiden.

α) Der Grundwasserführer besitzt weite Wasserwege.

Wenn der Grundwasserführer durchfließbare Wasserwege besitzt, so müßte, streng genommen, weiter noch untersucht werden, ob neben diesen noch Maschen engerer Wasserbahnen vorhanden sind oder nicht. Im allgemeinen wird man jedoch die Wasserwege niederer Ordnung vernachlässigen dürfen, weil sie zwar Wasserverluste bedingen, im allgemeinen aber an wassertechnischer Bedeutung doch hinter den weiten Bahnen zurückstehen. Es wird daher bei den folgenden Erörterungen in der Regel vorausgesetzt werden, daß es sich um einbahnige und nicht um zusammengesetzte Grundwasserführer handelt.

Die weiten Wasserbahnen können nun Spalten oder Schläuche (Röhren), in manchen Fällen auch wassererfüllte „Höhlen“ sein.

Aufwallende Spaltenquellen stellt man gewöhnlich in der Weise dar, wie dies Abb. 106 tut. Längs einer Verwerfung (v—v, Abb. 106) sickert Oberflächenwasser so tief in den Bergleib ein, als die Nachbarschaft der Verwerfungsfläche bei der Schollenbewegung zerrüttet worden ist; durch die Schichtfugen eindringendes Tagwasser vereinigt sich mit dem Wasser des Zerrüttungsstreifens. Ein zweiter, mit dem ersten winkelig zusammenstoßender Zerrüttungsstreifen $z — z$ führt den gesamten Zufluß dann als ,,Steigquelle" wieder an die Tagoberfläche empor. Aufsteigende Spaltenquellen sind also die Ausflüsse von Spaltendruckwasser (vgl. die ,,fissure springs" von Fuller).

In der Natur sind derartige Verhältnisse seltener verwirklicht als in den Lehrbüchern. Wohl in aller Regel schneiden Querklüfte und Längsklüfte auf den Schichtfugen annähernd senkrecht stehend, die Gesteinbänke des Wasserführers entzwei; es durchzieht ein derartig verflochtenes Netz von Wasserwegen den Gesteinkörper d der Abb. 106 so, daß man einen gewöhnlichen, wassererfüllten Grundwasserkörper voraussetzen kann, welcher bei Q überfließt. Es liegt dann also eigentlich eine Überlaufquelle vor.

Wenn man in der Abb. 98 sich vorstellt, daß das Gestein längs der Verwerfungsfläche $v — v$ zerrüttet und wasserdurchlässig ist, dann tritt bei v oben ein Spaltenwaller zutage; der absteigende Ast des Quellspeisers führt Verteiltgrundwasser. Je nach dem Verhältnisse der Ernährung der Spaltenquelle zu ihrer Schüttung kann neben ihr noch eine ständiglaufende oder nur zeitweise fließende Überlaufquelle vorhanden sein. Nur derartige Spaltenwaller tragen den Namen einer ,,Verwerfungsquelle" (Verwerfungswaller) zu Recht; es führt irre, wenn man auch Quellen von der Art jener der Abb. 94 links oben so benennt, wie dies zahlreiche Fachschriftsteller tun; in Wirklichkeit liegt eine bloße Überfließquelle vor.

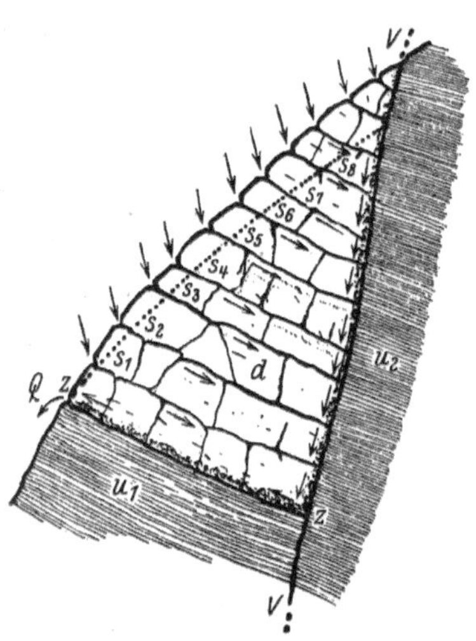

Abb. 106. $z—z$ Zerrüttungsstreifen, $v—v$ Verwerfungsfläche, u_1, u_2 undurchlässige Bergarten, d ein durchlässiger Fels mit Schichtfugen s_1, s_2, s_3 usw.

Entschieden häufiger sind aufsteigende Schlauchquellen (Röhrenquellen, Speier), weil ja das Wasser im allgemeinen bestrebt ist, die Gesteinsspalten örtlich zu linigen Schläuchen auszuweiten.

Einen der vielen, möglichen Fälle des Austrittes von Schlauchdruckwasser stellen die Abb. 101 u. 102 rißmäßig dar. Der erstere ist im Gebiete von Lak-Straschitz südlich von Klagenfurt verwirklicht und bedarf wohl keiner näheren Erläuterung; die Heranziehung dieses Grundwasserstromes zur Ergänzung der Wasserleitung von Klagenfurt wurde auf S. 144 schon erwähnt (vgl. auch Abb. 107).

Das Auftreten von Schlauchdruckwasser stellt die Forschung vor

Fragestellungen, die nicht immer leicht zu beantworten sind. In Lak-Straschitz ist höchstwahrscheinlich die Abbeugung eines schlauchdurchzogenen Grundwasserführers erfolgt; Hand in Hand mit ihr ging eine jugendliche Überschotterung der Quellstränge, die vielleicht vor einigen Jahrtausenden noch im Gefälle zur Klagenfurter Ebene entwässerten. Heute arbeitet sich das Wasser in zahlreichen, annähernd lotrecht aufstrebenden, noch schmalen Schläuchen und Spalten zu Quelltümpeln

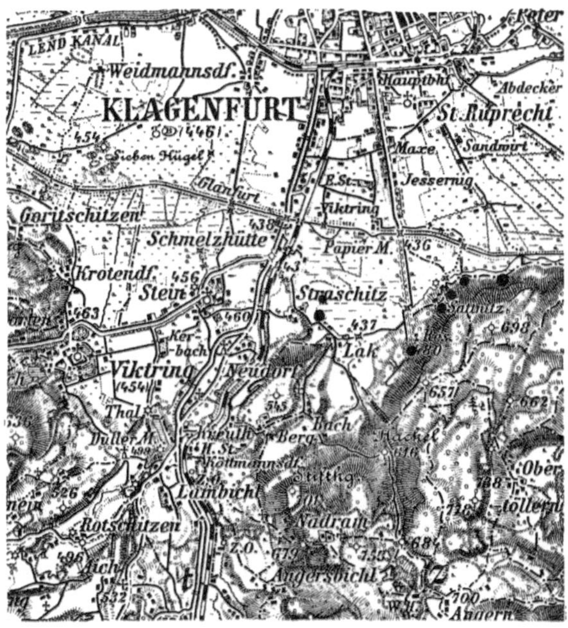

Abb. 107. Die Quellen bei Straschitz gehören zu den Wallern und speisen die Ergänzungswasserleitung von Klagenfurt. Die Quellen östlich von Lak sind Grenzschlauchquellen und liefern das Wasser für das alte Wasserwerk der Stadt (die östlichste Quelle ist noch ungefaßt).

und Quellpfützen empor, deren Abflüsse den Struger Bach bilden (Abb. 107).

Unter Druck austretende Höhlenquellen oder Schlauchquellen sind höchstwahrscheinlich auch die Warmquellen von Bad Villach (Abb. 60). Ein Höhlennetz, in das die Warmquellen einmündeten, wurde durch Verwerfungen entzwei geschnitten. Mit einer Scholle, der sog. Genottehöhe, wurde der westliche Teil so weit emporgetragen, daß die Höhlengänge nunmehr hoch über der Napoleonwiese frei in die Luft ausmünden. Die östlichste Scholle scheint etwas abgebeugt worden zu sein. Möglicherweise hat auch der Geschiebereichtum des Gailflusses, der hier sein Schwemmfeld ausbreitet, die Ausgänge der Höhlenschläuche überschottert. Die warmen Wasser arbeiten sich nun an mehreren Stellen durch die Auschotter empor (Abb. 60 bei *c* und *d*); nur eine Quelle, die sog. Pferdeschwemmequelle, entspringt noch unmittelbar aus einem Felsloche unterhalb des Straßenkörpers. Bei langandauernden Niederschlägen und während der Zeit der Schneeschmelze verlegt kaltes Wasser an vielen, nicht sichtbaren Punkten dem Warmwasser den Austritt, staut es höher und zwingt es, auf dem Wege zur Napoleonwiese (Abb. 60 bei *b*) in einigen „Übersprüngen" und auf dem Wege gegen Judendorf im „Hungerloche" (Abb. 60 bei *a*) den Ausweg ins Freie zu suchen. Während die Speilöcher im Kalke und im Sattnitzkonglomerate (Hungerloch) oberhalb Warmbad Villach nur zeitweise fließen, schütten die tieferen „Wallquellen" ihr Warmwasser das ganze Jahr, freilich in Menge und Beschaffenheit des Wassers einigermaßen schwankend.

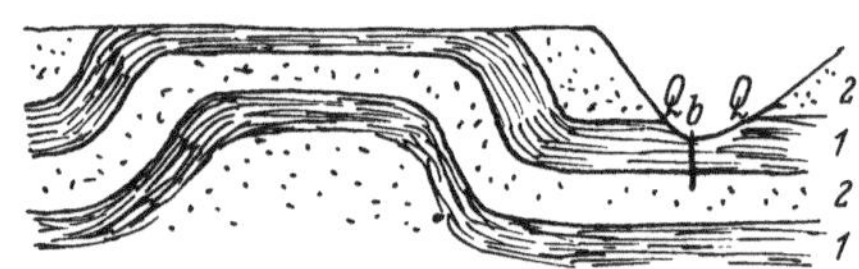

Abb. 108. Kofferfalte. Bei Q_1 Freifließer, bei *b* ein Bohrloch mit Steigwasser oder ein Waller, der aus einer schlauchähnlichen Erweiterung einer Spalte aufquillt.

Beachtet man die in den Abb. 17, 16, 60 u. 102 zum Ausdrucke kommenden Erscheinungen und die Vorgänge bei der Bildung der Freifließer, der Überfließer und der Waller im zerklüfteten Kalkgebirge, dann wird ein eigener Abschnitt über „Karstquellen" und „Karstwasser" überflüssig; alle hierhergehörigen, vielumstrittenen Erscheinungen sind nur der Ausfluß der Eigenschaften des geologischen Baustoffes der sog. „Karstgebiete" und fügen sich zwanglos dem allgemeinen Rahmen der Quelleneinteilung ein; sie erklären sich in jedem Sonderfalle leicht nach vorheriger, genauer Untersuchung des geologischen Aufbaues des betreffenden Gebietes. Die Heraushebung einer besonderen Karstwasserkunde kann lediglich mit dem Vorteile einer raschen Übersicht begründet werden.

β) Der Grundwasserführer besitzt nur enge Wasserwege.

Zu den aus Verteiltgrundwasser aufwallenden Wässern gehören auch jene, die vom Druckwasser einer gebirgsbaulichen Mulde (Abb. 109), einer Kofferfalte (Abb. 108), einer schräg gestellten, am tieferen Ende angeschnittenen Linse (Abb. 91) usw. gespeist werden. Voraussetzung ist hier immer, daß durch die Gestalt des Grundwasserführers oder durch das Überwiegen der Einsickerung im Verhältnisse zur Quellschüttung das Wasser im Grundwasserkörper unter Druck gerät; würde z. B. in dem bereits wiederholt erörterten Falle, den die Abb. 91 darstellt, die wasserlässige Linse nicht mit Wasser gefüllt sein, so würde an ihrem unteren Ausbisse eine reine Grenzflächenfließquelle austreten. Ähnlich kann man sich auch andere Fälle zurechtlegen. Solche Quellen können dann auch ihr Gepräge ändern; hört z. B. in sehr trockenen Zeiten die Sickerwasserzufuhr durch längere Zeit auf, dann entleert sich der Grundwasserführer immer mehr und mehr, der Überdruck sinkt und schließlich geht das Überdruckfließen in ein gewöhnliches Strömungsdruckfließen über.

Natürlich kann auch in Kniefalten (Abb. 108, rechter Teil für sich betrachtet), in einzelnen Schenkeln vom Abtrage geöffneter Vollmulden usw. Druckwasser sich einstellen und Steigquellen entstehen lassen (Kniefaltenquellen, Schenkelwasserquellen usw.).

Hierher gehören schließlich auch alle Fälle künstlich erschroteten Wassers, das im Brunnenschachte oder im Bohrloch emporsteigt (Steigwasserbrunnen, artesisches Wasser, aque artesiane, aque salienti, artesian water, artesian springs, artesian wells). Die wirtschaftliche Bedeutung solcher Steigbrunnen für manche Gebiete (Nordafrika, Australien) ist außerordentlich groß; in China, Syrien, Ägypten usw. kennt man sie seit dem Altertume, in der Landschaft Artois von der sie den Namen erhalten haben, erst seit 1126 (Brunnen im Karthäuserkloster zu Lillers).

Man hat wohl früher zuviel Gewicht auf das Vorhandensein einer regelrechten, geologischen Mulde (artesianismo a bacino; artesian basin) gelegt; heute weiß man, daß sich die Bildung von Steigwasser auch auf verschiedene andere, recht abweichende Weise erklären läßt, welche mit Vorgängen in der Erdkruste oft nichts mehr zu tun hat. In ausführlicher Weise hat Keilhack (5a) darauf aufmerksam gemacht. So kann Steigwasser z. B. erschrotet werden in Kniefalten (Knee-folds, flexures) in abgetrennten Muldenschenkeln, in einseitig geneigten Schichtfolgen (pendio artesiano, artesian slope [Abb. 110]), in schräg nach einer Seite hin auskeilenden, „Wassersäcke" erzeugenden Linsen (Abb. 90; „the thinning out of a permeable water bearing bed"), Schichtbänken usw. Hierbei ist in irgendeiner Weise die Voraussetzung erfüllt, daß die wasserführende Schicht so zwischen zwei weniger durchlässige Massen eingespannt ist, daß es zur Aufsammlung des Wassers und zum Entstehen eines Ruhedruckes im Wasser kommt. Einen in Gebirgstälern nicht seltenen Fall stellt die Abb. 103 bei Q dar.

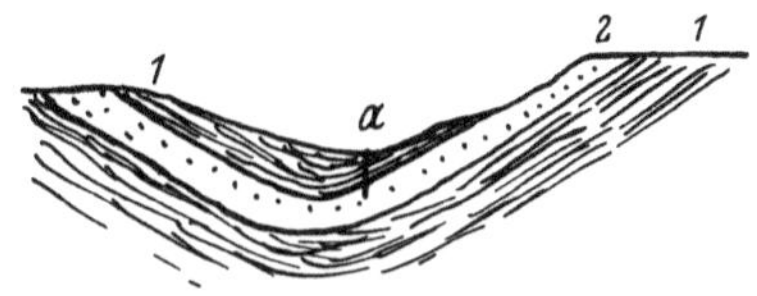

Abb. 109. Steigwasser *a* aus einer durchlässigen Mittelschicht einer geologischen Mulde.

So gering das Gefälle der Ablagerungen der meisten Schotterfluren in unseren Auen ist, so genügt es doch für die Bildung von Wallern. Schalten sich z. B. in die Kiese und Schotter Flachlinsen von feineren Sanden oder gar von lehmigen Ausanden ein, oder lagern sich solche Schichten auf ausgedehnteren Erstreckungen über die wasserwegigeren, so drängt das gespannte Wasser da und dort zur Oberfläche empor;

nicht selten steigt es in Form von Unterwasserwallern am Grunde der Flußläufe auf. Beispiele für so entstehende Wallerquellen liefern die fast bis zur Geländeoberkante emporsteigende Marienquelle unweit Moosbrunn („Nasse Ebene" des Wiener Beckens; Schüttung etwa 1 l/sec, Wärme 10,2—10,4° C) und einige andere Quellen in den Sumpfwiesen südlich davon, deren Abflüsse aber bereits Siefen in die Ebene einge-

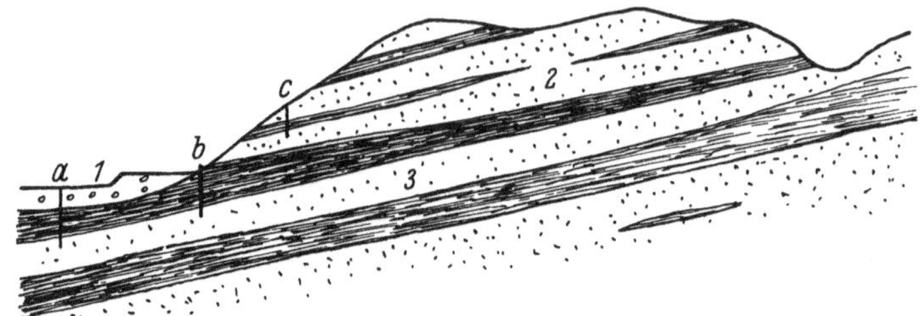

Abb. 110. Einseitig geneigter Schichtstoß aus durchlässigen (gepunktet) und undurchlässigen Lagen (gestrichelt) bestehend. *1* Flurschotter. Bei *a* und *b* abgeteufte Brunnen liefern Steigwasser aus der ergiebigen Schicht *3*; *c* kann nur dann Steigwasser liefern, wenn die Ernährung des Grundwasserkörpers *2* reichlicher ist als der Abfluß gegen *b*.

furcht haben und meist mehrere Dezimeter tief unter der Oberkante der Schwemmplatte entspringen.

Aus der Oststeiermark schildert Stiny[1] das Zustandekommen von Steigwasser in den dort von der Wasserscheide kniefaltig nach Norden zum Raabtale sich absenkenden, tertiären Sanden und Tegeln (Abb. 110). In ähnlicher Weise sollen nach Keilhack u. a. auch die „fontanili" der lombardisch-venetianischen Tiefebene zustande kommen; jetztzeitliche, miteinander wechselnde Kiese und Tone fallen etwas stärker als die Geländeoberfläche ein. Ja schon die bloße schräge Auflagerung von Wasserstauern auf Wasserführern ermöglicht die Bildung natürlicher oder künstlicher Steigquellen; einige Möglichkeiten ihres Zustandekommens deuten die Abb. 110, 111 u. 101 an.

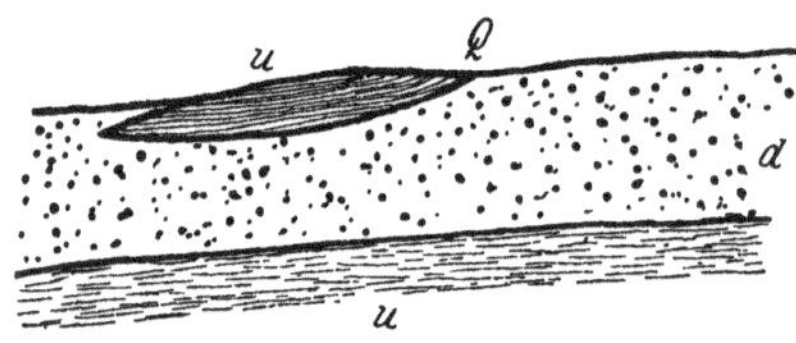

Abb. 111. Eine Linse einer stark lückigen Bergart innerhalb einer weniger bis gar nicht durchlässigen erzeugt bei *Q* eine Überlaufquelle; ist die Linse *u* aber irgendwo wasserwegig, so wallt das Grundwasser auf und erzeugt einen echten Waller. Dann ist *Q* gewöhnlich nicht vorhanden.

Der Abschluß des Wassersackes nach unten kann statt durch „Ausdünnen" (thinning out) auch dadurch erfolgen, daß der Wasserführer nach der einen Seite (dem „Boden" zu) allmählich undurchlässig wird („transition of a porous water-bearing bed into a close-textured, impervious one" Chamberlain).

Nebenher sei an dieser Stelle darauf verwiesen, daß auch jede andere Art des Auftretens von gespannten Wässern (z. B. infolge von wasser-

[1] Technische Geologie, S. 368 bzw. 371.

dichten Massen verschiedener Form, welche in einem Grundwasserkörper eintauchen) Steigwasser liefern kann; doch gehören diese Fälle schon mehr in die Lehre vom Grundwasser als zur Quellenkunde (vgl. Abb. 142).

Über die Gesetze der Wasserbewegung, die dabei in Frage kommen, gibt am besten die Abb. 91 Auskunft und Überblick. Ein und derselbe Wasserführer kann, je nach dem Verhältnisse zwischen Ernährung (oben) und Ausfluß, eine Freifließquelle oder einen Waller, bei künstlicher Anbohrung (Abb. 91 bei st. st.) auch Steigwasser liefern; dieses gehorcht den Regeln des Druckgefälles (gestrichelte Schräglinie); verlegen sich die natürlichen Waller am unteren Ausbisse des Grundwasserführers oder verstopft man sie künstlich, dann hebt sich in den Steigwasserbrunnen der Wasserspiegel nach den für verbundene Röhren geltenden Gesetzen. Je nach Witterungsverhältnissen, je nach dem Grade der Nutzung, der Art der Behandlung der Quelle oder je nach dem Eintritte von Veränderungen am Ausbisse des Grundwasserführers kann sonach der Spiegel von Brunnen im selben Grundwasserführer im Laufe der Zeit recht erheblichen und wirtschaftlich bedeutsamen Veränderungen unterliegen.

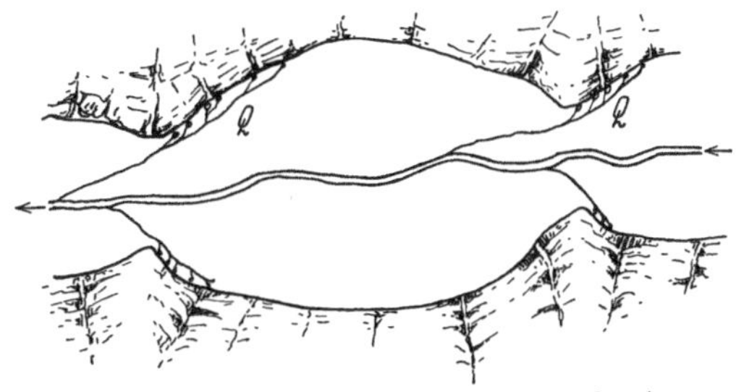

Abb. 112. Talengen stauen das Grundwasser der Aue; es bricht bei Q an vielen Stellen in Form von Quellen aus den Auschottern hervor und speist ein Aubächlein (Laue, Gieße), welches nach meist kürzerem Laufe in den Hauptfluß mündet.

Zu den häufigsten und wichtigsten Ursachen des Aufquellens von Verteiltgrundwasser gehört auch die merkliche Einschnürung des Grundwasserkörpers. Diese kann wieder in recht unterschiedlicher Weise erfolgen. Freilich nähern sich solche Quellen oft mehr oder minder Quellarten anderer Entstehung; neben Ruhedruck kann Strömungsdruck auftreten usw.

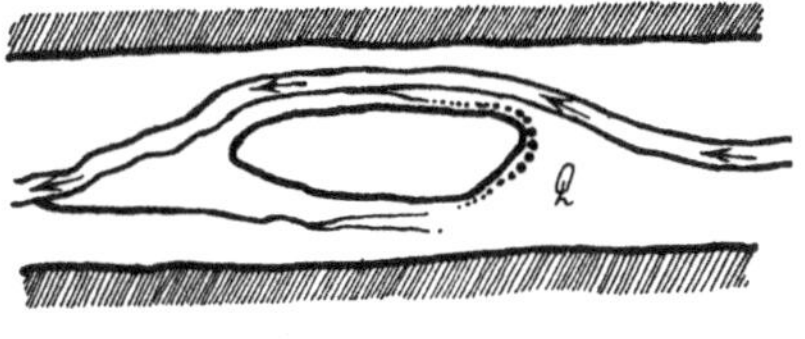

Abb. 113. Oben: Grundriß, unten Längenschnitt. Der aufragende Inselberg verengt den Querschnitt des Grundwasserstromes und zwingt zahlreiche Quellen Q an den Tag.

Wechseln Talweitungen mit Talverengungen ab, dann kann seicht liegendes Grundwasser an den Einschnürungsstellen des Talraumes — vorausgesetzt, daß seine unterirdischen Wandungen den Durchtritt des Grundwassers verhindern — zum Aufquellen und teilweise oberirdischem Abflusse gezwungen sein. Solche „aufgehende Brunnen", wie sie im

Volksmunde vielfach heißen, trifft man in unseren Tälern an Vorsprüngen und Spornen der Talflanken an (Spornquellen; Abb. 112), welche den Grundwasserführer seitlich einengen („Aufstehwasser“).

Die gleiche Wirkung erzielen Inselberge aus undurchlässigen oder weniger wasserwegigen Baustoffen, wenn sie aus einer annähernd gleichbreiten Talaue mit seichtliegendem Grundwasserspiegel herausragen. Auch in diesen Fällen wird alles Wasser in „Wallern“ (Q der Abb. 113) an die Oberfläche gedrängt, welches in dem eingeschnürten Querschnitte des Grundwasserkörpers nicht mehr Platz findet. Dieselben Erscheinungen zeigen sich übrigens obertags auch dann, wenn statt des Inselberges nur eine entsprechende Aufbuckelung des undurchlässigen Untergrundes vorhanden ist (Abb. 115).

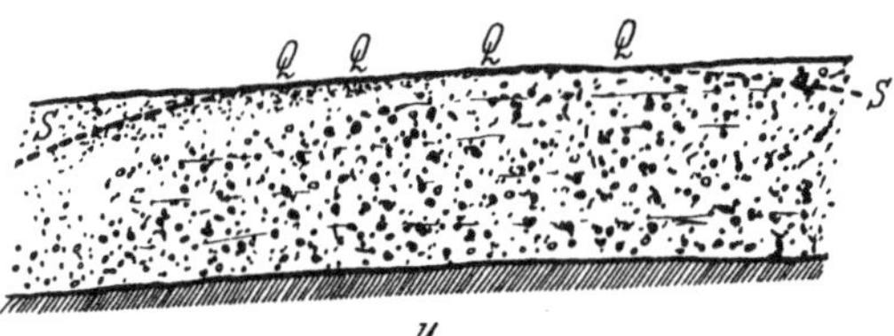

Abb. 114. Bei $Q, \ldots\ldots Q$ steigt Grundwasser auf, da sich die Baustoffe des Grundwasserführers von unten nach oben und von links nach rechts verfeinern. S Grundwasserspiegel. Je nach Anordnung der verschiedenen Körnungen und der Wasseraustrittspunkte kommen Quellriesel zustande, die bald den Überfließern, bald den Wallern näherstehen.

Diese letzten Fälle leiten zu andern über, in welchen die Einschnürung des Grundwasserkörpers nicht durch Verringerung seiner oberflächlichen Breite, sondern durch Abnahme seiner Höhe (Tiefe) erfolgt. Die Abb. 111 ist bekannt und ersetzt längere Erläuterungen.

Auch hier braucht die den Querschnitt des Grundwasserführers verengende, weniger oder gar nicht durchlässige Einlagerung nicht am Tage auszubeißen; unterirdische Einlagerungen können dasselbe Ergebnis erzielen (Abb. 117).

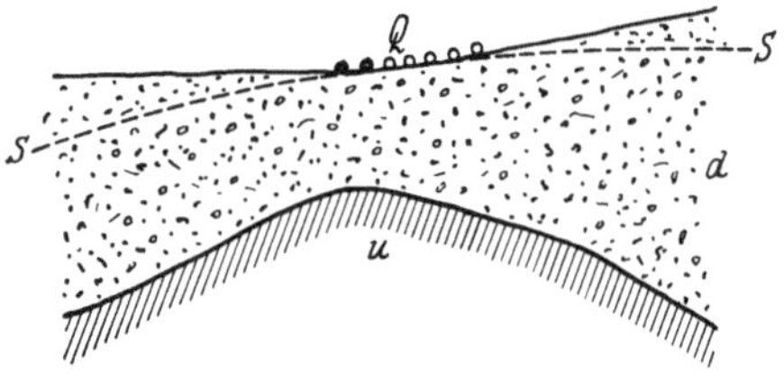

Abb. 115. Aufragungen des undurchlässigen Untergrundes (u) engen den durchfließbaren Querschnitt des Grundwasserführers (d) ein und erzeugen die Quellaustritte bei Q.

Die Einschnürung des Grundwasserführers muß nicht unbedingt grob sichtbarlich oder geologisch nachweisbar durch fremde Einschaltungen oder sonstige äußerliche Verengungen des Grundwasserbettes stattfinden, welche seinen wasserdurchlassenden Gesamtquerschnitt verkleinern, das Grundwasser unter Druck setzen und zum Aufsteigen zwingen.

Ein häufiger Fall ist die allmähliche Abnahme der Durchlässigkeit des Wasserführers in der Richtung von unten nach oben (Abb. 114). Ohne daß der Grundwasserführer selbst eingeschnürt wird, erleidet seine Fähigkeit Wasser durchzulassen, mengenmäßig dadurch eine Einbuße, daß im Sinne der Grundwasserbewegung immer weniger wasserwegige Schichten sich über die stärker durchlässigen, an Mächtigkeit nach abwärts zu abnehmenden Liegendabsätze legen. Es tritt dann soviel Grundwasser aus, bis der verbleibende Rest nunmehr den zum untertägigen Durchfluß nötigen Querschnitt in dem Gesamtnetze der Wasserwege findet. Bei dieser Art der Entstehung von Grundwasseraustritten wird gewöhnlich ein ziemlich breiter bzw. langer Streifen eines Schwemmfeldes

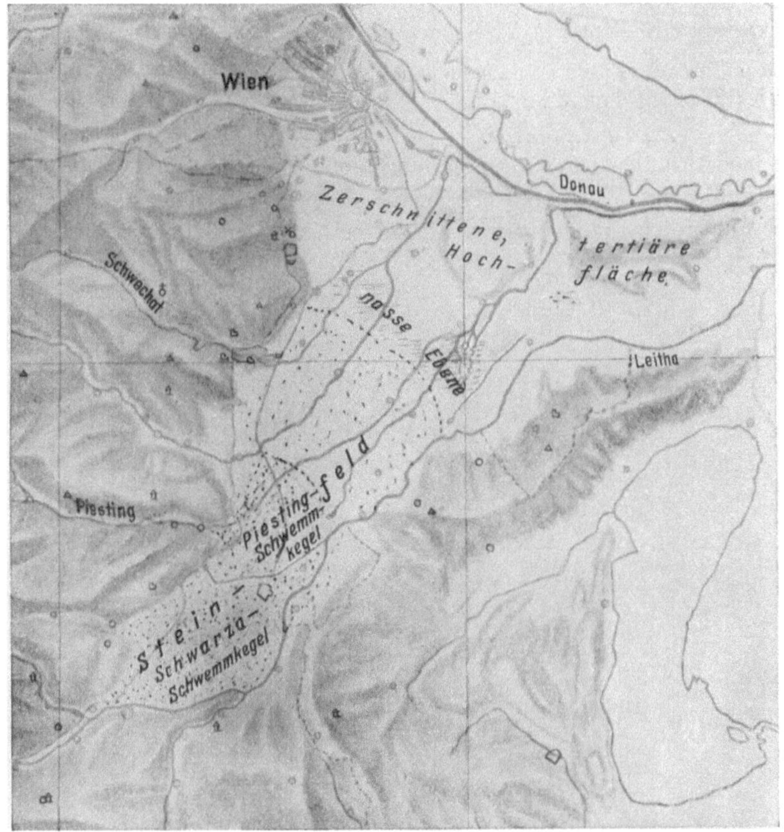

Abb. 116. Gliederung des südlichen Wiener Beckens. In der „nassen Ebene" entspringen zahlreiche Quellen, darunter Kerbquellen und auch Waller; stellenweise ist das Gelände versumpft (Moosbrunn!).

oder einer Schwemmebene vernäßt und versumpft; für eine Moorbildung sind günstige Bedingungen gegeben. Übergänge gegen die Überlaufquellen hin sind nicht selten (Abb. 114) und zeigen deutlich, wie schwer sich Naturerscheinungen in die Zwangsjacke menschlicher Einteilungen pressen lassen.

Nicht hierher gehören alle jene Fälle, in welchen rein nur die Mächtigkeit des Grundwasserführers nach unten zu abnimmt; denn dann kann es nur zum freien Ausfließen von Grundwasser oder zu Überlaufquellen oder zu beiden Quellarten kommen; ersteres tritt ein, wenn die undurchlässige Unterlage sich ohne Gegensteigung der Tagoberfläche zusammenstrebig nähert (Abb. 119 oben), letzteres, wenn der das Grundwasser tragende Sockel barrenartig aufbuckelt (Abb. 119 Mitte). Derartige Erscheinungen wurden bereits unter den ersten zwei Hauptgruppen von Quellen besprochen. Mit mehr Berechtigung darf man den aufgehenden Quellen jene zuzählen, welche durch eine bloße Verminderung des Gefälles der Sohle des Wasserführers und eine dadurch bedingte Abnahme der Fließgeschwindigkeit des Grundwassers veranlaßt werden. Das

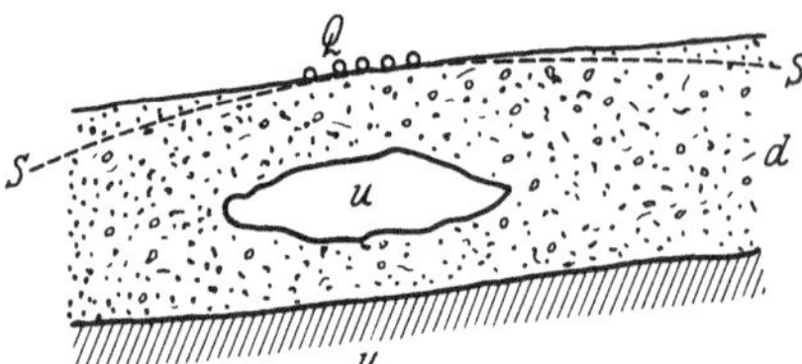

Abb. 117. Die Quellen bei Q werden durch die undurchlässige Einlagerung in den Grundwasserführer d hervorgerufen.

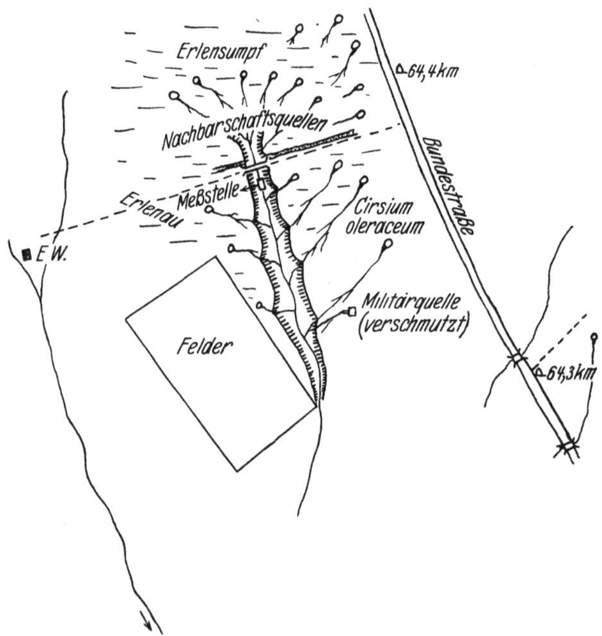

Abb. 118. Wasseraustritte aus der flacheren Randstrecke eines großen, grundwasserreichen Schwemmkegels; die Vernässung des Geländestreifens ist durch den ausgehobenen Graben wenig gemildert.

Grundwasser benötigt dann einen größeren, durchströmbaren Querschnitt und muß, wenn dieser nicht mehr vorhanden ist, teilweise aus dem Grundwasserführer ausfließen; wenn sich die Körnungen des Wasserführers nicht ändern, kommen hier, je nachdem, „Anritzquellen“ oder „Waller“ zustande, welche sich durch Übergänge mit den Freifließquellen verknüpfen.

Waller oder Übergänge gegen die Fließquellen hin entstehen auch, wenn die Baustoffe des Grundwasserführers in der Richtung der Grundwasserbewegung immer feiner und feiner werden.

Derartige oft schwer einreihbare und in jedem Sonderfalle näher zu untersuchende Quellen finden sich z. B. in der oberbayrischen Hochebene zu Hunderten; die mächtigen Eiszeitschotter und -sande, die sich den Endmoränen der alten Alpengletscher in ausgedehnten Feldern und Fluren vorlagern, werden in der Richtung von Süden nach Norden immer feiner und weniger leicht durchlässig; zugleich nimmt auch ihre Mächtigkeit im großen und ganzen ab; die großen Massen unterirdischen Wassers, die von den Alpen her gegen Norden strömen, finden daher auf ihrem Wege gegen Norden immer weniger Platz in dem kleiner werdenden Durchflußquerschnitte und drängen daher in zahlreichen Quellen auf einer weithin verfolgbaren Linie zutage, vielenorts die bekannten, ausgedehnten, in Bayern „Moose" genannte Moore hervorrufend (Erdinger Moos, Dachauer Moos). Ein ähnliches Beispiel bietet auch die weite Ebene nördlich von Wiener-Neustadt (Abb. 116) bis zur gehobenen tertiären Querplatte von Rauchenwart und Maria Elend; hier bezeichnet gleichfalls eine Reihe von Quellen, Quelltümpeln und Sumpfwiesen (vgl. den Ortsnamen „Moosbrunn") den Streifen, längs welchem das Feinerwerden des Kornes der aus den Alpentälern gegen Osten sich ausspannenden Schotterfächer und Schwemmfelder das Grundwasser zum Austritte zwingt; diese „nasse Ebene" hebt sich mit ihrem saftigen Grün und ihren silbrig schimmernden Wasserfäden angenehm ab von der öden Schotterfläche des südlich anschließenden, trockenen Steinfeldes mit seinen sonnenversengten Feldern und dunklen, ernsten Schwarzföhrenwäldern.

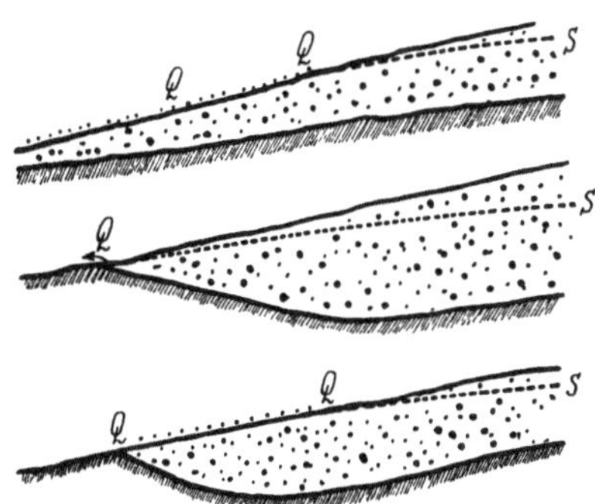

Abb. 119. Oben: Echte Auslaufquellen Q, Q (Zapfquellen). Unten: Grenzfall zwischen Überfließ und Freifließquellen. Mitte: Echte Überfallquelle.

Ein unbedeutenderes, aber häufig verwirklichtes Beispiel stellt die Abb. 118 aus der Umgebung von Kötschach (Kärnten) dar.

Ähnliche Verhältnisse, nur maßstäblich verkleinert und ins gebirgsmäßige übersetzt, treffen wir auf den Berghängen. Gleiches Muttergestein vorausgesetzt, ist der Verwitterungsschutt auf den Höhen und Rücken am gröbsten (z. B. auf den Blockgipfeln). Je weiter man den Hang hinabwandert, desto mehr zerkleinern Schuttwandern, Spaltenfrost, Pflanzenwurzeln, chemische Vorgänge usw. das Trümmerwerk; nur die unteren Lagen bleiben oft verhältnismäßig grob, weil sie aus der Verwitterungsschwarte des Hangkörpers, über den sie hinabwandern, immer wieder neuen Zuwachs empfangen. Der Gehängeschutt wird so zwar im allgemeinen immer mächtiger, aber auch weniger durchlässig; so entstehen die Gehängeschuttwallquellen, welche namentlich J. Schmid (2e) sorgfältig untersucht hat. Ihren Bildungsbedingungen entsprechend ist die aufwallende Bewegung meist nur ganz schwach entwickelt. Vielfach gehen sie auch in Kerbquellen oder Endquellen über (vgl. das auf S. 130 über die Hangschuttkerbquellen Gesagte).

Im Gegensatze zu den Wallern der Ebene lassen sich diese „Gehängeschuttwaller" leicht fassen und unter dem Schweregefälle oder in Druckrohren ableiten. Hinsichtlich ihrer gesundheitlichen Beurteilung und ihres Schutzes gelten die gleichen Richtlinien wie für die Gehängeschuttkerbquellen und Gehängeschuttendquellen.

d) Besondere Arten von Quellen.

(Heberquellen, Stoßquellen, Gesundbrunnen, Heilquellen usw.)

Außer den besprochenen Quellen tritt eine Reihe anderer auf, welche einer gesonderten Schilderung bedürfen; die Ursache ihrer Heraushebung ist verschiedener Art.

Heberquellen (Aussetzende Quellen).

In Kalkgebirgen trifft man da und dort Quellen an, welche nur zu regelmäßig wiederkehrenden Zeitpunkten Wasser führen und daher aussetzende (periodische, intermittierende) Quellen genannt werden. Sie beruhen, wie aus der Abb. 120 hervorgeht, auf der Heberwirkung ihrer unmittelbar ins Freie führenden und an eine Erweiterung angeschlossenen schlauchartigen Ausflußröhre. Der Hohlraum der Erweiterung dient als Wasserspeicher. Steigt der Wasserspiegel in der Felsenkammer bis über das Heberknie, dann saugt der Abflußschlauch das Wasser bis zur unteren Öffnung des in den Speicherraum tauchenden Heberschenkels (Punkt *D* der Abb. 120), worauf die Quelle eine Zeitlang versiegt und erst dann wiederum zu fließen beginnt, wenn die Niederschläge und sonstigen Zuflüsse zum Wasserspeicher die erforderliche Hebung des Wasserspiegels von neuem besorgt haben. Der Zeitraum zwischen Versiegen und dem Wiederanspringen des Hebers hängt von den Niederschlägen und dem Verhältnisse des Zuflusses zum Fassungsvermögen des Hohlraumes und von verschiedenen anderen Umständen ab; auf die Dauer des Fließens der Quelle haben u. a. Zufluß und Verhältnis zwischen Hohlraumgröße und Quellschüttung Einfluß.

Stoßquellen (Springer).

Die Stoßquellen kann man in warme (Geiser, Siedequellen, Dampfstoßquellen, Dampfgeiser [Kampe 5a]) und kalte unterscheiden (Gasstoßquellen, Gasgeiser). Das Wesen der Stoßquellen ist, daß sie in mehr oder weniger regelmäßigen Zwischenräumen von verschiedener Dauer Wasser stoßweise ausschleudern; in gewissem Sinne gehören also auch sie zu den aussetzenden Quellen; die Betriebskraft liefern heiße Dämpfe oder Gase.

Die warmen Springer (Siedequellen, Geisyre, Geiser) schleudern in mehr oder weniger regelmäßigen Zwischenräumen heißes Wasser und Wasserdampf stoßweise aus; nach jedem Ausbruche tritt Ruhe ein und eine glatte Wasserfläche spannt sich dann über das Quellbecken aus. Die heißen Wasser lösen auf ihrer Bahn Kieselsäure, Kalk oder andere Stoffe auf und bringen sie am oberen Ende des Schlotes oder in seiner Nachbarschaft, durch eintretende Abkühlung oder Verdunstung gezwungen, zum Absatz. So entstehen rund um die Quellröhre bzw. das Quellbecken Hügel und Staffelbauten aus Kalk-, Aragonit- oder Kieselsinter von oft eigenartiger Schönheit.

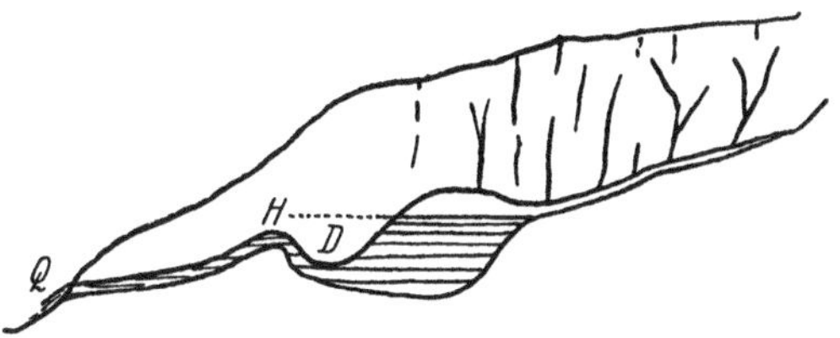

Abb. 120. Riß einer Heberquelle. Der Dücker bei D ruft die Heberwirkung hervor; in der Zwischenzeit schüttet die Quelle Q nicht.

Die Erklärung der Siedequellenerscheinung ist ziemlich einfach. In ein Geiserrohr von wechselndem Querschnitte dringt Grundwasser ein und erfüllt es. Durch Wärmezufuhr gerät die Wassermasse im Geiserschlauche ins Kochen; der Wasserverschluß im oberen Teile des Rohres verhindert anfangs die gebildeten Dämpfe zu entweichen; sie sammeln sich an den Knickstellen des Schlauches und in seinen Erweiterungen an. Erst wenn die Spannung des Wasserdampfes groß genug geworden ist, um den Druck des Wasserpfropfens zu überwinden, erfolgt das Ausschleudern der Wassersäule und das Auspuffen der Dämpfe. Nun tritt widerum völlige Entspannung ein, das Rohr füllt sich mit vergleichweise kühlerem Wasser, das allmählich wieder zum Sieden erhitzt wird und das Spiel beginnt von neuem. Mit eigens zusammengestellten Vorrichtungen läßt sich die Springquellerscheinung leicht nachahmen. Jüngstens haben allerdings Versluys J. (6e) und auf ihn gestützt Krejci-Graf eine andere Erklärung der Stoßquellen versucht.

Zu den Gasstoßquellen gehört der berühmte Sprudel auf der Rheininsel Namedy bei Andernach; er schleudert in Zwischenräumen von 3 bis 6 Stunden aus einem Bohrloche etwa 25 m^3 Wasser nebst zwölfmal soviel Kohlendioxyd mehr als 50 m hoch in die Luft.

Nach den Ausführungen von Altfeld (6e) pressen einige nicht sonderlich ergiebige Gasadern andauernd Kohlendioxyd in das Bohrloch und beunruhigen so den Wasserspiegel des Springquells. Die Hauptadern in 106, 218 und 267 m Tiefe führen gleichfalls dem Bohrloche Gas zu und drücken das Wasser vor sich her in das Steigrohr. Haben sie den vor ihnen befindlichen Wasserpfropfen vollständig verdrängt, so strömt aus ihnen Gas in das Steigrohr und bewirkt ein plötzliches Ansteigen des Wasserspiegels im Steigrohre und ein Überlaufen. Die entstehende Druckverminderung im Steigrohre gestattet nun der mittleren Gasader, den im Steigrohr steckenden Wasserpfropfen auszuschleudern und dank der großen Druckentlastung den Wasserstrahl bis zur größten Höhe emporzutreiben. Während dabei der Gasdruck der mittleren Ader immer mehr sinkt, tritt nun die unterste Ader in Tätigkeit und sucht den Wasserstrahl in seiner Höhe zu erhalten. Hat schließlich das Bohrloch seinen Wasserinhalt entleert, so endet der Wasserausbruch. Da aber der Gasvorrat anscheinend noch immer beträchtlich ist, so folgt dem Wasserausbruche eine kräftige Gasausströmung, die das langsam zufließende Wasser, sobald es sich etwas gesammelt hat, mit sich emporreißt und den Nachausbruch erzeugt. Erlahmt die Kraft der ihre Spannung einbüßenden Gase, so sperren die zufließenden Wässer den Gasen den Weg ab und bilden eine im Bohrloche immer höher ansteigende Wassersäule, bis dann der Druck der mittleren Gasader wieder stark genug geworden ist, um die auflastende Wassersäule zu heben. Eine ähnliche Stoßquelle wurde im Jahre 1875 in Herlein (Herlany, Rank) in Oberungarn (Slowakei) in 405 m Tiefe erbohrt.

Abb. 121. Entstehung eines untermeerischen Wallers (Q), der vom Schlauche Q gespeist wird; dieser ist nach rückwärts so hoch verlängert zu denken, daß sein Nährgebiet Q weit überragt.

Untertagquellen.

Unter dem Namen Untertagquellen kann man alle Wasseraustritte zusammenfassen, welche unterhalb der Tagoberfläche in einen gleichfalls untertägigen Raum erfolgen. Je nachdem nun die Tagoberfläche fest und trocken oder eine Wasseroberfläche ist, kann man wieder Unterlandquellen und Unterwasserquellen unterscheiden.

Die Unterlandquellen fließen in Hohlräume natürlichen Ursprunges, wie z. B. die Quellen in Höhlen und unterirdischen Domen (S. 107 und Abb. 61) oder erscheinen dort, wo der Mensch einen künstlichen Hohlraum bis in einen Grundwasserkörper hinein vortreibt.

Zu den Unterlandaustritten von Grundwasser gehören alle jene, welche in Baugruben, Schächten, Stollen (Abb. 22), Tunneln (Tunnelquellen) u. dgl. zu beobachten sind. Sie haben oft hohe technische Bedeutung, namentlich, wenn sie dem Ingenieur Schwierigkeiten bereiten oder seinen Bauten Schaden zufügen; oft ziehen diese künstlichen Anzapfungen des Grundwasserkörpers auch unangenehme rechtliche Folgen nach sich. Von einer näheren Erörterung der Unterlandquellen wird Abstand genommen, weil ihre Schilderung einen wesentlichen Teil der praktischen Grundwasserkunde bildet; zum Nachschlagen über einschlägige Fragen bietet der Anhang eine kleine Auslese aus dem vorhandenen, zahlreichem Schrifttume.

Die Unterwasserquellen treten unterhalb des Spiegels eines stehenden (sorgenti subacquee), seltener eines fließenden Gewässers (sorgenti subalvee) aus. Die letzteren wurden bereits auf S. 129 mit Beispielen belegt. Die ersteren üben auf die Speisung und die Wärmeverhältnisse von Seen einen mehr oder minder merklichen Einfluß aus; bei

Abb. 122. Die Pfeile weisen auf Nischen mit vorgelagerten Mulden hin, aus welchen bei gespanntem Seespiegel unterseeische Quellen hervorbrechen. Die Mulden liegen trocken da, wenn der Grundwasserspiegel bei der Absenkung des Sees unter den Muldenboden hinab gesunken ist. Vorderer Gehausee O.-Ö. Aufnahme Stiny 1928.

der Absenkung des Seespiegels werden ihre Quellmäuler und Quellmuscheln begehbar, ihre Austrittspunkte aber meist tiefergelegt (Abb. 123 u. 122).

Die unter dem Spiegel der Meere austretenden Quellen (sorgenti sottomarine) können vielfach für Zwecke der Trinkwasserversorgung ausgenützt (Lorenz-Liburnau [6f]) werden, da sie häufig tadellos frisches und süßes Wasser schütten. Man trifft sie besonders oft an Karstküsten an; so kennt man sie beispielsweise von den Küsten Istriens, Kroatiens (Austritte aus dem Hauptbruchstreifen des Quarnero), Dalmatiens (bei Kap St. Martin u. a. a. O.) usw.; im Golfe von Spezia wallt eine Sprudelquelle aus 18 m Tiefe über den Meeresspiegel glockenähnlich empor (la polla di Cadimare); vgl. auch Abb. 121).

Wohl viele Untermeerquellen sind, wie Knebel (4a) behauptet hat, Zeugen für Senkungen der Küste; sie bilden, wie mir dünkt, das Gegenstück zu den leeren Höhlenschlünden in den Felswänden, welche Denkmäler stattgefundener Hebungen darstellen. Schwächere Unterwasserquellen können aber auch Ausmündungen gewöhnlichen Spaltenwassers sein und hängen dann mit Krustenbewegungen nicht zusammen.

Mit den Unterwasserquellen haben weder die sog. Meermühlen noch die Brackwasserquellen unmittelbar etwas zu tun, denen man am Strande

Abb. 123. Nische einer Unterseequelle im vorderen Gehausee bei abgesenktem Spiegel. Aufnahme Stiny 1928.

mancher Inseln begegnet; letztere verdanken ihre Brackwassereigenschaft mittelbar dem Ansaugen von Meerwasser.

Wohl sämtliche Unterwasserquellen oder Unterwasserspeier gehören zu den Wallern und könnten ebensowohl in dem bezüglichen Abschnitte besprochen und der Gruppe der aufwallenden Quellen zugerechnet werden. Bei ruhiger Wasseroberfläche kann man sie meist durch Aufstreuen von Sägespänen auf den Wasserspiegel deutlicher sichtbar machen.

Gasquellen (gasführende Quellen).

Wie Kampe (5a) treffend hervorhebt, arbeiten sich die Gasquellen in ähnlicher Weise hoch, wie man in den Borsigpumpen Flüssigkeiten ohne Kolben oder Klappen durch bloßes Einpressen von Luft zu heben pflegt. Ein großer Teil der Gasquellen zählt zu den Heilquellen und Gesundbrunnen; meist liefert Kohlensäure die Betriebskraft zum Aufstiege des Wassers.

Die Gasquellen sind örtlich fast immer mit dem Aufdringen von Schmelzflüssen verknüpft; man hat allen Grund, darin ursächliche Bedingtheiten zu sehen und die Mehrzahl der Gasquellen zu den Nachwehen der Glutflußerscheinungen zu zählen. Dabei erleichtern Verwerfungen, Zerrüttungsstreifen, offene Klüfte (die ihrerseits wieder mit Störungen zusammenhängen und sie begleiten) dem Gemische von Wasser und Gas den Aufstieg. Deshalb treten die Gasquellen häufig in Gruppen im Gebiete alter Feuerberge oder längs Linien auf; die „Warmquellenlinie", die E. Sueß uns so trefflich schildert, ist gleichzeitig eine „Erdbebenlinie" und eine „Störungslinie", wenn auch ihr Verlauf durch eingegliederte vor- und rückspringende Stücke von der geraden SW—NO-Linie des allgemeinen Abbruches der Alpen gegen das Wienerbecken zu in untergeordneten Einzelheiten abweicht.

Im Gegensatze zu den Stoßquellen fließen die Gasquellen ununterbrochen; sie gehören strenge genommen zu den „Wallern", doch arbeiten sie mit einem besonderen Betriebstoff statt oder neben dem Ruhedruck. Die Entstehung der Gasquellen ist auf mehrfache Weise möglich. Es kann z. B. in irgendeinen Quellenschlauch Gas eindringen; das Wasser sättigt sich mit dem Gase; der Rest des Gases aber mischt sich dem Wasser in Form von Blasen und Perlen bei und treibt es hoch; die Wasserader kann von Natur aus Neigung zum Aufstiege besitzen oder dieselbe erst vom Gase empfangen. Es kann aber das Gas auch von Haus aus im Wasser gelöst sein, wie z. B. in den sog. Urwasserquellen (Jungwasser, juveniles Wasser im Sinne von E. Sueß); ihr Wasser entstammt dem Erdinnern, woselbst es ständig neu entbunden wird.

Die Gasquellen leiten ohne scharfe Grenze zu den Gesundbrunnen und Heilquellen über.

Gesundbrunnen und Heilquellen.

Die Heraushebung der Gesundbrunnen und Heilquellen aus der großen Menge der Quellen findet ihre Rechtfertigung in der gesundheitlichen Wirkung ihrer Quellschüttung auf Mensch und Tier sowie z. T. auch in der eigenartigen geologischen Entstehungsweise einer großen Anzahl dieser Quellen. Die Abgrenzung der Gesundbrunnen und Heilwässer von den übrigen Quellen begegnet jedoch Schwierigkeiten; die Menge der gelösten Stoffe — oft gibt man 1 g in 1 Liter Wasser als untere Grenze an — entscheidet allein nicht; auch auf die Art der gelösten Stoffe, auf die Wärme des Wassers, die Beimengung von Gasen (Radiumemanation z. B.) und verschiedenes andere kommt es an.

Die Heilquellen und Gesundbrunnen werden erstlich nach der Wärme unterteilt. Dabei bezeichnet man in Mitteleuropa als heiße Quellen gewöhnlich solche mit einer 32^0 C übersteigenden Wasserwärme; Quellen mit einer Schüttung von 32—20^0 C nennt man warme, jene unter 20^0 C, deren Wasserwärme immer noch die mittlere Jahreswärme des betreffenden Ortes übersteigt, als laue Quellen.

Für die heißen Länder würde sich folgende Bezeichnungsweise besser empfehlen:

$< 25^0$ C: kalte Quellen,
25—32^0 C: warme Quellen,
$> 32^0$ C: heiße Quellen.

Dabei wäre statt 25^0 C genauer die mittlere Jahreswärme der Luft der betreffenden Örtlichkeit einzusetzen.

Eine weitere Gliederung erfolgt nach der Art und Menge der gelösten Stoffe. Dabei stellt man die Ergebnisse der chemischen Wasseruntersuchung in Form von Ionentafeln dar; denn nach den neueren Anschauungen gehen nicht die Salze als solche in Lösung, sondern es spalten sich ihre Moleküle in elektrisch geladene ,,Ionen“; so z. B. das Kochsalz in das positiv geladene Na-Ion und in das negativ geladene Cl-Ion. Die in den Gesundbrunnen häufigen schwachen Säuren, wie Kohlensäure, Schwefelwasserstoff, Kieselsäure, Borsäure usw. sind wenig gespalten und werden daher gasformelmäßig eingesetzt (CO_2, H_2S, SiO_2 H_2SiO_3, HBO_2 usw.).

Die einfachen lauen Quellen (Akratopegen) besitzen etwas weniger gelöste, feste Bestandteile als 1 g im Liter und weniger freies Kohlendioxyd als 1 g in 1 Liter Wasser; sie reihen sich den gewöhnlichen Brunnenwässern unmittelbar an und leiten gewissermaßen erst zu den eigentlichen Mineralquellen und den heißen Quellen hinüber. Hierher gehören: Lauchstädt, Mölln, Tölz, Kainzenbad, Freienwalde, Bibra, die ,,Brunnenlacke“ in der Breitenau (Steiermark), Weitlanbrunn (Tirol), St. Wolfgang (Fuschertal), Bad Iselsberg (Kärnten), Jungbrunn (Tirol), St. Margarethen bei Prachatitz, Volderbad (Tirol).

Die einfachen warmen und heißen Quellen (sorgenti indifferenti, Wildbäder, Akratothermen) unterscheiden sich von den einfachen lauen Quellen durch ihre 20^0 C übersteigende Wärme, sind aber im übrigen gleichfalls arm an Kohlendioxyd und gelösten festen Stoffen. Es zeigen an Wärme

	°C		°C
Ems	55	Warmbrunn	43,1 —24,5
Wiesbaden	69	Wildbad	39,5 —34,5
Baden-Baden	68,2—86,2	Bodendorf	32
Nauheim	30	Schlangenbad	21 28
Bad Stuben	29 —31,5	Warmbad Villach	29
Pystian	67	Tobelbach bei Graz	28,75—25
Trentschin-Teplitz	36 —42	Badenweiler	26,4
Karlsbad	49,7—73,8	Grubegg bei Mitterndorf	23,4

	°C		°C
Teplitz (Urquelle)	47,4—48	Wiesenbad	26,2
Gastein	46,8—48	Eisenbach-Vihnye	38,3
Leukerbad, Wallis	20 —51	Schallerbach	36,25
Brennerbad	22	Abano bei Padua	83,7
Fischau N.-Ö.	21	Vranska-Banya, Serbien	90
Hintertux, Tirol	22,5	Hammam-Meskoutine, Algier	86—96
Johannisbad (Riesengeb.)	29,6		
Vöslau	23,3		

Lauquellen, Warmquellen und Heißquellen werden teils durch Urwasser (jugendliches Wasser, juveniles Wasser), teils durch erwärmtes Rindenwasser (vadoses Wasser), teils durch Mischungen beider gespeist. Gemäß älteren Anschauungen soll sich das Wasser vieler aufsteigender Quellen in dem absteigenden Schenkel einer gebirgsbaulichen Mulde oder eines Spaltenhackens erwärmen. Bei warmen oder gar heißen Quellen reicht jedoch dieser Erklärungsversuch nicht aus; denn das Wasser muß sich doch beim Aufstiege wieder abkühlen; und wenn auch bei dem bekannten Verlaufe der Erdwärmeschichtenlinie ein Überschuß an Wärme gegenüber dem entsprechenden Punkte auf dem absteigenden, längeren Aste des Schlauches verbleiben kann, so dürfte dieser doch nur in seltenen Fällen jenen Betrag erreichen, welcher zur Erklärung des hohen Wärmegrades einer heißen Quelle erforderlich ist. Es ist viel natürlicher, die Wärme der lauen Quellen, der Warm- und Heißquellen im allgemeinen aus dem Erdinnern mit seinen Dämpfen und Schmelzflüssen zu beziehen, wie dies schon E. Suess tat und für den Bestand des Winkelschlauches mit seinen ungleich langen Schenkeln in jedem besonderen Falle den Beweis zu liefern.

Die einfachen Säuerlinge (aerated springs) enthalten reichlich freies Kohlendioxyd (mehr als 1 g im Liter), aber wenig feste Stoffe (unter 1 g im Kilogramm Wasser). Hierher gehören: Brückenau, Sinzing, Charlottenbrunn, Ditzenbach, Krondorf (Böhmen), Karolaquelle bei Tarasp (Schweiz) und andere mehr.

Die erdigen Säuerlinge enthalten im Liter Wasser mehr als 1 g Kohlendioxyd und mehr als 1 g feste Bestandteile gelöst; unter den Anionen herrscht Hydrokarbon-Ion, unter den Kationen Kalzium- und Magnesium-Ion bei weitem vor. Das Kalziumkarbonat scheidet sich an der Luft teilweise als Sinter ab. Beispiele solcher erdiger Säuerlinge bieten: Wildungen, Selters bei Weilburg, Geismar, Altreichenau, Göppingen, Malmedy, Rehburg, Thalheim, Mährisch-Teplitz, Obladis, Weißenbach (Kärnten).

Die alkalischen Säuerlinge unterscheiden sich von den erdigen, denen sie hinsichtlich Reichtum an gelösten Salzen und Kohlendioxyd gleichen, durch das Überwiegen von Hydrokarbonat und Alkali-Ionen (meist Na-Ionen). Hierher gehören: Preblau (Kärnten), Bilin und Gießhübel (Böhmen), Fachingen (Deutschland), der Johannisbrunnen bei

Straden (Steiermark), Radein (Südsteiermark), Außig, Eisenkappel (Kärnten), Karlsbad, Klösterle a. d. Eger, Krondorf (Böhmen). Neuenahr (Deutschland), Teplitz-Schönau zählen zu den alkalischen heißen Quellen.

Enthält das Wasser neben den Alkalihydrokarbonaten noch Kochsalz in wirksamer Menge, dann spricht man von Kochsalzquellen (alkalisch-muriatischen Säuerlingen). Beispiele bieten: Gleichenberg (Steiermark), Selters, Emser Kränchen, Kissingen, Nauheim, Fentsch-St. Lorenzen (Steiermark), Zlatten bei Pernegg (Steiermark), Kalsdorf südlich von Graz. Unter den Feststoffen (mehr als 1 g/l) überwiegen Cl- und Na-Ionen.

Die alkalisch-salinischen Säuerlinge, wie z. B. der Sauerbrunnen vom Pölshals (Steiermark), enthalten außer Alkalikarbonat noch mindestens 1 v. H. Natriumsulfat (Glaubersalz, Glaubers salt).

Alkalisch-erdige Quellen enthalten neben Karbonaten auch Sulfate von Kalzium und Magnesium; so z. B. die Quelle bei Stainz (Steiermark), im Stanztale bei Kindberg (Steiermark), Bad Vellach (Kärnten) und andere mehr.

Echte Bitterwässer führen reichlich Sulfationen, meist in Form von Bittersalz (Magnesiumsulfat; epsom salts; mehr als 1 g/l); sie zeichnen sich daher durch einen unangenehmen, bitteren Geschmack aus und wirken abführend (Ofener Quelle). Andere Bitterquellen enthalten vorwiegend Sulfate von Natrium oder Kalzium und führen mehr minder große Mengen von Chlor; hierher gehören: Boll in Baden, Eyachsprudel, Friedrichshall, Lippspringe, Mergentheim, Windsheim, Frutten und Klapping bei Gleichenberg (Steiermark), Dignes, Bex, Windsor-Forest, Négrepont, Altprags, Häring (Tirol), Mitterndorf (Steiermark), Mödling N.-Ö.

Die Kochsalzquellen (saline springs) enthalten unter den gelösten festen Stoffen, deren Gesamtsumme $^1/_{1000}$ überschreitet, vorwiegend Kochsalz. Man kennt sie aus Weißenbach bei St. Gallen (steirisches Ennstal) und von Aussee (Steiermark), von Arnstadt, Wiesbaden, Sulza, Sooden a. W., Soden am Taunus, Salzschlirf, Reichenhall, Ischl, Hall in Tirol, Artern, Baden-Baden, Bernburg, Ellmen, Harzburg, Kösen, Kreuznach, Salzbronn, Salzungen, Marsal, Salins.

Eisenquellen (chalybeate springs, sorgenti ferruginose) heißen solche Quellen, deren auffälligste Wirkung auf ihrem Eisengehalte beruht, der mindestens $^1/_{100}$ g im Liter betragen muß. (Ferro- oder Ferri-Ion.) Zum Eisen gesellt sich häufig das Manganion. Hierher gehören Spa, Pyrmont, Alexanderbad (Fichtelgebirge), Berggießhübel, Flinsberg, Kudova, Bad Einöd (Steiermark), Vellach (Kärnten), Marienbad (Böhmen), Pyrawarth N.-Ö., Liebenstein, Lobenstein, Muskau, Poljin, Rippoldsau, die Klausenquelle bei Gleichenberg, die Eisenquelle in Schwanberg, Altschmecks (Tatra) usw.

Die Schwefelquellen (sulphur springs, sorgenti solforosi) enthalten Hydrosulfidionen, deren Wirkung sie ihre Verwendung verdanken; daneben sind oft auch freier Schwefelwasserstoff und Thiosulfation vorhanden. Die bekannteren sind: Aachen, Nenndorf, Rothenburg o.d. Tauber, Baden bei Wien, Vöslau, Pystian (Slovakei); minder häufig genannt werden Deutsch-Altenburg (N.-Ö.), St. Leonhard (Kärnten), Gainfahrn, Lostorf (Schweiz), Kreuth (Oberbayern), Wörschach im Ennstale, Halltal bei Mariazell, Gams bei Hieflau (Steiermark), Bad Stuben (Slovakei), Goisern, (O.-Ö.) Großullersdorf (Mähren), Hohenems, Längenfeld (Tirol), Luhatschowitz (Mähren), Wien-Meidling.

Radiumwirksam werden Quellen genannt, deren Heilkraft mindestens teilweise auch auf ihrem Gehalte an Radium (radioactive substances) beruht, wie z. B. jene von Gastein ($>$ 300 M. E.), Warmbad, Villach, Steinach-Nößlach (62 M. E.), Antholz-Salomonsbrunn (27 M. E.), Steinberg bei Amstetten (N.-Ö. 18 M. E.), Imsterau (Tirol, $29^1/_2$ M. E.), Baden-Baden, Brambach und Oberschlema in Sachsen und andere mehr. Ihre sonstige chemische Zusammensetzung wird bei dieser Namengebung nicht berücksichtigt. Die meisten dieser Wässer enthalten Radiumemanation (Halbwertzeit 3,86 Tage); der Gehalt an gelösten festen Verbindungen der Radiumgrundstoffe ist meist sehr gering.

Arsenquellen enthalten Arsen in gesundheitlich wirksamer Menge; im übrigen schließt sich ihre chemische Zusammensetzung meist den Eisen- oder Salzquellen an (Levico-Vetriolo).

Jodquellen sind chemisch verschieden zusammengesetzt; ihr wirksamer Bestandteil aber ist das Jod (Bad Hall in Oberösterreich).

Knett schlägt folgende Einteilung der Heilquellen vor: Kochsalzquellen (Bad Hall O.-Ö., Ischl O.-Ö.), 2. Glaubersalzquellen, 3. Sodaquellen (Tatzmannsdorf i. Burgenland, Gleichenberg, Eisenkappel), 4. Gipsquellen (Einöd, Steiermark), 5. Kalkquellen (Obladis-Sauerbrunn), 6. Magnesitquellen, 7. Bittersalzquellen, 8. Sideritquellen.

Untergruppen ergeben sich je nach der Wärme der Quellspende und je nach der Anwesenheit weiterer, mehr oder minder wichtiger Stoffe, die aber an Menge hinter den Hauptbestandteil zurücktreten. Danach wäre z. B. Einöd (Georgsquelle) ein bitter-glaubersalziger Kalksäuerling.

In neuerer Zeit weist man auf die Wichtigkeit der biologischen Erforschung der Mineralquellen hin (vgl. S. Stockmayer [69g]); jede Quelle zeigt ihre eigentümliche Lebensgemeinschaft; ihre Beziehungen zu den klimatischen, physikalischen, chemischen und geologischen Verhältnissen aufzudecken, brächte der Quellenkunde in gleicher Weise wie dem Bäderwesen Nutzen. Auch auf die sorgfältigste chemische Untersuchung der Heilquellen, die Suche nach Spuren sonst in ihnen seltener vorkommender Grundstoffe und auf die ständige Überwachung der Quelleigenschaften legt man heutzutage mehr Wert als früher (vgl. auch Baur [6 g]).

7. Die Fassung der Quellen.

Durchwandert man als Laie Quellgebiete, dann könnte man leicht zur Anschauung kommen, daß es eine sehr einfache und mühelose Sache sei, Quellen zu fassen. Die Landbewohner begnügen sich oft damit, den

Abb. 124. Fassung einer Schichtquelle an der Grenze zwischen Moräne (im Liegenden) und Eiszeitschottern (im Hangenden) durch einen Schacht auf der Straße von Rükersdorf nach Sonneck, Kärnten. Aufnahme Stiny 1932.

Austrittspunkt einer Wasserader zu vertiefen und zu verbreitern, bis eine Grube entstanden ist, welche das Schöpfen des Wassers in Gefäße gestattet (Abb. 71, 145); manchesmal hebt man einen größeren Quelltümpel aus, der gleichzeitig auch das Waschen der Wäsche ermöglichen soll (besonders verbreitet im Jauntale, Kärnten; vgl. Abb. 146); nicht selten werden darin auch die Innereien geschlachteter Tiere gereinigt (!); eine Verbesserung ist bereits die Versicherung der Grubenwände durch Bruchsteintrockenmauerwerk (Abb. 124). Erleichtert wird die Wasserentnahme durch das Einleiten der Quellader in eine Holzrinne (Abb. 80, 136), Betonrinne (Abb. 141) oder ein Ton- bzw. Eisenrohr (Abb. 125); solche Maßnahmen stellen bereits eine höhere Stufe der Fassungsweise dar, setzen aber immer ein entsprechendes Vorflutgefälle voraus, wie es den Ebenen fehlt. Mit der Verwendung von Bruchsteinen, Rohren und etwas Beton glauben die Landbewohner bereits alles getan zu haben, was zum Fassen eines Wasseraustrittes erforderlich ist. Dies ist jedoch ein verhängnisvoller Irrtum (Abb. 138).

Die einwandfreie Fassung der Quellen erfordert nämlich besondere Sachkenntnisse, die sich auf geologisch-quellenkundliches Verständnis und auf größere Erfahrung stützen müssen.

Der Vorgang der Wasserfassung ist natürlich je nach der Entstehungsart der Quellen, der Beschaffenheit des Quellmundes, der Geländegestalt, der Umgebung der Wasseraustritte usw. ein sehr verschiedener; fast jeder einzelne Fall erfordert seine Sonderbehandlung. Es lassen sich daher allgemeine Regeln nur mit gewissen Einschränkungen aufstellen.

Abb. 125. Einfache Fassung einer Spaltquelle aus Sattnitzkonglomerat. Herminenquelle am Klopeinersee, Kärnten. Aufnahme Stiny 1932.

Einige Winke betreffs der Quellfassungen wurden schon weiter oben (S. 104 ff.) bei der Schilderung der einzelnen Arten der Quellen gegeben; an dieser Stelle folgen daher nur mehr einige Ergänzungen.

Die Zwecke der Quellfassungen liegen klar zutage. Da der Quellmund in den meisten Fällen nur einen Teil der Gesamtspende sichtbar austreten läßt, soll die Fassung die ganze Schüttung erschließen und jeden Verlust an Wasser verhindern. Sie versucht ferner zu verhüten, daß Tagwasser, wie das so oft geschieht, oder zu seicht fließendes Grundwasser in der Nähe des Quellmundes dem Quellwasser zusickert und es verunreinigt. In dritter Linie verbessert die Fassung die Form des Wasserausflusses; dieser Zweck ist meistens am leichtesten zu erreichen.

Viel schwieriger ist es dagegen, die erstgenannten beiden Zwecke der Fassung zu erreichen. Im allgemeinen trachtet man, dem Wasseraustritte nachzugehen und so den Quellmund gewissermaßen zurückzuschieben. Unter günstigen geologischen Verhältnissen schützt man dadurch das Quellwasser besser vor Verunreinigungen und vermehrt seine Menge durch Aufdeckung von Adern, die früher nicht zutage ausmündeten. Man muß aber dabei sehr vorsichtig zu Werke gehen.

Erhält das Wasser durch Beseitigung von Strömungshindernissen bei der Aufgrabung eine zu hohe Austrittsgeschwindigkeit, dann reißt es oft

Feinteilchen mit sich; die Quellspende wird trübe und unsauber; die Vorschaltung eines Sandfängers oder Reinigungskasten ist dann nötig. Man hat aber andererseits auch einen übermäßigen Aufstau zu vermeiden, da das Wasser dadurch verleitet werden kann, sich seitlich Auswege zu schaffen.

Abb. 126. Einfachste Fassung einer Grenzquelle mittels Holzrinnen. Talung bei Rotschitschach, Jauntal, Kärnten. Aufnahme Stiny 1932.

Überhaupt ist es in vielen Fällen wesentlich, die Höhenlage des Wasseraustrittspunktes nicht zu verändern; denn von ihr hängt der unterirdische Wasserhaushalt entscheidend ab; dieser aber darf nur eine Änderung in günstigem Sinne erfahren; ob dies möglich ist, hängt von der Art der Quelle, besonders aber von ihrer Bildung und den geologischen Bedingungen ihres Austrittes ab. Die beliebten Tieferlegungen des Austrittspunktes führen meistens zu einer Verringerung des Wasserspeicherinhaltes und gestalten die Schüttung unregelmäßiger und ungünstiger, wenn sie nicht mit Stauvorrichtungen verbunden werden können.

Quellen, welche aus zerklüftetem Felsgestein hervorbrechen, sollen in der Regel bis zum anstehenden, gesunden Fels abgedeckt und verfolgt werden (Abb. 127 u. 128); man vermeidet so am besten seitliche Wasserverluste und vermehrt die Wasserspende. Jeder Zudrang von nicht geseihtem Nachbargrundwasser muß bei tiefer liegenden Quellen sorgfältig verdämmt werden. Je tiefer und weiter man im allgemeinen den Adern nachgeht, desto vollständiger erfaßt man das ganze Quellgut.

Für die Fassung verwendet man am besten natürlichen Baustein oder Beton, Steingut, Klinker u. dgl., in Ausnahmefällen widerständiges Metall oder Holz. Unter den Naturgesteinen gibt es eine ganze Anzahl, welche säurefest sind; so Quarzit, Quarzitschiefer, gewisse Basalte usw.

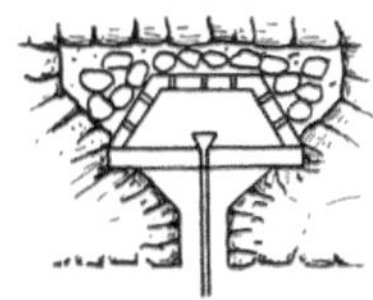

Abb. 127. Fassung einer Grenzquelle; Grundriß.

Wo der Fels von Schuttmassen geringer Mächtigkeit überlagert wird, gelingt es in aller Regel, die Wasseradern an ihrem Austrittspunkte aus der Felsunterlage zu fassen (Abb. 128).

Sind die Lockermassen, aus denen die Wasseradern hervorsprudeln, sehr mächtig, dann ist es selten (z. B. nur mit Hilfe einer Bohrung) möglich, den unterirdischen Quellmund im Felsen oder die wasserstauende Bergart zu erreichen.

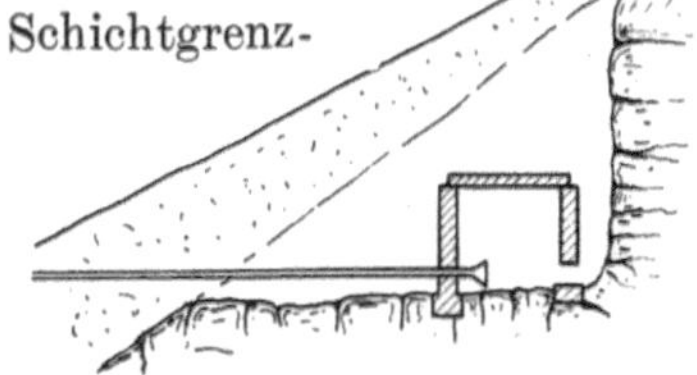

Abb. 128. Fassung einer Grenzquelle, Längenschnitt; die oberen Lagen des Gesteins sind wasserwegiger wie die unteren.

Vergleichsweise am leichtesten sind Schichtgrenzquellen zu fassen. Man legt die wasserstauende Schicht bloß und sammelt die Quellriesel in einem Behälter (Abb. 128). Wo sich Verteiltgrundwasser auf einer Durchlässigkeitsgrenze abwärts bewegt, darf man hoffen, durch Einfangvorrichtungen senkrecht oder annähernd senkrecht zur Bewegungsrichtung des Grundwassers die Ergiebigkeit der Fassungsanlage mehr oder minder wirksam zu erhöhen; man kann dabei etwa so vorgehen, wie dies die Abb. 130 u. 131 für bestimmte Fälle erkennen lassen; sie sind dem bekannten Werke von Lueger-Weyrauch (8) nachempfunden, das zahlreiche beherzigenswerte Winke für das Vorgehen bei Quellfassungen gibt. Vor einem zu tiefen Fassen der Schichtgrenzquellen bewahrt den Ingenieur schon ihre Natur, die sich beim Anfahren der Schichtgrenzfläche mühelos und sicher zu erkennen gibt.

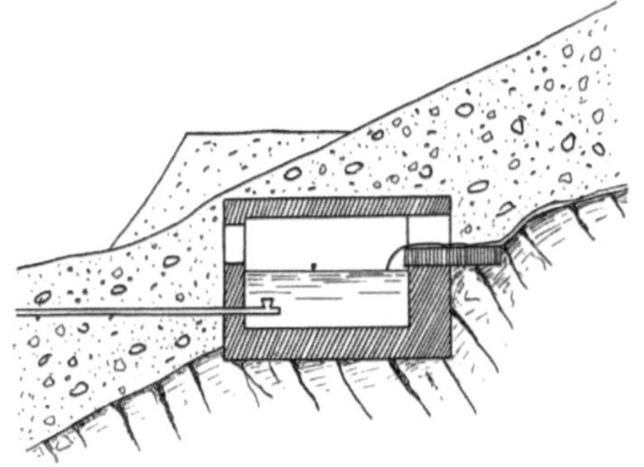

Abb. 129. Fassung einer Grenzquelle (Schichtquelle).

Unschwer sind auch die meisten Überfließquellen zu behandeln. Wie bereits auf S. 136 angedeutet wurde, ist es hier unter günstigen wasserrechtlichen Umständen sogar möglich, durch geeigneten Aufstau oder tieferes Anzapfen mittels Schützen oder Hähnen die Schüttung dem

Bedarfe entsprechend zu regeln; man kann so z. B. durch Wasseraufspeicherung Bedarfsspitzen decken oder Wasserklemmen auffüllen.

Waller (vgl. auch S. 144 und Abb. 105 u. 104) werden am besten von wasserdichten Schachtmauern umgeben. Die Lichtweite der Fassungsmauer und ihre Grundrißform richtet sich nach der Anzahl und Verteilung der aufsteigenden Riesel; diese bilden zuweilen (namentlich, wenn sie aus Felsspalten aufdrängen) strauchähnliche Verästelungen, welche die Fassung verwickeln und verteuern. Vorhandene Quelltümpel werden verbreitert und vertieft. Um die Austrittsgeschwindigkeit des Wassers herabzusetzen und das Aufwirbeln von Sand u. dgl. bis zum Spiegel zu verhindern, füllt man den Boden des Schachtes oder Beckens mehr oder minder hoch mit Bruchsteinen oder reinem, grobem Schotter auf. Das Fassungsbecken wird zum Schutze gegen Verunreinigungen irgendwie dicht überdacht; für entsprechende Lüftung ist wie bei allen Fassungen, auch hier zu sorgen.

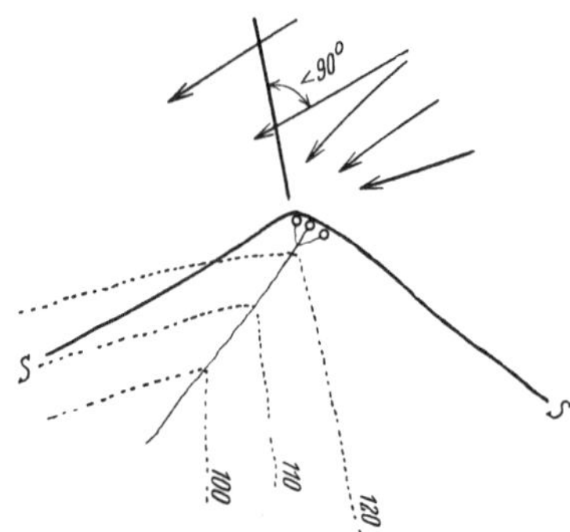

Abb. 130. Fassung einer Grenzflächenquelle. Pfeile: Richtung der Grundwasserbewegung s—s Grenzfläche zwischen Gesteinen verschiedener Wasserwegigkeit.

Zu den schwierigsten Aufgaben der Quellenkunde gehört das Neufassen oder Verbessern von Gesundbrunnen. Die Verbesserung der Heilquellen zielt meist auf eine Vermehrung der Wassermenge, auf die Hebung der Güte der Quelle, auf die Erhöhung der Quellwärme oder die Verbesserung mehrerer dieser Eigenschaften ab.

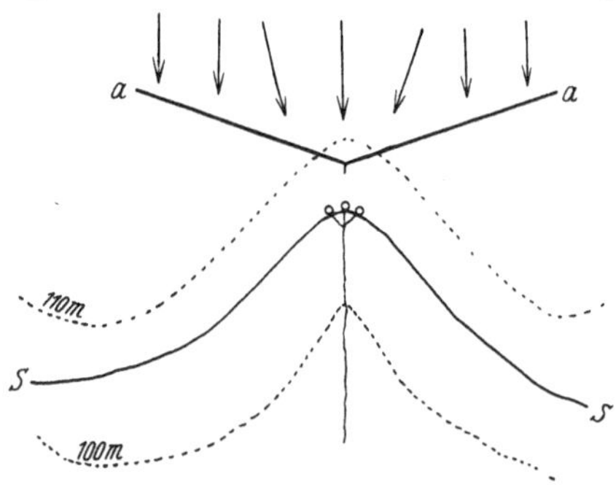

Abb 131. Fassung einer Grenzflächenquelle. s—s Ausbiß der Scheidefläche von Bergarten verschiedener Durchlässigkeit a—a Abfangdohlen (oder Abfangstollen).

Alte, schadhaft und undicht gewordene Fassungen müssen erneuert werden, indem man die neue Abdichtung immer an die alte Fassung anfügt oder die Quelle ganz neu faßt. Die Neufassung wird immer am Platze sein, wenn die alte Fassungsart nicht entsprochen und sich aus irgendeinem Grunde nicht recht bewährt hat; dann ist es am besten, die alte Fassung ganz herauszureißen und die Neufassung nach einem der weiter unten angeführten Gesichtspunkte zu bewirken. Bei erbohrten Quellen sind schadhafte Futterrohre durch eine neue Verrohrung zu ersetzen.

Bei allen Fassungen und Neufassungen ist die Bestimmung der Höhenlage des Quellausflusses von entscheidender Wichtigkeit; nur selten ist er naturgegeben.

In manchen Fällen liegt der Abfluß zu hoch; Gasbläschen und Wasser können unter dem Drucke der hohen Wassersäule nur schwer entweichen und suchen sich seitliche Auswege. In solchen Fällen schafft eine ausgiebige Tieferlegung des Ausflusses den Gasperlen und Wasserfäden die nötige Entlastung; die Quelle sprudelt gasreicher und wasserreicher als früher. Derartige Arbeiten verlohnen sich nach A. Winkler (7) besonders dort, wo Abscheidungen von Sinter den Quellenschlauch und seine Verästelungen allmählich immer mehr und mehr verengen und gleichzeitig seinen Mund ständig höherlegen; die Wässer stauen sich immer dichter und werden schließlich gezwungen, sich irgendwo seitlich eine Austrittsbahn frei zu machen. In solchen Fällen hilft eine Ausräumung der Quellschläuche, ihre Erweiterung und die Tieferlegung des Abflusses; Warmquellen gewinnen durch solche Ausbohrungen und Ausmeiselungen des Sinters nicht bloß an Schüttung, sondern auch an Wärme.

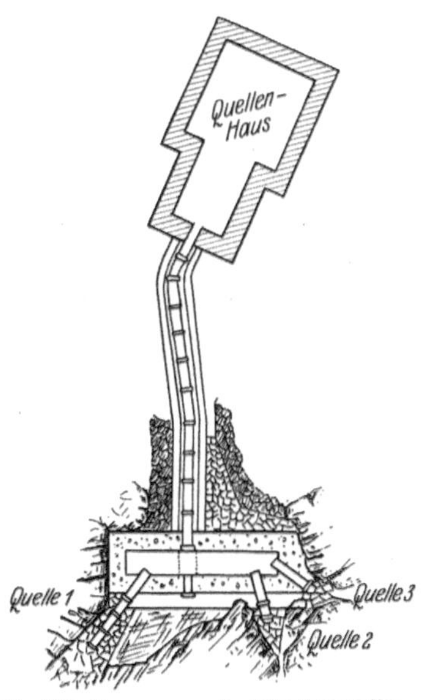

Abb. 132. Fassung von drei Spaltenquellen. Umgezeichnet nach Friedrich, Kulturtechnischer Wasserbau.

Häufig liegt jedoch der umgekehrte Fall vor. Eine Quelle stand früher unter stärkerem seitlichen Drucke des benachbarten Grundwassers und wurde eben dadurch kräftig hochgetrieben. Durch Bachregelungen, Entwässerungsarbeiten oder auf andere künstliche oder natürliche Weise wurde der Grundwasserspiegel des Süßwassers erniedrigt; die Heilwässer, die sich z. B. durch den Grundwasserführer aus Sand, Schotter oder Quetschgestein emporarbeiten mußten, verlieren sich nun zum kleineren oder großen Teile durch die Spalten oder anderen Hohlräume und mischen sich mit dem Grundwasser; die gefaßte Quelle wird matt, wenig ergiebig und kälter. Gelingt es, den Grundwasserspiegel höher zu spannen, dann vermehrt man Wasserspende und Wärmegrad der Quelle wieder.

Ob der erste oder zweite der geschilderten Fälle vorliegt, bedarf gewissenhafter geologischer Untersuchungen und quelltechnischer Versuche. Mißgriffe können schweren Schaden anrichten.

Von der bloßen Höher- oder Tieferlegung des Ausflusses wohl zu unterscheiden ist die Vertiefung der Fassungsstelle selbst, also das Nachgraben am Quellmunde oder an den Quellrieseln. Derartige Vertiefungsarbeiten können unter entsprechenden geologischen Voraussetzungen zu schönen Erfolgen führen und Wärme, Wasserspende und Mineralführung der Quelle erhöhen. Lassen aber die geologischen Verhältnisse der Quellaustritte starken Zudrang von Süßwasser vermuten, der voraussichtlich technisch oder wirtschaftlich nicht bewältigt werden kann oder droht die Gefahr des Überbohrens der Quelle, dann steht man von Vertiefungsarbeiten besser ab.

Nicht selten führen zahlreiche Verästelungen das Heilwasser ins Freie. Handelt es sich um nur zwei bis drei Quelladern, die einander sehr benachbart sind, dann empfiehlt es sich, ihnen nach Tunlichkeit grabend und schürfend nachzugehen und sie vereint zu fassen; Voraussetzung für die gemeinsame Ableitung ist natürlich gleiche oder wenigstens ähnliche chemische Zusammensetzung des Wassers.

Verästelt sich das Heilwasser aber weitgehend und tritt es auf ausgedehntem Raume aus, dann gestaltet sich die Vereinigung der Adern nicht selten zu einer sehr mühseligen, zeitraubenden und kostspieligen Aufgabe. Man gräbt dann, wie es z. B. Scherrer (Vater und Sohn) zu tun pflegten, das ganze Erdreich im Quellenbereiche bis auf den gewachsenen Fels auf, faßt die einzelnen Heilwasseradern einzeln oder in Gruppen an ihrer Austrittsstelle; man dichtet sie gegen den Zutritt von Tagwässern völlig ab und leitet sie zusammen; angefahrene Adern gewöhnlichen Wassers leitet man in das Grundwasser ab; die ganze Baugrube wird mit strengem Ton und Tegel lagenweise unter Stampfen angefüllt; noch besser walzt man den Ton ein. Auf diese Weise hat man in einer Reihe von Fällen hübsche Erfolge erzielt. Wenn zuweilen die Ergebnisse nicht befriedigten, so liegt dies daran, weil, wie besonders Knett gezeigt hat, das Verfahren kein Allheilmittel für Quellen ist und nicht überall angewendet werden darf. Neben seiner Kostspieligkeit weist es nämlich unter bestimmten geologischen Verhältnissen auch gewisse Nachteile auf. Einige solche sind z. B. folgende. Da und dort werden auch Heilwasseradern angeritzt, die sich schwer oder gar nicht völlig abdichten lassen. Sind ferner die Verästelungen sehr zahlreich, dann läuft man leicht Gefahr, minderwertige Adern mitzufassen und so die Güte der gemeinsamen Fassung zugunsten der Menge der Schüttung herabzusetzen. Gasreiche Heilquellen erleiden weiter durch dieses Fassungsverfahren unter Umständen eine Einbuße an Gasgehalt, wenn es aus irgend einem Grunde nicht gelingt, die Abdichtung auch gasfest zu gestalten.

In geeigneten Fällen, so z. B. dann, wenn Heilquellen aus größeren Tiefen durch toniges Deckgebirge empordrängen, kann es sich empfehlen, sie mittels Bohrungen zu erschroten. Bestehen bereits Schachtbrunnen, dann ersetzt man sie durch Rohrbrunnen.

8. Die Aufsuchung der Quellen.

Die Aufsuchung von Wasser kann entweder an die vorhandenen Quellen anknüpfen oder auf die Neuerschließung von Wasseradern gerichtet sein. Nur der erste Fall gehört in das engere Gebiet der Quellen-

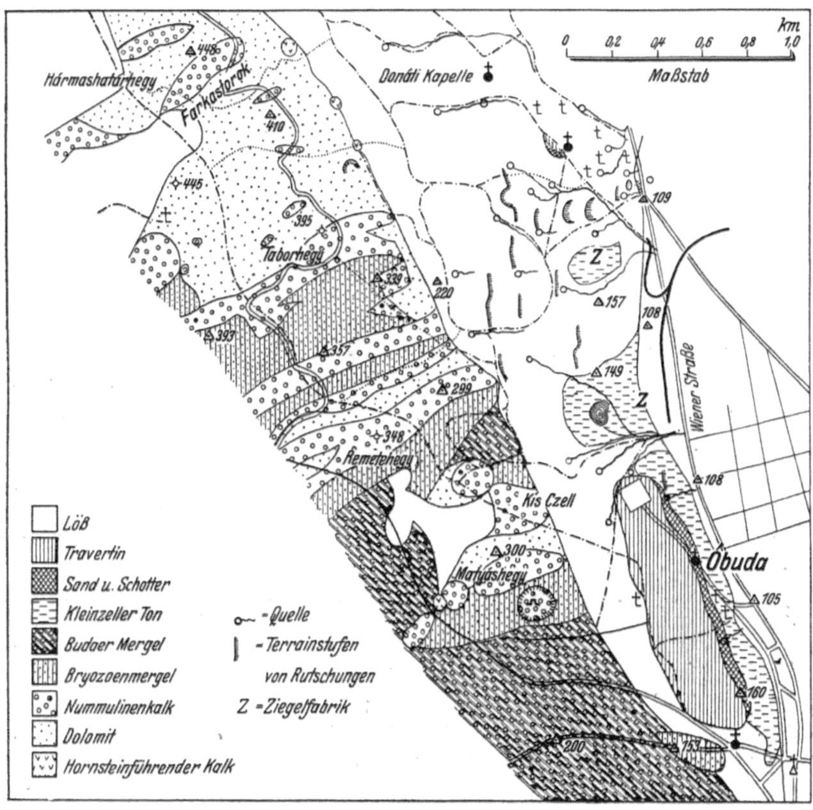

Abb. 133. Geologisches Kärtchen des Rutschgebietes im 3. Bezirk von Budapest. Nach Aladar Vendl.

kunde. Bei der Suche nach Quellen empfiehlt sich vor allem die Begehung des Geländes und die Verfolgung aller offenen Wasserläufe des Gebietes bis in ihre letzten Verästelungen. Hand in Hand muß die geologische Untersuchung des Geländes und die Erforschung der Bedingungen der Quellbildung in den aufzunehmenden Geländestreifen gehen; man wird bei der Begehung vornehmlich die Grenzen zwischen durchlässigen und minder wegigen Gesteinen aufsuchen und verfolgen. Zuweilen werden die oberirdischen Wasserläufe von einzelnen, weit auseinanderliegenden, dafür aber verhältnismäßig ergiebigen Quellen gespeist, in anderen Fällen treten kleinere, einander genäherte Quellen in sog. Quellgruppen oder längs Quellreihen oder gebirgsbaulichen Quelllinien auf (vgl. auch Abb. 133, 134).

Gute Dienste leistet dabei eine geologische Karte des Gebietes. Auch die Durchsicht des örtlichen Schrifttums darf nicht versäumt werden. Die Einheimischen sind in aller Regel über die Lage der Quellen in ihrem

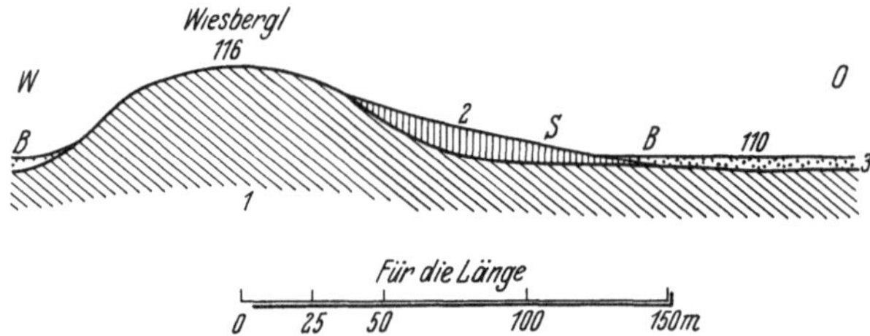

Abb. 134. Schichtquellen am Wiesbergl bei Kelenföld. Nach Aladar Vendl. *1* Kleinzeller Ton, *2* Löß, *3* Wiesenton, *S* Süßwasser, *B* Bitterwasser.

Tätigkeitsbereiche sehr gut unterrichtet; setzt man sich mit ihnen in Verbindung, dann kann man oft viel Zeit und Mühe ersparen; weniger verläßlich sind ihre Angaben über die Güte und Dauerschüttung des Austrittes; die Umfrage wendet sich mit Vorteil auch an die ortskundigen Lehrer, Forst- und Sicherheitsbeamten (Landjäger usw.).

Die vorhandenen Karten größeren Maßstabes sind von recht verschiedenem Werte. So sind z. B. auf manchen Blättern der österreichischen Spezialkarte 1:75000 und in den Nachdrucken der Uraufnahme 1 : 25000, die meisten ergiebigen Quellen eingezeichnet. Auf zahlreichen anderen Blättern fehlt dagegen diese für Bergwanderer, Ingenieure usw. wichtige Eintragung. Nur Belehrung der Aufnahmebeamten kann da mit der Zeit die nötige Abhilfe schaffen; es empfangen daher z. B. auch an der Technischen Hochschule in Wien die angehenden Vermessungsingenieure eingehenden Unterricht in der Landformenkunde.

Im allgemeinen ist die Suche nach echten Quellen leichter als die Suche nach verborgenem Grundwasser; in der Mitte steht die Aufsuchung von echten Quellen unter Schuttbedeckung (Afterquellen, Folgequellen, Scheinquellen; s. S. 100 und 119).

In dem letzteren Falle gibt der Pflanzenwuchs des Schuttes oft Fingerzeige (vgl. S. 119 und Linstow [8]); oberhalb der unterirdischen Quelle ist die sonst nackte Schuttmasse von feuchtigkeitsliebenden Pflanzen bewachsen; oder es weicht über der Quelle die Gemeinschaft trockenheitertragender Pflanzen einer Pflanzengemeinschaft mit stärkerem Wasserbedarfe, der durch den aufsteigenden und sich verdichtenden Wasserdampf gedeckt werden kann. Der von der Quelle durch den Schutt aufsteigende, wärmere Luftstrom verhindert im Winter das Liegenbleiben von Schnee oder beschleunigt wenigstens sein Ausapern.

In der feuchteren Luft tanzen Mückenschwärme und an kühlen Tagen und nach kalten Nächten steigt Nebel von diesen Stellen empor.

Bei der Suche nach Quellen empfiehlt es sich, von allen Aussicht und Einblick in die Geländeformen bietenden Punkten aus die Kleinformen der Landschaft sorgfältig zu betrachten; die Nischen von Rutschungen bergen auf ihrem Grunde in aller Regel Quellen, wenn auch ihr Austritt durch abgerutschte Massen gar oft verlegt und undeutlich geworden ist; man wird daher allen Hangnischen, besonders aber den größeren, Aufmerksamkeit schenken. Auffällige einspringende Knicke in den Hängen sind nicht selten durch Wasseraustritte bedingt. Auch

Abb. 135. Üppiger Wuchs von Gräsern und Kräutern um den Quellort eines Freifließers. St. Kanzian, Jauntal, Kärnten. Aufnahme Stiny 1932.

der Fuß von Schuttanhäufungen verspricht zuweilen Erfolg bei der Quellensuche; gute Karten und aufmerksame Vertiefung in die Geländeformen leiten dabei. Bei der Betrachtung der Landschaft achte man weiter auf den Pflanzenwuchs. Naßgallen (Abb. 135) verraten sich im offenen Gelände oft schon von weiten durch das abweichende Bild, daß ihr Pflanzenverein bietet; besonders die weißen Flocken des Wollgrases und die gelben Blütenkugeln der Dotterblume leuchten oft weithin; aus dem saftigen Grün der Matten heben sich die grüngelben Schöpfe der Riedgräser (Seggen) und die dunkelseegrünen Büschel der Binsen gut ab. Im Waldlande aber sehen wir den dunklen Bestand der Nadelhölzer nicht selten unterbrochen vom hellen Grün feuchtigkeitsliebender Laubbäume und Gebüsche (Weiden, Erlen, Eschen usw.).

Die Feuchtigkeit ertragenden Glieder der Pflanzenvereine der Naßgallen erkennt man dann um so deutlicher beim Nähertreten. Besonders häufig finden sich Rasenschmiele (Aira caespitosa), Schilfrohr (Phragmites communis), Sumpfschachtelhalm (Equisetum palustre), Feigwurzeliger Hahnenfuß (Ficaria verna), Dotterblume (Caltha palustris), Sumpfvergißmeinnicht (Myosotis palustris), Binsen, Simsen, Riedgräser,

Abb. 136. Grenzquelle aus Eiszeitschottern über Schlier bei Marleiten nächst Seitensteteen N.-Ö. Die Wasseradern sind zu tief gefaßt; sie rieseln bereits ein Stück höher aus dem Hange und durchfeuchten den Grund der im Bilde sichtbaren Geländefurche; die Nässe lockt Sumpfdotterblumen, üppig aufschießende Doldenblütler usw. an. Aufnahme Stiny 1932.

Pfefferminze, Kohldistel (Cirsium oleraceum) u. a.; in Hochlagen kennzeichnen Cirsium spinossisimum und blauer Eisenhut oft weithin Feuchtstellen. Die Beurteilung der Naßgallen hinsichtlich der durch Nachgraben erschließbaren Wasserspende erheischt einige Vorsicht, da etliche der obengenannten Pflanzen auch schon auf Tonboden gedeihen, dem man keine nennenswerte Menge nutzbaren Wassers abringen kann; nur der vereinigte Zusammenhalt von Pflanze und Boden gewährt brauchbare Anhaltspunkte für die Wassergewinnung.

Für die Verhältnisse in anderen Gebieten verdanken wir Meinzer (8) und Keller (1) wertvolle Hinweise. In sonst vollständig wüsten oder pflanzenarmen Gebieten stehen in Nordamerika über seicht liegendem Grundwasser (10—50 Fuß) Büsche von mesquite (Prosopis), deren dunkle Schöpfe in den Wüsteneien weithin sichtbar sind (Californien); oder es erscheinen Baumwollstauden, Mexican salt grass (Eragrostis obtusiflora; etwa <15 Fuß), Alkali sacaton (Sporobolus airoides; 5—25 Fuß), Giant reed grass (Phragmites communis; < 8 Fuß bis zur Oberfläche) usw.

Die geologischen Anzeichen für das Auffinden von Quellen ergeben sich übrigens aus der Entstehung der Quellen, wie sie in den verschiedenen Einteilungen der Quellen niedergelegt ist.

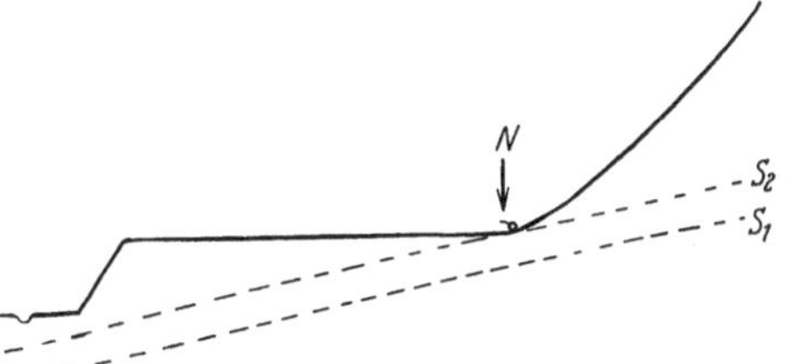

Abb. 137. Die Naßgalle N verrät seichte Lage eines Grundwasserspiegels. Man hat Aussicht, Wasser zu erschroten, muß aber ziemlich tief fassen (Schacht oder besser Stollen), um auch beim Absinken des Spiegels S_2 auf S_1 in Trockenzeiten Wasser zu erhalten. Die Wasserspende kann durch Quersammler stärker vermehrt werden als durch Eindringen in den Grundwaasserkörper in der Fließrichtung.

Als Quellanzeiger gelten z. B. Gehängemoore (Quellenmoore, vgl. S. 123), Kalksinterabsätze (S. 124), Abscheidungen braunen bis braunroten Eisenoxydhydrats (Keilhack [5a]), Zerrüttungsstreifen, Verwerfungen, Felsvorsprünge (S. 151), die Auflagergrenze von Ergußgesteinen und ihren Tuffen (S. 138 und Abb. 95) usw. Auch an den Ausbissen, wo Gesteine verschiedener Durchlässigkeit aneinander grenzen, wird man selten vergeblich nach Quellen suchen (Abb. 136).

Nach Steinmann und Gräff (8) trifft man Schuttquellen vornehmlich am Fuß der Gehänge und an den Enden der kleinen Tälchen. Schnarrenberger (8) läßt Quellfäden in jeder oft noch so kleinen Einsenkung, in jeder Sohle der kleinen Nebenfurchen und Seitentälchen austreten. Aber auch die Scheitelflächen von sanft gewölbten Rücken zwischen zwei Seitentälchen tragen nicht selten Naßgallen oder lassen Quellfäden austreten; aber auch in solchen, den Laien überraschenden Fällen gibt der geologische Bau des Geländes einen Fingerzeig für die Auffindung der Wasseraustritte.

J. Schmid (2e) hebt nachdrücklich die strenge Gesetzmäßigkeit in Anordnung, Form und Verhalten seiner Schuttquellen hervor.

Bei der Aufsuchung von Quellen kommen zwei Arten von Verfahren nicht oder kaum in Betracht, welche bei der Aufsuchung von Grundwasser eine mehr oder minder große Rolle spielen: die physikalischen Messungen und die Wünschelrute.

Die physikalischen Verfahren beruhen auf gesicherter, wissenschaftlicher Grundlage und gewinnen von Jahr zu Jahr mehr an Bedeutung für die Erkundung der Grundwasserverhältnisse einer Gegend. Bei einem dieser Verfahren wird zu zwei im Boden vergrabenen Elektroden Wechselstrom zugeleitet und ein elektrisches Feld erzeugt. Die Form seiner Äquipotentiallinien und der senkrecht zu ihnen verlaufenden Stromlinien hängt nun ganz von der Beschaffenheit des Untergrunds und seinen örtlichen Änderungen ab: weichen die Linien gleichen Potentiales in ihrem

Abb. 138. Mißglückte Quellfassung in Lanzendorf, unweit des Sablatnig-Sees, Jauntal, Kärnten. An der Grenze zwischen Eiszeitschottern und Moräne trat Wasser aus. Die Nachgrabung erfolgte unfachgemäß (zu wenig tief); in Trockenzeiten rinnt daher aus der Brunnenstube (rückwärts neben dem Aushubhaufen) kein Wasser in den Viehtränktrog (vorne) ab. Die Niederstspende rieselt ungenutzt zwischen Sammelstube und Erdhaufen heraus.

Verlaufe von dem Bilde ab, das ein gleichartiger, gleichteiliger Untergrund bieten würde, so kann man auf das Vorhandensein von Störungen im Boden schließen, deren Deutung dann Sache des Geologen ist. Auf diese Weise lassen sich Grundwasserspiegel und Verlauf unterirdischer Gerinne ermitteln.

Ein zweites geophysikalisches Verfahren gründet sich auf der Beobachtung der Verteilung von radiumwirksamen Stoffen über das zu untersuchende Gebiet. Auf diese Weise lassen sich z. B. Verwerfungen, unterirdische Wasseradern usw. erkunden.

Über die Wünschelrute ein abschließendes Urteil zu fällen, ist derzeit wohl noch verfrüht. Sicher ist, daß bisher viele Mißerfolge und Enttäuschungen aus leicht durchsichtigen Gründen verschwiegen wurden; Verfasser hat das Versagen von Rutengängern in vielen Fällen persönlich feststellen können. Andererseits scheint aber die Wünschelrute in der

Hand mancher gewissenhafter und geologisch bestens geschulter oder von einem Geologen geführter Rutengänger doch gewisse Erfolge zu versprechen. Vielleicht gibt die Verbindung von Geologen und Rutengängern mit der Zeit jene Arbeitsgemeinschaft, die sich bei den geophysikalischen Verfahren als höchst vorteilhaft herausgestellt hat.

Auf diese Gebiete näher einzugehen, liegt keine Veranlassung vor; einige Schrifttumhinweise bietet das am Schluß befindliche Verzeichnis.

Abb. 139. Fürstenbrunnen am Fuße des Untersberges bei Salzburg. Fassung einer Höhlenquelle. Aufnahme Stiny 1932.

9. Der Schutz der Quellen gegen Verunreinigungen und Schädigungen durch die menschliche Wirtschaft und die Natur.

Quellen müssen gegen alle Eingriffe, die ihre Ergiebigkeit oder Güte bedrohen, um so sorgsamer geschützt werden, je wichtiger sie für die Wasserversorgung oder die Gesundheit der Menschheit sind. Wie bei allen Gefahren, gilt es auch beim Quellenschutze in erster Linie, zur rechten Zeit Schäden vorzubeugen (vorbeugender Quellenschutz); der Schutz der Quellen ist in den meisten Rechtsstaaten in der Regel in eigenen Quellenschutzgesetzen verankert. In genau umgrenzten Gebieten, den sog. Schutzgebieten, werden bestimmte Maßnahmen zur Erhaltung der Reinheit des Wassers vorgeschrieben und andere Handlungen wieder untersagt, welche in irgendeiner Weise die Trinkquelle und ihre Güte benachteiligen könnten. Unter Umständen, namentlich bei Heilquellen, wird das Schutzgebiet in zwei Teile, ein engeres und ein weiteres zerlegt; die Vorschreibungen sind dann für die einzelnen Teilgebiete verschieden und den örtlichen geologischen und sonstigen Ver-

12*

hältnissen angepaßt. Im Bedarfsfalle unterteilt man das Schutzgebiet in eine größere Anzahl von Teilgebieten mit verschiedenen Vorschreibungen.

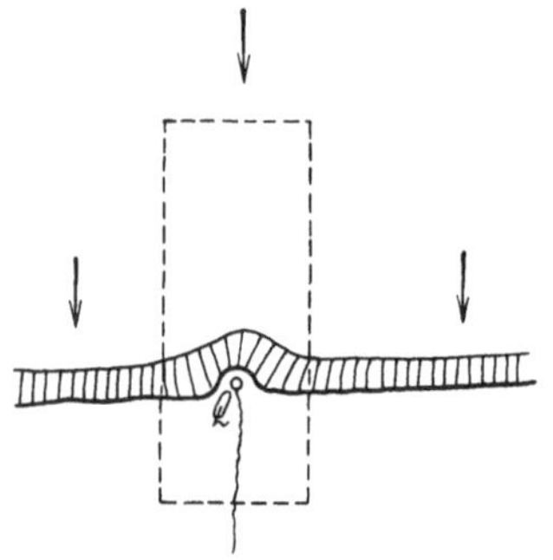

Abb. 140. Anordnung eines Schutzstreifens für eine Quelle Q; die Pfeile geben die Richtung der Grundwasserbewegung an.

Die Vorschläge für die Umgrenzung des Schutzgebietes müssen vom Geologen oder dem geologisch vollkommen geschulten Ingenieur ausgehen; sie fußen stets auf einer sorgfältigen geologisch-hydrologischen Untersuchung des Einzugsgebietes der Quelle und des Quellmundes. Das Schutzgebiet wird daher für jede Quelle eine besondere Gestalt und Ausdehnung erhalten.

Nur in seltenen Ausnahmefällen wird der Umriß des Schutzgeländes Kreisform haben; dies kann z. B. bei gewissen Wallern zutreffen, deren Riesel annähernd lotrecht aus einer Bergart emporquellen, die selbst im weiten Umkreise ziemlich gleichartig sich verhält.

Abb. 141. Schichtgrenzquelle aus der Sohle von Konglomerat. Hohlweg zwischen Dorf Stein und Bahnhof Tainach-Stein, Kärnten. Verunreinigung möglich, da über den im Bilde nicht mehr sichtbaren Oberrand der Felswand eine belebte Landstraße führt. Aufnahme Stiny 1932.

In den meisten Fällen erhält das Schutzgebiet eine mehr oder minder längliche Gestalt; dabei liegt die Quelle näher einer der beiden Kurzseiten der Langform (Abb. 140); denn die Verunreinigungen drohen auf dem Quellwege selbst weit mehr als von der entgegengesetzten Seite. Entströmt z. B. die Quelle einem Zerrüttungsstreifen, dann wird das Schutzgebiet die Form eines langgestreckten Rechteckes erhalten; in der Nähe der unteren Kurzseite wird in diesem Gebiete die Quellfassung zu liegen kommen.

Für die Ziehung der Grenzen des Schutzgeländes ist es, wie bereits betont, wichtig, das Nährgebiet der Quelle zu kennen; es seien infolgedessen weiter unten einige Winke zur Bestimmung desselben gegeben. Mit der Ergiebigkeit der Quelle selber hat die Größe des Schutzfeldes wenig zu tun; entscheidender ist die Lage des Grund-

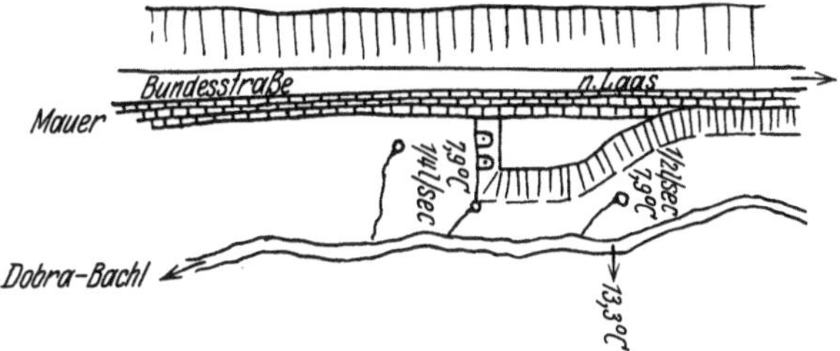

Abb. 142. Schwemmschutt-Quellen am Fuße der Böschung einer vielbefahrenen Straße sind der Verunreinigung ausgesetzt.

wasserspiegels oder Quellweges unter der Geländeoberfläche an den einzelnen Punkten des Einzugsgebietes, die Seihfähigkeit des „Deckgebirges", das Vorkommen von offenen Spalten, Zerrüttungsstreifen, Schlucklöchern usw. im Nährgebiet u. dgl. Es braucht daher unter Umständen das Schutzfeld keine zusammenhängende Fläche zu bilden; unter bestimmten geologischen Voraussetzungen wird es sich z. B. aus mehreren Schutzstreifen oder Teilschutzstreifen zusammensetzen können In einem solchen Falle wird z. B. eine Schutzfläche um die Fassungsstelle selbst gelegt; der anschließende Teil des Nährgebietes bedarf, wie wir annehmen wollen, keines Schutzes, weil eine genügend mächtige, undurchlässige Decke den Grundwasserführer vor Verunreinigungen schützt; diese sichernde Decke fehlt nur an einigen Stellen des Einzugsgebietes; es müssen daher über sie getrennte Schutzflächen gelegt werden, deren Größe und Gestalt den „Fehlstellen" in der Schutzschicht angepaßt sein müssen. Andere Gründe zur Einstreuung solcher „Schutzfeldinseln" können z. B. sein: die bedrohliche Annäherung des Quellweges oder des Grundwasserspiegels an einzelne Punkten des Nährgebietes, wie z. B. in Senken oder Furchen, das Vorhandensein von Zerrüttungsstreifen und Verwerfungsspalten, welche das Nährgebiet queren, das Auftreten von Karsttrichtern mit Schluckschlünden (Schlingern), von Naturschächten usw.; im Falle der Abb. 59 z. B. wäre auch die Zapfquelle und ihr Umkreis zu sichern, weil ihre Schüttung wieder einsickert und die tiefere Grenzquelle verunreinigt.

Bei Schichtquellen muß allenfalls auch an den Schutz des oberen Ausbisses des Grundwasserführers in der Nähe der wasserstauenden Bergart gedacht werden; nur dann, wenn der Grundwasserführer gut seiht und der Wasserweg vom oberen Ausbisse des Wasserstauers bis zum unteren genügend lang ist, kann die Inschutzlegung des oberen Ausbißstreifens unterbleiben.

Steigquellen erheischen den Schutz des Einsickergebietes je nach dem Grade der Seihkraft des Wasserführers; die ganze Fläche über dem wasserabschließenden Deckgebirge kann frei bleiben; nur muß unter Umständen die Gefährdung der Menge der Wasserspende durch Abteufen von Bohrlöchern in den gleichen Grundwasserführer hinab abgewehrt werden.

Nur in seltenen Fällen wird es nötig sein, das ganze Nährgebiet abzuschließen und unter Schutz zu stellen; eine derartig einschneidende Maßnahme ist nur dort erträglich, wo keine oder nur wenige Siedlungen vorhanden sind und kein Bergzauber große Scharen luft- und sonnenhungriger Großstadtmenschen anlockt; in allen anderen Fällen wird es vorzuziehen sein, den Verunreinigungen ausgesetzte, große Quellnährgebiete mit wertvollen Naturschönheiten zur Wasserversorgung nicht heranzuziehen und das Trinkwasser anderweitig zu beschaffen, sofern dies nur möglich ist; die Opfer, die für solche große Schutzgebiete gebracht werden müssen, lohnen überdies nicht immer.

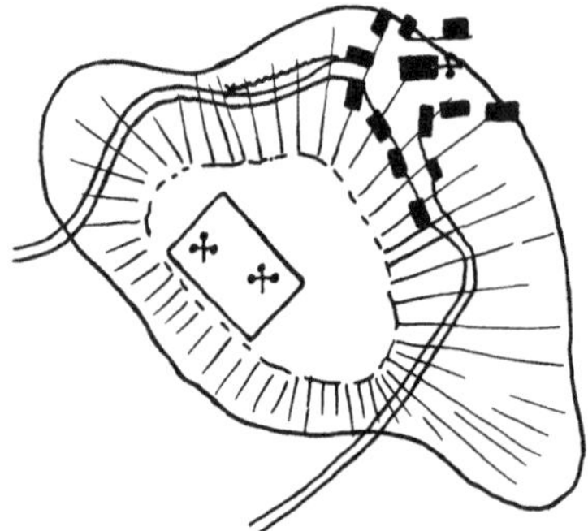

Abb. 143. Der Friedhof liegt auf einer die Ortschaft überragenden Sanftkuppe der alten, tertiären Landoberfläche. Am Grunde der Verwitterungschwarte des porphyrartigen, grobkörnigen Granites sickert Mittelwasser den Hang hinab, welches Brunnen der Ortschaft speist und an einem Punkte auch in die Brunnenstube einer Hauswasserleitung (feine Zickzacklinie westlich der Ortschaft) träufelt.

Kleinliche geldliche Bedenken, Denkfaulheit und Ahnungslosigkeit sind es auch meistens, welche die Menschen bei der Benutzung von Grundwässern und Quellen jede Sorgfalt mißachten läßt. Man trinkt aus Quellen, welche gleich unterhalb von Friedhöfen entspringen und leitet in den laufenden Hausbrunnen Wasser, das die Sickerwässer aus Misthaufen oder kotgedüngten Feldern aufnimmt. Ein derartiger bedenklicher Fall ist in der Abb. 143 dargestellt; der Friedhof des Ortes liegt auf der flachen Kuppe einer tertiären Landoberfläche, die Häuser auf ihren Abhängen; im Gottesacker ist die Verwitterungsschwarte des „Speckwurstgranites“ (Kristallgranit Gümbels) derartig geringmächtig, daß die Gräber im klüftigen Fels ausgesprengt werden müssen; man bettet daher die Leichen auch nur wenig tief in den Boden ein. Gegen den Ort zu wird die Verwitterungsdecke mächtiger und führt Mittelwasser; dieses wird nun von den Bewohnern gefaßt und den Häusern als Trinkwasser zugeleitet. In einem anderen Falle liegen mäßig sorgfältig gefaßte Quellen unmittelbar am Böschungsfuße einer belebten Straße mit lebhaftem Verkehre von Menschen und Pferdefuhrwerken (Abb. 142).

Peinliche Gewissenhaftigkeit beim Quellenschutze tut daher not. Die erforderlichen Untersuchungen werden u. a. auch den Nährbereich einer Quelle festzustellen haben; dieser kann körperlich oder flächenhaft aufgefaßt werden. Der Nährkörper wäre dann der gesamte Gesteinkörper, aus welchem ein natürlicher Zufluß nach der Austrittstelle einer Quelle hin stattfindet (Schwager [9]). Der flächenhafte Tagausbiß des Nährkörpers stellt das obertägige Nährgebiet oder die Nährfläche einer Quelle dar (Abb. 144). Seine Feststellung ist oft schwierig und gründet sich im allgemeinen auf folgende Untersuchungen:

1. Festlegung des geologischen Baues der engeren und weiteren Umgebung des Quellmundes. Der Umfang der eingehend im Maßstabe 1 : 2500 bis etwa 1 : 10 000 vorzunehmenden geologischen Aufnahme muß so weit ausgedehnt werden, daß die Grenzen des Aufnahmegebietes möglichst weit außerhalb der vorläufig noch nicht genauer bekannten Einzugsfläche liegen. Diese kann man vorläufig ganz roh aus der Schüttung der Quelle abschätzen (vgl. S. 16). Bei der geologischen Aufnahme ist nicht bloß auf die Lagerung der Schichten, sondern auch auf ihre Durchlässigkeit, das Vorhandensein von Klüften (Kluftmessung!), Höhlen, Karsterscheinungen usw. auf das genaueste zu achten. Beim Zeichnen von Schnittbildern sind Höhen und Längen im selben Maßstabe einzutragen, um die Wasserwege nicht zu verzerren (vgl. auch Abb. 144 u. 93).

2. Die Oberflächenformen des Geländes, ihre Steilheit, Anordnung und der Verlauf der Wasserscheiden. Diese Feststellungen sind nicht überflüssig, obwohl häufig die Quelleinzuggebiete mit den Einzugsgebieten oberirdischer Gerinne in keiner Weise zusammenhängen (vgl. Abb. 144 u. 45—47).

3. Die Radiumwirksamkeit und chemische Beschaffenheit des Quellwassers, besonders die allfällige Anwesenheit sonst im allgemeinen seltener auftretender, aber bezeichnender Stoffe.

4. Die Wärme der Quellspende und ihr jährlicher Gang.

5. Die Ergiebigkeit der Schüttung auf Grund einer womöglich längeren Beobachtungsreihe; auf die Beziehungen zwischen Niederschlägen und Quellspende muß ein besonderes Augenmerk gerichtet werden.

6. Die Regenhöhe des betreffenden Gebietes, die zeitliche Verteilung der Niederschläge, der Gang der Luftfeuchtigkeit, der Luftwärme, des Luftdruckes, der Verdunstung usw.

7. Die wirtschaftliche Widmung der Teile des Einzugsgebietes (Ackerland, Weiden, Wiesen, Hochwald, große Kahlschläge, Niederwald usw.).

Oft lassen sich die Nährbereiche mehrerer benachbarter Quellen schwer oder gar nicht einzeln für sich herausschälen; so namentlich in sehr stark durchlässigen Gesteinen (klüftige Kalke, Schotter), bei einem gemeinsamen Grundwasserkörper (Überfließquellen), bei unbekanntem Verlaufe der Oberfläche des Wasserstauers usw.

Vergleichweise leicht läßt sich das Nährgebiet einer einzigen Überfließquelle erheben, wenn von dem Grundwasserführer keine großen Schuttüberströmungen ausstrahlen und weitere Überläufe nicht vorhanden sind.

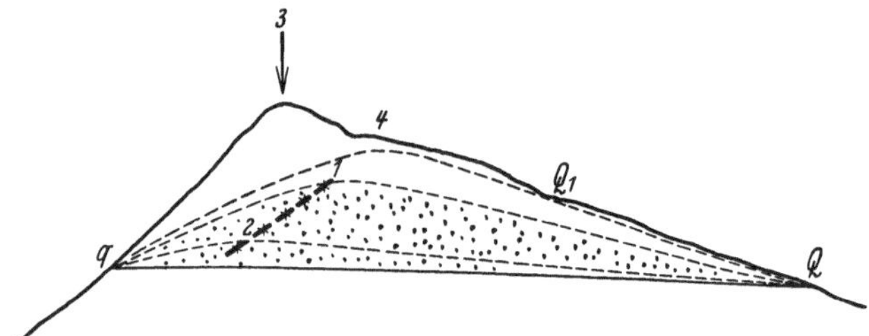

Abb. 144. Der Scheitel des Grundwasserspiegels fällt nur zufälligerweise einmal mit dem höchsten Punkte der Tagoberfläche zusammen; er verschiebt sich übrigens ständig mit dem wechselnden Verhältnisse zwischen Ernährung und Ausfluß, z. B. von *2* nach *1* oder gar nach *4*; dann tritt eine kleine Zapfquelle bei Q_1 neu hinzu, die aber bald wieder versiegen kann. Für die Berechnung des Nährgebietes des Überfließers *q* und des Freifließers *Q* ist die Tagwasserscheide bei *3* gar nicht maßgebend.

Die Auswirkungen des geologischen Baues auf die Gestaltung des Nährgebietes bedürfen wohl keiner ausführlichen Behandlung; sie lassen sich aus ihm mühelos ableiten.

Muldenförmig gebogene Wasserstauer (Abb. 87) können die Sickerwässer des Niederschlaggebietes mehrerer oberirdischer Bäche zusammenleiten, Sättel ein oberirdisches Einzugsgebiet in zwei unterirdische zerschneiden (Abb. 47). Eine einseitig geneigte Schichtfolge (Abb. 57) ernährt hauptsächlich die Quellen des Hanges, der mit ihr fällt und läßt die Schichtköpfe der anderen Lehne trocken oder speist dort nur „Hungerquellen“.

Verwerfungen, Zerrüttungsstreifen u. dgl. können unter Umständen sonst getrennte Grundwassermulden miteinander verbinden; undurchlässige Gänge (S. 140), Lettenklüfte usw. erzeugen Grundwasserscheiden in einem Grundwasserführer, der ohne ihr Durchstreichen einheitlich wäre usw.

Das geologische Einzugsgebiet der Quellen kann sich im Laufe der Zeit ändern. So z. B. durch Erdbeben, durch Anzapfungsvorgänge (Rutschungen, Feilenanbrüche u. dgl.), durch die Verlegung oder Neuöffnung von Wasserwegen im Karstgelände usw.

Was die Seihwirkung der Schichten anlangt, die das Grundwasser oder den Quellweg gegen Tag abdecken, so muß diese in jedem Einzelfalle nach der vorhandenen Bergart geologisch beurteilt werden; ziffermäßige Angaben zu Vergleichszwecken bietet das reichlich vertretene Schrifttum; Versuche über die Durchlässigkeit der Schichten geben je nach ihrer Ausführungsart mehr oder minder brauchbare Anhaltspunkte, ebenso Färbeversuche. Für Sande kann man die Erfahrungen heranziehen, die mit künstlichen Seihern gemacht worden sind (vgl. das tiefer folgende Schriftenverzeichnis).

Nach Gustav Kabrhel ist die Seihwirkung in lotrechter Richtung bedeutend größer als in der waagrechten. Entspricht daher die lotrechte Seihung den gesundheitlichen Bedingungen, so wird an diesem günstigen Befunde die Seihung in waagrechter Richtung keine weitere Besserung bringen. Die Frage der waagrechten Seihung wird aber zu einer sehr bedeutungsvollen Angelegenheit, wenn die Seihung in lotrechter Richtung aus irgendeinem Grunde zu wünschen übrig läßt. Bei einem Versuche Kabrhels nahm die Menge der Kleinlebewesen in folgendem Maße mit zunehmender Tiefe ab (Zahlen der Kleinlebewesen in je 0,05 cm^3 Bodenprobe):

Bodenoberfläche:	60 760	Kleinlebewesen (Schimmelpilze, Bac. radicosus, B. punctatus, B. fluorescens liquefaciens, B. terrestris albus usw.)
0,5 m Tiefe:	3,412	(Schimmelpilze, B. radicosus, B. bruneus, B. terrestris albus usw.).
1,4 m Tiefe:	9	B. terrestris albus.
2,46 m Tiefe: (bereits im Grundwasser):	3	B. terrestris albus.

Die Seihwirkung von Sanden läßt sich nach Kabrhel auf zweifache Weise verbessern. Erstlich durch zweimalige (doppelte) Seihung und zweitens dadurch, daß man zur künstlichen Seihung Wasser verwendet, welches bereits eine natürliche Seihung durchgemacht hat. Als mittlere Seihwirkung guter künstlicher Sandseiher ermittelte Kabrhel $\frac{7000}{1}$, so daß also von 7000 im Wasser befindlichen Keimen bloß einer die Seihmasse verläßt.

Sind die Wasserwege so weit, daß Fische in sie gelangen können, so ist nach Müller (9) ihre Anwesenheit nur dann unbedenklich vom Standpunkte der Seuchenkunde, wenn die Wasserversorgungsanlage an sich gegen Verunreinigungen durch Ansteckungsstoffe geschützt ist und die Fische nicht etwa aus einem keimhaltigen Wasserlaufe stammen; in diesem Falle können sie Krankheitskeime verschleppen und das Wasser verseuchen. Aale, Barben und ähnliche Fische, die in den Wasserfassungen nicht selten angetroffen werden, müssen abgefischt werden, da sie von außen her Krankheitserreger einschleppen können; chemische Mittel können nicht angewendet werden (Remlinger [9]).

Zur Feststellung der Seihkraft von Ablagerungen, zur Verfolgung des Verlaufes und der Zusammenhänge unterirdischer Wasserwege, bedient man sich neben der geologischen Untersuchung des Quellgebietes und der Vergleichung der chemischen Zusammensetzung, der Wärme usw. mit Vorteil auch der physikalischen Verfahren (S. 177) und gewisser Zusatzstoffe. Diese Verfahren gewinnen besonders dort an Bedeutung, wo die untertägigen Wasserbahnen vergleichsweise weit sind und man aus irgendeinem Grunde zur Feststellung gezwungen ist, ob bestimmte Oberflächengerinne, Teiche, Seen usw. mit einer Quelle in Verbindung stehen oder nicht; sie lösen also nicht bloß wichtige wissenschaftliche Aufgaben, sondern helfen auch gesundheitliche Fragen aufklären.

Als Zusatzstoffe kommen insbesondere Fluorescein, Uranin, Lithiumchlorid, Stärkemehl, unschädliche Spaltpilze (B. prodigiosus) und Kochsalz in Betracht. Es ist notwendig, daß man die Versuche einigemal wiederholt; ein negativer Ausfall eines Zusatzversuches beweist noch nicht die Tadellosigkeit der Seihung oder das Fehlen jedes Zusammenhanges zwischen zwei Wasseradern. Dazu unterliegen die Verfahren zu vielen Fehlerquellen. Die wichtigsten derselben sind: Zurückhaltung des Zusatzstoffes durch Oberflächenwirkung der Feinteilchen des Bodens (Tone!; kommt übrigens, da sie die Seihung beweist, als Fehlerquelle nur bei Untersuchungen über den Zusammenhang von Gewässern in Betracht!), Abbau der basischen Farbstoffe durch gewisse Bestandteile des Untergrundes (Humus, Tonteilchen, Kohle und kohlige Stoffe, Schwefelsäure aus Kiesen u. dgl.), Verdünnung des Zusatzstoffes bei sehr langen Wasserwegen, Zurückhaltung in Erweiterungen und Unregelmäßigkeiten des Gerinnes u. a. mehr. Deshalb gilt im allgemeinen nur ein bejahender Ausfall eines Versuches mit Zusatzstoffen als beweisend.

Beim Salzungsverfahren gießt man eine gesättigte Kochsalzlösung am Aufgabepunkte ein; je nach der Länge des Wasserweges und der vermutlichen Wassermenge nimmt man 50 bis 300 kg Kochsalz. An der Quelle untersucht man in regelmäßigen Zeitabständen die Schüttung mit Hilfe von Höllensteinlösung (Silbernitratlösung) auf Kochsalzgehalt; die Anwesenheit von Kochsalz gibt sich bekanntlich durch eine weißliche Trübung oder einen käsigen Niederschlag von Chlorsilber zu erkennen; die weiße Farbe geht im Tageslichte in dunkelveilblau bis schwarz über; zur Probeentnahme eignet sich am besten ein Proberöhrchen, wie es die Chemiker benützen. Trägt man die Ergebnisse unter Vermerk des Trübungsgrades usw. in ein rechtwinkliges Liniennetz ein, so gibt die Zeit-Wechselwirkung-Schaulinie auch Einblick in die Geschwindigkeit der Wasserbewegung usw. Genauer ist die Ermittlung der Menge des Kochsalzgehaltes mit Hilfe von elektrischen Meßverfahren;

doch stören hier oft Fehlerquellen. Die Salzung des Wassers kann auch dann noch angewendet werden, wenn Farbstofflösungen aus den oben angeführten Gründen versagen.

Für nicht zu feine Wasserwege, also in Kiesen, Schottern, Klüften, Höhlen u. dgl. eignet sich mit den vorigen Einschränkungen z. B. Fluorescein nicht schlecht; es löst sich in Alkalien zu einer gelbroten, prachtvoll nach Grün fluoreszierenden Flüssigkeit. Seine Anwesenheit am Orte der Probeentnahme erfolgt mit Hilfe eines Fluoroskops (z. B. jenes von Trillat); mit seiner Hilfe kann man noch eine Verdünnung von 1 zu 500 Millionen des Farbstoffes beobachten.

Uranin kann man selbst in einer Verdünnung von 1:10 Milliarden noch chemisch nachweisen. 1,8 l der Wasserprobe werden in einen langhalsigen Glaskolben von etwa 2 l Inhalt gefüllt und mit Essigsäure schwach angesäuert. Hierauf gießt man 0,2 l Äther zu und schüttelt den Kolben so lange, bis das Wasser den größten Teil des Äthers aufgenommen hat. Den nicht mit Wasser gemengten Rest des Äthers, welcher die im Probewasser enthaltene Uraninmenge in sich aufgenommen und sich im langen, dünnen Halse des Kolbens gesammelt hat, zieht man mit einer Pipette ab und läßt ihn in ein enges Glasrohr laufen. Sodann fügt man einen Tropfen Ammoniak zu, schüttelt, bis das Uranin in das Ammoniak gewandert ist und beobachtet, ob eine Fluoreszenz mit freiem Auge wahrnehmbar ist. Algen und ähnliche grüne Pflanzen stören den Versuch nicht, wenn man beachtet, daß ihr Blattgrün im Ätherauszug sich sofort durch seine blutrote Farbe im zurückgeworfenen Lichte verrät.

Die Menge des für Färbungsversuche erforderlichen Fluoresceins oder Uranins in kg wird von Martel als Produkt der Entfernung zwischen Aufgabeort und Entnahmepunkt (in km) und der angeschätzten Wassermenge (in Raummetern) je Sekunde angegeben.

Lithiumchlorid verwandelt sich im Untergrunde in kohlensaures Lithium; dieses kann mit Hilfe des Spektroskopes festgestellt werden.

Die Schutzmaßnahmen selbst können in verschiedenen Vorschreibungen bestehen; die häufigeren derselben sind:

Einfriedung der Fassungstelle gegen den Zutritt von Menschen und Tieren.

Verbot der Beweidung bestimmter Flächen.

Untersagung der Aufbringung von animalischem Dünger (Stalldünger, Jauche, Abtrittdünger usw.).

Bepflanzung einer Fläche mit Buschwerk oder Waldbäumen.

Untersagung von Kahlschlägerungen in breiten Flächen und Vorschreibung von schmalen Kahlhieben oder natürlicher Verjüngung im Plenter- oder Dauerwaldbetriebe.

Ableitung von Tagwässern von der Fassungstelle durch Betonschalen

u. dgl. Lehmschlag empfiehlt sich obertags wegen der Rissebildung während Trockenzeiten nicht.

Verbot von tieferen Grabungen in der Nähe der Fassung, auch in weiterer Entfernung von der Entnahmestelle dann, wenn durch solche Grabungen (Einschnitte, Lehmgruben u. dgl.) eine schützende, undurchlässige Decklage durchstoßen wird.

Verbot der Umwandlung von Wald in Weide oder der Widmung von Forsten für andere, landwirtschaftliche Benützungsformen.

Verbot der Anlage größerer oder kleinerer Steinbrüche in der Nähe der Fassung.

Rasche und ungehinderte Abfuhr aller Abwässer.

Verlegung von Verkehrswegen, welche die Quelle verunreinigen könnten.

Verbot der Anlage von Wasenmeistereien, Schlachthäusern, Kehrichtplätzen, Zellulosewerken usw.

Bei sehr wichtigen Quellen, namentlich bei Gesundbrunnen, gesellen sich dazu unter Umständen noch folgende Maßnahmen:

Verbot der Anlage von tiefen Schurfröschen, Schächten und Stollen, welche das Wasser ganz oder teilweise abzapfen könnten; Angabe der Tiefengrenze solcher und ähnlicher Eingriffe in den Boden.

Abb. 145. Quelltopf bei St. Kanzian im Jauntale (Kärnten), zu einem einfachen, offenen Schöpfbrunnen umgestaltet. Hohe Gefahr der Verunreinigung des Wassers.

Vorsichtiger Betrieb in benachbarten Bergwerken; dieser Forderung kann entsprochen werden durch Vorbohren an der Arbeitsbrust in allen Vorrichtungsstollen, Vorsorge für die wasserdichte Verdämmung einzelner Grubenfelder im Bedarfsfalle, laufende Messung der Menge und

Wärme der zusitzenden Grubenwässer, Beobachtung und Meldung außergewöhnlicher, die Grundwasserverhältnisse beeinflussender Ereignisse usw.

Der Schutz der Quellen gegen Naturereignisse läßt sich nur in beschränktem Maße durchführen. So werden Quellen z. B. von Erdbeben, Bergstürzen, von Rutschungen und ähnlichen Bodenbewegungen zuweilen in höherem oder geringerem Grade bedroht. In der Mehrzahl der Fälle beruhigt die richtige Fassung einer Quelle die Rutschfläche, welcher sie entspringt; es kann aber von benachbarten Quellen oder Nachbarhängen überhaupt Sturz oder Rutschgefahr drohen; meistens lassen sich geeignete Vorbeugungsmaßnahmen treffen; wenn nicht, müßte von der Verwendung der gefährdeten Quelle zu Trinkwasserversorgung Abstand genommen werden.

10. Der Einfluß der Quellen auf die Formung der Landschaft und auf die Tätigkeit des Ingenieurs.

Am Maßstabe der übrigen geologischen Erscheinungen gemessen, ist der landformengestaltende Einfluß der Quellen vielleicht gering; das stille, stetige Schaffen der Wasseraustritte darf jedoch auch nicht unterschätzt werden; es weist in der Regel den Tälern die ersten Wege und setzt die Lehnen in Bewegung; es unterhöhlt den Leib der Berge und trägt auch sonst gar häufig Unrast in die Hänge. Die Unruhe, die von den aussickernden Wässern ausgeht, erschwert dann auch die Tätigkeit des Ingenieurs, welcher Verkehrswege baut oder sonstige Eingriffe in

Abb. 146. Seichte Topfform (künstliche Nachhilfe!) bei einer starken Grenzquelle zwischen Grundmoräne und Eiszeitschottern. S. Stein im Jauntal, Kärnten. Aufnahme Stiny 1932.

den Leib der Erde plant. Über diese landformenbildenden Wirkungen der Quellen soll in den folgenden Zeilen ganz kurz berichtet werden; Lückenlosigkeit kann dabei nicht erstrebt werden; einige Fingerzeige mögen genügen.

Austretendes Quellwasser reißt Feinteilchen mit, löst Feststoffe und erzeugt so Hohlformen im Gelände, die je nach der Art der Quellen verschieden sind. Zuweilen sind die betreffenden Hohlformen in ihren Ausmaßen recht bescheiden (Abb. 145), häufig aber auch von auffallender Größe.

Die Topfform (Tümpelform) ist bezeichnend für die Waller; bereits weiter oben (S. 143) wurde geschildert, wie das aufquellende Wasser Tonteilchen, ja sogar Sande aufwirbelt und je nach ihrer Größe im überfließenden Quellbächlein wegschwemmt oder wieder zu Boden sinken läßt, bis das wiederholte Spiel von Aufwirbeln und Niedersinken die Teilchen chemisch und physikalisch soweit verkleinert hat, daß sie fortgetragen werden können. Auf diese Weise können im Laufe der Zeit sehr große Quellweiher entstehen; die obere Grenze ihres Wachstums ist erreicht, wenn die Vorgänge, welche auf die Verkleinerung des Quelltopfes hinarbeiten, imstande sind, seiner Vergrößerung das Gleichgewicht zu halten.

Abb. 147. Die eigentliche Quellnische befindet sich im Hintergrunde links und ist mit Büschen und Nadelbäumen bewachsen. Im Vordergrunde künstlicher Wasserauslauf. Aufnahme Stiny 1926.

Überfließquellen sägen sich in die Überlaufkante ein; es entsteht dabei eine Hohlform, die einem Keilanbruche nicht unähnlich ist; der Hangeinschnitt ist am Quellmund am tiefsten und wird nach unten zu immer seichter; der rückwärtige Abschluß der Furche ist mehr oder minder mulden- oder kesselähnlich, je nach der Bergart, die den Wasserführer aufbaut.

Freifließende Quellen verlegen im allgemeinen ihren Austrittspunkt immer weiter nach rückwärts. Dabei entstehen mehr oder minder kennzeichnende Hohlformen. Meist ähneln sie einer Nische (Abb. 136, 149), besonders bei den Grenzflächenquellen; im übrigen ist die Gestalt der Quellgegend abhängig von der Bergart des Grundwasserführers und ihren technischen Eigenschaften (Standfestigkeit, Korngröße usw.), von der Hangneigung und Geländegestalt des Hintergehänges (Abb. 71) im allgemeinen, von der Ergiebigkeit, der Verteilung der Quellen usw. So erzeugen z. B. Einzelquellen meist mehr oder minder scharf umrissene Quellorte[1]. Reihenquellen (Quellreihen) und Quellstreifen arbeiten eine Kehle aus, vor der allmählich eine Leiste sich entwickelt (Abb. 148); sie streben also darnach, eine Stufe in den Hang einzumeiseln. Die gebirgsbaulich bedingten Linienquellen tragen dazu bei, die Quellenlinie und damit die Störungslinie deutlicher kenntlich zu machen. Die

Abb. 148. Reihenquellen bei St. Kanzian (Jauntal, Kärnten), den Steilhang flächenhaft immer weiter nach rückwärts schiebend. Aufnahme Stiny 1932.

zerstreut angeordneten Gruppenquellen liegen meist in einer sie gemeinsam umschließenden Hohlform; so z. B. in einer weitgespannten, durch sie bedingten Mulde; ähnliches beobachtet man auch bei den Austritten kürzerer Quellreihen (Abb. 79).

Die Art des Gesteins prägt sich in der Steilheit der Böschungen der Quellhohlform aus. In festen Gesteinen, z. B. Kalken, die zur Höhlenbildung neigen, bilden sich Quellhöhlen, die sich zuweilen zu Quellgrotten (groticelle, zondri) ausweiten; der Einsturz der Decke leitet dann unter Umständen die Entstehung eines Sacktälchens oder einer Quellschlucht ein; auch die untermeerischen Quellen (Abb. 121) arbeiten an der Verlegung ihres Quellmundes nach rückwärts. Mittelfeste Gesteine beherbergen Quellnischen und Quellkessel, minderfeste Gesteine Quelltrichter und Quellmulden (Abb. 151 u. 154).

Den Einfluß des Hintergehänges auf die Form des Quellmundes und

[1] Vgl. Stiny (10): S. 702, Abb. 449.

seine Rückwärtsverlegung haben A. Philippson (10), Sölch (10), Wegner (10) u. a. trefflich geschildert. Eine Schichtquelle entblößt

Abb. 149. Kesselähnliche Quellnische. Schlierausbisse bei Seitenstellen, N. Ö. Aufnahme Stiny 1926.

dabei immer mehr von der Oberfläche des Wasserstauers und verkleinert dadurch ständig ihr Einzugsgebiet. Die zurückwühlende Kraft eines Wallers mit schräg liegendem, aufsteigendem Quellast ist dagegen meist

Abb. 150. Quelloch, künstlich durch Nachgraben etwas erweitert, am Grunde eines muscheligen Ausrisses in der mächtigen Verwitterungschwarte von Flysch. Bisambergwesthang bei Langenzersdorf, N.-Ö. Aufnahme Stiny 1931.

gering und erlischt bald. Lösen Quellen, die am Fuße sehr steiler Hänge entspringen, stärkere Rutschungen oder gar Bergstürze aus, dann erstickt grobblockiges Trümmerwerk nicht selten die weitere Unterwühlungsarbeit der Quelle in höherem oder geringerem Ausmaße (vgl. Abb. 54).

Die einebnende und unterwühlende Tätigkeit der Quellen ist in der Mehrzahl der Fälle keineswegs an die Schurfsohle bzw. den Schurfausgangspunkt eines Wasserlaufes gebunden, sondern geht für sich vor (selbständiger Quellenschurf). Schichtquellen, welche reihenartig an der Liegendgrenze eines sehr standfesten Grundwasserführers entsprin-

Abb. 151. Quellmulde unweit des Schneebauer, Oberaich (Steiermark); kräftige Rückwärtsverlegung des Quellmundes im Laufe der Zeit; sie hat die Entstehung einer kurzen Hangfurche begünstigt. Aufnahme Stiny 1932.

gen, erzeugen so steile Wände, die durch Quellenuntergrabung nachbrechen, immer von neuem wieder versteilt und weiter rückwärts gedrängt werden; Tafeln von Konglomeraten, Sandsteinen, Ergußgesteindecken, Kalken usw. werden so immer mehr und mehr verkleinert; wo eine Quelle mit vielfach stärkerer Schüttung entspringt, übertrifft ihre Wühlfähigkeit die der Nachbarschaft oft so sehr, daß eine kleine Schlucht oder ein Sacktälchen entsteht; ständig sich vergrößernd und dabei gleichzeitig nach rückwärts sich verlängernd, zerschneiden solche Quellschluchten schließlich eine Hochfläche und erzeugen Sporne, Türmchen, Pfeiler usw.

Die auswühlende und unterwühlende Arbeit der Quelladern, Naßgallen usw. findet ihren beredtesten, aber auch unrühmlichsten Ausdruck in der Bildung von Rutschungen (Abb. 133) und Anbrüchen. Während außergewöhnlich starker Niederschläge oder besonders rascher Schneeschmelze füllen Senkwässer den Grundwasserführer rasch hoch auf. Der Quellmund vermag die ihm zudrängenden Wassermassen nicht schnell genug auszuspeien; das Wasser staut sich vor dem Quellmunde und erfüllt die Hohlräume immer höherer Lagen des Grundwasserführers. Das Grundwasser übt nun einen steigenden Druck auf die Wände seines Gefängnisses aus. Besteht dieses aus Sand, Schotter oder ähnlichen Lockerbergarten, dann geben die Massen schließlich, in Brei, Schwimmsand oder ähnliche fließende Erdarten verwandelt, dem Überdrucke nach. Weichend reißen sie Deckschichten und Teile des Hintergehänges mit sich und stürzen als Murgang zu Tal; wo früher ein Bergquell den Wanderer erquickte, gähnt nun die düstere Höhlung eines Muschelanbruches. G. Strele (10) schildert einen solchen Fall in nachstehender, treffender Weise:

„Auf solche Weise entstand beim Hochwasser des Jahres 1882 der große Bruchkessel von Sette Fontane im Avisiotale in Südtirol (Abb. 152, 153). Vor der Hochwasserkatastrophe lag das schönste Bauerngut der Gemeinde Sover in einer flachen, zum nahen Rivo Brusago sanft abfallenden Mulde; nach den in nächster Nähe des Hofes am Fuße der steilen Lehne zutage tretenden Quellen führte es den Namen „Sette Fontane". Die Lehne oberhalb bis zu dem etwa 250 m höher gelegenen Weiler Casare war hauptsächlich mit landwirtschaftlichen Kulturen bedeckt und, soweit dem Feldbau gewidmet, in der landesüblichen Weise durch Mauern terrassiert. Beim erwähnten Hochwasser versickerten die von äußerst heftigen Regengüssen herrührenden großen, durch die Schmelze des kurz gefallenen Neuschnees noch vermehrten Wassermengen größtenteils in den die Lehne bis Casare aufbauenden mächtigen Diluvialschuttmassen und im höher liegenden lockeren Gehängeschutt, überlasteten die erwähnten Quellen, die sich zunächst trübten und dann in der oben beschriebenen Weise ausbrachen. Über Nacht wurde das Gut von Sette Fontane vernichtet und entstand ein gewaltiger Bruchkessel. Der Rand desselben schob sich dann unaufhaltsam bis zu dem früher durch einen Rücken von der Mulde getrennten Rivo Casare vor, der endlich in den Abgrund einbrach und der Erosion neuerlich einen kräftigen Ansporn gab. Nach dem Erlahmen der Erosionsfähigkeit folgte eine Periode, in der die Murgänge seltener wurden und die Bruchfläche sich nur wenig vergrößerte. Der Anbruch umfaßte damals etwa 10 ha und war von steilen Materialwänden umgrenzt, an denen nur an wenigen Stellen Fels zutage trat.

Über eine solche Felspartie stürzte der Rivo Casare in den Abgrund hinab. Einen Beweis für die unterirdische Wühlarbeit des Wassers bildet das Entstehen eines kleinen Einbruchtrichters inmitten einer Wiese oberhalb des Bruchrandes. Derselbe hatte einen Durchmesser von nur

Abb. 152. Sette Fontane bei Sover, Südtirol. Oberer Bruchrand. Nach G. Strele.

wenigen Metern, war soweit sichtbar, von senkrechten Wänden begrenzt, jedoch in geringer Tiefe durch abgestürzte Erdschollen verlegt.

Nach dem außerordentlich schneereichen Winter des Jahres 1888 trat bei der spät einsetzenden raschen Schneeschmelze im Gebirge neuerdings eine Vergrößerung der Bruchfläche ein, und zwar wieder unabhängig vom Rio Casare. An den Bruchrändern brachen fortwährend Schuttmassen ab und es wälzte sich ein Murgang nach dem andern in den Rivo Brusago hinaus und dem Avisio zu, das Bett des ersteren stellenweise um 11 m erhöhend und sogar den letzteren, der damals hoch angeschwollen war, um 8 m stauend. Durch die Nachbrüche des Jahres 1888 vergrößerte sich die Bruchfläche auf 14,5 ha. Vom Herbste 1882 bis 1892 sind aus ihr 5,6 Millionen Kubikmeter Material entführt worden, was einem durchschnittlichen Abtrage von 40 m entspricht. Die neue Sohle hat sich gegenüber der früheren Bodenoberfläche im Maximum um rund 100 m vertieft. Dabei blieb der Bruchkessel durch steile Wände begrenzt, die nur allmählich nachbrechen, ohne daß sich im benachbarten

Abb. 153. Sette Fontane bei Sover, Südtirol. Gesamtansicht des Bruchkessels. Nach G. Strele.

Terrain irgendwelche Rutsch- oder Gleitbewegungen zeigen würden oder Bodenrisse entstanden wären (Abb. 151)."

Über die Bildung einer Rutschung durch Grundwasserüberdruck berichtet auch J. Blaas (10). In der Gegend von Bruck unweit des Einganges ins Zillertal besteht das Grundgebirge aus Wildschönauerschiefer. Durch die Verwitterung wurde der Fels in eine weiche, tonigsteinige Schuttmasse umgewandelt, die über dem anstehenden Gestein eine zwischen 1 und 20 m wechselnde Mächtigkeit erreicht und auch stellenweise große eratische Blöcke enthält. Die Lehne ist sehr steil — angeblich bis 45° geneigt — und war mit Fichten und Tannen bestockt.

In diesem Walde löste sich in der Nacht vom 8. zum 9. März 1896 plötzlich und unvermutet eine Masse los, die sich in eine aus Schlamm und Steinen bestehende Mure verwandelte; sie brachte auch viele Bäume mit, verschüttete mehrere Häuser und die Kirche von Bruck und verwüstete ausgedehnte Grundstücke. Im Rutschgebiete wurden damals „armdick hervorschießende Wasserstrahlen" an mehreren Stellen beobachtet, wo früher kein Wasser zu sehen war. Die Ursache der Rutschung ist im Eindringen der reichlichen Niederschlags- und Schmelzwässer in den Boden zu suchen, die von den bestehenden Quellausläufen nicht mehr bewältigt werden konnten; sie stauten sich im Boden, namentlich zwischen dem festen Gestein und der Schuttdecke, durchtränkten sie vollständig und brachten sie zum Weichen, wobei die einmal ausgelöste Bewegung eine große Geschwindigkeit und die Form eines Murganges annahm (nach Blaas und Strele).

Abb. 154. Kleine Mulde einer Hangschuttquelle am südlichen Abhange des Gleinalm-Speikkogels (Steiermark). Aufnahme Stiny 1930.

Gleichlautend berichten auch italienische Fachschriftsteller über Zusammenhänge zwischen Quellen und Bruchnischen. So z. B. Collegno, Lorenzi und Stefanini („Nelle balze di San Giusto nel Volterrano, a contatto fra le argille e le sabbie plioceniche sgorgano delle sorgenti e dei gemitii sorgentizi, a ciascuno dei quali corrisponde una specie di circo, tangente alla parete delle balze e direttamente continuato con una vallicola del basso, limitato da lunghe coste più o meno frastagliate e sottili e da qualche piccolo rilievo piramidale.“ Nach G. Rovereto).

Einen anderen Fall des Ausbruches einer solchen unterirdischen Stauwassermasse schilderte Stiny aus der Gegend von Reischach bei Bruneck[1]; die dem Schlammstrome nachschießenden Wassermassen gruben sich mehr als 1 m tief in den Wiesenboden unterhalb der frisch entstandenen Spatelblaike ein. Ähnlich entstand nach Stiny[2] auch die Blaike unweit Bad Neuhaus im vorderen Tauferertale (Südtirol); ein „Wassersack“ übte einen solchen Druck auf eine talseitige Behälterwand aus, daß sie nachgab und samt dem darauf stockenden Walde über eine mehrere Hunderte Meter lange Sturzbahn in die Tiefe kollerte, einen Muschelbruch erzeugend.

In den von Stiny mitgeteilten Fällen, die beliebig vermehrt werden könnten, traten die Anbrüche zwar nicht an die Stelle ständiglaufender Quellen, sie stellten sich aber dort ein, wo früher eine Naßgalle war oder zeitweise Wasser auszutreten pflegte. Nach der übereinstimmenden Aussage von Augenzeugen wird die Inbewegungsetzung der Massen von einem schußähnlichen Knalle begleitet.

Insofern manche Quellen die Ursache von Bodenbewegungen sind und die treibende Kraft darstellen, welche viele Hänge in ständiger Bewegung erhält, berühren sie auch den Wirkungskreis des Tiefbauingenieurs; bauliche Anlagen in solchem quelligen Gelände setzen eine Fassung und unschädliche Ableitung der Wasseradern vor Baubeginn voraus. Die Fassung solcher Quellen kann nicht bloß die Bewegung des Hanges zum Stillstande bringen, sondern außerdem noch Trinkwasserversorgungszwecken dienen; statt zu schaden, nützt dann das köstliche Naß; stärkere Quellen können bei entsprechendem Gefälle sogar kleinere Wasserkraftwerke treiben. Solche Beispiele vorteilhafter Verwendung früher schädlich gewesener Quellen kenne ich von der Umgebung Heiligenbluts (Kärnten); A. Heim erwähnt eines in seiner „Geologie der Schweiz“, auf S. 420 (Schuttrutschung Kellenholz).

Otto Lehmann (10), Josef Schmid (2e) u. a. haben darauf hingewiesen, daß viele Quellaustritte wandern; diese bilden den Gegensatz zu den ständigen (ortsbeständigen) Quellaustritten, die immer an ihrem Platze hervorbrechen. Zu den letzteren gehören viele sog. Bachursprungsquellen, zu den ersteren eine große Anzahl von Schuttquellen (vgl. S. 131).

Die formengestaltende Wirkung der Quellen kann in manchen Fällen wenigstens größenordnungsmäßig angeschätzt werden. So hat z. B. die auf S. 124 abgebildete Quellreihe südlich von Ročičach im Jauntale (Kärnten) jährlich rund 0,15 Raummeter Gestein entfernt; das ergibt, auf den Laufendmeter Ausbiß umgerechnet, jährlich rund zwei Raum-

[1] Technische Geologie, S. 401—402, Abb. 250. [2] A. a. O. S. 402.

dezimeter ausgewühlte Lockermasse. Nördlich der Dörfchen Piskertschach, Seidendorf und Schreckendorf im Jauntale brechen an der Grenze zwischen Liegendmoränen und Hangendschottern der Eiszeit auf mehr als 400 Meter Erstreckung zahlreiche, regelrecht linienhaft aufgereihte Quellen und kleine Wasserfäden hervor, welche einen breiten Streifen des Geländes in saure Wiesen mit unruhiger Oberfläche verwandelt und zum langsamen Abwandern gebracht haben. Die Quellreihe ist in den Jahrtausenden ihres Bestandes kräftig auf der ganzen Linie zurückgewandert und hat dabei die ganze Lehne auf ihrem Wege um etwas mehr als 3 m flächenhaft erniedrigt; man kann die Größe der Tieferlegung der Landoberfläche hier auf durchschnittlich etwa 0,15 mm im Jahre schätzen.

Nicht jede Nischenform im Hange ist jedoch durch Quellarbeit entstanden; dies gilt namentlich für derartig große Nischen nicht mehr, wie sie das Kärtchen Abb. 63 südlich des Keutschacher Sees darstellt; hier sind gewiß schon Vorgänge der Krustenverstellung und der Gebirgsbildung mit im Spiele.

Auf die auflandende, vollformenschaffende Tätigkeit der Quellen kann hier nicht weiter eingegangen werden. Übrigens wurden die Absätze von lückig-zelligem Kalksinter, und die Bildung von Gehängemooren bereits S. 123 kurz angedeutet; heiße Quellen setzen Aragonit (Sprudelstein usw.), Kieselsinter u. dgl. ab. Solche Quellabscheidungen liefern gar oft willkommene und vielbegehrte Bausteine; man denke da an den „Travertin", dem Hauptbausteine des alten und neuen Roms, den gelblichen süddeutschen und den thüringischen Lückensinter, den dottergelben Kalksinter der Tschechoslowakei usw.

Versuch einer Einteilung der

Ordnungen	Gattungen und Arten
Grobböden. Leergerüstmassen; Grobmassen; enthalten nur Bestandteile mit mehr als 2 mm Durchmesser; die „Großzwickel" (Grobzwickel) dazwischen entbehren einer Füllmasse aus Feinbestandteilen; sie führen Luft oder Wasser allein oder Gemische beider	Größer als 1200 mm: Riesenblockwerk, Riesenblöcke 1200 bis 600 mm: Großblockwerk, Grobblöcke 600 „ 250 „ : Mittelblockwerk, Mittelblöcke 250 „ 120 „ : Kleinblockwerk, Kleinblöcke 120 „ 60 „ : Riesenschotter 60 „ 45 „ : Grobschotter 45 „ 35 „ : Mittelschotter 35 „ 25 „ : Kleinschotter 25 „ 12 „ : Feinschotter 12 „ 2 „ : Grus (eckig), Riesel (rund)
↓ ↓	
Mischböden (Böden höherer Ordnung), führen neben Grobgut (größer als 2 mm) auch Feingut (kleiner als 2 mm). Weitere Unterteilung nach dem Mengenverhältnisse von Grobgut und Feingut	**Gerüstböden** (Stützgerüstböden) Das Grobgut bildet ein Gerüst, dessen Körner sich gegenseitig abstützen (verspannen); in den Hohlzwickeln zwischen den Grobteilchen liegt Feingut als bloße Füllmasse; weitere Unterteilung nach dem Grade der Ausfüllung der Grobzwickel mit Feinteilchen ↑ Übergänge ↓ **Grundmasseböden** Die Grobkörner berühren sich gegenseitig nicht, sondern „schwimmen" gewissermaßen im Feingut, das nicht bloß die Lücken zwischen ihnen dicht ausfüllt, sondern sich allseitig um sie herumschmiegt. Der Grad der Wasserwegigkeit hängt einzig und allein von der Kornfeinheit der Bestandteile, die in der Zeiteinheit durchgehende Wassermenge aber außerdem noch von dem Rauminhalte des Grobgutes ab
↑ ↑	
Feinböden (Feinmassen), enthalten nur Teilchen mit weniger als 2 mm Durchmesser	2 bis 1 mm: Grobsand, grobdurchlässig 1 „ 0,5 „ : Mittelsand, grobdurchlässig 0,5 „ 0,2 „ : Feinsand, grobseihend 0,2 „ 0,1 „ : Grobmu (grober Mehlsand), seihend 0,1 „ 0,05 „ : Mittelmu (mittelfeiner Mehlsand) 0,05 „ 0,02 „ : Feinmu (feiner Mehlsand) 0,02 „ 0,006 „ : Grobschluff, wasserstauend 0,006 „ 0,002 „ : Feinschluff, wasserstauend kleiner als 0,002 „ : Rohton, Kleinchenton

Lockermassen nach der Korngröße.

Eigenschaften bzw. Beschreibung	Beispiele
Kräftig durchfließbar	Bergsturzmassen (z. T.) Blockströme (Steinströme) Blockhalden Blockgipfel
Durchfließbar Grobdurchlässig	Flußschotter (z. T.) Brandungschotter Schotter- und Grießmoränen im Sinne von A. Penck Viele Schutthalden und Schuttkegel
Gerüstböden mit Vollpackung der Zwickel (Vollzwickel-Gerüstböden, Vollgußböden) Die Feinteilchen gießen mehr oder minder dicht die ganzen Hohlräume zwischen dem Grobgut aus. Die Wasserdurchlässigkeit hängt in erster Linie von der Größe der Kleinzwickel zwischen dem Bodenklein ab; oft seihend, seltener durchschwitzbar	Murablagerungen (z. T.) Blockmoränen (z. T.) Die meisten Schwemmflurmassen
↑ Übergänge ↓ **Gerüstböden mit nur teilweiser Einlagerung von Feingut in den Großzwickeln** (Teilgußböden, Teilfüllböden) Die Feinteilchen erfüllen nur Teile der Hohlräume zwischen den Grobteilchen. Die Durchlässigkeit hängt in erster Linie von dem Grade der Ausfüllung der Großzwickel ab; meist grobdurchlässig	Tiefere Lagen von Haldenschutt, Gehängeschutt der oberen Teile Berghänge Blockmoränen (z. T.) Stirnmoränen Murablagerungen (z. T.)
Steinreiche Grundmasseböden Mittlere Entfernung der Gorbkörner kleiner als ihr halber Durchmesser (im Mittel)	Manche Grundmoränen und Geschiebelehme
↑ Übergänge ↓ **Steinarme Grundmasseböden** Mittlere Entfernung der eingestreuten Steine voneinander größer als ihr mittlerer Halbmesser	Manche Grundmoränen und Geschiebelehme, Seeschlick am Fuße von Mündungkegeln
	Flußsande, Meeressande, Dünensande, Feuerbergaschen
Feinseihend Durchschwitzbar	Löß, Schwimmsand, Flottlehm, Schlick, Silt, Gehängelehm
Wasserstand	Tone, Tegel, Letten usw.

Schriftenverzeichnis.

1. Der Kreislauf des Wassers.

Barkow, A. S.: Festschrift zum 70. Geburtstag Prof. Anutschik, Moskau 1913, S. 495. — Berg, G.: Über die Begriffe „vados" und „juvenil" und ihre Bedeutung für die Lagerstättenlehre. Zeitschr. f. prakt. Geologie 1918, of 28. — Blücher, H.: Das Wasser. Leipzig 1900, O. Wiegand. — Brueckner, Ed.: Klimaschwankungen seit 1700. Wien 1890. — Brückner: Bilanz des Kreislaufs des Wassers auf der Erde. Geogr. Zeitschrift 1905, S. 437.

Debauvet et Imbeaux: Distribution d'eaux. Paris 1906. — Domaszewsky, A. von: Das Wasser als Quelle der Verwüstung u. des Reichtums. Wien 1879. — Dufour: Gaea 7, S. 179.

Fischer, F.: Das Wasser. Leipzig 1914.

Garcia, G.: El Agua. Barcelona 1905. — Gennerich, Ed.: Die Flüsse Deutschlands. Zeitschr. f. Gewässerkunde. Leipzig. VIII. Bd. — Gravelius: Petermanns geogr. Mittlgn. 1901, S. 67.

Hädicke, H.: Die Gewinnung von Wasser in trockenen Gegenden. Gesundheits-Ingenieur 1907, Heft 31, S. 501. — Haedicke, H.: Die Entstehung des Grundwassers. Bayer. Ind.- u. Gewerbeblatt 1912. — Hann, J.: Über eine neue Quellentheorie auf meteorologischer Basis. Zeitschr. d. österr. Ges. f. Meteorologie 15, 482, 1880. Gaea 17, 83. — Hesselink, E. u. J. Hudig: Hat die Kondensation der Luftfeuchtigkeit im Boden Bedeutung für die Bildung des Grundwassers? Meteorolog. Zeitschrift 1923, S. 182. — Hoerbiger, H. u. Ph. Fauth: Glazialkosmogonie. Kaiserslautern 1913. — Hoerbiger, H.: Wirbelstürme, Wasserstürze usw. Kaiserslautern 1914.

Ihne, W.: Berggeist 1878, Heft 85, Heft 103, Gaea 16, 320, 703; Gaea 17, 457. — Imbeaux, Ed. et Debauvet: Distribution d'eau. Paris 1906.

Keller, H.: Wasserhaushalt u. Wasserwirtschaft. Zentralblatt d. Bauverwaltung. Berlin 1914. — König, F.: Die Verteilung des Wassers. 159 S. Jena 1901. — Kohler, Eugen: Die neueren Quellen- und Grundwassertheorien (Kondensationstheorien). Zeitschr. f. prakt. Geologie. XVIII. Jahrg. 1910, Heft 1.

Krüger, E.: Ein Beitrag zur Volgerschen Theorie der Grundwasserbildung. Gesundheitsingenieur 1909, S. 469. — Kumm, A.: Das Wasser als Bestandteil des obersten Teiles der Erdkruste und seine Herkunft. Handbuch der Bodenlehre Bd. 5, S. 47—97. M. 8 Abb. i. Satz.

Lane, A. P.: Mine waters and their field assay. Bull. geolog. Soc. amer. 1908, 19, S. 502—507. — Lebedeff, A. F.: Die Rolle des dampfförmigen Wassers im Bereich der Boden- und Untergrundwässer. Arb. landw. Meteorolog. 1913. — Linck, G.: Kreislaufvorgänge in der Erdgeschichte. Jena 1910. — Liznar, J.: Gaea 17, S. 330. — Lubberger: Die Theorien der Quellenbildung. Journal f. Gasbel. und Wasservers. Bd. 27, S. 12, Jahrg. 1883.

Mengel Octave, Du rôle de la condensation de la vapeur d'eau dans l'alimentation de la vapeur d'eaux dans l'alimentation des sources. Compt. rend. 193, 1931, S. 1110. — Mennsbrugghe, G. v. d.: Sur la condensation der la vapeur d'eau dans les espaces capillaires. Bullét de l'Acad. Roy. Belg. III. S. Bd. 19, Nr. 2, S. 101, Jahrg. 1890. — Metherie, de la: Theorie der Erde. — Meydenbauer: Die Entstehung des Grundwassers. Zeitschr. d. Verbandes deutscher Architekten- u. Ingenieur-Vereine. 1912, Heft 5, S. 41. — Mezger, Chr.: Die Dampfkraft als Ursache der Grundwasserbildung. Gesundheits-Ingenieur, München 1906, S. 569, 1908, S. 241, 501, 1909, S. 237, S. 317. — Über die unterirdischen Dampfströmungen. Gesundheits-Ingenieur, München 1918. — Die jährliche Wasserlieferung der Quellen und die atmosphärischen Niederschläge. Wasser u. Gas 1926 Heft 12. — Mezger: Grundwasserbildung und Quellenspeisung nach den neuesten Forschungsergebnissen. Gesundheits-Ingenieur, 50. Jahrg. 1927, S. 501—514. — Mohr: Berggeist, 1878, Heft 63, Gaea 14, 578. — Murray, J.: Regenfall u. Verdunstung auf der Landoberfläche der Erde. Meteorol. Zeitschr., Jahrg. 1887, S. 63.

Nowak, A. Fr. P.: Vom Ursprunge der Quellen. 220 S. Prag, Carl Bellmann.

Otozky: Gegenwärtige Probleme der wissenschaftlichen Hydrologie. Hydrolog. Bote 1915, Heft 1.

Reichle, K.: Kondensationsanlagen zur Gewinnung von Wasser aus der Luftfeuchtigkeit. Wasser und Gas, 1921/22, 12, S. 38.

Sailer: Gaea 17, 460. — Salomon, W.: Der Wasserhaushalt der Erde. Intern. Zeitschr. f. Wasserversorg. Leipzig 1917. — Schneider, K.: Beiträge zur Theorie der heißen Quellen. Geol. Rundschau 1913, 4, 65. — Schoen, von: Meteorologische Zeitschr. 27, 1910, S. 561. — Sonntag, J. u. K. Jarz: Gaea 16, S. 710 ff., Gaea 17 S. 463. — Steiner, F.: Beobachtungen u. Erfahrungen an Grundwässern. Wochenschr. d. österr. Jng.- u. Arch.-Vereins. Jahrg. 1889, S. 392. — Stellwag, A.: Untersuchungen über d. Temperaturerhöhung verschiedener Bodenkonstituenten u. Bodenarten bei Kondensation von flüssigem u. dampfförmig. Wasser, sowie von Gasen. Forsch. a. d. Geb. d. Agrikulturphysik. Bd. 5, S. 210, Jahrg. 1882. — Stutzer, O.: Zur Geologie der Goajira-Halbinsel. Neues Jahrb. f. Min. usw. Beilage, Bd. 59, Abt. B, 2, 1928, S. 325. — Suess, E.: Über heiße Quellen, Verhandl.-Ges. deutscher Naturforscher und Ärzte, 74. Vers. 1903, S. 134.

Terra, H. de: Zum Problem der Austrocknung des westlichen Innerasiens. Zeitschr. Ges. Erdk. Berlin 1930, 161—177, 3 Textabb.

Ule, Willi: Physiogeographie des Süßwassers. In: Enzyklopädie der Erdkunde von Kende. Franz Deuticke, Leipzig und Wien, 1925. 154 S. mit 57 Abb. i. Satz.

Versluys, J.: Dissertation, Delft 1916. — Volger, O.: Erde und Ewigkeit. Frankfurt a. Main 1857, S. 201. — Volger, Otto: Die wissenschaftliche Lösung d. Wasser-, insbesondere der Quellfrage. Zeitschr. d. Ver. d. Ingenieure zu Frankfurt a. M. 1877, 21, 480.

Winkel, Hch.: Städt. Wasserversorgung während d. Wasserklemme 1911 u. juveniles Wasser. Zeitschr. f. ges. Wasserwirtsch. 1912. — Wyssotzky, Hydrologische und geobiologische Beobachtungen im Weliko-Anadol. Bodenkunde 1899, S. 39.

2. Niederschläge, Versickerung. Abfluß und Verdunstung in ihren Beziehungen zu den Quellen.

a) Allgemeine Schriften über Wasserversorgung.

Brouhon: Les eaux souterraines et leur captation au moyen de puits; Ann. Travaux publics de Belgique 1900.

Capacci, C.: Acquedotti e acque potabili. Geologisches Zentralblatt, Bd. 37, Nr. 9, 15. Aug. 1928. — Christian: Trinkwasserversorgung im Felde. Das Wasser, Jahrg. 11, 1915, Heft 9, S. 135—140.

Dumbleton, I. E.: Wells and Bore-Holes for Water Supply. London 1925.

Engels, H.: Handbuch des Wasserbaues. Leipzig 1914.

Friedrich, Ad.: Kulturtechn. Wasserbau. Berlin 1907. — Frühling, A.: Handb. d. Ing.-Wissensch.: Der Wasserbau, III. Teil IV. Bd. Leipzig 1910. — Fuller, M. L.: Underground Waters for Farm Use, U. S. Geol. Surv. W. S. P. 255 (1910).

Gäbert, C.: Ausgewählte Kapitel über Grundwasserverhältnisse mitteldeutschen Industriebezirks, ihre Beziehungen zu Wasserversorgung und Bergbau. S. 127. Jb. d. Halleschen Verbandes f. d. Erforschung d. mitteldeutschen Boden. schätze und ihrer Verwertung. 7. 1928. — Gegenbauer, Viktor: Über Wasserversorgung u. Abfallbeseitigung. Mitteilg. d. Volksgesundheitsamtes, Wien 1930. Heft 6, 23 S. — Gerhardt, P.: Handbuch der Ing.-Wiss. Der Wasserbau. III. Teil I. Bd. Leipzig 1911. — Gravelius, H.: Grundriß der Gewässerkunde. I. Bd.

Flußkunde. Berlin—Leipzig 1914. — Grebe, H.: Zeitschr. f. Forst.- u. Jagdwesen 1885. — Griesel, H.: Grundsätzliches bei der Trinkwassergewinnung. Der Straßenbau, 1930, Heft 31, S. 549—553. Heft 32, S. 568—570.

Haupt: Die Beschaffung von keimfreiem Oberflächenwasser im Felde. Das Wasser. Jahrg. 11, Heft 6, 1915. S. 91—95. — Haviland, P. H.: Domestic Water Supplies and Sanitation on the Farm. Bull. No. 632, S. Rhodesia Agric. Dept., 1927. — Heilmann, A.: Neuzeitl. Wasserversorgung. München-Berlin.

Imbeaux, Ed.: Intern. Zeitschr. f. Wasserversorg. Leipzig 1916.

Jaeger, Andre G.: Die Trinkwasserversorgung einer modernen Großstadt. Der Straßenbau. 10. November 1927. Heft 32, Jahrg. 18. S. 556—558.

Keller, H.: Gegenwartsfragen der Wasserversorgung. Deutsche Wasserwirtschaft 1929 Nr. 6. — Keller, H.: Wassergewinnung in heißen Ländern. Berlin 1929. — Kranz, Walther: Die Geologie im Ingenieurbaufach. Stuttgart 1927, F. Enke: Einschlägig namentlich S. 190—305 mit ausführlichem Schriftennachweise. — Krob, Ernst: Neue Wege in der Trinkwasserversorgung der Städte. Mitt. d. Hauptverbandes deutscher Ingenieure 1930, Heft 12, S. 369—381.

Lang, A.: Neuzeitliche Wassergewinnunganlagen in Verbindung mit dem chemischen Bodenverfestigungverfahren. Das Gas- und Wasserfach, 1930, Heft 34, S. 789—793 m. 7 Abb. — Lepsius, B.: Über das Wasser in seiner Bedeutung für die Versorgung der Städte mit Trink- u. Nutzwasser. Jahresber. d. physik. Ver. z. Frankfurt a. M. 1887. — Lewis, A. D.: Report on Irrigation, Water Supplies for Stock, Water Law, etc. Colony and Protectorate of Kenya. — Lobeda, Reinhard: Bemerkungen über die tiefbauliche Gestaltung von großstädtischen Wasserwerks Erweiterungen. Gesundheitsingenieur 1930, Heft 43, S. 687—692 und Heft 44 S. 717—719 m. 15 Abb. — Lueger, O.: Der städt. Tiefbau. Bd. II: Die Wasserversorg. der Städte. Darmstadt 1895.

Mattern, E.: Die Talsperren. Handbuch der Ingenieur-Wissenschaften, 3. Teil, 2. Bd. Leipzig und Berlin 1913: W. Engelmann. — Moeller, M.: Grundriß des Wasserbaues. Leipzig 1906.

Pokorny, A.: Die Bestimmung der günstigsten Schöpfzeit bei kleineren Wasserversorgunganlagen mit Pumpwerksbetrieb. Journal f. Gasbeleuchtung und Wasserversorgung 1914, S. 156. — Putzeys, F.: Nouveau systeme de captage des eaux. Bruxelles 1904.

Rector, F. L.: Unterground Waters for Commercial Purposes. New York, 1913. — Reinach, A.: Über die Wassergewinnung. Abh. der k. preuß. geol. Landesanstalt 1904.

Schardt, Hans: Eau de source et eau de lac. Extrait de „La famille". Lausanne 1898. — Schulhaase, F.: Wasserversorg. kleiner u. mittlerer Städte. Journal f. Gasbeleucht. u. Wasserversorg. München 1911. — Scheelhase: Wasserversorgung mit Flußwasser oder mit künstlich erzeugtem Grundwasser. Gesundheits-Ing. H. 48, 46. Jahrg. 1923. S. 463. — Schönbrunner, H.: Verteilung d. Gebrauchswassers in: Das Trink- u. Nutzwasser i. d. deutschen Wirtschaft von Vollbrecht u. Sternberg-Raasch, Berlin 1931. — Schoklitsch, Armin: Der Wasserbau. 2 Bde., 1199 Seiten m. 2057 Abb. 119 Tafeln. Berlin: Julius Springer 1930. — Spöttle: Handb. d. Ing.-Wiss. III. Teil, 7. Bd. Leipzig 1911. — Strang, John: Water Supply to great Towns, its Extent, Cost, Uses and Abuses. Rep. Brit. Assoc. for 1858 S. 198. — Sutton, G. L.: The Farm Water Supply. Leaflet No. 163, Departement of Agriculture, Western Australia. — Sympher und Soldan: Die Wasserwirtschaft Deutschlands und ihre neuen Aufgaben. 2 Bde. 1922.

Taylor, F. N.: Small Water Supplies. London 1911. — Thiem: Über Wasserbeschaffung für Städte. Zeitschr. d. Vereins deutscher Ingenieure. Bd. 31, S. 1133, Jahrg. 1887. — Thiem, G.: Keimfreies Wasser fürs Heer. Leipzig 1916, 64 S. m. 9. Abb. i. Satz. Verlag d. internationalen Zeitschr. für Wasserversorgung.

Wilser, I.: Grundriß der angewandten Geologie. Berlin: Bornträger 1921, S. 20—38.

Zunker: Die künftige Gestaltung der deutschen Wasserwirtschaft. Mitteil. d. deutschen Landwirtschaftsgesellschaft. Berlin 1926. Stück 20.

b—d) Niederschläge, Abfluß und Verdunstung.

D'Andrimont, R.: L'alimentation des nappes acquiferes; Ann. Soc. geol. de Belgique 1904.

Becker: Journal s. Gasbel. u. Wasserversorgung 52, 23, 1889. — Beyer, O.: Über Quellen in d. sächs.-böhm. Schweiz. Mitteilg. Ver. f. Erdkunde, Dresden, Heft 7, 1913. — Bindemann: Die Verdunstungsmessungen der Preuß. Landesanstalt f. Gewässerkunde auf u. an d. Grimnitzsee u. am Werbelinsee bei Joachimstal in der Uckermark. Jahrb. f. d. Gewässerkunde Norddeutschl. Besondere Mitteil. Bd. 3, Nr. 3, 1921. — Birkinbine: Rainfall and water supply. Frankl. Journ. 123, S. 277, Jahrg. 1887. — Börnstein, R.: Meteorologische Zeitschr., 1897, S. 209. — Brighenti, M.: Sulle recenti piene del fiume Arno. Nuove Cimento vol XVIII 1863.

Carta Idrografica d'Italia (vedansi nei vari volumi le indicazioni sulla permeabilita delle rocce).

Eser, C.: Untersuchungen über d. Einfluß d. physikalischen u. chemischen Eigenschaften d. Bodens auf dessen Verdunstungsvermögen. Forschungen auf d. Gebiete der Agriekulturphysik 12 Jahrg., 1884, S. 54.

Fankhauser: Vergleichende meteorolog. Beobachtungen im Kanton Bern. Referat darüber v. E. Wollny. — Fischer, Karl: Niederschlag und Abfluß im Odergebiet. Jahrb. f. d. Gewässerkunde Norddeutschl. Besondere Mitteil. Bd. 3, Nr. 2, 1915. Mit 7 Abb. u. 5 Tafeln; Abfluß u. Versickerungsmengen der Oder. Zentralblatt der Bauverwaltung. 1915. S. 510. — Die Preußische Landesanstalt f. Gewässerkunde und ihre bisherigen Veröffentlichungen. Die Naturwissenschaften. 4. Jahrg. 1916. H. 20, 23, 28. — Niederschlag, Abfluß u. Versickerung in ihrem Verhalten von Jahr zu Jahr. Naturwissenschaftl. Wochenschrift. 1919. S. 688—691. — Der jährl. Gang der Beziehungen zwischen Niederschlag, Abfluß, Verdunstung u. Versickerung im Landklima Mitteleuropas. Naturwissenschaftl. Wochenschritt. N. F. Nr. 19. Jahrg. 1918. — (Im Anschluß an H. Keller): Die durchschnittlichen Beziehungen zwischen Niederschlag, Abfluß und Verdunstung in Mitteleuropa. Zeitschr. d. deutschen Wasserwirtschafts- u. Wasserkraft-Verbandes. Jahrg. 1921. Heft 6, 8, 9. — Niederschlag, Abfluß u. Verdunstung des Weserquellgebietes. Jahrb. f. d. Gewässerkunde Norddeutschl. Besondere Mitteil. Bd. 4, Nr. 3 1925; (Im Anschluß an Keller): Abflußverhältnis, Abflußvermögen u. Verdunstung von Flußgebieten Mitteleuropas. Meteorolog. Zeitschrift Heft 9, 1925, S. 348—354. Abb. 1. — Fritsche, R.: Niederschlag, Abfluß u. Verdunstung auf d. Landflächen d. Erde. Zeitschr. f. Gewässerkunde. 1906. Bd. 7.

Geinitz, E.: Die Abhängigkeit d. Grundwassers von d. Niederschlägen. Internat. Zeitschr. f. Wasserversorg. 3. Jahrg. 1916. — Ghessi: Die Abflußverhältnisse des Rheins in Basel. Mitteil. des Amtes für Wasserwirtschaft. Nr. 19. Bern 1926. Kap. XI. S. 78 u. f.

Haas, H.: Quellenkunde. Leipzig 1895. S. 63, vgl. auch S. 17. — Hann, J.: Handbuch der Klimatologie, S. 483. Stuttgart 1897. — Halbfaß, W.: Niederschlag und Abfluß. S. 285. Petermanns Mitteilungen 76. Jahrg. Heft 11/12, 1930. — Helbig, M. u. O. Rößler: Experimentelle Untersuchungen über die Wasserverdunstung des natürlich gelagerten (gewachsenen) Bodens. Allg. Forst- u. Jagdzeitung, Sept.-Okt. 1921, S. 22 f. — Hellmann: Die Niederschlagsverhältnisse Deutschlands. Meteorolog. Zeitschr. 1886: Die Maxima. 1887: Die jährl. Periode. — Über die jährl. Periode der Niederschläge in den deutschen Mittelgebirgen. Meteorol. Zeitschr. Jahrg. 1887. — Hellmann, G.: Die Regenverhältnisse der iberischen Halbinsel. Zeitschr. d. Ges. f. Erdk. zu Berlin. Bd. 23, Heft 2 u. 3. Jahrg. 1888. — Regenkarte von Deutschland auf Grund zehnjähriger Beobachtungen (1893 bis 1902) von 3000 Stationen. Maßstab 1 : 1800000. Berlin bei Dietrich Reimer (Ernst Vohsen). — Hellmann, Elsner, Henze u. Knoch: Klima-Atlas von Deutschland. Berlin 1921.

Iszkowski: Beitrag zur Ermittlung der Niedrigst-, Normal- u. Höchstwassermengen auf Grund charakteristischer Merkmale im Flußgebiete. Wochenschr. d. österr. Ing.- u. Architek.-Ver. Bd. 2, S. 69. Jahrg. 1886.

Koehne, W.: Grundwasserverhältnisse in der südbayerischen Hochfläche. München 1916. — **Krüger**: Die Lysimeter der Abteilung für Meliorationswesen des Kaiser-Wilhelms-Instituts für Landwirtschaft in Bromberg. Mitteil. d. Kaiser-Wilhelm-Instituts in Bromberg. Bd. II, Heft 2. Berlin 1910. Mit 2 Tafeln.

Lang: 69jähr. Beobachtungen. Beobachtungen der k. meteorologischen Anstalten in Bayern. IV, 1882. — **Larsen, Thal J. H.**: Over de invloed van regenval op de grondwaterstand. Med. Landbouwhoogeschool te Wageningen Deel 34. Verh. 5. 1930. — **Latham, B.**: Quarterly Journal of the Royal meteor. Society, London 1909. — **Lauterburg**: Allgem. Bauzeitung 52, 18, 1887. — **Lee, H. Charl.**: Water supply papers, U. S. geol. Survey 294, 129, 1912. — **Lippincott, Joseph Barlow**: California Hydrography. Washington 1903, 488 S. m. 1 Karte der Regenhöhen und 4 Abb. i. Satz (Niederschläge, Verdunstung, Abfluß). — **Liznar**: Das Klima von Brünn. Verh. des naturw. Vereines, Brünn, XXIV. — **Luedecke**: Das Verhältnis zwischen der Menge des Niederschlages u. d. Sickerwassers. Mitt. d. Landw. Institutes in Breslau. 3. Bd., Heft 5, 1906. — Das Verhältnis zwischen Menge des Niederschlages und des Sickerwassers nach engl. Versuchen. Der Kulturtechniker, Breslau 1912.

Mayer: Meteorologische Zeitschrift 1885, 1887, S. 117. — **Mezger, Christian**: Versuche über den Einfluß der Grundluft auf die Bewegung und Verteilung der Bodenfeuchtigkeit. S. 346. Der Kulturtechniker 32, 1929. — **Mezger**: Die jährl. Wasserlieferung d. Quellen und die atmosphärischen Niederschläge. Wasser und Gas. XVI. Jahrg., Nr. 23, 1926. — **Michaelis**: Regenfall u. Wasserablauf im westfälischen Becken. Erbkams Zeitschr. f. Bauwesen. Bd. 33, S. 57, Jahrg. 1883.

Ney, K. E.: Meteorolog. Zeitschr. 2, 445, Berlin 1855.

Oppokoff: Der Wasserhaushalt im Flußgebiet des oberen Dniepr (oberhalb Kijew) und seiner einzelnen Gebietsbestandteile in dem Zeitraum von 1876—1908, teils aber auch in früherer Zeit; Petersburg 1914. Deutsches Résumé. S. 219—240. — **Ototzky, P.**: Grundwasser und meteorologische Faktoren. Peterm. Geograph. Mitteilungen 1922. S. 205f. — Die Schwankungen des Grundwassers und die meteorologischen Faktoren. Prag 1926, in gr. 8°, p. 1—399.

Pichard: Aplitude des terres a retenir l'eau. Comptes rend. 1883. — **Piefke**: Journ. f. Gasbel. u. Wasserversorgung, 1900, S. 328. — **Pleuker, W.**: Beitrag zur Lösung der Frage über das Verhältnis zwischen Niederschlagsmenge u. Abflußmenge eines Flußgebietes. Mitteil. d. Arch.- u. Ing.-Vereins im Königreich Böhmen. — **Pleuker, A.**: Die Regenhöhe in Deutschl. Annal. f. Gewerbe u. Bauwesen. Bd. 220, S. 75. Jahrg. 1886.

Reuter, L.: Das Bayrische Jura-Gebiet und die geologischen Grundlagen zu seiner Wasserversorgung. Internat. Zeitschr. f. Wasserversorgung 3, 102, 1916. — **Ruvarac-Penck**: Die Abfluß- u. Niederschlagsverhältnisse von Böhmen usw. Pencks Geogr. Abbh. Bd. V, H. 5, 1896.

Schmidt, W.: Strahlung und Verdunstung an freien Wasserflächen. Ann. d. Hydrographie u. marit. Meteorologie 1915. — **Schwalbe, G.**: Über die Darstellung des jährlichen Ganges der Verdunstung. Meteorolog. Zeitschr. 1902, S. 49ff. — **Seifert, R.**: Von Abflußmessungen, Pegeln u. Pegelbeobachtern. Zentralbl. d. Bauverwaltung. 2. Februar 1927, Nr. 5, S. 42—46. — **Servizio idrografico**: Notizie sull' attivita del servizio, Ministero dei lavori publici, consiglio superiore, servizia, idrografico. Roma, libreria dello stato 1926. — **Sonklar, E. von**: Hyetographie des österreichischen Kaiserstaates. Mitteilg. d. k. k. geogr. Gesellschaft Wien, 1860, S. 107 und Tafel 4. — **Soyka, Isidor**: Die Schwankungen des Grundwassers. Penck, Geogr. Abhandl. Bd. 2, Wien 1888. — **Specht**: Das Pegnitzgebiet in bezug auf seinen Wasserhaushalt. 1. Teil. München 1912. — **Süring**: Jährlicher und täglicher Gang der Verdunstung in Potsdam. Veröffentl. des Preuß. meteor. Instituts. Nr. 335, S. 99—109, 1926. — **Stapff, F. M.**: Zeitschr. f. praktische Geologie, 1895, S. 329. — **Supan, A.**: Grundzüge der phys. Erdkunde. Leipzig 1916. — **Sykes, G.**: Rainfall Investigations in Arizona and Sonora by Means of Long-Period Rain Gauges. S. 229. Geographical Review, April 1931.

Thiesenhusen, H.: Untersuchungen über die Wasserverdunstunggeschwindigkeit in Abhängigkeit von der Temperatur des Wassers, der Luftfeuchtigkeit und Windgeschwindigkeit. Gesundheits-Ingenieur 1930, S. 113—119 m. 11 Abb. —

Thüringische Landesanstalt für Gewässerkunde. Jahresbericht für das Abflußjahr 1926. Weimar 1927. — Troßbach, G.: Die Niederschläge im oberen Donaugebiet und ihre Bedeutung in der Donauversinkungsfrage. Wasserkraft und Wasserwirtschaft 1930, Heft 20, S. 259—261; Heft 21, S. 275—277 und Heft 22, S. 288—290 m. 8 Abb.

Ule: Meteorolog. Zeitschr. 1891 S. 91. — Ule, W.: Zur Hydrographie der Saale. Forschungen zur deutschen Landes- u. Völkerkunde. Bd. X, 1897, S. 1—55.

Verstraeten, Th.: Proc. verlaux Soc. Belge de géologie 1894, S. 141. — Vitals, Alfred: Über den Einfluß der Trägheitskräfte auf den Versickerungsprozeß des auf die Erdoberfläche gelangenden flüssigen Wassers. Zeitschr. f. angewandte Math. und Mechanik 1929, S. 216ff.

Wintgens: Beitrag zu der Hydrologie von Nordholland. Diss. Freiberg 1911, S. 12 u. 13. — Woeikoff: Einfluß der Schneedecke, s. Pencks geogr. Abhandlg. 3, 2, 1889. — Wollny: Wasserstände des Züricher Sees. Schweiz. Bauzeitung, Jahrg. 1886, S. 21ff. — Wunderlichs, K. G.: Montanistische Rundschau, 5, 722, 1913. — Wundt: Niederschlag und Abfluß, speziell im oberen Neckargebiet. Jahresh. d. Ver. f. vaterl. Naturkunde in Württemberg 1910, S. 144. — Die Abflußverhältnisse Württembergs in kartographischer Darstellung. Jahreshefte d. Ver. f. vaterl. Naturkunde in Württemberg. 72. Jahrg. 1916, S. 272—296. — Der Abflußvorgang im obersten Enzgebiet. Jahreshefte d. Ver. f. vaterl. Naturkunde in Württemberg. 75. Jahrg. 1919 (Trockenwetterkurve, S. 160—166).

e) Die lebende Bodendecke.

De Angelis d'Ossat, G.: I veli acquiferi nella pianura tiberina. Boll. Soc. Ing. Arch. Ital. Roma 1906. — De Angelis d'Ossat, E.: La geologia e la foresta. B. S. G. I. vol. XXX 1911, e Ann. Soc. Ing. e Archit. Ital. vol XVII 1911.

Bacci, D.: Della influenza che esercitano i disboscamenti e dissodamenti sul regime dei fiume e torrenti. Ann. Soc. Ing. e Archit. Ital. vol II 1890. — Bombicci, L.: Il disboscamento sulle montagne specialmente d'Italia. Scienze Contemporanea, vol 1874. — Brighenti, M.: Sull'effetto del disbiscamento e dissodamento dei monti rispetto alla altezza delle piene maggiori dei fiumi arginati. Mem. R. Accad. Sc. Istit. di Bologna vol. X 1859. — Bühler: Der Einfluß des Waldes auf den Stand der Gewässer. Schweiz. Bauztg. Bd. 7, Nr. 17, Jahrg. 1886; Zentralblatt f. Agrikulturchem. Bd. 15, S. 721, Jahrg. 1887. — Bühler, A.: Die Niederschläge im Walde. Mitteilg. d. Schweiz. Versuchs-Anstalten, 2, S. 127. — Burger, H.: Wald u. Wasserhaushalt. Schweizerische Zeitschr. f. Forstwesen, 1929, Heft 2. — Zur Aufklärung über den Einfluß des Waldes auf den Wasserabfluß bei Landregen. Schweizerische Bauzeitung 1929. — Burger, Hans: Einfluß des Waldes auf den Wasserabfluß bei Landregen. Schweiz. Zeitschr. f. Forstwesen 1929, Heft 6; Physikalische Eigenschaften von Wald- u. Freilandböden. Mitteilg. d. schweizerisch. Zentralanstalt f. d. forstliche Versuchswesen. 13. Bd., Heft 1, Zürich 1922.

Cipoletti, C.: Influenza del disboscamento, ecc. sul regime e sulla portata dei corsi d'acqua. Giorn. del Genio Civile vol XLIII 1905.

Dienert, F.: Hydrologie agricole. Paris 1907. — Dixey, F.: Clements, J. B., and Hornby, A. J. W.: The Des ruction of Vegetation and its Relation to Climate, Water Supply and Soil Fertility. Dept. Agric. Nyasaland, Bull. Nr. 1 (1924).

Ebermayr: Die physikalischen Einwirkungen des Waldes auf Luft und Boden 1873. — Ebermeyer, E.: Der Einfluß d. Waldes und der Bestandesdichte auf die Bodenfeuchtigkeit u. auf d. Sickerwassermengen. Wollny, Forschungen auf d. Gebiete d. Agrikulturphysik. Bd. XII, S. 147. — Untersuchungen über die Bedeutung des Humus als Bodenbestandteil und über den Einfluß des Waldes, verschiedener Bodenarten u. Bodendecken auf d. Zusammensetz. d. Bodenluft. Forsch. a. d. Geb. d. Agrikulturphysik Bd. 13, S. 1ff., Jg. 1890. — Einfluß d. Wälder auf d. Bodenfeuchtigkeit, d. Sickerwasser, d. Grundwasser u. auf d. Ergiebigkeit d. Quellen. Stuttgart 1900. — Studien über das Wasserbedürfnis der Waldbäume. Forst- u. Jagdzeitung, Bd. 12, Heft 2, Supplem.-Jahr 1884. — Ebermayer u. O. Hartmann: Untersuchungen über den Einfluß des Waldes auf den Grundwasserstand. Jbch. d. kgl. bayer. hydrotechn. Bureaus 1903 — Untersuchungen über den Einfluß des Waldes auf den Grundwasserstand. Abh. d. bayr. hydrotechn. Büros 1904. — Emmerling: Verhalten der Humusbodenarten zu Wasser. Zentralbl. f. Agrikulturchem. Bd. 12, S. 655, Jahrg. 1883. — Engler, A.: Untersuchungen über den Einfluß d. Waldes auf den Stand d. Gewässer. Mitt. d. schweiz. Zentral-Anstalt f. d. Forstl. Versuchswesen, Bd. XII. Zürich 1919. 626 S. m. 58 Abb.

Fautrat: Compt. rend. 89, 1051. — Ferrel, W.: Notiz über den Einfluß der Wälder auf den Regen. The Americ. meteor. Journ. Bd. 5, S. 433, Jahrg. 1889.

Gabriel, F.: Abnahme des Waldes u. der Regenmenge im Böhmerwalde. Wiener landw. Ztg. Jahrg. 1889, S. 166. — Ganet, H.: Bewirken Anbau u. Aufforstung eine Zunahme der Niederschläge? Das Wetter, Jahrg. 1888, S. 97. — Geiger: Untersuchungen über d. Bestandesklima. Forstw. Zentralblatt 1925. — Die Wohlfahrtswirkungen des Waldes. Mitteilg. d. Reichsforstwirtschaftsrates, 1932, Heft 34. — Graebe: Bericht über d. 5. Versammlung deutscher Forstmänner zu Eisenach. Berlin 1877.

Hall, WM. L. and Maxwell, Hu.: Surface conditions and stream flow. U. S. Departement of Agriculture, forest service-Circular 176. Gifford Pinchot Forester 1910. — Hamberg: De l'influence des forêts sur le climat de la Suéde. Eaux tombées 1896. — Hawgood, H.: Effect of forests on water supply. The forester. Washington 1899, Heft 11/12. — Henle: Der Einfluß d. Waldes an der Wasserversorgung. Journ f. Gasbeleuchtung und Wasserversorgung. München 1914. — Henry, E.: Sur le rôle de la forêt dans la circulation de l'eau à la surface des continents. Paris 1902. — Henry, M.: Les Forets et les Pluies. Congres de Bergerac, 1906, S. 1—23. — Hensch: Einfluß der Bodenbearbeitung auf die Feuchtigkeitsverhältnisse des Bodens. Österr. landwirtschaftl. Wochenblatt. Bd. 10, S. 419, Jg. 1884. — Hoppe: Regenmessung unter Baumkronen. Mitteilg. d. österr. forstl. Versuch-Anstalt 1896, Heft 21; Zentralblatt f. d. gesamte Forstwesen 1902 — Bericht über die 4. Versammlung des Verbandes forstlicher Versuchsanstalten 1903, S. 27—33.

Kautz, H.: Schutzwald, forst- u. wasserwirtschaftliche Gedanken. Berlin 1905. — Keller: Einfluß der Zerstörung der Wälder und Trockenlegung der Sümpfe auf den Lauf u. d. Wasserverhältnisse d. Flüsse. X. Intern. Schiffahrtskongreß in Mailand 1905. 1. Abt. Binnenschiffahrt. 2. Frage. Brüssel 1905. — Köhne, W.: Grundwasser in der südbayerischen Hochfläche. München 1916, S. 12, 52. — Kozeny, J.: Wassergehalt und Saugkraft des Bodens, S. 52—56 m. 8 Abb. i. Satz; Die Wasserwirtschaft, Nr. 4, Februar 1931, 24. Jahrg. — Kramer, E.: Das Verhalten der Waldstreu u. Moosdecken gegenüber dem Eindringen des meteor. Wassers in den Boden. Mitteil. aus d. forstl. Versuchswesen Österr. Jahrg. 1883, S. 3.

Leclerc, A.: De la transpiration chez les végétaux. Annales de la sc. agron. franç. et etrangère. Bd. 1, S. 29, Jahrg. 1884. — Lehmann, Otto: Das Tote Gebirge als Hochkarst. Mitteilg. d. Geograph. Gesellschaft Wien 1927, Heft 7/9, S. 201—2 2, m. 8 Abb. auf 3 Tafeln u. Abb. i. Satz. — Leiningen-Westerburg, W.: Beiträge zur Oberflächengeologie u. Bodenkunde Istriens. Naturw. Zeitschrift für Forst- u. Jagdwesen 1911, 9, S. 1—49. Entstehung u. Eigenschaften d. Roterde. Internat. Mitteilg. für Bodenkunde 1917, S. 39—204 — D. Tannensterben im Wiener Walde. Forstwissenschaftliches Zentralblatt 1929. — Lorenz v. Liburnau, Josef Bomm: Wald, Klima und Wasser. Naturkräfte, 29. Bd. München 1878, 284 S. m. 25 Holzschnitten — Die meteorologischen Radialstationen zur Lösung der Waldklimafrage. Mitteilg. aus dem forstl. Versuchswesen Österreichs, 13. Heft, 2. Teil. — Linke: Niederschlagsmengen unter Bäumen. Meteorol. Zeitschrift 1921.

Marchand, M. E.: Einfluß des Waldes des Landes auf die Regenmenge. Meteorol. Zeitschr. 1905. — Marié-Davy: Über Was erverdunstung aus dem Boden u. den Pflanzen. Journ. d'agricult. prat. Bd. 1, No. 25, S. 857, Jahrg. 1886. — Mathieu: Météorologie comparée agricole et forestiére 1878. — Müttrich: Beobachtungsergebnisse der von d. forstlichen Versuchsstationen des Königreiches Preußen usw. eingerichteten forstlichen meteorologischen Stationen. 1—15. Jahrg., 1875—1889.

Negri, G.: L'azione protettiva della vegetazione forestale. Giorn. Geol. Pratica, volume X, 1912. — Ney, C. E.: Der Wald und die Quellen. Tübingen 1894. — Ney, K. E.: Die Bedeutung des Waldes f. d. Wasserversorgung. Das Wasser 1914, S. 522.

Otozky, P.: Der Einfluß der Wälder auf das Grundwasser. Zeitschr. f. Gewässerkunde 1898, S. 214ff.

Prevost: Wirkungen des Pflanzenwuchses auf d. Menge d. dem Boden durch d. Regenwasser entzogenen Substanzen. Zentralbl. f. Agrikulturchemie Bd. 11, S. 219, Jahrg. 1882.

Ramann, Dr. E.: Untersuchungen über Waldböden. Forsch. a. d. Geb. d. Agrikulturphysik. Bd. 9, Heft IV u. V, Jahrg. 1888. — Ramann, E.: Der Wassergehalt des Bodens in reinen u. unterbauten Kiefernbeständen. Forsch. a. d. Agrikulturphys. Bd. 8, S. 67, Jahrg. 1885. — Wassergehalt diluvialer Waldböden. Zeitschr. f. Forst u. Jagd, 1906. — Riegler, W.: Beobachtungen über die Bodenfeuchtigkeit unter verschiedenen Bedeckungen, namentl. unter Waldstreu u. Grasnarbe. Mitteil. a. d. forstl. Versuchsw. Österr., Jahrg. 1883, S. 7. — Rittmeyer, Robert: Einiges zur Wald- und Wasserfrage. Zentralblatt für das gesamte Forstwesen. Wien 1893. — Romer, E.: Kosmos 38, 1573, 1913.

Schmid, Josef: Klima, Boden und Baumgestalt im beregneten Mittelgebirge. Neudamm 1925. — Schreiber, Paul: Die Einwirkung des Waldes auf Klima und Witterung. Österr. Vierteljahresschrift für Forstwesen. Jahrg. 1900, II. und III. Heft, ferner Tharandter Forstliches Jahrbuch 1899. — Schubert: Der Niederschlag in der Letzlinger Heide 1901—1905. Zeitschr. f. Forst- u. Jagdwesen 1907, Heft 8. — Schubert, J.: Jährlicher Gang d. Luft- u. Bodentemperatur im Freien u. in den Waldungen u. d. Wärmeaustausch im Erdboden. Forstl. Rundschau 1. Mai 1900, S. 20; Meteorol. Zeitschr. Dez. 1900, S. 562. — Niederschlag, Verdunstung, Bodenfeuchtigkeit, Schneedecke in Waldbeständen und im Freien. Meterol. Zeitschrift 1917, S. 145ff. — Servier, M. Jean: Observation de Phénomenes Hydrologiques conségutifs a la Plantation de Coniferes. Congres international de Sylviculture de 1900 deuxieme Section. — Sinz: Einfluß der Grundwasserentziehung a. d. Wald. Internat. Zeitschr. f. Wasserversorg. Leipzig 1915. — Sorauer: Wasserbedürfnis unserer Getreidearten. Allgem. Hopfenzeitg. Bd. 22, S. 115, Jahrg. 1882. — Stiny, J.: Die Berasung und Bebuschung des Ödlandes im Gebirge. 155 und XIII S. m. 4 Abb. i. Satz und 13 Abb. auf Tafeln. Graz 1908. — Stocker: Klimamessungen auf kleinstem Raum usw. Berichte der deutschen botanischen Gesellschaft, Bd. 12, 1923. — Strele, G.: Der Wald u. d. Verbauung d. Wildbäche. Zentralblatt f. d. gesamte Forstwesen. Wien 1930, Heft 10, S. 313—339; Wald- und Hochwasserschutz. Schweizerische Bauzeitung 1930, Heft 23, S. 303—305, Heft 24, S. 313—318.

Taramelli, T.: La foresta e le sorgenti, S. 50; Giornale di Geologia Pratica 9—10, 1911—1912. — Terzaghi, Karl von: Beitrag zur Hydrographie u. Morphologie d. kroatischen Karstes. Mitteilg. d. Jahrb. d. kgl. ungar. geologischen Reichsanstalt 1912/13, S. 253—374 m. 2 Tafeln u. 27 Abb. i. Satz. — Trebbi, G.: La foresta come fattore geologico. L'Alpe Riv. Forest. Ital. Bologna 1910.

Wächter, W.: Wurzelwachstum der Pflanzen. Mitt. d. Landesanstalt f. Wasserhygiene. Berlin 1916, 2. Heft. — Wagner: Bewirken Anbau u. Aufforstung eine Zunahme der Niederschläge? Gaea Bd. 24, S. 722, Jahrg. 1888. — Wang, Ferdinand: Der Einfluß des Waldes auf den Stand und die Wirkung der Gewässer. Deutsche Rundschau. Wiesbaden 1898. — Wojeikoff, A.: Der Einfluß der Vegetation auf d. Quantität der Niederschläge. Zeitschr. d. russ. Ministeriums f. Volksaufklär. Petersburg 1888. — Der Einfluß einer Schneedecke auf Boden, Klima u. Wetter. — Wollny, E.: Untersuchungen über den Einfluß der Pflanzendecke u. der Beschattung auf die phys. Eigenschaften des Bodens. Forsch. a. d. Geb. d. Agrikulturphys. Bd. 6, S. 197, Jahrg. 1883. — Untersuchungen über die Wasserkapazität und das Verdunstungsvermögen versch. Streumaterialien. Forsch. a. d. Geb. d. Agrikulturphys. Bd. 7, S. 309, Jahrg. 1884. — Einfluß d. Pflanzendecke u. der Beschattung auf die physikalischen Eigenschaften d. Bodens. Forsch. a. d. Geb. d. Agrikulturphys. Bd. 10, S. 261, Jahrg. 1888. — Untersuchungen über die Temperatur- u. Feuchtigkeitsverhältnisse der Streudecke. (Zentralblatt f. Agrikulturchemie Bd. 17, S. 433, Jahrg. 1888.) Forsch. a. d. Geb. d. Agrikulturphysik Bd. 10, S. 415, Jahrg. 1888. — Untersuchungen über das Verhalten der atmosphärischen Niederschläge zur Pflanze u. zum Boden. Forsch. a. d. Geb. d. Agrikulturphysik. Bd. 13, S. 316, Jahrg. 1890; Forstlich-meteorologische Untersuchung. Die Feuchtigkeitsverhältnisse der Streudecke. Der Einfluß der Streudecke auf die Bodentemperatur. Der Einfluß der Streudecke auf die Bodenfeuchtigkeit. Forsch. a. d. Geb. d. Agrikulturphysik Bd. 13, S. 134, Jahrg. 1890. — Über den Einfluß der Pflanzendecken auf die Wasserführung der Flüsse. Vierteljahresschrift des Bayer. Landwirtschaftsrates. V. Jahrg. 1900, H. 3 — Untersuchungen über das Verhalten der atmosphärischen Niederschläge zur Pflanze u. zum Boden. Forsch. a. d. Geb. d. Agrikulturphysik, Bd. 10, S. 153.

Zuffardi, P.: La foresta e le frane. Giorn. Geol. Pratica. vol. X 1912. — Die Wasserverheerungen und die Ergänzung der Bewaldung unserer Gebirgsgegenden. (Der Schweizerische Forstverein.) Bern 1898, S. 1—20; Einfluß d. Waldes auf d. Wasserabfluß bei Landregen. Schweiz. Bauzeitung, Bd. 94, Heft 9.

f) Einige Angaben über Quellschüttungen in ihrer Abhängigkeit vom geologischen Bau, von der Bodendecke, den Niederschlägen und der Lage.

Adorf, H.: Quellbildung im Granit- und Schiefergebirge. Zeitschr. d. österr. Ing.- und Architekten-Ver. 1894, S. 231. — De Angelis D'Ossat, G.: Le acque dei calcari (Le sorgenti di Caposele). Boll. Soc. Geol. ital. vol XXX.

Clapp, F. G.: Occurrence and Composition of Well Waters in the Granites of New England; U. S. Geol. Surv. W. S. P. 258, pp. 40—47, 1911.

Ebermayer, E.: Untersuchungen über die Sickerwassermengen in verschiedenen Bodenarten. Forsch. a. d. Geb. d. Agrikulturphysik Bd. 13, S. 1ff., Jahrg. 1890. — Ellis, E. E.: Occurrence of Water in Crystalline Rocks. U. S. Geol. Surv. W. S. P. 160, 1906, p. 27.

Gregory, H. E. and Ellis, E. E.: Underground Water Resources of Connecticut, with a study of the occurrence of water in crystalline rocks, U. S. Geol. Surv. W. S. P. 232, pp. 91—94, 1909.

Lauterburg: Débit des sources de Vallorbe. Bullet. de la soc. vaud. des ingénieurs. Bd. 12, S. 33, Jg. 1886. — Lehr, G. I.: Die Wasseraufnahmefähigkeit des Buntsandsteins, des Granites u. des Rötelschiefers. Pfälzische Heimatkunde Jahrg. 17, Heft 7/8. — Lubberger: Die Quellenbildung in den verschiedenen geol. Formationen. Journ. f. Gasbel. u. Wasservers. Bd. 27, S. 269ff., Jahrg. 1884. — Lucas: Water from the chalk. Mechan. World, Bd. 17, S. 166, Jahrg. 1884.

Müller, Bruno: Neues über Grundwasser und Quellen im Sandsteingebiete. Firgenwald, 1928. 1. Jahrg., 1. Heft, S. 63—64.

Noë, Franz: Die Quellen an dem Ostabhange der Alpen bei Wien. Verein z. Verbreitung naturw. Kenntnisse (Vortrag 15. 12. 1886). Wien 1887.

Regelmann: Hydrographische Durchlässigkeitskarte des Königreichs Württemberg. Stuttgart 1891.

Thiem: Einfluß der Gebirge auf die Niederschläge. Naturforscher Bd. 20, S. 167, Jahrg. 1887.

Wollny, E.: Untersuchungen über den Einfluß der Exposition des Bodens auf dessen Feuchtigkeitsverhältnisse. Forsch. a. d. Geb. d. Agrikulturphys. Bd. 6, S. 377, Jahrg. 1883 — Untersuchungen über die Temperatur- u. Feuchtigkeitsverhältnisse des Bodens bei verschiedener Neigung des Terrains gegen die Himmelsrichtung u. g. d. Horizont. Forsch. a. d. Geb. d. Agrikulturphysik Bd. 10, S. 1, Jahrg. 1887. Nachträge S. 345 — Untersuchungen über die Sickerwassermengen in verschiedenen Bodenarten. Forsch. a. d. Geb. d. Agrikulturphysik Bd. 11, S. 1. Jahrg. 1888. — Untersuchungen über den Einfluß der Farbe des Bodens auf dessen Feuchtigkeitsverhältnisse u. Kohlensäuregehalt. Forsch. a. d. Geb. d. Agrikulturphys. Bd. 1, S. 43, Jahrg. 1878, Bd. 4, S. 327, Jahrg. 1881, Bd. 12, S. 385, Jahrg. 1889.

3. Arten des Wassers im Untergrunde.

Askenasy, E.: Kapillaritätsversuche an einem System dünner Platten. Vhdlg. Heidelbg. Naturhist. Med. Ver. N. F. 1900, 6. Heft, S. 381.

Beger, K.: Versuche zur Bestimmung d. Wasserdurchlässigkeit v. Sand.

Dissert. Danzig 1922. — Behr, J., Beninde, M., Bürger, B., Klut, H., Kolkwitz, R. und Reichle, C.: Grundzüge der Trinkwasserhygiene, 216 S. mit 95 Abb. Abschnitt 5. Berlin 1926; Behr, I.: Geologie, S. 83—114. — Bonney, T. G.: The Work of Rain and Rivers. Cambridge 1912. — Bonyoncos, S. J.: The amount of unfree water in soils at different moisture contents. Soil Science 1921, S. 255. — Briggs, L. und M. Lapham: Capillary studies and filtration of clay from soil solutions. U. S. Dep. Agriculture Bull. 19, S. 24. Washington 1902. — Budan, A.: Der gegenwärtige Stand der Hydraulik. Zeitschr. d. österr. Arch.- u. Ingen.-Vereins. Wien 1912.

Delesse: Bull. Soc. geologique de France. sér 2, 19, 1861, 64. — Dobenech, A. von: Untersuchungen über d. Absorptionsvermögen u. d. Hygroskopizität d. Bodenkonstituenten. Forschungen auf d. Gebiete d. Agrikultur-Physik 1892, 15 Bd., S. 163.

Engelhardt, J. H.: Beiträge zur Kenntnis d. Kapillarerscheinungen i. Zusammenhang mit d. Heterogenität d. Bodens. Bodenkundl. Forschungen 1929, 1. Bd., Heft 4, S. 239.

Haedicke, H.: Der Grundwasserspiegel. Zeitschr. für praktische Geologie 1910, S. 209. — Harkins, W. D. und Ewing, D. G.: A high pressure due to adsorption and the density and the volum relations of Chlarcoal. I. americ. chem. Society 1921, 43, S. 1787. — Hesselink u. Hudig: Hat die Kondensation der Luftfeuchtigkeit im Boden Bedeutung f. d. Bildung d. Grundwassers. Meteorol. Zeitschr., Juni 1923, S. 182. — Hise, C. R. von: Monograph U. S. geol. Survey 47, 128, 570, 1904; 16. Ann. Rep. U. S. geol. Survey, Pt. 1, 1896, S. 593. — Höfer von Heimhalt: Grundwasser und Quellen. Eine Hydrologie des Untergrundes. Braunschweig 1912. — Der Begriff Grundwasser. Intern. Zeitschr. f. Wasserversorgung, 2. Heft 13, 1915. — Erdölstudien. Sitzungsber. d. Akad. d. Wissenschaften math.-naturw. Kl 111, Abt. 1.

Jauert, H.: Neue Methode zur Bestimmung d. wichtigsten physikalischen Grundkonstanten des Bodens. Landw. Jb. 1927, 66. Bd., S. 442.

Kampe, Robert: Zur Quellenphysik. Balneologie und Balneotherapie S. 387—397. Jena 1914, Gustav Fischer. — Keilhack, K.: Lehrbuch der Grundwasser- und Quellenkunde. Berlin 1912, S. 67. — Die Grundwasser im Grunewald. Vossische Zeitung vom 8. März 1916, Nr. 125. — Koehne, W.: Die Begriffe Grundwasser, Haftwasser, Sickerwasser. Wasserkraft und Wasserwirtschaft 1928, Heft 7, S. 87/88. — Kozeny, I.: Über kapillare Leitung d. Wassers im Boden. Sitzungsber. Akad. d. Wissenschaften, Wien 1927, 136 Bd., S. 303. — Krüger, E.: Über d. Verteilung d. Wassers im Boden bei Aufstieg u. Abstieg (Versickerung). Der Kulturtechniker 1925, 28. Jahrg., S. 179.

Lane, A.: Bull. geol. Soc. Amer. 19, 501, 1908. — Lebedev, A. F. u. N. A. Lebedev: Einige Beobachtungen über das Steigen und Sinken des Bodenwasserdampfes. Pedology Nr. 1—2, 1930. — Lehmann, Otto: Über Quellen und Grundwasser. Geographischer Jahresbericht aus Österreich, 13. Bd. 1925, 28 S. m. 8 Abb. i. Satz. — Lersch, B. M.: Hydrophysik oder Lehre vom physikalischen Verhalten der natürlichen Wässer, namentlich von der Bildung der kalten und warmen Quellen, 283 S. Berlin: August Hirschwald 1865. — Lueger, O.: Die Wasserversorgung der Städte. 1. Abt., 834 S. m. 463 Abb. Der städtische Tiefbau, Bd. 2. Stuttgart, Arnold Bergsträsser.

Martel, E. A., L'eau, Etude hydroligique. Paris, 1906. — Mirtsch, H.: Eine Bestimmung d. Benetzungswärme d. Bodens. Botan. Archiv 1930, Bd. 28, Heft 3/4, S. 451. — Mitscherlich, E. A.: Beurteilung d. physikalischen Eigenschaften d. Ackerbodens mit Hilfe seiner Benetzungswärme. Inaug.-Dissert. Kiel 1898. Ferner Bodenkunde, 4. Aufl., Berlin 1923, S. 67.

Passarge, Siegfried: Die Grundlagen der Landschaftskunde, Bd. 3, S. 207 bis 237 (Grundwasser und Quellen). — Pochet, M. L.: Etudes des sources. Paris 1905. — Principi, Paolo: Trattato di Geologia applicata. Abschnitt 19. Le acque sotteranee, S. 629—698 m. zahlreichen Abb. Mailand 1924. — Prinz, E.: Handbuch der Hydrologie. 2. Aufl. Berlin 1923. — Rance de: Increase of unterground water supply. Mechan. World. Bd. 17, S. 94, Jahrg. 1884. — Richthofen, F. von: Führer für Forschungsreisende. Berlin 1886. Abschnitt 5, Bodenwasser und

Quellen, S. 115—132. — Ries, H.: Economic Geology. New York und London 1916, S. 437 ff. — Ries, H. und Thomas L. Watson: Engineering Geology, 6. Abschnitt. Subsurface Waters. S. 305—356. New York 1925, 3. Auflage. — Rinne, F.: Gesteinskunde. Leipzig 1914.

Salomon, W.: Grundzüge der Geologie, Allgemeine Geologie, Teil 2, Abschnitt 4, die Quellen und das Grundwasser, S. 536—546. — Slichter: Water supply papers U. S. Geolog. Survey, Heft 67, S. 15, 1902.

Versluys, I.: Die Kapillarität der Böden. Internat. Mitteilg. f. Bodenkunde 1917, 7. Jahrg. S. 119.

Weiland, H.: Über d. Wasserbewegung im durchfeuchteten Boden mit besonderer Berücksichtigung d. Heberwirkung d. Sandes. Dissert. Techn. Hochschule Danzig 1929. — Werweke, L. von: Über den Begriff Quelle. Mitteilg. Philomat. Ges. Elsaß-Lothringen 5, Heft 3, 1915. — Wollny, E.: Untersuchungen über die kapillare Leitung d. Wassers im Boden. Forschungen auf d. Gebiete d. Agrikulturphysik 1884, 7. Jahrg., S. 270. — Untersuchungen über d. Wasserkapazität d. Bodenarten. Forschungen auf d. Gebiete d. Agrikulturphysik 1885, 8. Jahrg., S. 177. — Woodward, H. B.: The Geology of Water Supply. London 1910.

Zunker, F.: Das Verhalten d. Bodens zum Wasser. Lehrbuch d. Bodenkunde von E. Blanck. Berlin 1930, 6. Bd., S. 66—220 m. 56 Abb. i. Satz. Hier reiche Hinweise über das einschlägige Schrifttum und verschiedene eigene Arbeiten des Verfassers.

4. Einiges über das Grundwasser als Erzeuger und Ernährer der Quellen.

a) Die Behälter und die Bahnen des Grundwassers.

De Angelis d'Ossat, G.: Le acque dei calcari (Le sorgenti di Caposele). Riv. Ing. Sanitaria ed Edilizia Moderna vol. VIII 1912.

Baratta, M.: Il Carso. Raccolta Conference 1916 presso Soc. Geogr. Ital. 1917. — Bieler, Th., Chatelan: Volumbestimmung im gewachsenen Boden. Bericht 4. internat. Konferenz für Bodenkunde 1926, 2. Bd., S. 187. — Bock, H.: Höhlen im Dachstein. Graz 1913. — Brian, A. u. E. Mancini: Caverne e Grotte delle Alpi Apuane. B. S. Geogr. I. vol. II 1913.

Cacciamali, G. B.: Il fenomeno del carso a Fontana Liri. Riv. Ital. di Sc. Natur. fasc. 21—22, 18[illegible]9. — Cvijic, F.: Das Karstphänomen, Versuch einer morphologischen Nonographie. Geogr. Abhandlg. vol. V, 1893. — Bildung und Dislozierung der Dinarischen Rumpffläche. Peterm. Mitt. vol. IV, 1909.

Dainelli, G.: Cavita di erosione nei gessi del Moncenisio. Mondo Scotterr. vol. III, 1908. — Donat: Über die Durchlässigkeit der Sande. Wasserkraft und Wasserwirtschaft, 1930, 24, S. 204.

Feruglio, G.: I fenomeni carsici della Cirenaica. Mondo Scotterr. vol. VIII, 1912. — Flügge, C.: Die Porosität des Bodens. Beitr. z. Hygiene. Leipzig 1879. — Fournier et Maguin, A.: Sur la vitesse d'écoulement des eaux souterraines. C. R. Acad. de Sc. Paris 1903. — Frosterus, B. u. H. Frauenhofer: Volumbestimmungsapparat. Mitteilg. internationaler bodenkundlicher Gesellsch. 1925, 1. Jahrg., Heft 1.

Galdieri, A.: Sulla dissoluzione del calcare in acqua carbonica. Ann. R. Scuola Sup. Agric. di Portici vol. XI. 1913. — De Gasperi, C. B.: Grotte e voragini del Friuli. Mem. Geogr. pubbl. da G. Dainelli nr. 30, 1916. — Gemmellaro, M.: Le doline nella formazione gessosa a N. E. di Santaninfa (Trapani). Giorn. di Sc. Natur. Palermo 1915. — Gortani, M.: Fenomeni carsici nei dintorni di Perugia e di Assisi. Rend. R. Accad, di Bolo na 1908. — Gortani, M.: Intorno ai primi studi speleologia e idrologia sotteranea. Mundo Sotterr. 1909. — Grund, A.: Die Karsthydrologie. Studien aus West-Bosnien. Geogr. Abh. Herausgegeben von A. Penck, Bd. 7, Heft 3, Leipzig 1903.

Hauser-Oedl, F.: Die große Eishöhle im Tennengebirge (Eisriesenwelt). Eisb. u. meteor. Beobachtg. pag. 17, 1923. — Heinrich: Über die Prüfung der Bodenarten auf Wasserkapazität und Durchlüftbarkeit. Forsch. auf d. Geb. d. Agrikulturphys. Bd. 9, S. 259, Jahrg. 1886. — Höfer, H. von: Das Wasser und die Gesteinspalten. Intern. Zeitschr. f. Wasserversorgung 5, 1918, Heft 17, 18. —

Die Verwerfungen. Braunschweig: Fr. Vieweg & Sohn 1917. — Huber, U.: Über die Klüftigkeit des Jeschkengebirges. Intern. Zeitschr. f. Wasserversorg. Leipzig 1916.

Janert: Neue Methoden zur Bestimmung der wichtigsten physikalischen Grundkonstanten des Bodens. Landwirtschaftliche Jahrbücher. Berlin 1927, S. 425—474.

Katzer, Fr.: Karst u. Karsthydrographie. Sarajevo 1909. — Knebel, W. von: Höhlenkunde. Braunschweig 1906. — Köhler, E. J.: Über einige physikalische Eigenschaften d. Sandes u. d. Methoden zu deren Bestimmung. Dissertation. Karlsruhe 1900. — Kraus: Die Erforschung der unterirdischen Verbindungswege im Karst. Gaea, Bd. 1, S. 34. Jahrg. 1886. — Krebs, N.: Die Dachsteingruppe. Zeitschr. d. d. ö. Alpenvereins 1915. — Kyrle, G.: Grundriß der theoretischen Speläologie, mit besond. Berücks. d. Ostalpinen Karsthöhen. Wien 1924.

Maltzahn, R. von: Bemerkungen zum Begriff „Wasserader". Schriften des Verbandes zur Klärung der Wünschelrutenfrage, Heft 13, S. 36—47. München und Berlin 1930. Mit zahlreichen Schriftenhinweisen. — Manegold, E.; R. Hofmann u. K. Solf: Die mathematische Behandlung idealer Kugelpackungen u. d. Hohlraumvolumen realer Gerüststrukturen. Kolloidzeitschrift, Bd. 56, 1931, Heft 2, S. 142—159 m. 20 Abb. i. Satz. — De Marchi, L.: Sull 'idografia carsica nell' Altipiano dei Sette Comuni. R. Magistrati delle Acque, pubbl. nr. 10, 1911. — Marinelli, O.: Cavita di erosione nei terreni gessiferi di Fabriano. R. G-I. 1900 (ved. anche Mondo Scoterr. vol. 1905, 1906, 1911). — Martel, E. A.: Les Abimes. Paris 1894. — Martel, E. A.: Applications géologiques de la spéléologie. Ann. d. Mines, vol. X, 1896. — Mayer, A.: Vorschläge zu einer rationellen Folge von Siebversuchen. Zeitschr. f. anal. Chemie 1902.

Poech: Die hydraulischen Vorgänge in den Spalten des Teplitz-Erzgebirgschen Porphyrs. Österr. Zeitschr. f. Berg- u. Hüttenwesen Bd. 36, S. 375, Jahrg. 1888.

Sangiorgi, D.: Sulla variazione di volume dei solidi bagnati dai liquidi, S. 185. Giornale di Geologia Pratica, 3—4, 1905—1906. — Sidérides, N.: Les Katavothres de Grece. Spelunca vol. VII, 1911. — Spring, W.: Experiences sur l'imbibition des sables par les liquides et les gas. Bull. Soc. belge de Géol., 1903. — Stiny, I.: Gesteinklüfte und alpine Aufnahmegeologie. Jahrbuch d. Geologischen Bundesanstalt. Wien 1925, S. 97—127. — Die Ausführung der Kluftmessung. Der Geologe 1925, Heft 38. — Kluftmessung und Quellenkunde. Internat. Zeitschrift f. Bohrtechnik, Erdölbergbau u. Geologie, H. 13, 1926 — Die Untersuchung von natürlichen Gesteinvorkommen für Bauzwecke und die Klüftigkeit der Felsarten. Steinbruch und Sandgrube, 1927, Heft 25—27. — Versuch einer Einteilung der Böden im techn. Sinne. Geologie und Bauwesen. Bd. 1, Heft 1, Januar 1929, S. 67—69. — Technische Gesteinkunde. Wien: Julius Springer 1929. 550 S. m. 722 Abb. i. Satz und 1 farbigen Tafel. — Die Anlage von Steinbrüchen und Baustoffgruben. Geologie u. Bauwesen, Jahrg. 2, H. 1. Wien 1930, S. 37 u. f. — Der Hohlrauminhalt tatsächlicher Bodengerüste. Geologie u. Bauwesen, 1932, Heft 2, S. 145—148. — Sturterant, L.: Die Durchlässigkeit des Bodens f. Regenwasser. Zeitschr. d. österr. Gesellsch. f. Meteorologie, Bd. 19, S. 417, Jahrg. 1884.

DuToit, A. L.: The Geology of Underground Water Supply Min. Proc. S. A. Soc. Civ. Eng. 1913, S. 7.

Vathaire de Guerchy, A.: Les eaux souterraines et Les cours d'eaux temporaires ou disparus. Bull. Sc. de Yonne Auxerre 1919.

Welitschkowsky, D.: Beitrag z. Kenntnis der Permeabilität des Bodens. Archiv f. Hyg. Bd. II. — Wollny, E.: Untersuchungen über den Einfluß der Struktur des Bodens auf dessen Feuchtigkeits- u. Temperaturverhältnisse. Forsch. a. d. Geb. d. Agrikulturphys. Bd. 5, S. 145, Jahrg. 1882; Unters. ü. d. spez. Gewicht, das Volumgew. usw. der Bodenarten. Forschungen a. d. Geb. d. Agrikulturph. 1885. — Untersuchungen über die Sickerwassermengen in verschiedenen Bodenarten. Forsch. a. d. Geb. d. Agrikulturphys. Bd. 11, S. 1, Jahrg. 1888.

b) Einiges über die Gesetze der Wasserbewegung überhaupt.

Behr, J., M. Beninde; B. Bürger; H. Klut; R. Kolkwitz u. C. Reichle: Grundzüge der Trinkwasserhygiene. Berlin 1926, Abschnitt 6. Reichle: Hydrologie S. 115—172 m. 20 Abb. — Bindemann: Die Verwertung der Häufigkeitszahlen der Wasserstände. Jahrb. f. d. Gewässerkunde Norddeutschl. Besondere Mitteil. Bd. 1. Nr. 1, 1915. — Braun, G.: Petermanns Geogr. Mitteil.

Chalon, P. F.: Eaux souterraines. Paris-Liege 1913. — Clapp, F. G.: Water supply papers U. S. geolog. Survey 258, 40, 1911. — Corazza, O.: Geschichte der artesischen Brunnen. Leipzig 1902, Franz Deuticke.

Deecke: Protokoll d. Versammlung d. Direktoren d. deutschen Geolog. Landesanstalt, September 1909. — Dixey, Frank: Water Supply. London 1932, 571 S. m. 134 Abb. — Düll: Die Auswertung von Pegelbeobachtungen. Die Bautechnik. 5. Jahrg., H. 20, 1927.

Fauser, O.: Die Grundwasserstandsbeobachtungen (in einem gedränten Felde). Der Kulturtechniker. 1923. S. 83. — Fossa Mancini, M.: Sur le debit des puits dans les terrains permeables; Ann. des Ponts et Chausées Paris 1890—93. — Friedeberg: Grundwasser, Unterboden u. Brunnen. Maschinenbauer Bd. 4, S. 161, 179, 217, 254. Jahrg. 1887. — Friedrich, P.: Beziehungen des tieferen, artesischen Grundwassers zur Ostsee. Mitteil. d. Geogr. Ges. Lübeck, 2. Reihe, Heft 27, 1916.

Gädicke: Grundwasserspiegel. Zeitschr. f. praktische Geologie 1910, S. 209. — Gagel, P.: Zeitschr. f. praktische Geologie 21, 81, 1913. — Grahmann: Änderung der Grundwasserverhältnisse durch Regulierung eines offenen Wasserlaufs. Braunkohle 1924, Jahrg. 22, S. 707—709. — Granigg: Abflüsse aus Wasserbecken und verkarsteten Gebieten. Die Wasserkraftnutzung in Österreich u. deren geogr. Grundlagen. S. 13—16. Wien 1925. — Gross, Erwin: Handbuch der Wasserversorgung, München und Berlin: R. Oldenburg 1928. 427 S. m. 187 Abb.

Hackstroh, P. A. M.: Eigenaardige ervaringen opgedaan bij het bepalen van grondwaterstanden door middel van peilbuizen. De Ingenieur. 27. Juli 1929. — Haedicke, H.: Die Entstehung des Grundwassers. Bayr. Industrie u. Gewerbeblatt 1907. — Heise und Herbst: Lehrbuch der Bergbaukunde. II. Bd. 1923. — Hess: Beobachtungen über d. Grundwasser. Z. d. A. u. Ing.-V. Hannover 1870. — Heymann, J. A.: Eigenaardige ervaringen opgedaan bij het meten van grondwaterstanden. Water en Gas, 31. Mai 1929. — Hofmann, Fr.: Grundwasser u. Bodenfeuchtigkeit. Chem. Zentralbl. S. 143, Jahrg. 1884.

Imbeaux, E.: Essai d'hydrogéologie. Recherche, étude et captage des eaux souterraines. 1930. 704 S. m. 395 Abb. frz. Fr. 270.—.

Kampe, R.: Das Wasser, S. 558—633 in Redlich, Terzaghi, Kampe Ingenieurgeologie. Wien und Berlin 1929. — Keilhack, K.: D. geschichtliche Entwicklung d. Lehre u. d. Entstehung d. Grundwassers. Festrede. Jahrb. d. k. preuß. Geolog. L. A. 1902. — Grundwasserstudien. 1. Der artesische Grundwasserstrom des unteren Ohretales bei Magdeburg. Zeitschr. f. praktische Geologie. 16. Jahrg. 1908, Heft 11. — Grundwasserstudien IV. Z. f. prakt. Geol. 1912, Heft. 2 — Grundwasserstudien V. Der Einfluß des trockenen Sommers 1911 auf die Wasserbewegung in den Jahren 1911 u. 1912. Zeitschr. f. prakt. Geologie. — XXI. Jahrg. 1913. H. 1. — Grundwasserstudien. 6. Über d. Wirkungen bedeutender Grundwasser-Absenkungen Zeitschr. f. praktische Geologie. 21. Jahrg. 1913, 17 S. m. 14 Abb. i. Satz. — Keller, Hermann: Gespannte Wässer. 90 S. m. 49. Abb. Halle: W. Knapp 1928. — Koehne: Naturwissenschaftliche Fragen bei der Grundwasserversorg. (erscheint in der Zeitschrift Das Gas- und Wasserfach). — Abweichende Ergebnisse d. Grundwasserforschungen i. Deutschland u. Rußland. Peterm. Geograph. Mitteil. 1923, S. 57ff. — Beobachtungen d. Veränderungen des Grundwasserstandes. Jahrbuch der Deutschen Landwirtschaftsgesellschaft. 1919. — Die Ursachen der Grundwasserstandsschwankungen. Deutsche Wasserwirtschaft. 1924, H. 7, mit 6 Abb. — Einige methodische Fragen der Grundwasserkunde. Vortrag. Zeitschr. d. Deutsch. Geol. Ges. Bd. 77, 1925, S. 75—91. Mit 5 Abb. — Umschau in der Grundwasserkunde. Der Kulturtechniker. 1925, S. 61—72, 1926. S. 170—182, 209—236; 1927, S. 99—114. — Ergebnis einer Umfrage über die Einrichtungen zur Grundwasserstandsmessung. Der Kulturtechniker. 1927, S. 51—59. — Beiträge zur Grundwasserkunde. Jahrbuch für die Gewässerkunde Norddeutschlands. Besondere Mitteil. Bd. IV, Heft 4, 1927. (Mit 6 Abb., 12 Tafeln u. 1 Karte. — Grundwasserkunde. 100 Abb. u. 291 Seiten. E. Schweizerhartsche Verlagsbuchhandlung, Stuttgart 1928. — Wie wirken Einsickerung, unterirdische Kondensation und Grundluftspannung auf das Grundwasser? Wasserkraft und Wasserwirtschaft. 1929, Heft 16, S. 216. — König, Fr.: Entstehung u. Speisung d. Grundwässer. Journ. f. Gasbeleuchtung, München 1906, Heft 47—49. — Kohlschütter, R.: Grundwasser als Rohwasser. Aus W. Vollbrecht u. R. Sternberg-Raasch· Trink- u. Nutzwasser d. deutschen Wirtschaft. Berlin 1930. — Kosyreff: Die Organisation des Netzes der Beobachtungstationen f. d. unterirdische Wasser. (Russisch.) Bulletin des Hydrolog. Instituts in Moskau. 1926. Nr. 17.

Lannay, L. de: Traité de Géologie et de Minéralogie appliquées à l'art de l'ingenieur. Paris 1922, S. 326—328. — Lehmann, O.: Über Quellen und Grundwasser. Geogr. Jahresbericht aus Österreich, 1925. XIII. Bd.

Mager, H.: Les eaux souterraines. Paris 1912. — Maiocchi, M.: Determinazione sperimentale degli elementi incogniti nello studio delle falde sotterranee. Monitore tecnico, Milano 1912. — Marschall: Über Mängel an Rohrbrunnen u. Vorschläge zur Beseitigung solcher Mängel. Journal f. Gasbeleuchtung u. Wasserversorgung. 1914, Heft 14. — Martel, E. A.: Nouveau traité des eaux souterraines. Paris 1921. — May, Paul: Rhein und Grundwasser im Stadtgebiet Düsseldorf und ihre hydraulischen Beziehungen zueinander. 1928, 52 S. — Meinzer, O. E.: The occurence of groundwater in the United States. U. S. Geological Survey, Water Supply Paper 489. — Outline of Ground-Water-Hydrology with definition. U. S. geolog. Survey, Water-Supply Paper 494 (1923). — Metzger: Die Dampfkraft als Ursache der Grundwasserbildung. — Mezger, Chr.: Die verschiedenen Stadien der Grundwasserbildung. Gesundheits-Ingenieur 1930, S. 273—278 m. 1 Abb. — Meydenbauer, A.: Zur Grundwasser- u. Quellentheorie. Gaea 19, 1883, S. 606. — Die Entstehung des Grundwassers. Zeitschrift des Verb. deutscher Architekten- u. Ingenieur-Vereine. Jahrg. I, Nr. 5, 1912, S. 41. — Ministero dei Lavori Publici: Servizio idografico. Bolletino idografico. Parte prima. Anno 1926. Osservazioni Freatimetriche. S. 153—156. Rom 1927. — Mirou, F.: Les eaux souterraines, eaux potables, eaux thermominerales. Recherche, captage, Paris, Masson 1902. — Murray: Scottish Geogr. Magazine. 1887.

Nordenskjöld, A. E.: Compt. rendus Paris 1895, 120, S. 857.

Olsson: Koloborr, ny borrtyp för uptagning av lerprov. Teknisk Tidskrift, utgiven av svenska teknologföreningen. Väg-och Vattenba gnads konst. 2 Jahrg. 55, S. 13—16 1925. — Ototzky, P.: Die Schwankungen des Grundwassers und die meteorologischen Faktoren. Recueil des traveaux et des études hydrologiques. T. 1.

Ponte, G.: Sull'origine delle acque sotterranee del versante orientale dell'Etna; Rend. R. Accad. Lincei, 1914. — Prinz, E.: Unterirdische Wasserscheiden. Intern. Zeitschr. f. Wasserversorgung. Leipzig 1915.

Range, Paul: Das Grundwasser- in den Trockengebieten d. Erde. Zeitschr. f. praktische Geologie 1923, 31. Jahrg. S. 97—100. — Richert, G. J.: Die Grundwasser mit besonderer Berücksichtigung der Grundwasser Schwedens. München-Berlin 1911. S. 196. — Herstellung kupferner Tiefbrunnen f. d. Wasserversorgung d. Stadt Malmö i. Südschweden. Internat. Zeitschr. für Wasserversorgung. 1. Jahrg. 1914, Heft 9, S. 145—148. — Röhrer, F.: Das Untergrundwasser, seine Bildungsweise und seine Erscheinungsformen. Das Gas- und Wasserfach, 1929, Heft 8 und 9, 12 S. m. 16 Abb.

Salomon, Wilhelm: Über einige im Kriege wichtige Wasserverhältnisse des Bodens u. der Gesteine. München und Berlin 1916. — Schober, G.: Org. Ver. Bohrtechniker. 18, 281, 1911. — Smreker, O.: Die Erscheinungsformen des Grundwassers. Zt. d. Deutsch. Ing. Ver. 1883. — Das Grundwasser, seine Erscheinungsformen, Bewegungsgesetze und Mengenbestimmung; Leipzig 1914. — Soldan: Befindet sich Norddeutschl. in fortschreitender Austrocknung? Der Bauingenieur. 5. Jahrg., H. 15, 1924, S. 455—461. — Soyka, Isidor: Die Schwankungen des Grundwassers mit besonderer Berücksichtigung der mitteleur. Verhältnisse. Geogr. Abh. Bd. II, Heft 3. Wien 1888. — Steuer, A.: D. Entstehung des Grundwassers im hessischen Ried. Festschrift A. v. Koenen, Stuttgart 1907. S. 147. — Abhandlg. Hess. geolog. Landesanstalt 5, Heft 2, 148, 1911. — Suess, E.: Der Boden der Stadt Wien. Wien: Wilhelm Braumüller 1862, 326 S. m. 21 Holzschnitten und einer farbigen Karte. (S. 201—326 betreffen die Wasserversorgung von Wien); Österr. Revue 1866.

Tacke: Über Gestaltung der Grundwasserverhältnisse im Moorboden. Mitteil. d. Vereines zur Förderung der Moorkultur, 24, 1906, S. 119. — Thiem, G.: Hydrologische Methoden. Leipzig 1926. — Tornquist, A.: Druck infolge Überlagerung mit Sand und Ton. Journ. für Gasbel. und Wasser. 54, 1911. S. 9.

Ule, W.: Das Wasser im Boden. Nachrichten über Geophysik. 1894, Bd. 1, S. 14.

Verluys on Steenhuis: Hydrologische Bibliographie von Nederland. Amsterdam 1915. (Nachtrag 1917). — Voel, J.: Reflexions sur la determination pu debit d'une nappe souterraine. Eau et Hygiene, Paris 1909. — Volkersz, K.: Merkwaardige grondwaterstandswaarnemingen in de schooltuin te Lisse. Weekblad Kon. Ned. Mij. voor Tuinbouw en Plantkunde. 9 Maart 1929.

Wilser, J.: Grundriß der angewandten Geologie. Berlin: Gebr. Bornträger 1921. — Neues vom Grundwasser. Intern. Zeitschr. f. Bohrtechnik, Erdölbergbau und Geologie. 15. Juni 1928. Nr. 14, Jahrg. XXXVI. S. 109—110. — Woodward, H. B.: The geology of water supply. London 1910.

Zunker, F.: Neue Einblicke i. d. Wasserführung d. Bodens. Kulturtechniker. 1926, 29, S. 148; Einige neuere Forschungsergebnisse, betreffend die Durchlässigkeit der Böden. Deutsche Tiefbauzeitung, 1930, S. 44.

c) und d) Die Bewegung des Grundwassers, seine Erscheinungsweise usw.

D'Andrimont, R.: Note préliminaire sur une nouvelle méthode pour étudier experimentalement l'alluse des nappes aquifères dans les terrains perméables en petit. Soc. géol. de Belgique, XXXII, Mém., S. 115. — La science hydrologique; Revue univers. des Mines Liège 1905. — De Angelis D'Ossat, G.: Di un criterio idrologico. Rend. R. Accad. Lincei 1911. — Atterberg, A.: Kolloidchemie. Beiheft 6, 55. — Die rationelle Klassifikation der Sande u. Kiese. Chemiker-Zeitung 1905, Nr. 15. — Auerbach, F. u. W. Hort: Handbuch der physikalischen und Technischen Mechanik, Bd. V.

Blohm, Georg: Der Einfluß der Bodenstruktur auf die physikalischen Eigenschaften des Bodens. Landwirtschaftl. Jahrbücher. LXVI. Bd., S. 147—184, 1927. — Bornemann, R.: Hydrometrie. Freiberg i. Sa. 1849. — Boussinesq, J.: Eaux courants; Journ. de mathem. 2 (13) 1868. — Recherches théoriques sur l'écoulement des nappes d'eau infiltrées dans le sol. Journ. de Mathem. pures et appliquées 1904, S. 14. — Brennecke-Lohmeyer: Der Grundbau. 4. Aufl., Berlin 1927. — Brouhon, L.: Ann. d. travaux publ. de Belgique 5, 1900. — Bubendey, J. H.: Prakt. Hydraulik. Leipzig 1911. — Budau, A.: Kurzgefaßtes Lehrbuch der Hydraulik. Wien u. Leipzig 1913.

Le Couppey de la Forest: L'étude des eaux souterr. Soc. belge de géol. 1904. — Quelques considerations complementaires sur la propagation souterraine de la fluoresceine et sur l'emploi pratique de ce colorant. Bull. Soc. belge de Geol. 1903. — Challon, P. F.: Eaux souterraines. Paris et Liège 1913. — Cranz, C.: Spiegel zwischen Haupt- und Nebenfluß. Journ. f. Gasbel. und Wasser 33, 1890, S. 559. — Cuen, St. N.: Alimentarea cu apa orasulin Bacâu, Bucuresci 1898, S. 27. — Nonele ape alimentare ale orașulni Bucureci, Bucuresci 1897, S. 28.

Darcy, H.: Les fontaines publiques de la ville de Dijon. 1856. S. 590 ff. — Donat, Josef: Über die Durchlässigkeit der Sande. Wasserkraft und Wasserwirtschaft, 1930, Heft 16, S. 204—205. Erwiderung an F. Zunker. — Duclaux, E.: Ann. chim. phys. (4) 25 (1872) S. 458. — Dupuit, J.: Etudes théorethiques et pratiques sur le mouvement des eaux 2. éd. Paris 1863, S. 267.

Ehrenberger: Versuche über die Ergiebigkeit von Brunnen und Bestimmung der Durchlässigkeit des Sandes. Zeitschr. d. Österr. Ing. und Arch. Ver. 1928, Heft 9/10, 11/12, 13/14. — Eustice, J.: Proc. of the Roy. Institution of Great Brit. 85 (1911) S. 119.

Fauser, O.: Die Geschwindigkeit des Wassers in Dränrohrleitungen. Der Kulturtechniker. XXVIII. Jahrg., H. 6, 1925. — Flamant, A.: Hydraulique. Paris 1909. — Fliegel: Die Fließrichtung des Grundwassers in den großen Tälern.

Jahrb. d. Preuß. Geol. Landesanstalt für 1926, S. 458 u. f. — Die Fließrichtung des Grundwassers in großen Tälern. S. 26. Geologisches Zentralblatt, Bd. 35, Nr. 1, 15. April 1927. — Flügel: Kritische Untersuchungen über die Theorie der Grundwasserbewegung und ihre Anwendung auf die vollkommenen Brunnen. Karlsruhe 1929. — Forchheimer, Ph.: Zeitschr. d. Archit. u. Ingen.-Vereines zu Hannover 32, 1886, Sp. 545 — Zeitschr. des österr. Ing.- und Arch.-Vereins 50, 1898, S. 629, S. 648. — Wasserbewegung durch Boden. Zeitschr. d. Ver. Deutsch. Ing. 1892. — Wasserbewegung im Boden. Zeitschr. des Vereines deutsch. Ing. 45 (1901), S. 1782 — Zeitschr. d. österr. Ingnieur- und Architekt.-Vereines 57, 1905, S. 588; Zeitschr. d. österr. Ing.- u. Arch.-Vereines 58, 1906, S. 201. — Journ. f. Gasbr. u. Wasser 53, 1910, S. 1067; Hydraulik, 3. Aufl. Leipzig und Berlin: B. G. Teubner 1930. — Fournier et Magnin, A.: Sur la propagation des eaux souterraines. Bull. Soc. belge de Géologie 1903. — Freckmann u. Janert: Eine für die kulturtechnische Praxis brauchbare Methode zur Bestimmung der Wasserdurchlässigkeit im gewachsenen Boden. Der Kulturtechniker. XXVII. Jahrg., 1924, H. 3, S. 116.

Geinitz: Die Abhängigkeit des Grundwassers von den Niederschlägen. Intern. Zeitschr. f. Wasser-Versorg. 3. Jahrg., 1916. — Gibson: Proc. of the Royal Institution of Great Britain; London 1910, Papers 83, S. 376. — Götze: Periodische Schwankung des natürlichen Grundwasserstandes. Das Gas- und Wasserfach. 69. Jahrg. 1926, 24. Heft, S. 496. — Grüneisen, E.: Wissensch. Abhandl. Phys.-Techn. Reichsanstalt, 4, 153, 1904.

Hagen, E.: Poggendorfs Annalen 46, 1839, 437; Berliner Monats-Ber. 1852, S. 35; Handbuch der Wasserbaukunst 1. Teil, 1. Bd., 3. Aufl. 1869, S. 253. — Hagenbach, E.: Paggendorf Ann. 109, 1860, S. 385. — Hampel, W.: Technische Blätter 40, 1908, S. 30. — Havrez: Revue universelle des mines 35 (1874) S. 469ff., S. 507. — Hazen, A.: The Filtration of Public Water-Supplies, New York 1895. — Hocheder, F.: Das Grundwasserbewegungsgesetz. Geschäftsber. des kgl. bayr. Wasserversorgungsbureaus 1915. — Hugentobler: Bericht über die Versuche zur Ermittlung des Durchflußgesetzes und der Durchlässigkeitskonstanten f. d. Durchfluß von Wasser durch verschiedene Kies- und Sandmaterialien in d. Versuchsanstalt Manegg. Schweizerische Wasserwirtsch. Mitteil. d. Komm. f. Abdichtungen des Schweizer. Wasserwirtschaftsverbandes. XVI. Jahrg., Nr. 5, S. 105. XVII. Jahrg. Nr. 5, S. 123—130.

King: Observations and experiments on the fluitnations in the level and rate of movement of groundwater on the Wisconsin agricultural experiment station farm and at Whitewater. U. S. Dep. of Agriculture, Weather-Bureau Bull. Nr. 5, Washington D. C. 1892. — King, F. H.: Principles and conditions of the movement of Ground Water. 19. Ann. Rep. U. S. Geol. Survey 1897/98. — Kozeny, J.: Beiträge zur Theorie der Grundwasserbewegung. Ingenieurzeitschrift, 1. 1921, S. 97; Zur Wasserbewegung nach Fanggräben. Der Kulturtechniker 1924, 27, S. 59. — Über Grundwasserbewegung. Wasserkraft und Wasserwirtschaft. 1927, 22 Jahrg., Heft 7, S. 103. — Über Bodendurchlässigkeit. Die Wasserwirtschaft, 1931, Heft 33 u. 34 (S. A. 15 S. m. 28 Abb.). — Grundwasserstudie, Drainstrangentfernung. Die Wasserwirtschaft, 1931, Heft 10, 4 S. m. 7 Abb. — Kresnik, P.: Wasserbewegung durch Boden. Österr. Wochenschr. f. d. öff. Baudienst, Wien 1906. — Kröber, C.: Zeitschr. d. Vereines deutscher Ing. 28 (1884) S. 593, 617. — Krüger: Die Grundwasserbewegung. Intern. Mitteil. f. Bodenkunde. 1919. S. 105. — Kruse, W.: Über die Einwirkung d. Flüsse auf Grundwasservers. Zentralbl. f. allg. Gesundheitspflege. 19. Jahrg.

Lamb, H.: Hydrodynamics. Cambridge 1895. — Langhlins, W. W.: Capillary syphonig through soils Eng. New. Rec. 1920, S. 933. — Lebedeff, A. F.: Die Bewegung des Wassers im Boden u. im Untergrund. Zeitschr. f. Pflanzenernährung 1927/28, S. 1—36. — D. Wasserbewegung im Boden u. Untergrund. Mitteil. des landw. Inst. 1918, S. 220. — Leonardo de Vinci: Del moto e misura dell-'aqcua. Racc. Aut. Ital. vol. V. 1826. — Lorenz, H.: Lehrbuch d. techn. Physik. III. Bd.: Hydrodynamik. München—Berlin 1910. — Lüdecke: Bestimmung der Geschwindigkeit und Richtung der Grundwasserbewegung. Der Kulturtechniker. 1906, S. 12. — Luedecke: Über die Wasserbewegung im Boden. Der Kulturtechniker, Breslau 1909. — Lueger, Otto: Theorie der Bewegung des Grundwassers in den Alluvionen der Flußgebiete. Stuttgart 1883.

Maillet, Ed.: Essais d'Hydraulique souterraine et fluo. Paris 1905. — Marboutin, F.: Essai sur la propagation des eaux souterraines. Bull. Soc. belge de Géologie, 1903. — Masoni, U.: Di alcune determinazioni sperimentali sui coefficienti di filtrazione. Napoli 1896 — Sul moto dell'aqua attraverso i terreni permeabili. Napoli 1895. — Michael, R.: Jahrb. d. Kgl. Preuß. Geolog. Landesanstalt 33, H. 2, S. 77.

Ney, K. E.: Die Gesetze der Wasserbewegung im Gebirge. Neudamm 1911.

Ostwald, Wo.: Kolloid-Zeitschrift 36, 105, 1925.

Pantanelli, D.: Coefficiente di filtrazione; Influenza del mezzo filtrante Memorie della R. Accademia di Modena ser. III, vol VI. — Pennink, J. M. K.: Over de Beweging van groundwater. De Ingenieur 1905 u. Journ. f. Gasbel. u. Wasserversorg., München 1907. — Poiseuille, J. M. L.: Recherches expérimentales sur le mouvement des liquides dans les tubes des très petits diamètres. Comptes Rendus, 11. 12. (1840—41). Mem. des Sav. Etrangers 9 (1846). — Poiseuilles: Ann. chim. phys. (3) 7 (1843) S. 62.

Ramann, E.: Bodenbildung und Bodeneinteilung. Berlin 1918. — Renk, F.: Über die Permeabilität des Bodens. Zeitschr. f. Biologie Bd. XV. — Reuther, A.: Ein Beitrag zur Klärung der Wasserbewegung. Gesundheits-Ingenieur 1930, S. 164—167, S. 180—185 und S. 194—202, m. 42 Abb. — Reynolds: Proc. of the Roy Institution of Great Britain 1889, Papers 2, S. 158. — Reynolds, O.: Papers on mech. and phys. subjects. Cambridge 1911. — Rostalski, J B.: Beiblätter zu den Annalen der Physik und Chemie, Bd. 2, 1878, S. 677. — Rother, M.: Zur Ehrenrettung des Dareyschen Gesetzes. Intern. Zeitschr. f. Wasservers. Leipzig 1915/16. — Ruehlmann, M.: Hydromechanik. Hannover 1880.

Schardt, Hans: Über die Färbungsversuche mit Fluorescin an unterirdischen Wässern. Ecl., t. 11, Nr. 3. Verhandlungen Basel 1910. — Schiller, L.: Über den Strömungswiderstand von Rohren verschiedenen Querschnittes und Rauhigkeitsgrades. Zeitschr. f. angewandte Mathematik und Mechanik, 1923, 3. Bd., S. 2—13. — Schocklitsch: Über die Durchlässigkeit von Baumaterialien und Sanden. Wasserwirtschaft 1926, Heft 24. — Seelheim, F.: Zeitschr. f. analytische Chemie, 19 (1880) S. 387ff., 403, 409, 413. — Slichter, Ch. S.: Theoretical investigation of the motion of underground waters. 19. Ann. Rep. of the U. S. geol. Survey 1897/98. — The motions of underground waters. U. S. A. Geological Survey, Water Supply. Papers Heft 67, 1902. — Water supply papers U. S. geol. Survey, 140, 16, 1905. — Field measurements of the rate of movement of underground waters. Wash. 1906. Water-Supply and Irrigation Paper. Wash. Nr. 140. — Smreker, O.: Hydrologische Untersuchungen von Grundwassergebieten. Journ. f. Gasbeleuchtg. u. Wasservers. 1907. — Zeitschr. d. Vereins deutscher Ing. 25 (1881), S. 283, 353, 411, 483—489. — Der Wasserbau. Handb. d. Ing.-Wiss. 3. Bd. Leipzig-Berlin. — Das Grundwasser, seine Erscheinungsformen, Bewegungsgesetze und Mengenbestimmung. Leipzig und Berlin 1914. — Bemerkungen zu dem Rotherschen Aufsatze „Zur Ehrenrettung des Darcyschen Gesetzes". Intern. Zeitschr. f. Wasserv. Leipzig 1915/16. — Spring, W.: Quelques exp. sur l'imbibition du sable. Bull. de la Soc. belge de géol. 1903. — Stala, A.: Beiträge zur Kenntnis der Art und Weise des Grundwasseraufsteigens im Schwemmgebirge. Zeitschr. f. praktische Geologie, 1899. — Stebutt, Alexander: Lehrbuch der allgemeinen Bodenkunde. Berlin 1930. — Stiny, J.: Grundsätzliches über den Baugrund. Geologie und Bauwesen 1931, Heft 4, S. 217—227. — Zur Wasserbewegung in Haarröhrchen. Geologie und Bauwesen, 1932, Heft 2, S. 149—154.

Terzaghi: Erdbaumechanik auf bodenphysikalischer Grundlage. Leipzig u. Wien 1925. — Terzaghi, K. v.: Sickerverluste aus Kanälen. Die Wasserwirtschaft, 1930, Heft 18/19, 13 S. m. 15 Abb. im Satz. — Thévenet: Ann. des ponts et chauss. (6) 7, 1884, S. 200. — Thiem, A.: Journ. f. Gasb. und Wasser 13, 1870, S. 450. — Journ. f. Gasb. und Wasser 19 (1876), S. 707. — Die Wasserversorgung der Stadt. Nürnberg, Leipzig 1879, S. 26. — Journ. f. Gasb. und Wasser 22, 1879, S. 518. — Journ. f. Gasb. und Wasser 23, 1880, S. 156, 196, 227,

596. — Zeitschr. d. Verein. deutsch. Ing. 24 (1880), S. 101. — Zeitschr. d. Vereines deutscher Ing. 31, 1887, S. 1138. — Thiem, G.: Hydrologische Methoden. Leipzig 1906. — Meßwerkzeug f. d. Lagebestimmung des Grundwasserspiegels. Gesundheits-Ingenieur, München 1908. — Journ. f. Gasb. und Wasser 56, 1913, S. 228. — Wirkung und Zweck von Schluckbrunnen. Gesundheits-Ing. Jahrg. 1923, Nr. 34. — Durchlässigkeit, Porenraum, Körnung und Lagerung von Kiesen u. Sanden. Steinbruch und Sandgrube. Jahrg. 1926, Nr. 8/9. — Die Grundlagen der Grundwasserforschung. Deutsche Licht- und Wasserfach-Zeitung 1929, Heft 24, 25, 26. — Thomson, W.: On the equilibrium of vapour at a curved surface of liquid. Proz. Royal. Society Edinburgh 1869/70, 76, S. 63. — Tornquist, A.: Das Gesetz der Wasserbewegung im Gebirge. Graz 1922, Leykam-Verlag.

Versluys, V.: Le principe du mouvement des eaux souterrains. Amsterdam 1912. Übersetzung aus d. Holländischen von F. Dassesse. — Verluys: Voruntersuchung und Berechnung der Grundwasserfassungsanlagen. München und Berlin 1921. — Vitols: Quelques remarques sur l'infiltration des eaux superficielles. Acta Universitatis Latviensis 1926, 14.

Washburn: The Dynamics of Cappilary Flow. The Physical Review. March 1921, S. 273. — Weiland, H.: Über Wasserbewegung im durchfeuchteten Boden mit besonderer Berücksichtigung der Heberwirkung des Sandes. Dissertation. Danzig 1929. — Weisbach, J.: Lehrbuch der theoretischen Mechanik. Braunschweig 1875. — Wilhelm, Gustav: Der Boden und das Wasser. Wien 1861, Braumüller. — Weiß, Th.: Zivilingenieur (2) 11 (1865), Sp. 199, 202. — Weyrauch, R.: Hydraulisches Rechnen. Stuttgart 1912. — Wiesenthal: Untersuchungen über die Bedeutung d. Wasserbewegung in einem Sandboden für seine Bewirtschaftung, Zeitschr. f. Pflanzenernährung, Düngung u. Bodenkunde VII, 3. Berlin 1929. S. 128. — Wolny, E.: Methoden zur Bestimmung der Durchlässigkeit des Bodens. Anal. Chem. vol XIX. — Untersuchungen über die kapillare Leitung des Wassers im Boden, zweite Mitteilung. Forsch. a. d. Geb. der Agrikulturphys. Bd. 8, S. 1, Jahrg. 1885. — Forschungen auf dem Gebiete der Agrikulturphysik 14 (1891) S. 1.

Zunker: Neue Einblicke in die Wasserführung des Bodens. Der Kulturtechniker. XXIX. Jahrg. 1926, S. 148.

e) Die Schwankungen des Grundwasserspiegels.

Delecourt, I.: Forme des trajectoires suivies par l'eau dans la partie de couche acquifére influencée par un puits ordinaire. Bull. Soc. belge de Geologie, ecc. 1911.

Flügel, Karl: Kritische Untersuchungen über die seitherigen Theorien der Grundwasserbewegung und ihre Anwendung auf die vollkommenen Brunnen. Das Gas- und Wasserfach, 1930, Heft 29, S. 560—566 und Heft 25, S. 582—589, m. zahlr. Abb.

Holler: Die Ermittlung der Wasserführung von Grundwasserströmen aus Pumpversuchsergebnissen. Das Gas- u. Wasserfach 1929. — Holmsen, Gunnar: Et hittil upaa-aktet grundvandsforraad i vore lertrakter. Norsk geologisk tidsskrift 10, H. 1—2, S. 76. Oslo 1928.

Lannay: Die Schwankungen des Grundwassers. Gaea Bd. 24, S. 630, Jahrg. 1888. — Lehr, G. J.: Der Beharrungszustand des Grundwassers beim Versuchsbrunnenbetrieb. Gesundheits-Ingenieur 1930, S. 213/14 m. 1 Abb. — Lummert, R.: Zur Berechnung der Ergiebigkeit von Grundwasserströmen. Journ. f. Gasbeleuchtung und Wasserversorg. München 1917. — Neue Methode der Bestimmung d. Durchlässigkeit wasserführender Bodenschichten. Braunschweig: Friedr. Vieweg & Sohn 1917.

Petterson, Otto: The Tidal force. Geografisha Annaler, 1930, Heft 4.

Schaffernak, F. u. R. Dachler: Versuchstechnische Lösung von Grundwasserproblemen, S. 1. Die Wasserwirtschaft Nr. 1, 24. Jahrg. 1931. — Soyka: Experimentelles zur Theorie der Grundwasserschwankungen. Vierteljahrsschrift für öff. Gesundheitspflege Bd. 4, S. 592, Jahrg. 1885. — Soyka, J.: Der Boden. Handb. d. Hygiene. I. Teil, 2. Abt. Leipzig 1887.

Thiem, G.: Einfluß des Gefälles, der Korngröße und der Lagerung auf die Wasserdurchlässigkeit der Geschiebe. Das Wasser 1913.

f) Grundwasserverhältnisse von Küstengebieten.

d'Andrimont: Note préliminaire sur une nouvelle méthode pour étudier experimentalement l'alluse des nappes aquiféres dans les terrains, perméables en petit. Ann. Soc. geol. de Belgique (Lüttich), 32 Bd. Abt. Mem. 704.

Beresteiyn, M. H. van: Gedijkrommen van plaatsen aan de Nederlansche kast en benedenrivieren, 1911. — Blok, S.: Eenige beschouwingen over getijden, 1919. — Bohlmann: Die Grundwasserabsenkung bei dem Schleusenbau zu Brunsbüttelskoog. Dissertation, Braunschweig 1913. — Brinkhorst, W. H.: De verbetering van de haven te Vlissingen. De Ingenieur, 1928, blz. B 223.

Friedrich, P.: Beziehungen des tieferen, artesischen Grundwassers zur Ostsee. Mitteilg. der Geogr. Ges. Lübeck, 2. Reihe, Heft 27, 1916.

Herzberg, A.: Die Wasserversorgung einiger Nordseebäder. Gesundheits-Ingenieur 1901, S. 359. — Die Wasserversorgung einiger Nordseebäder. Journ. f. Gasbeleuchtung u. Wasserversorgung. 44. Jahrg. 1901, S. 815.

Jaarboeken der waterhoogten: Uitgegeven door het Ministerie van Waterstaat sinds 1854.

Kruemmel, O.: Handbuch der Ozeanographie. I. Teil. Stuttgart 1907.

Krul, W. F. J. M.: Hydrologie als toegepaste wetenschap Voordracht gehouden op het XXIste Nederlandsche Natuur- en Geneeskundig Congres te Amsterdam. Polytechnisch Weekblad, 1927, blz. 477 en blz. 502. De Ingenieur, 1927, blz. 515 (beknopte sammtvatting).

Müller, Friedrich: Das Wasserwesen der niederländischen Provinz Zeeland. Berlin 1898.

Oldenborgh, I. van: Mededeelingen amtrent de uitkomsten van door het Rijksbureau voor Drinkwatervoorziening ingestelde geohydrologische onderzoekingen in verschillende duingebieden. Voordracht gehouden in de Vergadering van het Kon. Instituut van Ingenieurs van 11 Maart 1916. De Ingenieur, 1916, blz. 458 en blz. 474. — Het provinciaal Waterleidingsbedrijf van Noordholland (S. W. N.). De ingenieur, 1930, Heft 24, S. 115—139 m. 30 Abb.

Pennink, I. M. K.: De prise d'eau der Amsterdamsche Duinwaterleiding. Voordracht gehouden in de vergadering van het Koninklijk Instituut van Ingenieurs, op. 10 November 1903 en 9 Februari 1904. Verh. Kon. Instituut van Ingenieurs, 1903—1904, blz. 184 en De Ingenieur 1904, blz. 213. — Prise d'eau dans les dunes. Inst. R. des Ing. Haag 1914. — Rapport omtrent het stijgen in de duinwaterwinplaates. Amsterdam 1914.

Ribbins, C. P. E.: Over de sammenstelling en de waarde van het brongas, Het Gas, 1898, blz. 17, 85 en 151. — De duinwatertheorie in verband met de verdeeling van het zoete en zoute water in den ondergrond onzer zeeduinen. De Ingenieur, 1903, blz. 244 en 1904, blz. 71.

Scheffel: Grundwassernachweis für die Wasserversorgung des Nordseebades Wyk auf Föhr. Das Gas- und Wasserfach, 1930, Heft 16, S. 364—369 m. 3 Abb. — Soecknick, K.: Triebsandstudien. Schriften des phys.-ökon. Ges. zu Königsberg i. Pr. 1904. — Stang, Th.: Über die Gewinnung von Grundwasser aus Dünen. Journ. f. Gasbeleuchtung u. Wasservers. München 1911. — Steenhuis, J. F.: Nota d. d. 7 November 1926 inzake de geologische gesteldheid van den ondergrond der gemeente Vlissingen, bijlage 1 van het rapport, vermeld ander III (niet gepubliceerd). — Rapport d. d. 6 Juni 1927 inzake de geologische resultaten van de verrichte boringen, bijlage 2 van het rapport, vermeld ander III (niet gepubliceerd). — Steggewentz: Beiträge zur Kenntnis des Einflusses der Gezeitenbewegung auf die Steighöhe gespannten Grundwassers. Rapporten en mededeelingen van het Rijksbureau vor Drinkwatervoorziening, Mededeeling Nr. 9, 1929. — Stok, J. P. van der: Etudes des phénomènes de marée sur les côtes néerlandaises I—IV. Kon. Ned. Meteorologisch Instituut Nr. 90, 1904, 1905 en 1910. — Stremme, H.: Geologie und Wasserversorgung im Gebiet der freien Stadt Danzig. Gas- u. Wasserfach, 1926, S. 437.

Thomson, W. (Lord Kelvin): Papular lectures and addresses. Vol. III, 1891.

Versluys, J.: De capillaire werkingen in den bodem. Proefschrift, Delft 1916.

Wintgens, P.: Beitrag zur Hydrologie von Nordholland. Dissertation. Freiberg 1911.

5. Die technischen Eigenschaften des Quellwassers und ihre Untersuchung.

a) Allgemeines.

Brückner, E.: Allg. Erdkunde, Bd. 2. Die feste Erdrinde u. ihre Formen. Wien 1897, S. 193.

Daubrée: Les eaux souterraines. 3 Bde. Paris 1887. — Davis-Braun: Grundzüge der Geographie. Leipzig u. Berlin 1911.

Fritsch, v.: Allgemeine Geologie. Sammlung Geogr. Handbücher. Stuttgart 1888, S. 306.

Gärtner: Die Quellen in ihren Beziehungen zum Grundwasser und zum Typhus. Jena 1902. — Götzinger, G.: Beiträge zur Entstehung der Bergrückenformen. Penck, Geogr. Abhandlungen. Bd. IX, H. 1, S. 17.

Haas, Hippolyt: Quellenkunde. Leipzig 1895. — Hann, Hochstetter, Pokorny: Allgemeine Erdkunde. Prag 1881, S. 309. — Heim, A.: Die Quellen. Öffentl. Vorträge VIII, 9. Basel 1885. — Höfer, Hans v.: Gundwasser und Quellen. Braunschweig: Fr. Vieweg und Sohn 1920.

Iterson, F. K. Th. van: Einige theoretische Beschouvingen over kwel. De Ingenieur 1916 und 1919.

Kampe, Robert: Zur Quellenphysik. Balneologie u. Balneotherapie. Fischer, Jena 1914. — Kayser, E.: Lehrbuch der Geologie. 1. Bd., S. 410—441. Stuttgart: Ferdinand Enke 1921. — Keilhack, K.: Lehrbuch der Grundwasser- und Quellenkunde. Berlin 1912.

De Launay, L.: Geologie et mineralogie appliquées a l'Art de l'Ingenieur. Paris 1922. — Lehmann, O.: Über Quellen und Grundwasser. Geographischer Jahresbericht aus Österreich. 13. Bd. Leipzig und Wien 1925. — Lersch: Handbuch der Hydrophysik. Bonn 1870. — Lorenz v. Liburnau, Josef Roman: Skizzen aus dem liburnischen Kast. Österr. Revue 1867, 4, S. 127—140.

Martel, E. A.: L'Hydrogéologie; La Géographie. Paris 1922.

Neumayr, M. — Suess, Fr. E.: Erdgeschichte. 543 S. Leipzig-Wien 1920, S. 217—232. — Ney, E. C.: Die Gesetze der Wasserbeweg. im Gebirge u. die Aufgaben d. vaterl. Wasserwirtschaft. Neudamm 1911.

Penck, A.: Morphologie d. Erdoberfläche I. Stuttgart 1894, S. 241 f. — Prinz, E.: Handbuch der Hydrologie. Berlin 1919.

v. Richthofen: Führer f. Forschungsreisende. Berlin 1886, S. 97. — Rovereto, Gaetano: Forme della terra. Mailand 1923, Ulrich Hoepli, S. 104—107.

Salomon, Wilhelm: Grundzüge der Geologie. Bd. I. Allgem. Geologie, Bd. II. Erdgeschichte. Stuttgart, Schweizerbart 1924, 1926. — Sapper, K.: Geol. Bau- u. Landschaftsbild. Die Wissenschaft Bd. 61. Braunschweig 1917, S. 67. — Schulze: Literaturübersicht über Quellen. Wasser und Gas vom 1. Nov. 1926. Sp. 113—188. — Stremme, H.: Quellen. Handwörterbuch der Naturwissenschaften. Jena 1913. — The United States Geological Survey its History, Activities and Organisation. Institute for Government Research. Service Monographs of the United States Governement Nr. 1. New York 1918. — Supan, A.: Grundzüge d. physikalischen Erdkunde, 6. Aufl. Berlin u. Leipzig 1928, S. 474 u. 548.

Ule, Willi: Physiographie des Süßwassers. (Abschnitt: Grundwasser, Quellen unter Mitarbeit von O. Lehmann.) Leipzig und Wien: Franz Deuticke 1925.

Warington, R.: A contribution of the study of well waters. Journ. of the chem. soc. Bd. 51, S. 500, Jahrg. 1887. — Woodward: Geology of Water-Supply. London 1910.

b) Die Wärme des Wassers.

Beyer: Mitteilg. Ver. f. Erdkunde. Dresden, 2. Heft 7.

Daffner: Über kalte u. warme Quellen. Gaea. Jahrg. 1886, S. 146ff.

Forel: La température des eaux profondes du lac Léman. Comptes rend. Bd. 103, S. 47, Jahrg. 1886. — Fugger, E.: Über Quellentemperaturen. Salzburg 1882, S. 71.

Kerner, F. von: Untersuchungen über die Abnahme der Quellentemperatur mit der Höhe im Gebiete der mittleren Donau und des Inn. Sitzungsber. d. Akad.

Wissenschaften Wien, math. naturw. Abh. 112, Bd. 2a, Mai S. 1903, 38ff. — Über die Abnahme der Quellentemperatur mit d. Höhe. Meteorol. Zeitschr. 1905, S. 161. — Mitteilung über die Quellentemperaturen im oberen Cetinatale. Verhdlg. d. K. K. geolog. Reichsanstalt 1911, Heft 14. — Einfluß geologischer Verhältnisse auf die Quellentemperaturen in der Tribulaungruppe. Verhandlg. k. k. Geol. Reichsanstalt 1911, S. 347—360. — Königsberger, J.; E. Thoma u. F. Leier: Über Bodentemperaturen im Schwarzwald, in Graubünden u. in Ägypten. Berichte d. Naturforsch. Ges. zu Freiburg i. B., Bd. XVIII, 1909, S. 9.

Mezger, Chr.: Über Grundwasser- und Quellentemperaturen. Gesundheits-Ing. München 1904. — Über die Temperaturen der Gebirgsquellen. Gesundheitsingenieur 1916, Heft 42—45. — Über die Temperaturen der Quellen und der Grubenzuflüsse in ihrem Verhalten zu Boden u. Gesteinstemperatur. Glückauf, Essen 1917, Nr. 37, S. 690 u. 695.

Schardt, H.: Die geothermischen Verhältnisse des Simplongebirges in der Zone des großen Tunnels. Zürich, Schultheiß u. Co. 1914.

Thumm, K.: Über Schöpfthermometer usw. Hyg. Rundschau 1916.

Werveke, L. von: Mitteilg. Geolog. Landesanstalt Elsaß-Lothringen 6, 1908, S. 309. — Wojeikoff, A: Etude sur la température des eaux et sur les variations de la température du globe. Arch. des sciens. phys. et nat. Jahrg. 1886.

c—f) Die physikalische und chemische Beschaffenheit des Wassers.

Becker: Über Trübungen bei Quellen. Journ. f. Gasbel. u. Wasservers. Bd. 30, S. 818, Jahrg. 1887. — Becker, A.: Die Methodik der radioaktiven Quellenuntersuchung. Geologische Rundschau, Bd. 14, Heft 4, 1924, S. 364—374. — Behr, J.; M. Beninde; B. Bürger; H. Klut· R. Kolkwitz u P. Reichle: Grundzüge der Trinkwasserhygiene, 216 S. m. 95 Abb. Berlin 1926, Abschn. 2, Bürger: Bakteriologie, S. 9—56.

Clapp, F. G.: Occurence and composition of well waters in the granites of New England U. S. Geol. Surv. Water-Supply Paper 258, S. 40. — Chappuis: Die Tierwelt der unterirdischen Gewässer. Die Binnengewässer, Bd. III. Stuttgart 1927. E. Schweizerbart.

Deneke: Zeitschr. f. Hygiene I. — Dittrich, M.: Über die chemischen Beziehungen zwischen den Quellwässern und ihren Ursprungsgesteinen. Mitt. d. Großherzogl. Bad. Geol. Landesanstalt IV, Heft 2, 1901. — Dost-Hilgermann: Grundlinien für die chemische Untersuchung von Wasser und Abwasser. 2. Aufl. Jena 1919. — Dru: Société des Ingénieurs Civils, Séance du 1. Février et 7. Mars 1862. — Dunbar, W. P.: Die Abwässer der Kaliindustrie. München-Berlin 1913.

Emmerling, O.: Praktikum der chemischen, biologischen und bakteriologischen Wasseruntersuchung. Berlin 1914. — Englebert: Qualité et débit des sources naturelles et artificielles. Revue univ. II. 14, S. 560, Jahrg. 1884.

Friedmann, A.: Über den Geschmack des harten Wassers. Zeitschr. f. Hyg. u. Infektionskrankh., 47. Bd. 1914.

Gärtner, A. u. F. Thiemann: Handb. d. Unters. u. Beurteilung des Wassers. Braunschweig 1895. — Glotzbach, J.: Über die Schmeckbarkeit der gewöhnl. Wasserverunreinig. Würzburg 1908. — Grünhut, L.: Trinkwasser und Tafelwasser. Leipzig 1920. — Gollnow, G.: Die lichtelektrischen Erscheinungen als Grundlage für ein objektives Trübungs-Meßgerät von Wässern usw. Gas- und Wasserfach 1932, Heft 43, S. 848—849, m. 3 Abb.

Hanak, A.: Der Begriff der Härte des Wassers und ihre analytische Bestimmung. Mitteilg. d. Hauptverbandes deutscher Ingenieure i. d. C. S. R. 1930, Heft 8, S. 255—257. — Hasch, Alex.: Das Verhalten von Beton und Mörtel im Moor. Zeitschr. d. österr. Ing. und Architekten-Ver. 1923, S. 120. — Hey, R: Über die Notwendigkeit von Coli-Untersuchungen neben der Gesamtkeimzahlbestimmung im Wasser. Gas- u. Wasserfach 1932, Heft 10, S. 182—185.

Jackson, D. D.: The normal distribution of Chlorine. Wash. 1905. Water-Supply and Irrigation Paper, Wash. Nr. 144. — Jäger, H.: Entnahme und bakteriologische Untersuchung des Wassers. Zeitschr. f. praktische Geologie 1906, S. 299.

Klut, H.: Bleivergiftungen der Wasserleitungen. Med. Klin. 1914. — Metalle u. Mörtel angreifende Wässer. Hyg. Rundschau 1915. — Über die aggressiven Wässer. Med. Klin. 1918. — Trink- und Brauchwasser. Berlin u. Wien 1924, 129 S. — Untersuchung des Wassers an Ort und Stelle, 182 S. m. 40 Abb. 5. Auflage. Berlin: Julius Springer 1927. Hier ausführliche Hinweise auf das Schrifttum.

Lauterborn, Rob.: Die Verunreinigung der Gewässer und die biologische Methode der Untersuchung. Ludwigshafen a. Rhein. — Lawels, J. B.; J. H. Gilbert u. R. Warington: On the amount and compos. of the rain and drainage-waters collected at Rothamsted. Journ. of the roy. agr. Soc. of England. Bd. 17 u. 18. Zentralbl. f. Agrikulturchemie Jahrg. 1882, Heft 9 u. 10. — Lepsius: Abnahme des gelösten Sauerstoffes im Grundwasser u. Apparat zur Entnahme von Tiefproben aus Bohrlöchern. Ber. d. chem. Gesellsch., Bd. 18, S. 24, 87. Jahrg. 1885.

Mandl, K: Widerstand des Betons gegen chemische Einflüsse. 1. Mitteilg. Intern. Verb. f. Materialprüfungen, Gruppe B, Zürich 1930, S. 149. — Marrahn, W.: Beitr. z. Beurteilung der Frage über die Geschmacksgrenze. Mitteilungen der Landesanstalt f. Wasserhygiene. Berlin, Heft 20, 1915. — Matthes, H. u. G. Wallrabe: Über natriumbikarbonathaltige und besonders jodreiche Wässer in Ostpreußen. Pharmazeutische Zentralhalle 1930, Heft 18, S. 273—276. — Meyers-Haase: Beziehungen des harten Wassers zur Gesundheit. Kali. XXI. Jahrg., H. 8, 1927.

Ohlmüller: Die Untersuchungendes Wassers. Berlin 1894, S. 5—14. — Ohlmüller, W. u. O. Spitta: Die Untersuchung und Beurteilung des Wassers und des Abwassers, 4. Aufl. Berlin: Julius Springer 1921.

Pleißner: Über die Messung und Registrierung des elektr. Leitvermögens von Wässern mit Hilfe von Gleichstrom. Arb. a. d. Kaiserl. Gesundheitsamte, XXX, 3, 1909, S. 483—523. — Prevost: Qualities of water, derived from different rocks. Sanitar. Eng. Bd. 6, S. 219, Jahrg. 1882. — Poulsen, A.: De la compacité du béton et de sa résistance aux agents chimiques. 1. Mitteilg. d. Neuen Intern. Verb. f. Materialprüfungen, Gruppe B, Zürich 1930, S. 157.

Roos, I. O. af Hjelmsäter. Resistance of Concrete Pipes to Corrosion by Water. 1. Mitteilg. d. Neu. Int. Verb. f. Materialprüfungen, Gruppe B, Zürich 1930, S. 144. — Röttger: Lehrbuch der Nahrungsmittelchemie. 5. Aufl. Leipzig 1926. — Rubner, M.: Lehrbuch der Hygiene. 8. Aufl., S. 347. Leipzig-Wien 1907.

Schwetz, A.: Zeitschr. d. Ver. deutsch. Ing. — Sipöcz, L.: Über Messen und Verwenden von frei abströmender Quellenkohlensäure. Zeitschr. f. Balneologie usw. 11. Jahrg., Heft 13/14, S. 75—77. — Spitta, O.: Die Wasserversorgung. Handb. d. Hygiene. Leipzig 1911. — Steuer, A.: Hydr. Unters. von Trink- und Grundwasser. Gesundheit 1908. — Suehrig, H.: Über d. Einfluß v. Moor- u. Schlickboden auf d. Zusammensetzung v. Grundwasser. Intern. Zeitschr. f. Wasservers. Leipzig 1915.

Thienemann, August: Die Binnenwässer Mitteleuropas. Eine limnologische Einführung. Stuttgart. Schweizerbart 1926. (Mit Angaben über die Fauna des Grundwassers und der Quellen.) — Tiemann, F. u. A. Gärtner: Handbuch der Untersuchung u. Beurteilung des Wassers. 4. Aufl. Braunschweig 1895. — Tillmans: Journ. f. Gasbeleuchtung und Wasserversorgung. München 1913. — Tilmans, I.: Die chemische Untersuchung von Wasser und Abwasser. Halle a. d S. 1915.

Vendl, Charles: Zur Kenntnis sulfathaltiger Grundwässer. Geologie und Bauwesen, 1930, Heft 4, 9 S. m. 3 Abb. i. Satz. — Vogt, A.: Qualitätsschwankungen des Wassers in einer Trinkwasser-Talsperre. Gesundheits-Ingenieur 1930, Heft 40, S. 619—620. Im Abfluß einer Trinkwasser-Talsperre wurde zeitweises Ansteigen des Eisen- und Mangangehaltes beobachtet; Angabe eines einfachen Verfahrens zur Beseitigung des Übelstandes. — Voit, Wilhlem: Das unterirdische Wien in bezug auf den Bau künftiger Untergrund-Schnellbahnen. Zeitschr. d. österr. Ing. u. Architekten-Ver. 1929, S. 101. — Volhard: Ann. Chemie u. Pharm. 1879.

Weiß: Das Mangan im Grundwasser. Hannover 1909. — Weldert, R. u. Karaffa-Korbut: Über die Anwendbarkeit d. Best. d. elektr. Leitvermögens b. d. Wasseruntersuchung. Mitt. d. Landesanstalt f. Wasserhygiene. Berlin 1914, Heft 18. — Werveke, L. von: Gegen die schematische Wasseranalyse. Intern. Zeitschr. f. Wasserversorg. Leipzig 1917. — Winkler, L. W.: Trink- und Brauchwasser in G. Lunge u. E. Berl: Chemisch-technische Untersuchungsmethoden. Bd. 1, 7. Aufl. Berlin 1921. — Wasser und Abwasser. Bd. 8, Nr. 5.

g) Reinigung und Verbesserung des Wassers.

Abel, K.: Die Vorschriften zur Sicherung gesundheitsmäßiger Trink- und Nutzwasserversorgung. Berlin 1911. — Allen, Hazen: Some physical properties of sands and gravels with special reference to their use in filtration. Mass. Slate Board of Healt Report 1892.

Brinkhaus, H. P.: Untersuchung von Filtermaterialien. Gesundheits-Ingenieur 1930, S. 410—412 m. 3 Abb. — Bruns, H.: Die Desinfektion des Trinkwassers in Wasserleitungen mit Chlor. Gas und Wasserfach, 65, 1922, S. 734.

Dornedden, Hans: Beiträge zur Trinkwasservereinigung durch die langsame Sandfiltration. Das Gas- und Wasserfach 1930, Heft 13, S. 289—295, Heft 14, S. 319—325 und Heft 15, S. 340—343.

Erlwein, G.: Neuere Ozonwasserwerke. Gesundheitsingenieur. 36, 1913, S. 17.

Friese, G.: Über eine neuerbaute Enteisnungs- u. Entsäuerungsanlage. Gas- und Wasserfach, 55, S. 150, 1912.

Gartzweiler, L.: Die neue Schnellfilteranlage der Stadt Remscheid. Gas- u. Wasserfach, 59, S. 577, 1916. — Chlorgassterilisation und Desinfektion von Wasser u. Abwasser. Gesundheitsingenieur 44, S. 143, 1921. — Groß, E.: Wirtschaftliche Gesichtspunkte der Wasserreinigung. Das Gas- und Wasserfach, 1930, Heft 26, S. 601—606 m. 8 Abb.

Hansen, Paul: Developments in Water-Purification Practice. Engineering News-Record 1930, S. 839—843 m. 8 Abb. — Haviland, P. H.: Domestic Water Supplies and Sanitation on the Farm. Bull. Nr. 632, S. Rhodesia Departement Agric. — Hilgers, W. u. L. Lauter: Untersuchungen über die Wirkungen der Langsamfiltration. Gesundheitsingenieur 44, 1921, S. 381. — Hinderks, A.: Spiralkläranlage zur Klärung von Abwässern. Der Bauingenieur 1930, Heft 17, S. 291—294 m. 11 Abb. — Hooijer, K.: Der Eisen- u. Mangangehalt des Wassers und seine Enteisnung u. Entmanganung. Gas- und Wasserfach, 63, S. 253, 1920.

Imhoff, K. u Ch. Saville: Die Desinfektion von Trinkwasser mit Chlorkalk in Nordamerika. Gas- u. Wasserfach, 53, S. 1119, 1910.

Johnston, G. A.: The Purification of Public Water Supplies. U. S. Geol. Surv. W S. P. 315.

Kabrhel, G.: Studien über den Filtrationseffekt der Grundwässer. Archiv für Hygiene, 1906, S. 362. — Kißkalt, K.: Die Ursachen der Wirkung von Sandfiltern. Gas- u. Wasserfach, 60, S. 111, 1917. — Die Wirkung offener u. geschlossener Filter bei der Enteisnung. Gas- u. Wasserfach, 65, S. 85, 1922. — Klepetar, Hans: Neue Versuche zur Reinigung von Trinkwasser auf chemischem Wege. Gesundheits-Ingenieur 1930, Heft 42, S. 641—645 m. 6 Abb. — Krull, F.: Die Wassersterilisierung durch organisierte Luft usw. Zeitschr. d. österr. Ing. und Architekten-Vereins Wien 1901.

Link, E.: Schnellfilteranlage von 30000 m³ Tagesleistung für das Neckarwasserwerk Berg der Stadt Stuttgart. Gas- und Wasserfach, 67, S. 593, 1924.

Martiny, Paul: Betrachtungen über die Entsäuerung des Wassers an Hand graphischer Darstellungen. Gosundheits-Ingenieur, 1930, S. 202—205 m. 6 Abb. — Meyer, A. F.: Erfahrungen beim Betrieb von Sandfiltern. Zeitschr. f. Wasserversorgung, Nr. 23, 24, 1919. — Entkeimung eines Sandfilters: Das Gas- und Wasserfach 1932, Heft 2, S. 29—30. — Minder, L.: Zur Theorie über die Wirkung der Sandfilter. Gas- und Wasserfach, 61, S. 56, 1918.

Oesten, G.: Grundwasser-Enteisenung mittels Regenfall. Gesundheits-Ing. München 1895. — Neureungen in der Konstruktion von Sandfiltern zur Wasserversorgung. Gas- u. Wasserfach, 52, S. 453, 1909. — Olszewski, W.: Entsäuerung, Entmanganung und Entkeimung von Trinkwasser sowie Entkeimung von Schwimmhallenwasser. Ber. d. Dtsch. pharm. Ges., 33, H. 5, 1923. — Ornstein, Georg: Chlorkombinationsverfahren. Gesundheits-Ingenieur 1930, Heft 43, S. 694—697.

Piefke, C.: Mitteilungen über natürliche und künstliche Sandfiltration. Berlin 1881. — Einrichtung und Betrieb von Wasserfilteranlagen. Zeitschr. für angewandte Chemie 1890, S. 723. — Über die Nutzbarmachung eisenhaltigen Grundwassers. Zeitschr. f. d ges. Brauwesen 1891. — Neuere Ermittlungen über die Sandfiltration. Journ. f. Gasbeleuchtung und Wasserversorgung 1891, S. 207. — Über die Betriebsführung von Sandfiltern. Gesundheitsingenieur 1894, S. 181.

Rasser, Ed.: Die physikalische Methode bei der Trinkwasserreinigung. Zeitschr. f. Wasservers., Nr. 5, 6, 1918. — Die chem. Methode der Trinkwasserreinigung. Zeitschr. f. Wasservers., Nr. 15, 16, 1918. — Reisert, H.: Wasserreinigung mittels Kalk im Zusammenhang mit der Trinkwasserfrage in Niederländisch-Indien. Gesundheitsingenieur, 44, S. 196, 1921. — Rottmann, W.: Untersuchung und Verbesserung des Wassers. Bibliothek der gesamt. Technik. Hannover 1907.

Sartorius, Fr. u. W. Ottenmeyer: Die Entfernung störender Substanzen im Trinkwasser. Gesundheits-Ingenieur 1930, S. 227—234 m. 6 Abb. — Schröder, R.: Erfahrungen mit der Verwendung von schwefelsaurer Tonerde f. Vorklärungszwecke im Betrieb des Hamburger Elbwasserwerkes. Gas- u. Wasserfach, 56, S. 878, 1913. — Selter, H. u. W. E. Hilgers: Bedeutung des Chlorgasverfahrens f. d. Trinkwasserversorgung. Gesundheitsingenieur, 46, S. 125, 1923. — Sentenac, M. u. M. Fontaine: L'épuration des eaux usées en Allemagne. Annales des ponts et chaussées, 1930, Heft 3, S. 266—297 m. 23 Abb. — Spring, W.: Recherches expérimentales sur la filtration de l'eau dans la sable et le limon 1902. — Sprung: Die Enteisnungsanlage des städt. Wasserwerkes II in Potsdam. Gas- u. Wasserfach, 57, S. 872, 1914. — Stoof, H.: Beiträge z. Beurteil. d. Frage i. d. Verwendung v. Kaliendlaugen. Mitt. d. Landesanstalt f. Wasserhygiene. Berlin 1917.

Thiem, G.: Die Entsäuerungsanlage der Stadt Meerane (Sachsen). Internat. Zeitschr. f. Wasserversorgung 1914, 1. Jahrg.

Wichers, C. M. u. Fr. E. Jacobs: Reinigung von Oberflächenwasser. Das Gas- und Wasserfach. 1930, Heft 37, S. 878—879.

Ziegler: Beispiele für die Filterung von Talsperrenwasser. Gesundheits-Ingenieur 1930 S. 82—87, 99—105 m. 11 Abb. — Die Trinkwasserreinigung als Quelle für Klinkerzusatzstoffe, S. 819. Tonindustrie-Zeitung, Jahrg. 55, Nr. 56, 1931. — Experiments on the passage of bacteria through soil, Engineering Record, 1909, Nr. 4, Vol. 60.

h) Die Ergiebigkeit der Quellen und ihre Schwankungen.

Fischer, E.: Studio delle sorgenti di Serino. Napoli 1913, S. 30ff. — Frank, L.: Beziehungen zwischen Regenfall u. Quellergiebigkeit unter besonderer Berücksichtigung der Münchener Wasserversorg. und der Kissinger Quellen. Mitt. d. Geogr. Ges. in München. Bd. 6, Heft 1. München 1911.

Hoernes, R.: Zeitschrift für Balneologie, III, 3, S. 65—73. — Huber, U.: Über das Messen der Quellen. Österr. Wochenschr. f. d. öffentl. Baudienst. Wien 1917.

King, T. H.: 19th Ann. Report. U. S. geol. Survey Part. II, S. 72, 1899. — Kinzer: Wassereichungen und Überfallmessungen. Zeitschr. d. österr. Ingenieur- und Architekten-Vereins, 1897, S. 549. — Kröber: Versuche über die Beziehungen zwischen Spiegelabsenkung u. Ergiebigkeit der Quellen. Journ. f. Gasbel. u. Wasservers. Bd. 28, S. 853, Jahrg. 1885.

Latham: British. Assoc. Rep. 1883, 495. — Lauterburg: Berechnung der Quellenabflußmengen aus der Regenmenge und der Größe der Quellengebiete. Allgem. Bauztg., Bd. 52, S. 9, Jahrg. 1887. — Lehr, G. J.: Trockenzeit und Quellergiebigkeit. Gesundheits-Ing. 54. Jahrg. 1931. S. 585 ff.

Porchet, M.: Compt. Rend. 188 (1929), S. 266.

Thiem, A.: Zeitschr. f. Wasserversorgung 5, 1918, S. 87.

Wollny, E.: Einfluß des Atmosphärendruckes auf die Ergiebigkeit von Brunnen u. Quellen. Zentralbl. d. Bauverwaltg. Jahrg. 1882, S. 8.

i) Vermehrung der Quellschüttung.

König, A. u. Hayo Bruns: Künstliche Grundwasseranreicherung unter Berücksichtigung der Verhältnisse des Ruhrkohlengebiets. Gesundheitsingenieur, 1930, Heft 43, S. 662—667, Heft 46, S. 740—745 m. 13 Abb. — Kranz, W.: Künstliche Trinkwasserbereitung und -Verbesserung. Internat. Zeitschr. f. Wasserversorgung, 4. Jahrg., Heft 12/13, 14/15. — Krüger: Über Einstau-Bewässerung und Grabenversickerung. Mitteil. d. Kaiser-Wilhelm-Instituts für Landwirtschaft in Bromberg. Bd. 1, H. 4. Berlin 1909.

Nau, E. F.: Künstliches Grundwasser. Journ. f. Gasbeleucht. u. Wasserversorg. München 1911.

Reichle, C.: Über künstl. Grundwasser. München 1910. — Richert, J.: Le eaux souterraines artificielles. Stockholm 1900, C. E. Fritze.

Scheelhaase, F.: Beitrag z. Frage d. Erzeugung künstl. Grundwassers. Journ. f. Gasbeleuchtung u. Wasservers. München 1911. — Erzeugung künstlichen Grundwassers aus Mainwasser. Geologische Rundschau 1912, S. 134. — Smreker, O.: Zur Frage der Wassergewinnung durch natürliche Filtration. Journ. f. Gasbeleuchtg. und Wasservers. 1899. — Sympher, L.: Künstl. Quellspeisung. Zentralblatt d. Bauverwalt. Berlin 1912.

Thiem, A.: Die künstl. Erzeugung von Grundwasser. Journ. f. Gasbeleucht. u. Wasserversorg. München 1897.

6. Die Entstehung und Einteilung der Quellen.

a—b) Allgemeines und Freifließer.

Ballif: Wasserbauten in Bosnien und der Herzegowina. Wien, Holzhausen 1. 2. 1896. 27. 1899. — Bock, H.: Der Karst und seine Gewässer. Mitteilg. f. Höhlenkunde, 6. Heft 3, Graz 1913. — Bock, H.; G. Lahner u. G. Gaunersdorfer: Die Höhlen im Dachstein. Graz 1913. — Boegan, E.: Le sorgenti d'Aurissiana. Rassegna bimestrella della Soc. Alpina delle Giulie, 1905/10, 1906/11. — Bryan, K.: Classification of springs. Journal of geology, XXVII, 1919.

Cvijic: Morpholog. und glaciale Studien aus Bosnien 2. — Das Karstphänomen. Pencks geogr. Abhandlg. V/3. Wien 1896. — Hydrographie souterraine. Grenoble 1918. — Circulation des eaux souterraines et l'érosion karstique. Festschrift für Gorjanovic-Kramberger. Agram 1925.

Denkmann, A.: Zeitschr. f. prakt. Geologie 9, 1901, S. 1ff. — Dixey, Frank: Water Supply. London 1932, 569 S. m. 133 Abb. und 9 Tafeln.

Friedrich, P.: Mitteilg. Geogr. Ges. Lübeck 1916, Heft 27, 2. Reihe.

Gavazzi: Die Seen des Karstes. Abhandlg. d. k. k. geograph. Ges. Wien, 6, Heft 2, 1904. — Gnirs, A.: Die Wasserversorgung in Istrien. Österr. Rundschau, 13. Bd., 1907. — Goupillière Hatonde. Cours d'axploit d. mines, Tom 1, S. 145. — Grund, A.: Die Karsthydrographie. Pencks geogr. Abhandlg. 7, Heft 3. Wien 1903. — Zur Frage des Grundwassers im Karst. Mitt. d. k. k. geograph. Ges. Wien, 52. Bd., 1909. — Beiträge zur Morphologie des dinarischen Gebirges. Pencks geogr. Abhandlg. 9, Heft 3. Wien 1910.

Hauer, Fr.: Berichte über die Wasserverhältnisse in d. Kesseltälern von Krain. Österr. Touristenzeitung 1883, 3. Bd., Heft 3 u. 4. — Hoernes, R.: Die Karsthydrographie und die Wasserversorgung Istriens. Adria, 2. Jahrg., Heft 11, 1910. — Hopf, L. u. E. Trefftz: Grundwasserströmung in einem abfallenden Gelände mit Abfanggraben. Zeitschr. für angew. Math. und Mechanik 1928, 1, S. 290—298 m. 7 Abb. i. Satz. — Hugnes: Idrografia sotteranea carsica. Görz 1903.

Ischirkoff, A.: Oro- und Hydrographie von Bulgarien. Sarajewo 1913. Deutsch von A. Kassner.

Katzer, F.: Karst und Karsthydrographie. Zur Kunde der Balkanländer,

Heft 8, 1909. — Zur Karsthydrographie. Petermanns Mitteilg. 1908. — Knebel, W. von: Höhlenkunde mit Berücksichtigung der Karstphänomene. Die Wissenschaft, Heft 15. Braunschweig 1906. — Knop: Über die hydrographischen Beziehungen zwischen der Donau und der Achquelle im badischen Oberlande. Neues Jahrb. f Mineralogie 1878, S. 350—363. — Krebs, N.: Die Halbinsel Istrien. Pencks Geogr. Abhandlg. 9, Heft 2, S. 1907. — Neue Forschungen zur Karsthydrographie; Pet. Mitt. 1908; auch: Geogr. Zeitschr. 1910. — Offene Fragen der Karstkunde. Hettners Geogr. Zeitschr. 1910. — Zur Frage des Karstzyklus. Mitteilg. k. k. geogr. Ges. Wien Bd. 52, 1909.

Leppla, A.: Über das Vorkommen nat. Quellen in den pfälzischen Nordvogesen. Zeitschr. f. prakt. Geologie, Bd. I, S. 108. — Lozinski, W., Ritter von: Karsterscheinungen in Galizisch-Podolien. Jahrb. d. k. k. geolog. Reichsanstalt. Wien 1907.

Martel, E. A.: Les Abîmes. Paris 1893. — La theorie de la „Grundwasser" et les eaux souterrains du Karst. La Geographie 21. — Etude sur la source de fontaine l'évéque. Paris 1905. — Nouveau traité des eaux souterraines. Paris 1921. — Meinzer, O. E.: Sarge springs in the United States. VII. 94 S., 17 Tafeln, 23 Abb. Geological Survey. Water Supply Paper 557. Washington 1927. — Michael, R.: Jahrb. kgl. Preuß. Geolog. Landesanstalt 33, 2. Heft, 1913, S. 92.

Nopcsa, F. Baron: Karsthypothesen. Verh. geol. Reichsanstalt. Wien 1918.

Olshausen, J.: Ber. d. 5. Versammlung d. niedersächsischen Ver. von Gas- und Wasserfachmännern in Braunschweig. München 1903.

Passarge, S.: Vergleichende Landschaftskunde, Heft 3. Die Mittelgürtel. Berlin 1922, S. 26 u. 48. Ebenso Grundlagen der Landschaftskunde III, a. a. O., S. 241. — Penck, A.: Über das Karstphänomen. Vorträge zur Verbr. naturw. Kenntnisse. Wien 1904. — Plate, G.: Die Wasserversorgung auf den k. k. Istrianer und Dalmatiner Staatsbahnen. Zeitschr. d. österr. Ing. und Architekten-Vereins. Wien 1878. — Porchet: Etudes sur les sources. Paris 1905. — Principi, Paolo: Trattato di Geologia applicata. Abschnitt 19, Le aque sotterranee, S. 629—698. Mailand 1924. — Putick, W.: Die Lindwurmquelle bei Oberlaibach. Die Erdbebenwarte, 2. Laibach 1903—1904.

Richter, E.: Beiträge zur Landeskunde Bosniens und der Herzegovina. Wissensch. Mitteilg. aus Bosnien u. d. Herzegovina, 10. Bd. Wien 1907. — Riedl, J.: Untersuchung einer Quelle im herzegov. Karst auf ihren Ursprung. Zeitschr. d. österr. Ing. u. Architekten-Vereins. Wien 1897. — Salmojraghi, Fr.: Sulla continuità sotterranea del fiume Timavo. Atti Soc. Ital. d. sciense nat. Milano 1905, Bd. 44. — Sawicki, L., Ritter von: Beitrag zum geogr. Zyklus im Karst. Hettners Geogr. Zeitschr., 15. Jahrg. Leipzig 1909. — Schenkel, Th.: Karstgebiete und ihre Wasserkräfte. Wien-Leipzig 1912. — Schollmayer-Lichtenberg: Wasserversorgung im Karstgebiete. Mitteilg. d. Musealvereins f. Krain. Laibach 1907, Jahrg. 20. — Stille, H.: Geologisch-hydrol. Verhältnisse im Ursprungsgebiet der Paderquelle zu Paderborn. Abh. d. Preuß. Geol. Landesanstalt. Neue Folge, Heft 38. — Stiny, J.: Zur Oberflächenformung der Altlandreste auf der Gleinalpe (Steiermark). Zentralblatt f. Min. usw. Jahrg. 1931, Abb. B, Heft 2/3, S. 49—62 und 97—109 m. 3 Abb. i. Satz. — Stoiser, J.: Die ältesten Nachrichten über d. Zirknitzer See u. a. Karsterscheinungen. 32. Jahresbericht d. Staatsoberrealschule in Graz 1904. — Stur, D.: Geol. Verhältnisse d. wasserführenden Schichten d. Untergrundes in d. Umgegend d. Stadt Fürstenfeld in Stmck. Jahrb. d. k. k. geol. Reichsanst. 1883, 33. Band, 2. Heft.

Teppner, W.: Die Karstwasserfrage. Geolog. Rundschau 1913, Bd. 4, Heft 7, S. 424—441. — Theißl, Kombinierte Chlorierung von Höhlengewässern. Zeitschr. d. österr. Ingenieur- und Architekten-Vereines 1928, Heft 19/20, S. 169 bis 170, m. 1 Kärtchen.

Waagen, L.: Die unterirdische Entwässerung im Karste. Hettners Geogr. Zeitschr. 1910, 16. Jahrg. — Die Karsthydrographie u. Wasserversorgung in Istrien. Zeitschr. f. praktische Geologie, 18. Jahrg. 1900. — Wo mündet die Reka? Urania III. Wien 1910. — Walther, E.: Hydrologische Untersuchungen des Hils, des Ohmgebirges und des Kyffhäusers. Geolog. und Paläontolog. Abhandlg., Bd. 13, Heft 4. Jena 1915.

c) Aufwallende Quellen (Waller).

Bieske: Welcher artesische Brunnen besitzt die größte Überlaufmenge? Pumpen- und Brunnenbau. S. 59. Bohrtechnik 1929. — Brown, John, S.: Water Supply Paper 537. Washington 1925. — Bruckmann: Über negative artesische Brunnen. Stuttgart 1853.

Chamberlin: Conditions of artesian wells. 5 am. rep. of the U. St. Geolog. Survey 1883. — Corazza, O.: Geschichte der artes. Brunnen. Wien-Leipzig 1902.

Friedrich, P.: Die Beziehungen unseres tief. artes. Grundwassers zur Ostsee. Mitt. d. geogr. Ges. in Lübeck 1916. — Fuller, M. L.: Signifiance of the term artesian; Water supply and Irrig. Pap. n. 160. U. S. Geolog. Survey. Washington 1906. — Summary of controlling factors of artesian flows. Bull. n. 319. U. S. Geol. Surv. Washington 1908.

Häberle, Die Donnerlochquelle beim Eschweiler Hof (Westrich). Pfälz. Museum — pfälzische Heimatkunde 1930, Heft 9/10, S. 214—215. — Herzog, Edm.: Wasserbeschaffung mittels artes. Brunnen. Wien 1895. — Hibsch, J. E.: Über das Auftreten gespannten Wassers von höherer Temperatur innerhalb der Schichten der oberen Kreideformation in Nordböhmen. Jahrb. k. k. geolog. Reichsanstalt 1908, S. 305—311. — Das Auftreten gespannten Wassers von höherer Temperatur in den Schichten der oberen Kreideformation Nordböhmen. Jahrbuch d. Geolog. Reichsanstalt. Wien 1912, S. 311—333 m. 4 Abb. i. Satz.

Kegel: Über aufsteigende Quellen. Zeitschr. f. prakt. Geologie. 31. Jahrg. 1923, S. 67—69. — Keller, Hermann: Gespannte Wässer. 90 S. m. 2 Tafeln und 49 Abb. i. Satz. Halle a. d. Saale, Wilhelm Knapp.

Maddalena, L.: Le Falde Artesiane che alimentano l' Acquedotto di Vicenza, S. 313. Bollettino della Societa Geologica Italiana, Vol. XLIX. Fasc. 2 1930. — Maury, H.: Some recent developments in wells. Water Vol. 7. — Meinzer, O. E: Compressibility and Elasticity of Artesian Aquifers. Bull. Geol. Soc. America, 39, 1928. — Compressibility and elasticity of artesian aquifers. Economic Geology 1928, S. 263. — Merensky, H.: Artesian Water in Namaqualand, S. A. M. E. Journ. 1928, S. 627. — Mesa y Ramos, J.: Pozos artesianos. Madrid 1909.

Olshausen, J.: Flut und Ebbe in artesischen Tiefbrunnen in Hamburg. Journal f. Gasbeleuchtung und Wasserversorgung 1904, S. 381.

Pandiani: Sur les puits artésiens. Bull. Soc. belge de Geol. 1904. — Pantanelli: A proposito della salienza delle acque artesiane, S. 164. Giornale di Geologia Pratica, 1—2, 1903—1904. — Petraschek, W.: Zum Auftreten gespannten Wassers in der Kreideformation von Nordböhmen. Verhdlg. d. k. k. Geolog. Reichsanstalt, 1912, S. 277. — Prinz, E.: Verwilderte artes. Bohrungen. Intern. Zeitschr. f. Wasserversorg. Leipzig 1916. — Artes. Grundwassererscheinungen. Journ. f. Gasbeleuchtung u. Wasserversorgung. München 1908.

Ritso, B. W.: Artesian Wells of Pape Colony. Rep. S. A. A. A., S. 1903. — Russel, W. L.: The origin of artesian pressure. Economic Geology 1928, S. 132. Dazu Piper, A. M.: S. 683.

Stella, A.: Sulla presunta influenza della pressione degli strati nella salienza delle acque artesiane. Mem. del. R-Istit. Lomb. di Scienze e Lettere, vol. XLX, fasc. 12, 1904. — Saggio di una esposizione elementare delle leggi che regolano le acque artesiane nei terreni di Trasporto. S. 105. Giornale di Geologia Pratica. 3—4, 1905—1906.

Thiem, A.: Über die Ergiebigkeit artes. Bohrlöcher, Schachtbrunnen usw. Journ. f. Gasbeleuchtung u. Wasservers. München 1870. — Tornquist, A.: Geologie von Ostpreußen, Berlin 1910, S. 231.

Wade: The artes. Waters of New South Wales. Engienering 1912.

d) Schrifttum einzelner Länder, soweit nicht bereits angeführt.

Afrika.

Audebeau, M. Ch.: Les eaux souterrains de l'Egypte. Annales des ponts et chaussées. P. techn., 1931, Heft 4, S. 99—162 m. 11 Abb. i. Satz.

Bauby, M.: Comment arrêter le dessèchement de l'Afrique du Nord. Matériaux pour l'études des Calamités. Nr. 25, 1931, Nr. 1. S. 57.

Dixey, F.: The Distribution of Population in Nyasaland, with Special Reference to Water Supplies. Geol. Rew. 18, 1928, S. 279—290. — The Water Supply of Nyasaland, with Special Reference to Underground Water. Nyasaland Geol. Surv. Water Supply Paper Nr. 1, 1923. — Dixey, F. and C. B. Bisset: The Water Supply Conditions of the Country along the Proposed Railway Extension from Blantyre to Lake Nyasa. W. S. P., Nr. 4 (1929), Geolog. Surv. Nyasaland.

Gradenwitz, A.: Die künstl. Bewässerung von Oberägypten. Prometheus 1911.

Haviland, P. H.: Domestic water supplies and the farm. Rhodesia agric. Journal Bull. Nr. 632.

Jennings, A. C.: The Hydraulic Ram. Bull. Nr. 349 (1920). S. Rhodesia Departement Agric. — Juritz, C. F.: The Underground Waters of Cape Colony. Agric. Journ. of C. G. H., Vols. XXXII and XXXIII, 1908. Presidential Address to Cape Chemical Society 1908.

Kaiser u. Beetz: Wassererschließung in Südwestafrika. Zeitschr. f. prakt. Geologie 1919.

Lewis, A. D.: Report on Irrigation, Water Supplies for Stock, Water Law etc. Colony and Protectorate of Kenya.

Mangano, G.: Il pozzi artesiani nella regione di Tripoli. L'Agricolt. colon., VI. p. 238—41. Firenze 1912.

Niccoli, N.: Come si possa aumentare la portata dei pozzi e delle sorgenti con particolare riguardo alla Colonia Libica. L.'Agr. colon. 14 Jahrg., S. 405—421. Firenze 1920.

Range: Das Grundwasser in den Trockengebieten der Erde. Zeitschr. f. prakt. Geologie. 31. Jahrg., 1923, S. 97—100. — Ritso, B. W.: Boring for Water in Cape Colony. Min. Proc. Inst. C. E. 1901. — Rolland, M. G.: Hydrologie du Sahara algérien. Paris 1894.

Sikes, H. L.: Annual Report, Public Works Department. Kenya 1928. — Stefanini-Paoli: Ricerche idrologiche botaniche entomologiche fatte nella Somalia Italiana Meridion. Firenze 1916.

Thompson, A.: Beeby. 1. Emergency Water Supplies, London 1924. 2. Kenya Water Problems. London 1929. — Du Toit, A. L.: The Geology of Underground Water Supply. Proc. S. A. Soc. Civ. Eng., i., 1913, p. 8. — Geology of South Africa, 1926. — Underground Water in South-East Bechuanaland. T. S. A. P. S. 1906, 16, 251. — Bore-Hole Water Supplies in the Union of South Africa. Trans. S. A. Soc. Civ. Eng. 1928, S. 333.

Vinassa de Regny: Ricerche geo-idrologiche in Eritrea. Agricoltura coloniale 1911. — Ricerche geoidrologiche in Eritrea. Giornale di Geologia Pratica, 9—10, 1911—1912. S. 89.

Walther, J.: Das Gesetz der Wüstenbildung. Berlin 1910.

Asien.

Babbitt, Harold E.: Water Supply and Sewerage of Large Japanese Cities. Engineering News-Record 1930, S. 729—731, m. 5 Abb.

Tietze, E.: Über Quellen und Quellenbildungen am Demavend und dessen Umgebung. Jahrb. d. Geolog. Reichsanstalt. 25. Bd., II. Hft, 1875, S. 131.

Amerika außer U. S. A.

Stappenbeck, R.: Geologie und Grundwasserkunde der Pampa. Stuttgart 1926. E. Schweizerbartsche Verlagsbuchh.

Australien.

Gregory: The dead neart of Australia. London 1906.

Richard, J. G.: The subterranean Waters of Australia. Stockholm 1917.

Balkanländer.

Tschebull, A.: Projekt einer Trinkwasserleitung f. d. Stadt Triest. Zeitschr. d. österr. Ing. u. Architekten-Vereines, Wien 1896.

Ballif, Ph.: Wasserbauten in Bosnien u. Herzegowina. Wien 1899. — **Boegan**, E.: La grotta di Trebiciano. Trieste 1910. — **Bock**, H.: Der Karst und seine Gewässer. Mitt. f. Höhlenkunde, Graz 1913.

Schenkel, Th.: Karstgebiete u. ihre Wasserkräfte. Wien 1912.

Kerner, Fr. v.: Quellengeologie von Mitteldalmatien. Jahrb. d. Geolog. Reichsanstalt. Wien 1916, 66. Bd., 2. Heft, S. 145—276, m. 2 Tafeln.

Grund: Karsthydrographie. Pencks Geogr. Abh. VII. 3. 1903 und Beiträge zur Morphologie des Dinarischen Gebirges; ebda IX. 3. 1909. Vgl. auch A. Penck in Schrift. — Zur Frage des Grundwassers im Karst. Mitt. geogr. Ges. Wien 1910.

Katzer, F.: Die geol. Grundlagender Wasserversorgungsfrage von D. Tuzla in Bosnien. D. Tusla 1899. — Karst u. Karsthydrographie. Sarajewo 1909. — Hydrographie des Lušcipolje in Westbosnien. Bull. soc. géogr. Belgr. 1921. — **Knebel**: Höhlenkunde. Die Wissenschaft. XV. 1906. — **Krebs**, N.: Neue Forschungsergebnisse zur Karsthydrographie. Petermanns Geogr. Mitteil. 1908.

Lorenz, J. R.: Die Quellen d. Liburnischen Karstes u. d. vorliegenden Inseln. Mitt. d. k. k. geogr. Ges. III. Jahrg., 2. Heft, S. 103. Wien 1859.

Sawicki, L. v.: Ein Beitrag zum geographischen Zyklus im Karst. Geogr. Zeitschr. 1909. — **Stacke**, G.: Wasserversorgung von Pola. Wien 1889, S. 8.

Terzaghi, K. von: Beitrag zur Hydrographie u. Morphologie des Kroatischen Karstes. Mitteil. aus d. Jahrb. d. Ungar. Geolog. Reichsanstalt 20. 1913, S. 317.

Waagen, L.: Karsthydrographie u. Wasserversorgung in Istrien. Zeitschr. f. prakt. Geologie 1910. — Die unterirdische Entwässerung im Karst. Geogr. Zeitschr. 1910.

Baltische Länder und Rußland.

Glasenapp: Über Tiefbrunnen und Tiefbrunnenwasser der baltischen Provinzen u. d. angrenzenden Gouvernements. Riga. Industr. Zeitg., Bd. 11, S. 93, Jahrg. 1885.

Sinzow, J.: Über einige neue Brunnen. Verh. d. Kais. Russ. Min. Gesellsch. St. Petersburg. — Die Brunnen der Branntweinmonopolanstalten. Verh. d. Kais. Russ. Min. Gesellsch. St. Petersburg 1907. — **Sokolow**, N.: Hydrolog. Unters. im Gouvernement Gerson. Mém. du Com. géol., Vol. XIV. St. Petersburg 1896.

Belgien.

d'Andrimont, R.: Note sur l'hydrologie du litoral belge. Ann. de la Soc. géol. de Belgique 1902, 1903, 1905.

Broeck, van den, Martel u. Rahir: Les cavernes et les rivières souterr. de la Belgique. Bruxelles 1910.

Detienne, Edm.: Les eaux alim. de la ville de Liège. Ann. de trav. publ. de Belgique 1906.

Dänemark und nordische Länder.

Hörner: Amtliche Grundwasseruntersuchungen einiger fremder Länder (schwedisch). Sveriges geologiska Undersökning. Ser. C., Nr. 311, Årsbok 16 (1922) Nr. 1. Stockholm 1922.

Oellgard, F.: Die städt. Wasserversorg. von Köbenhavn. Fortschr. d. Ing.-Wiss. 2. Gruppe, 14. Heft, Leipzig 1907.

Richert, J. G.: Die Grundwasser mit besonderer Berücksichtigung der Grundwasser Schwedens. München u. Berlin 1911, S. 19—53.

Deutschland.

Behrend, G.: Die bisherigen Aufschlüsse des märk.-pomm. Tertiärs. Abh. zur geol. Spezialkarte von Preußen 1886. — **Berz**, K. C.: Die Grundwasserverhältnisse im Versinkungsgebiet der oberen Donau. Mitt. d. Geol. Abt. d. Württ. Statistischen Landesamtes 1928, Nr. 11, S. 65. — **Beyschlag**, F.: Kann Bremen sich mit Grundwasser versorgen? Kali 1924, Nr. 22, 23. — Die Möglichkeit einer Erweiterung der Grundwasserversorgung der Stadt Hannover. Wasser und Gas. 6. Jahrg., Nr. 23, 1926. — **Bock**, A.: Die neue Grundwasserwerkserweiterung der Stadt Hannover. Journ. f. Gasbeleuchtung und Wasservers. München 1912. — **Bräuhäuser**: Die Bodenschätze Württembergs. 1912. S. 255—263. — **Brandes**, Th.:

Schichtfolgen Mitteldeutschl. Leipzig—Berlin 1913. — Breddin, H. Die Wasserverhältnisse des Deckgebirges im niederrheinisch-westfälischen Steinkohlenbezirk. Bergbauliche Rundschau 3, Nr. 50.

Cramer, R.: Die Bedeutung der Tiefbohrungen für die oberschlesische Wasserversorgung. S. 128. Jahrb. d. Deutsch. Nation. Komitees f. d. Int. Bohrkongresse 1929.

Deecke, W.: Geologie von Baden. Berlin 1918. — Denckmann, A.: Geologische Untersuchungen der Wolkensdorfer Quelle. Zeitschr. f. prakt. Geologie 1901. — Dittmer, E.: Der Umbau des Wasserwerkes Tegel der Berliner Städtischen Wasserwerks-A. G. Das Gas- und Wasserfach 1927, S. 941.

Endriss, K.: Die Donauversinkung. Naturw. Wochenschr. 1908. — Engler: Mitteilungen über biologische Untersuchungen in den Stuttgarter Parkseen und deren Zusammenhang mit der Wasserversorgung. Das Gas- und Wasserfach 1930, Heft 46, S. 1081—1090 m. zahlr. Abb.

Finkener: Gutachten über das Ergebnis der 4 Versuchsstationen auf den Müggelbergen bei Köpenick. Berlin 1886. — Fischer, K.: Niederschlag und Abfluß im Odergebiet. Jahrb. der Gewässerkunde Norddeutschl. Berlin. Bes. Mitteilungen, Bd. 3, Nr. 2. — Die durchschnittl. Beziehungen zwischen Niederschlag, Abfluß u. Verdunstung in Mitteleuropa. Zeitschr. d. deutsch. Wasserwirtsch. u. Wasserkraftverbandes E. V. 1921, Heft 6, 8, 9. — Fliegel: Über das Grundwasser des Rheintales bei Köln und d. darin auftretenden Mineralquellen. Zeitschr. f. prakt. Geologie. 28. Jahrg. 1920, H. 1. — Friedrich, P.: Die Grundwasserverhältnisse der Stadt Lübeck. Lübeck 1917. — Fulda, E.: Die Oberflächengestaltung in der Umgebung des Kyffhäusers als Folge der Auslaugung der Zechsteinsalze. Zeitschr. f. prakt. Geologie. 1919, S. 25.

Geinitz, E.: Die Grundwasserverhältnisse in Mecklenburg. Landw. Ann. 1912, Heft 26. — Die hydrologischen Verhältnisse Mecklenburgs. Internat. Zeitschr. f. Wasserversorg. 2. Jahrg., H. 19—22, 1915. Leipzig. — Genser, P.: Zur Hydrologie des mittleren Muschelkalks. Geolog. u. paläontelogische Abhandlg. 1930, Heft 4, S. 60. — Grahmann: Die diluvialen Flußläufe Westsachsens und ihre Beziehungen zu den Grundwasserströmen. Braunkohle. XXIV. Jahrg., S. 169—175, 189—196. — Grundwasserverhältnisse in der Erläuterung zu Blatt Riesa-Strala Nr. 16 der geologischen Karte von Sachsen 1927. — Gruber, C.: Über das Quellgebiet u. d. Entstehung d. Isar. Orogr. u. hydrol. Studie aus dem Karwendel, München 1887, S. 37f. — Über das Quellgebiet der Isar, orographische u. hydrographische Studien aus dem mittleren Karwendel. Naturwissensch. Rundschau. Bd. 3, S. 125, Jahrg. 1888. — Gruppe, O.: Über die Zechsteinformation. Zeitschr. f. prakt. Geologie. 1909. — Gutzmann, W.: Der Wasserhaushalt der Lippe. Zeitschr. f. Gewässerkunde. Leipzig, XI. Bd.

Haas, H.: Begleitworte zum geol. Profil des Kaiser-Wilhelm-Kanals. Berlin 1898. — Hache, E. F.: Die jetzige u. zukünftige Wasserversorgung der Stadt Gleiwitz. Gesundheits-Ingenieur. München 1913. — Halbfass, W.: Über die im Elb- und Oderstromgebiet mutmaßl. vorhandenen Wassermengen. Intern. Zeitschr. f. Wasserversorgung. Leipzig 1916. — Herzberg, A.: Die Wasserversorgung einiger Nordseebäder. Journ. f. Gasbeleucht. u. Wasserversorg. München 1914. — Hocheder, F.: Wasserversorg. d. Stadt Bamberg. Journ. f. Gasbeleuchtung u. Wasserversorg. München 1915. Hoehne, E.: Stratigraphie und Tektonik d. Asse. Jahrb. d. preußischen geolog. Landesanstalt 1911, S. 25ff. — Holler u. Reuter: Die Gewinnung von Trink- u. Nutzwasser in Bayern. Gesundheitsingenieur 1912. — Huber, U.: Das Wasserwerk d. Stadt Hermannstadt. Österr. Wochenschr. f. d. öff. Baudienst. Wien 1916. — Hydrographisches Büro der Badischen Wasser- und Straßenbaudirektion Karlsruhe. Grundwasserbeobachtungen in der badischen Rheinebene. Jahrb. d. genannten Büros f. 1922 und 1923, Karlsruhe 1926. Zahlentafel 102—112, 115—119. Beilageheft.

Kaiser, E.: Die hydrologischen Verhältnisse am Nordostabhang d. Hainich im nordwestlichen Thüringen. Jahrb. d. preuß. geolog. Landesanstalt 1902, S. 323. — Keilhack, K.: Grundwasserstudien. 5. Der Einfluß des trockenen Sommers 1911 auf d. Grundwasserbewegung i. d. Jahren 1911 bis 1912. Zeitschr. f. prakt. Geologie 1913. — Ein artes. Grundwasserhorizont in der Berliner Gegend. Intern.

Zeitschr. f. Wasserversorgung. Leipzig 1906. — Keller, H.: Hochwassererscheinungen in den deutschen Strömen. Jena 1914. — Ober- und unterirdische Wasserwirtschaft im Spree- und Havelgebiet. Intern. Zeitschr. f. Wasserversorgung. 5. Jahrg., Nr. 11/12 u. 13/14, S. 57. — Senkung und Auffüllung der Grunewaldseen. Durchlässigkeit der Seebetten. Zentralblatt der Bauverwaltung. 1916. S. 205—207 und Journ. f. Gasbel. u. Wasserversorgung. LIX. Jahrg. Nr. 28, 1916, S. 361—364. — Kirchner, Erwin: Über die Schwierigkeiten der Wasserversorgung der Stadt Breslau im Winter 1928/29. Das Gas- und Wasserfach. 1930, Heft 11, S. 247—249. — Knop: Aachquelle. Neues Jahrb. f. Min., G. u. Pal. 1875, S. 942; 1878, S. 350 — Koch: Die Grundwasserträger des Niederelbegebietes. Das Gas- u. Wasserfach 1928. — Koch, C.: Bodenverhältnisse. Festschrift: Frankfurt a. Main in seinen hyg. Verhältnissen u. Einrichtungen 1881. — Koegel: Alpine Schuttformen. Die Naturwissenschaften. 13. Jahrg. 1925, S. 936. — Koehne: Das Grundwasser in der südbayerischen Hochfläche. Landeskundliche Forschungen, herausgeg. von der Geogr. Gesellsch. in München. Heft 23, 1916. — Das Grundwasser in d. Berliner Gegend in seinen Beziehungen zu den geol. Verhältnissen. Intern. Zeitschr. f. Wasserversorg. 1. u. 16. Dez. 1916, S. 181—183, 191—192. — Grundwasserbeob. der Landesanstalt f. Gewässerkunde. Zentralbl. d. Bauverwalt. Berlin 1918. — Die Grundwasserbewegung im Grunewald bei Berlin. Monographien des Bauwesens. Verlag Hackebeil, Berlin 1925. — Koenig: Die hydrologischen Vorarbeiten für die Grundwasser-Entnahme aus der Letzlinger Heide. Das Gas- und Wasserfach. 1930, Heft 47, S. 1105—1118 m. 16 Abb. — Krauß, Fr.: Die Wasserversorgung Nürnbergs. Das Gas- und Wasserfach. 1930, Heft 49, S. 1156—1159 m. 6 Abb.— Kühne: Die Zukunft der Wasserversorgung von Berlin. Das Gas- und Wasserfach. 69. Jahrg., 28. Heft, 1926. — Kumm, A. u. F. Kirchhoff: Die geologischen und hydrologischen Verhältnisse im Untergrunde Braunschweigs. 21. Jahresber. ver. Naturwissensch. Braunschweig 1930, S. 107—109. — Kurtz, E.: Die dil. Flußterrassen am Nordrand von Eifel und Venn. Verh. d. naturw. Ver. d. preuß. Rheinlands 1913. — Die Verbreitung der dil. Hauptschotter von Rhein- u. Maas. Verh. d. nat.-hist. Ver. d. preuß. Rheinlandes 1913.

Lang, A.: Hydrol. Vorarb. f. ein linksrhein. Wasserwerk d. Stadt Düsseldorf. Journ. f. Gasbeleuchtung u. Wasservers. München 1912, S. 817—840. — Das neue Wasserwerk der Stadt Düsseldorf „am Nord". Das Gas- und Wasserfach, 1930, Heft 2, S. 25—30; Heft 3, S. 61—67 und Heft 4, S. 81—85 m. zahlreichen Abb. — Lehmann, K. B.: Vier Gutachten über die Wasserversorgungsanlage Würzburgs. Würzburg 1900. — Lehr, G. J.: Die Gruppenwasserversorgung Friedelsheim (Rheinpfalz). Gesundheits-Ingenieur. 1930, Heft 24, S. 369—374 m. 8 Abb. — Lempelius: Denkschrift über die neue Grundwasserversorgung der Stadt Worms. 1905. — Leppla: Über das Vorkommen natürlicher Quellen in den pfälzischen Nordvogesen (Hartgebirge). Zeitschr. f. prakt. Geologie. 1893, S. 100—112. — Liczewski: Untersuchungen über den Grundwasserstand im Tale der kanalisierten Oder in Oberschlesien. Der Kulturtechniker. 1915, S. 61—67. — Link, E.: Die Wasserversorgung von Stuttgart und die Verwendung von aktiver Kohle. Das Gas- und Wasserfach, 1930, Heft 42, S. 985—992; Heft 43, S. 1016—1022 und Heft 44, S. 1038—1045 m. zahlreichenAbb. undWiedergabe derWechselrede. — Linstow, O. v.: Die Grundwasserverhältnisse zwischen Mulde und Elbe südl. Dessau und die prakt. Bedeutung derartiger Untersuchungen. Zeitschr. f. prakt. Geologie. April 1905, S. 121—134. — Die Tertiärbildungen auf dem Gräfenhainichen-Schmiedeberger Plateau. Jahrb. d. K. Preuß. Geol. Landesanstalt f. 1908, Teil II, Heft II, S. 296. — Lossen: Der Boden der Stadt Berlin 1879. Reinigung und Entwässerung Berlins. — Ludwig, Ph.: Änderungen des Grundwasserstandes in den Jahren 1915—1929 in dem östlichen Teile der Provinz Brandenburg. Wasserkraft und Wasserwirtschaft, 1930, Heft 17, S. 232—236 m. 10 Abb. — Luedecke: Das Wasser des Odertales u. d. Wasserkalamität in Breslau. Gesundheit 1907.

May, P.: Rhein und Grundwasser im Stadtgebiet Düsseldorf. Gesundheits-Ingenieur. 6. Jan. 1923. 46. Jahrg., S. 1—8. — Mayr: Das Erdinger Moos und die Mittlere Isar. Der Kulturtechniker. 1919, S. 188—193. — Mestwerdt: Wassergewinnung in Bielefeld und seiner Umgebung. Jahrbuch d. Preuß. geol. Landesanstalt f. d. Jahr 1926, S. 288—329, m. 4 Abb. — Michael: Die geologische Position der Wasserwerke im oberschlesischen Industriebezirk. Jahrb. d. Preuß. geol. Landesanstalt f. 1912. II, S. 77. — Morton: Der Hirschbrunn-Quellenbezirk. Mitt. über Höhlen- u. Karstforschung. Berlin 1927.

Penck, A. u. Ed. Brueckner: Die Alpen im Eiszeitalter. Leipzig 1909. — Piefke, C.: Beiträge zur Hydrologie der Mark Brandenburg. Journ. f. Gasbeleuchtung und Wasserversorg. München 1900. — Pietzsch: Grundwasserverhältnisse auf Blatt Hirschstein. Aus Erläuterung zu Blatt Hirschstein, Nr. 32 der Geologischen Karte von Sachsen 1928. — Prenger: Die Wasserversorgung der Stadt Köln und das neue Wasserwerk bei Weiler. Das Gas- u. Wasserfach. Sonderausgabe vom 19. April 1929. — Preuß. Landesanstalt f. Gewässerkunde: Jahrb. f. d. Gewässerkunde Norddeutschlands. Abflußjahr 1922. Berlin 1925. (Ergebnisse von Grundwasserstandsbeobachtungen). Vgl. auch unter Keller, Bindemann, Soldan, Fischer, Vogel, Koehne. — Prinz, E.: Die Grundwasserfassung der Stadt Wasa. Intern. Zeitschr. f. Wasservers. Leipzig 1914. — Die hydr. Vorarbeiten z. Nachweis v. Grundwasser z. Wasserversorg. der Stadt Friedeberg i. Neum. Journ. f. Gasbeleuchtung u. Wasservers. München 1917.

Reichle u. Klut: Untersuchungen über das alte Wasserwerk von Leopoldshall bei Neuendorf, das neue Leopoldshall-Bernburger Wasserwerk im Köxbusch bei Rathmannsdorf u. d. Grundwasserwerk der Stadt Staßfurt bei Pr. Börnecke. Veröff. aus dem Gebiete der Medizinalverwaltung. XIX. Bd., 6. H. Berlin 1925. — Reuter, L.: Die Wasservers. a. d. quartären Ablagerungen des bayer. Juragebiets. Intern. Zeitschr. f. Wasserversorg. Leipzig 1916. — Das Bayerische Jura-Gebiet und die geologischen Grundlagen zu seiner Wasserversorgung. Intern. Zeitschr. f. Wasserversorgung. Jahrg. III. Leipzig 1916. — Geologische Ausführungen über die Grund- und Quellwasservorräte Südbayerns und ihre Verwertung zur Wasserversorgung. Das Gas- und Wasserfach. München. 67. Jahrg. 1924, S. 689—691, 711—713, 725—727, 744—746, m. 10 Abb. — Die Quell- und Grundwasservorräte in den geologischen Formationen Nordbayerns. Aus Goebel: Der Wasserkursus. Zwikkau 1926. — Roedel, H.: Literaturzusammenstellung über die sedim. Diluvialgeschiebe des mitteleurop. Flachlandes. Frankfurt a. Main 1913. — Rutsatz, E.: Gutachten f. d. Stadt Duisburg 1901 (Manuskript). — Die Wasserversorg.-Anlagen d. Rhein. Wasserwerksges. Journ. f. Gasbeleuchtung u. Wasservers. München 1907. — Beiträge zur Hydrologie des Rheintales. Das Gas- und Wasserfach. 68. Jahrg., 49. H., S. 67, 1925.

Schaufelberger, P.: Geologische und hydrologische Verhältnisse zwischen der Donauversickerung und der Aachquelle. — Schimrigk, Friedrich: Grundwassernachweis f. d. Wasserversorgung des Nordseebades Wyk a. Föhr. Das Gas- und Wasserfach, 1930, Heft 50, S. 1192—1195 m. 1 Abb. und Erwiderung von Scheffel. — Schottler: Beiträge zur Geologie und Hydrologie des Inheidener Quellengebietes. Sonderdrucke aus der Festschrift zur Errichtung des Inheidener Provinzialwasserwerkes. 30. März 1912. — Schwandtke: Der Einfluß der Teilung Oberschlesiens auf die Wasserversorgung des deutsch-oberschlesischen Industriebezirks. Wasser und Gas vom 1. Okt. 1926. Sp. 12—16. — Seidel, Otto: Die Quellen der Schmücke, Hohen Schrecke und Finne. Dissertation, Berlin 1914. — Smreker, O.: Vorarb. f. d. Wasserwerk Mannheim. Mannheim 1884. — Bericht über die Wasserversorgung von Mainz. Mainz 1904. — Soyka: Die Schwankungen des Grundwassers mit besonderer Berücksichtigung der mitteleur. Verhältnisse. Pencks geograph. Abh. Bd. II, H. 3. Wien 1888. — Stein: Grundwasserbeobachtungen in der Provinz Sachsen. Der Kulturtechniker. Bd. 18, 1915, S. 205. — Steiner: Ergiebigkeitsmessungen intermittierender Quellen. Sitzungsberichte, Lotos, Bd. 48. Prag 1900. — Steuer: Die Entstehung des Grundwassers im hessischen Ried. Festschrift zum 70. Geburtstage von A. v. Koenen. Stuttgart 1907. — Hydrologisch-geol. Beobachtungen in Hessen in den Jahren 1921 und 1922. Notizblatt des Vereins für Erdkunde und der Hessischen Landesanstalt zu Darmstadt. 1924. Mit 9 Taf. Grundwasserstandslinien v. 1922, die das Landesamt f. Wetter- u. Gewässerkunde gez. hat. — Steuer u. Sonne: Trinkwasserverhältnisse von Rüsselsheim a. Main. Gesundheit 1904, Heft 10. — Stille, H.:

Über den Gebirgsbau und die Quellenverhältnisse bei Bad Nenndorf am Deister Jahrb. d. preuß. geolog. Landesanstalt 1901, S. 360. — Geol.-hydrol. Verhältnisse im Ursprunggebiet der Paderquellen. Abh. d. preuß. geol. Landesanstalt. Berlin 1903. — Stolley, E.: Die Ergebnisse zweier Tiefbohrungen in der Umgebung Braunschweigs. 14. Jahresber. Ver. Naturwiss. Braunschweig 1906, S. 61.

Thiem, A.: Wasserversorgung der Stadt München. Vorprojekt. München 1876. — Die Wasserversorgung der Stadt Leipzig. Vorprojekt. Leipzig—Fulda 1878. — Das Wasserwerk d. Stadt Nürnberg. Fulda—Leipzig 1879. — Bericht über die Anlage eines Versuchsbrunnens im Gleisental. III. Beil. z. IV. Ber. d. Com. f. Wasservers. d. Stadt München. 1880. — Bericht über d. Erweiterung d. Wasserwerks d. Stadt Potsdam. 1890/92. — Leipzig und seine Bauten. Leipzig 1892. — Bericht über die Vorarbeiten z. Erweiterung des Wasserwerks der Stadt Leipzig 1906. — Vorarbeiten f. d. Stadt Landeshut i. Schl. Journ. f. Gasbeleuchtung u. Wasservers. München 1909. — Grundwasserströme bei Leipzig und der. Ausnutzung. Journ. f. Gasbeleuchtung u. Wasservers. 1911, Nr. 32. — Die Aufsuchung artesischer Grundwässer im Oybingebiet für die Wasserversorgung der Stadt Zittau. Gesundheitsingenieur, H. 14. S. 209. — Die hydrologischen Zustände beim Wasserwerk Nonnendamm der Stadt Charlottenburg. Journ. f. Gasbeleuchtung u. Wasservers. 8. März 1913. — Die Grundwasserströme und der Braunkohlenbergbau bei Leipzig. Braunkohle. XXIII. Jahrg., Nr. 7, 1924, S. 134, Nr. 25, S. 482. — Zur Hydrologie des alten Strombettes der Mulde bei Naunhof. In Erläuterung zur Geol. Spezialkarte des Staates Sachsen. Nr. 27. Sektion Naunhof-Otterwisch 1905/06. 2. Auf. — De Thierry: Die Schiffbarmachung des Oberrheins von Basel bis Straßburg. Stimmen zu dem französischen Plan des Seitenkanals. Zentralblatt der Bauverwaltung. 45. Jahrg., Nr. 12, S. 138. — Thürnau, K.: Der Zusammenhang der Ruhmequelle mit der Oder und Sieber. Jahrb. d. Gewässerkunde Norddeutschl. Berlin. Bes. Mitt. Bd. 2, Nr. 6. — Tornquist, A.: Geologie von Ostpreußen. Berlin 1910. — Trümpelmann: Die hydrologischen und technischen Grundlagen zur Versorgung des Ruhrbezirks durch Wasserwerke. Glückauf. 1924, Nr. 9, S. 147—152. — Die Gewinnung von Grundwasser und Oberflächenwasser auf den Zechen des Ruhrbezirks. Glückauf. 60. Jahrg., 1924, Nr. 18, S. 349.

Veitmeyer: Vorarbeiten zu einer zukünftigen Wasserversorgung der Stadt Berlin. Berlin 1871. — Vogel, Fr.: Die Grundwasserstandsbewegung und Niederung der Parthe. Jahrb. f. d. Gewässerkunde Norddeutschlands. Bes. Mitt., Bd. 1, Heft 5. — Das unterirdische Wasser und die Quellen im Weser- und Emsgebiete. Jahrb. f. Gewässerkunde Norddeutschlands. Bes. Mitt., Bd. 2, Nr. 1, 1907. (Umfassender Literaturnachweis). — Voller, A.: Das Grundwasser in Hamburg. Hamburg.

Wahl, C.: Vorarbeiten u. Projekte f. d. Wasserwerk Hochkirchen d. Stadt Köln. Journ. f. Gasbeleuchtung u. Wasservers. München 1903. — Das Grundwasserwerk der Stadt Trier. Journ. f. Gasbeleuchtung u. Wasservers. München 1918 und Denkschr. über d. Ergänzung d. Wasserwerks Trier. 1912. — Auswirkung der Trockenheit in den Jahren 1928 und 1929 auf die Wasserversorgungsanlagen der Stadt Trier. Das Gas- und Wasserfach. 1930, Heft 12, S. 265—268 m. 9. Abb. — Wahnschaffe, F.: Die Oberflächengestaltung des norddeutschen Flachlandes. Stuttgart 1909. — Walter, E.: Hydrologische Untersuchungen d. Hils, des Ohmgebirges und des Kyffhäusers. Geol. u. Palaeontolog. Abhandl. n. F. Bd. 13, Heft 4. Jena 1915. — Weber, H.: Geomorphologische Studien in Westthüringen. Forschungen zur deutschen Landes- und Volkskunde. Stuttgart 1929, Heft 3. — Zur Systematik der Auslaugung. Zeitschrift der deutschen geolog. Gesellschaft, 1930, S. 179. — Wegner, Th.: Studien über den Zusammenhang der Plänergrundwasser im rheinisch-westfälischen Industriegebiet. Zeitschr. f. prakt. Geologie. 1922, S. 107ff. — Weyl, Th.: Die Assanierung von Köbenhavn. Fortschr. d. Ing.-Wiss., 2. Gruppe, 14. Heft, Leipzig 1907. — Witte: Kanalisierung der Weser von Minden bis Bremen. Vortrag. Die Weser. 1925, S. 329. — Wolff: Der Aufbau des norddeutschen Tieflands mit besonderer Berücksichtigung des Grundwassers. Berlin 1912. — Wutzer: Über die Salubritäts-Verhältnisse der Stadt Bonn.

Verhandlg. d. naturhist. Vereines der preußischen Rheinländer und Westphalen, 15. Bd., 1858, S. 211—282.

Breslau: Verwaltungsbericht der städt. Wasserwerke 1912. — Frankfurt a. Main: Die Wasserversorgung von F. Herausgeg. v. Städt. Tiefbauamt 1903. — Nürnberg: Die Wasservers. d. Stadt N. Festschr. z. Eröff. d. Wasserleitung von Ranna 1902. — Remscheid: Wasserversorgung der Stadt R. Das Wasser 1911. — Worms: Denkschrift über d. neue Grundwasserwerk d. Stadt W. Worms a. Rh. 1905. — München: Ber. über d. Verh. u. Arb. f. Wasserversorgung von M. München 1877. — Festschr. z. 53. Vers. d. V. d. Gas- u. Wasserfachmänner 1912.

England.

Geikie, T.: The Great Ice Age. London 1894. — Grover: Chalk springs in the London basin. Proc. of. the inst. of. civ. eng. Bd. 90, S. 1, Jahrg. 1887.

Prestwichs: A geological Inquiry respecting the Water-Bearing Strata of the country around London, with reference espezially to the Water-Supply to the Metropolis. 8°. London 1851.

Frankreich.

Beccat: Le fleuve souterrain der la Crau. Annal. des Ponts et chaussées Mémoires 1931, S. 140—176. — Bret: L'alimentation des Paris en eau. Ann. des Ponts e Chaussees pag. 244, 1902.

Delesse: Carte géologique souterraine de Paris et carte hydrologique de Paris.

Kozeny, Josef: Über das Grundwasser der Crau-Ebene an der Rhônemündung. Die Wasserwirtschaft. Jahrg. 1931, Heft 27, 5 S., 9 Abb.

Lobeck, Reinh.: Die Wasserversorgung von Paris als Beispiel neuzeitlicher Wasserwerkserweiterungen. Gesundheitsingenieur, H. 11, 1929.

Tardy: Géologie des nappes aquifères des environs de Bourg-en-Bresse. Mém. soc. des sc. nat. de Saône et Loire. V. März 1884.

Porchet: Über das Grundwasser der Crau-Ebene an der Rhonemündung. Die Wasserwirtschaft, Nr. 27, 24. Jahrg. 1931. S. 457.

Dellesse, M.: Recherche sur l'eau. Bull. de la Soc. de géol. de France 1861/62.

Mandoul, H.: Les eaux d'alim. de la ville de Toulouse. Paris 1898.

Dumont, G.: Les eaux alim. de la ville de Liège. Liège 1856. — Darcy, H.: Les fontaines publiques de la ville de Dijon. Paris 1856. — Debauve, F. et Ed. Imbeaux: Distributions d'eau. Paris 1905/06. — Dupuit, J.: Traité de la conduite et de la distribution des eaux. Paris 1846.

Maillet: Essai d'hydraulique souterraine. Paris 1905.

Péroux, E.: Le puits artes. de la comp. des eaux de Maisons-Lafitte. Paris 1910.

Schardt H.: La source, du Pont-de-pierre, son origine et son captage. Bull. Mensuel Soc. Suisse de l'Indutrie du Gaz et des Eaux 1929, Nr. 8. S. 15.

Tardy: Géologe des nappes aquifères des environs de Bourg-en-Bresse. Mém. soc. des scienc. natur. de Saône et Loire. Bd. 3, Jahrg. 1884.

Valentin, M. P. H.: Distribution de l'eau potable a Vichy usine élévatoire. Annales des ponts et chaussées. P. techn. 1931, Heft 3, S. 102—135 m. 9 Abb. i. Satz.

Wallin, Ed.: Les traveaux de dérivation des sources du Bocq. Ann. de l'ass. d. Ing. etc. Bruxelles 1899.

Holland.

Badon Ghijbens: Nota in verband met de voorgenomen putboring nabij Amsterdam. Tijdschrift v. h. kon. Institut van Ingenieras. Instituutsjaar 1888/89, pag. 12, 'sGravenhage 1889.

Liefrinck: Das Wasserversorgungswesen in Holland. Wasserkraft und Wasserwirtschaft. München 1927/10, S. 144—146. — Liefrink, F. A.: Water Supply Problems in Holland. The engineer, 1930, Heft 3908, S. 631—632 m. 3 Abb.

Wintgens: Beitrag zur Geologie von Nordholland. 1911, S. 68. — Beitrag zur Hydrologie von Nordholland. Freiberg i. Sa. 1911.

Italien.

Alessandri, G. De: La fonte e la villa pliniane. Periodico Soc. Storica Comense. vol. XXI. 1915. — De Angelis d'Ossat, G.: Sulle condizioni sfavorevoli per i pozzi artesiani tra Roma e i Colli Laziali. Rend. R. Accademia dei Lincei, vol XIII, fasc. 9, 1904. — I veli acquiferi alla destra del Tevere presso Roma. Boll. Soc. geol. ital 1906. — Le acque della gola sotto Narni: la sorgente di Montoro. Riv. d'Ing. san. e Edil. moderna 1914.

Baldacci, L. u. G. Torricelli: Il Sele. Carta Idrogr. d'Italia. Roma 1896. — Baratta, M.: Il problema dell'acqua potabile a Voghera. Voghera 1903. — Boegan, G.: Pozzo presso il M. Castelier d'Umago. Alpi Giulie vo. VIII, 1904. — Le sorgenti d'Aurisina. Alpi Giulie, vol. X. 1905, vo. XI., 1906. — Boegan, E.: Le sorgenti d'Aurisina. Trieste 1906.

Cacciamali, G. B.: Sulle sorgenti di Villa Cogozzo. Relazione alla Giunta Municipale di Brescia. Brescia 1902. — Le sorgenti dei dintorni di Brescia. Lettura fatta all'Ateneo di Brescia l'8 Maggio 1904. Brescia 1904. — Canavari, M.: Studio geologico delle sorgenti per il nuove acquedotto di Portoferraio. Giornale di Geologia Pratica, 1—2, 1903—1904. S. 185. — Le sorgenti di Montecatini in Val di Nievole di fronte alla geologia. Giornale di Geologia Pratica 17. bis 20. Jahrg., 1922—1925, Heft 1/4. S. 1—42. — Studio di sorgenti per l'Acquedotto di Lucca. Giornale di Geologia Pratica. 17—20, 1922—1925, S. 1—25. — Osservazioni sulle Sorgenti di Camaiere e di Stiava in prov. di Lucca. Giornale di Geologia Pratica, 17—20, 1922—1925, S. 33—37 m. 1 Abb. i. Satz. — Canestrelli, G.: Le regioni a spartiacque incerto o indeterminato dei bacini dell'Arno e del Serchio. Mem. Geogr. n. 7, 1902. — Colamonico, C.: Per la conoscenza dell'idrografia sotteranea in Puglia. Atti VII Congr. geogr. ital., p. 232—245, Palermo 1911. — Cesari, C.: L'acquedotto della citta di Forli. Modena 1905, pp. 36 in foglio e IX tav. — Clerici, E.: Ricerca d'acqua a nord della Storta in Agro Romano, Bollettino della Soc. Geol. Ital. 1929, Vol. XLVII, Fasc. 2. S. 300. — Cortese, G.: Acque sorgive nelle vallate del Sele Calore e Sabato. B. R. C. G. 1890. — Cortese, E.: Sopra alcune ricerche di acqua di sottosuolo presso Portoferraio. Giornale di Geologia Pratica, 1—2, 1903—1904. S. 21. — Craveri, M.: Sulle acque di risultiva della conoide della Dora Riparia. Giornale di Geologia Pratica 7—8, 1909—1910. S. 35. — Di alcune risorgenti nella pianura piemontese tra i torrenti Chisolae Chisone-Pellice Pinerolo, Giornale di Geologia Pratica, 7—8, 1909—1910. S. 155. — Crema, C.: Richerche sulla facolta di imbibizione di alcune rocce della provincia di Torino. L'Ingegneria Sanitaria nr. 2, 1896.

Dainelli, G.: Appunti per la ricera di acque in alcune localita del comune di Fiesole. Firenze, 1903. — Carta della permeabilita delle rocce del bacino del Cellina. R. Magistrato delle Acque pubbl. Nr. 37. Venezia 1912.

Fantoli, G.: Alcune note di Idrografia sulla estensione dei Ghiacciai nel dominio dei nostri fiumi alpini, sul tributo e sul regime delle nostre acque glaciali. Dal. Politecnico, Milano 1902 in 8, pag. 1—58, con 1 tav. — Fischer, E.: Studio delle sorgenti di Serino. Napoli 1913.

Gortani, M.: Saggio bibliografico dell'idrologia sotterranea d'Italia dal 1870 al 1923. Giornale di Geologia Pratica 17—20, 1922—1925. S. 29.

Labat: Sur l'origine des eaux de Recoaro; Bull. Soc. Geol. de France 1875.

D'Marchi, L.: L'idrografia dei Colli Euganei nei suoi rapporti colla geologia e la morfologia della regione. Mem. R. Istit. Veneto 1905. — Ricerche idrografiche sul bacino delle resorgive di Dueville presso Vicenca. R. Magristr. delle Acque pubbl. nr. 9, 1910. — Marinelli, G.: Una visita alle sorgenti del Livenza. ecc. Boll. de C. A. I. 1877. — Martelli, A.: Il regime sotterraneo delle acque nella Versilia pietrasantina. Giornale di Geologia Pratica 3—4, 1905—1906. Pag. 133. — Merciai, G.: Del sottosuolo della pianura di Campiglia Maritima e di alcuni pozzi artesiani recentemente escavati. Estr. di 17 p. d. Mem. Soc. Tosc. Sc. Nat. XXXIII. Pisa 1920.

Nicolis, E.: Sunto preventivo dello studio generale sulla circolazione interna delle acque nei terreni costituiti da materiali di trasporto nel veneto occidentale. Giornale di Geologia Pratica, 3—4, 1905—1906. S. 192.

Pantanelli, D.: Calcolo della portata dei pozzi modenesi a diverse altezze, Giornale di Geologia Pratica, 1—2, 1903—1904. S. 16. — Andamento delle acque sotterranee nei dintorni di Modena. Mem. R. Acc. Sc. lett. Art Modena, 3, V p. 45—98 e 6 tav. Modena 1903.

Preziotti, A.: Le acque sotterranee della parte nordica della valle Folignate in rapporto all'irrigazione. Giornale di Geologia Pratica, 7—8, 1909—1910. S. 69.

Ristori, G.: I Bacini imbriferi della Valle del Foggia e della Valle del Recco. Giornale di Geologia Pratica, 1—2, 1903—1904. S. 81. — Acquedotto di Chiavari, Relazione idrografica ed idrologica sulla zona imbrifera dell'alto bacino del torrente Dugaja e sulla sorgente delle Giarole e delle Lame. Firenze, Ariani 1904. — Studio idrografico e geologico dei bacini imbriferi di Coltibono Secciano e Caffagiolo nella catena Chiantigiana. Atti della Soc. Tosc. di Scienze Naturali. Memorie, vol XIX, 1902. — Cenni sul regime sotterraneo delle acque nel territorio comunale di Signa, S. 69. Giornale di Geologia Pratica, 1—2, 1903—1904. — Roccati, A.: Il pozzo trivellato di Carmagnola (Torino). Erst. d. Riv. di Ingegn. sanit. e Edil. mod., VII. Torino 1911. — I sorgenti del piano della Massa. Estr. d. Riv. di Ingegn. sanit. e Edil. mod., VII. Torino 1911.

Sacco, F.: Le trivellazioni della Venaria Reale. Considerazioni geo-idrologiche. Torino 1901. — Projet de captage d'eau potable des Valles de Lanzo pour l'alimentation de la Ville de Turin. Boll. Soc. Belge de Géol., 1901. — Il Problema dell acqua potabile di Mondovi in rapporto colla geologia. Giornale di Geologia Pratica, 1—2, 1903—1904. S. 177. — Le sorgenti della galleria ferroviaria del Colle di Tenda. Giornale di Geologia Pratica, 3—4, 1905—1906. Pag. 11. — Geoidrologia dei Pozzi profondi della Valle padana. Giornale di Geologia Pratica, 9—10, 1911—1912, S. 149. —, Iserbatoi montani. Geologisches Zentralblatt, Bd. 37, Nr. 91, 15. Aug. 1928 S. 441. — Salmojraghi, F.: Sulla continuita sotterranea del fiume Timavo. Atti Soc. it. Sc. nat. XLIV. Milano 1905. — Sangiorgi, D.: Le acque per la citta di Imola. Giornale di Geologia Pratica, 3—4, 1905—1906. Pag. 156. — Approvigionamento idrico di citta e paesi di Romagna, Giornale di Geologia Pratica, 17—20, 1922—1925. S. 15. — Squinabol, S.: Alcune osservazioni sul pozzo artesiano di Villa franca Padovana Mem. della R. Acc. di Sc. Lett. ed Arti in Padova, vol XVIII, disp. la 1902. — de Stefani, C.: Sulla quantita di acqua disponibile nel suolo di Firenze. Giornale di Geologia Pratica, 3—4, 1905—1906. S. 120.

Taramelli, T.: Alcune considerazioni geologiche a proposito dell'acquedotto pugliese. Rendiconti del R. Istit. Lomb. di Scienze e Lettere, vol. XXXVIII, 1905. — Delle condizioni geologiche dei dintorni della citta di Lecce, in vista della circolazione sotterranea delle acque. Giornale di Geologia Pratica, 1—2, 1903 bis 1904. S. 189 — Sulla possibilita di attingere buona acqua potabile con galleria o con trincea nei dintorni della Madonna di Rogoredo, presso Alzate. Giornale di Geologia Pratica, 1—2, 1903—1904. S. 249. — Risposte ai quesiti proposti dalla Giunta Municipale di Vicenza, riguardo alle acque sorgive e salienti delle Maddelene e del Moracchino. Giornale di Geologia Pratica, 1—2, 1903—1904. S. 264. — Presa d'acqua per la citta di Verona. Giornale di Geologia Pratica, 1—2, 1903 - 1904. S. 152. — Le sorgenti del Sele e l'aquedotto pugliese dal lato geologico. Boll. S. ingegn. e arch. ital. n. 19, 1915. — Sulle Condicioni geologiche delle Fonti di Vinchiaredo, presso Cordovado in Provincia di Venezia. Giornale di Geologia Pratica, 1—2, 1903—1904. S. 23. — La Foresta e le sorgenti. Giorn. Geol. Pratica vol. X, 1912. — Timeus, G.: Ricerche sul Timavo inferiore. Trieste 1912. — Toniolo, R. A.: Carta della permeabilita delle rocce del bacino d'Alpago. Pubbl. Nr. 10 del Mag. Acque. Venezia 1910.

Uzielli, G.: Acque potabili di Firenze, editore Nerboni 1903.

Verney: Per l'acquedotto Pugliese. Boll. Soc. Ing. e Arch. 1905, 4, pag. 8. — Verny, L.: Ancora sulle acque sotterranee della Puglie. Boll. Soc. Ing. e Arch. Italiani, n. 17, 1905. — Verri, A.: Osservazioni geologiche sulla sorgen te di Bussignano presso Citta della Pieve (Umbria). Giornale di Geologia Pratica, 1—2, 1903—1904. S. 108. — Sorgenti, estuario e canale del fiume Sarno. Roma, Cugiani 1902. — Vinassa de Regny, P.: Su talune acque sotterranee del M. Pisano. Giornale di Geologia Pratica, 7—8, 1909—1910. S. 203. — L'acqua per il Comune di Cascina. Giornale di Geologia Pratica, 3—4, 1905—1906. Pag. 177. — Ancora per le acque sotterranee delle Puglie. Giornale di Geologia Pratica, 7—8, 1909—1910. S. 81.

Comune di Roana: Acquedotto di Val Benzola per i comuni di Roana,

Rotzo, Asiago. Bassano, Pozzato 1904, pag. 74 e i tav. — Milano. Dati Statistici, publ. dall'Ufficio Municipale. — Torino. Relazione della Com per l'esame delle cond. techn. et igien, dell' acquedotto, 1911.

Österreich außer Wien.

Baedeker, F.: Beiträge zur Morphologie der Gruppe der Schneebergalpen. Geogr. Jahresbericht aus Österreich. Leipzig und Wien: Deuticke 1922. S. 29ff. (Quellen). — Bamberger, Max: Beiträge zur Kenntnis der Radioaktivität einiger Quellen Oberösterreichs. Sitzungsber. der k. Akademie der Wissenschaften in Wien math. naturw. Kl. Bd. 117, Abb. 2a, 1908. — Bittner, A.: Die geol. Verhältnisse v. Hernstein in Niederösterreich. I. Bd. von Hernstein in N.-Ö. Wien 1886 bei Alfr. Hölder.

Karrer, F.: Die Geologie d. Kaiser Franz J. Hochquellenwasserleitung. Wien 1877 bei Alfred Hölder. IX. Bd. d. Abh. d. k. k. geol. Reichsanstalt. — Kittl, Ernst: Die „Sieben Brunnen" u. d. „Sieben Seen", die Hauptquellen d. 2. Kaiser Franz J.-Hochquellenleitung d. Kommune Wien. Mitt. d. Sekt. f. Naturk. d. Öst. Turistenklub. XVI. Jahrg. (1904), Nr. 1 u. 2. — Kleb, Max: Das Wiener-Neustädter Steinfeld. Geographisches Jahrbuch von Österreich. 10. Jahrg. Wien 1912. — Keller: Die Trinkwasserversorgung des Kurortes Semmering. Die Wasserwirtschaft. 15. Jän. 1929, 22. Jahrg., Nr. 2, S. 17. — Kleb, Max: Das Wiener-Neustädter Steinfeld. Geograph. Jahresbericht aus Österreich, 10. Jahrg. Wien 1912, S. 1—67 m. 14 Abb. und 2 Tafeln. — Klieber, M.: Gruppen-Wasserleitung der Triestingtal- und Südbahngemeinden. Die Wasserwirtschaft Nr. 2, 1931, 24. Jahrg. S. 25.

Noë, Franz: Die Quellen an dem Ostabhange der Alpen bei Wien. Wien 1887. Selbstverlag d. Vereines zur Verbreitung naturw. Kenntnisse.

Sonklar, V.: Der Schwemmkegel von Innsbruck u. die Grundwasserverhältnisse desselben. Deutsch. Rundsch. f. Geogr. u. Statist. 5. Jahrg., S. 18ff., Jahrg. 1883. — Stur, D.: Geologische Verhältnisse der wasserführenden Schichten des Untergrundes in der Umgegend der Stadt Fürstenfeld in Steierm. Jahrb. K. K. Geol. Reichsanstalt 1883, XXXIII. — Zur Trinkwasserfrage von Neunkirchen Jahrb. der k. k. geolog. Reichsanstalt 1889, Bd. 39, Heft 1/2, S. 259. — Suess, E. Der Boden d. Stadt Wien. Wien 1862. — Über das Grundwasser der Donau. Österr. Revue 1866. — Gutachten in d. Wasserversorgungsfrage d. Stadt Gmunden. 1. Nov. 1886.

Vetters, Hermann: Geologisches Gutachten über die Wasserversorgung der Stadt Retz. Jahrb. d. k. k. Geolog. Reichsanstalt, 1917, Bd. 67, Heft 3/4, S. 461—480 m. 2 Tafeln.

Wien.

Abel, Othenio: Über einige artesische Brunnenbohrungen in Ottakring und deren geologische und paläontologische Resultate. Jb. der k. k. geolog. Reichsanstalt 1897, Bd. 47, Heft 3, S. 479—504.

Caux, Grimand de: Comidérations hygieniques sur les Eaux en generál et sur les Eaux de Vienne en particuliere. Paris 1839.

Fölsch und Hornbostel: Wiens Wasserversorgung 4°. 1862, S. 51—55.

Hofbauer: Die Rossau und das Fischerdörfchen am oberen Werd. 8°, 1859. Erwähnt den „Pletzenbrunnen", eine Quelle am „Fuße des Dietrichsteinschen Gartens, Rossau Nr. 128 (nach Suess Wasser- aus Eiszeitschottern ?).

Jaquin, J., Freiherr von: Die artesischen Brunnen in und um Wien. 1831. Abdruck aus Baumgartens und Ettinghausens Zeitschr. f. Physik und Mathematik, Bd. 8.

Spasky: Berechnung der in der Umgebung von Wien angestellten Beobachtungen über die Temperatur artesischer Brunnen. Pappendorfs Annalen, 1834, Bd. 31, S. 365. — Stadler, R.: Die Wasserversorgung der Stadt Wien in ihrer Vergangenheit und Gegenwart. 1873, 311 S. m. 1 Karte, 1 Plane, 10 Tafeln und 34 Holzschnitten. Im Selbstverlag des Wiener Gemeinde-Rats. — Streffleur, V.: Eine Lösung der Wiener Wasserfrage. — Suess, E.: Über die Anlage artesischer Brunnen in Wien. Wienerzeitung vom 24. und 25. Dezember 1858. — Der Boden von Wien. Wien 1862, Braumüller, 326 S.

Tschebull: Über die Vermehrung der Hochquellenwassermenge in Wien. Wochenschr. d. österr. Ing.- u. Arch.-Ver. Jahrg. 1889, S. 110ff.

Das Wasser in und um Wien, rücksichtlich seiner Eignung zum Trinken und zu anderen häuslichen Zwecken. Nach den Berichten der vom h. Ministerium des Innern zum Behufe der Untersuchung eingesetzten Kommission. K. k. Hof- und Staatsdruckerei 1860. — Die Wasserversorgung der Stadt Wien, Denkschrift, verfaßt vom Stadtbauamte. 4⁰. 1861. — Die Wasserversorgung Wiens. Nach dem öff. Protokoll d. k. k. Gesellschaft d. Ärzte in Wien. 1892. Wien, A. Hölder. — Bericht über die Erhebungen der Wasserversorgungs-Kommission d. Gemeinderates d. Stadt Wien. 1864. — Bericht d. Ausschusses f. d. Wasserversorgung Wiens. Wien 1895. Verlag d. Österr. Ing.- u. Architekt.-Vereines. — Wien. Die zweite K.-Franz-Josefs-Hochquelleitung der Stadt W. Wien 1910.

Schweiz.

Collet, L. W.: Le charriage des alluvions. Ann. der schweiz. Landeshydrographie. 2. Bd. Bern 1916.

Haller, K.: Die Wasserversorg. von Lugano. Gesundheit 1911. — Heim, A.: Geologie der Schweiz. Bd. 1, S. 389, 1918. — Hug: Geologie der nördlichen Teile des Kantons Zürich. Beiträge z. Geolog. Karte der Schweiz, N. F., Lieferung 15, S. 109ff. Bern 1907. — Die Grundwasserverhältnisse der Schweiz. Annalen d. Schweiz. Landeshydrographie. Bd. III. Genf 1918.

Schaad, E.: Quellenstudien. Schweizer. Verein von Gas- und Wasserfachmännern. Monats-Bulletin. VI. Jahrg. Nr. 1, 2, 3, 4, 1926, S. 22—31, 53—64, 93—99, 116—127. — Schardt, Hans: Lötschberg- und Wildstrubeltunnel. Geologische Expertise. Im Auftrag des Regierungsrates des Kantons Bern verfaßt von E. Fellenberg, E. Riffling, H. Schardt. Mitteilungen, Naturforscher-Ges. Bern 1900. — Origine des sources du Mont de Chamblon. Compte rendu, Société neuchâteloise des Sciences Naturelles, 1898. — Notice sur l'origine des sources du Mont de Chamblon. Bulletin de la Société neuchâtelois des Scienses Naturelles, t. 24, 1898. — Rapport sur le drainage de la Valleé de la Brévine. Imprimerie Nater, Neuchâtel 1904. — La source du Pont-de-pierre, son origine et son captage. Bulletin mensuel de la Soc. suisse de l'industrie du gaz et des eaux, Nr. 8, 1929. — Carte et profils geologiques de la région tributaire des Sources de l'Arense, 1:100000. Bulletin de la Société neuchâteloise des Sciences Naturelles, t. 32, 1903. — Carte geologique et hydrologique de la partie et de la région S du tunnel du Simplon 1:25000. Lausanne 1903. — Geologische u. hydrologische Beobachtungen über den Mont d'Or-Tunnel und dessen anschließende Gebiete. Schweiz. Bauzeitung, Bd. 70, Nr. 23, 24, 25, 26, 1917. — Les eaux du tunnel du Simplon. Compte rendu, Société vaudoises des Sciences Naturelles, 1904. — Les grandes vennes d'eau du tunnel du Simplon. La Revue du Foyer domestique. Imprimerie Attinger. Neuchâtel 1904. — Rapport sur les vennes d'eau, rencontrées dans le tunnel du Simplon du côté d'Iselle. Impr. Corbaz et Co., Lausanne, et Bulletin de la Société vaudoises des Sciences Naturells (Compte rendus) 1902. — Stapff, M. F.: Les eaux du Tunel St. Gothard, 1891. — Stirnimann, V.: Die Grundwasserversorg. d. Stadt Luzern. Schweiz. Bauztg. 1909.

Tarnuzzer, Ch.: Geol. Verhältnisse d. Albulatunnels. 46. Jahresbericht d. naturf. Gesell. Graubündens. Chur 1904.

Züllig, A.: Die Grundwasserverorgung Diepoldsau. Schweizerische Bauzeitung 1932, Heft 6, S. 69 und 70. — Basel. Festschr. d. naturf. Gesellsch. zu Basel. Basel 1867.

Tschechoslowakei.

Gruschka, Th.: Das neue, nach dem Hochchlorungsverfahren erbaute Elbgrundwasserwerk in Aussig. Das Gas- und Wasserfach 1930, Heft 45, S. 1057 bis 1065 m. 9 Abb. i. Satz.

Harlacher, A. R.: Gutachten über die Wasserversorg. d. Stadt Teplitz. Teplitz 1892. Buchdruckerei v. S. Weigend, Teplitz-Dux. — Huber, U.:

Hydr. Vorarbeiten zwecks Wasserversorg. d. Stadt Teschen. Österr. Wochenschr. f. d. öff. Baudienst. Wien.

Laube, G. C.: Die Vorarbeiten zur Wasserversorgung von Prag und seinen Vororten. Lotos, 1899, Heft 7.

Redlich, K. A.: Das Wasserleitungsprojekt für Teplitz Schönau und Umgebung, Der Grundwasserträger in der Fley usw. Geologie und Bauwesen 1, 1929. S. 73. — Reisinger, G.: Die Wasserversorgung mittels Talsperren im Bezirke Komotau. Prager medizinische Wochenschrift, Jahrg. 29, 1904, Heft 26.

Sitte, F.: Die Lösung der Saazer Wasserversorgungsfrage. Mitt. d. Hauptverbandes Deutscher Ingenieure i. d. Č. S. R. 1930, Heft 12, S. 404—409 m. 3 Abb. (Darunter 1 geologische Karte des Entnahmegebietes und 1 geolog. Längenschnitt desselben.) — Smreker: Über Quellengebiete der Kreideformation Mittelböhmens. Journ. f. Gasbel. u. Wasservers. Jahrg. 1882, S. 700.

Wessely, Ritter von: Die Wasserversorgung Prags. Vortrag gehalten am 16. XI. 1904. Prag 1904. Im Selbstverlage d. Verfassers. — Wolf, Heinrich: Bericht über die Wasserverhältnisse der Umgebung der Stadt Teplitz. Jahrb. der k. k. geolog. Bundesanstalt 1865, 22 S. m. 1 Karte und 1 geolog. Durchschnitte.

Ungarn.

Hajós: Hydrologie und Hydrographike in Ungarn. Österr. Wochenschr. f. d. öff. Baudienst. Wien 1914. — Horusitzky, H.: Die artesischen Brunnen der Distrikte von Kapuvar und Csorna im Komitat Sopron, Ung. Geol. Anst. Budapest 1929. S. 1—50.

Vendl, A.: Über das Grundwasser des Lágymányos. Hidrologiai Közlöny, 10. Budapest 1931, S. 6—20 m. 5 Abb.

Vereinigte Staaten von Nordamerika.

Clifford, Older und Consoer, Arthur W.: Groundwater Infiltration in Pipe Sewers. Engineering News Record 1930, Heft 18, S. 695—698 m. 5 Abb.

Engelmann, Wm. H. u. H. G. Schwegler: Die Wasserversorgung der Stadt Cleveland (Ohio). Zeitschr. d. Vereins deutscher Ing. 1928, S. 184—188 (14 Abb.).

Fuller, M. L.: Contribution to the hydrology of Eastern U. S. Washington 1905. Water-Supply and Irrigation Paper, Washington Nr. 110.

Gordon, C. H.: Geology and underground Waters of northeastern Texas. U. S. Geol. Survey, Water Supply Paper 276. Washington 1911.

Jack, R. Lockhart: Geological Survey of South-Australia.

Kirk, Bryan: The Papago Country, Arizono. U. S. Geol. Surv. W. S. P. 499 (1925). — Knight, W. C.: A preliminary Rep. of the artes. basin of Wioming. Univ. of Wiom. Bull. 1900.

Lee, W. Th.: Underground Waters of Salt River Valley. Wash. 1905. Water-Supply and Irrigation Paper, Wash. Nr. 136.

Maufe, H. B.: The Geology of Underground Water in the United States. U. S. Geolog. Surv. Water Supply Paper 489, 1923. Plants as Indicators of Ground Water. U. S. Geol. Surv. Water Supply Paper 577, 1927. — Meinzer, O. E.: The occurence of ground water in the United States. United States Geological Survey. Water Supply paper 489. Washington 1923, S. 310. — Bibliography and Index of the Publikations of the United States Geological Survey Relating to Ground Water. U. S. Geolog. Survey. Water Supply Paper 427. Washington 1918. — Mendenhall, W. C.: Development of Undergr. Waters. Washington 1905. Water-Supply and Irrigation Paper, Washington. — Meyer, The elements of hydrology. New York 1928, 522 S. m. 287 Abb.

Norton, W. H.: Artesian wells of Jowa. Jowa geol. Surv. 1897, S. 130. — Nyl, P. B.: The Underground Water Resources of the Midlands. Underground Water Supply Paper Nr. 1, Dep. of Mines, Tasmania.

Raup, H. F.: Land Use and Water Supply Problems in Southern California; the Case of the Perris Valley. Geographical Review, April 1932, S. 270.

Todd, J. E. u. C. M. Hall: Geology and Water Resources of part of South Dakota. Washington 1904, W. S. P., Nr. 90. — Turneaure, F. L.: Public Water

Supplies of Wisconsin, Bull. Nr. XXXV. Wisconsin Geol. and Nat. Hist. Surv., 1915.

Weidmann, S. u. A. R. Schultz: Water Supplies of Wisconsin, Wisconsin Geol. Surv. Bull. XXXV., 1915. — Wright, G. F.: The Ice Age in North-Amerika. New York 1889. — Kansas. Rapport of the Board of Irrigation Survey and Exp. Topeka 1897. — The hetch hetchy water supply for the city of San Francisco. Engineering 1930, S. 125—128, m. 25 Abb.

e) Besondere Arten von Quellen.

Altfeld: Die physikalischen Grundlagen des Kohlensäuresprudels zu Namedy. Zeitschr. f. prakt. Geol. 1918, S. 164ff.

Fischer, F. J.: Meer- und Binnengewässer in Wechselwirkung. Abhandlg. d. k. k. geogr. Ges. Wien 4. Heft 5, 1902. — Fuller, M. L.: Bull. geol. Soc. Amer. 18, 1907, S. 221.

Gevers, W. M. A.: The Hot Springs of Windhoek, S. W. Africa; Transactions of the Geological Society of South Africa, Vol. 35, 1932. 29 S. mit 3 Tafeln und 3 Abb. im Satz. — Goupillière, Hatonde: Cours d'exploitation des mines, I, S. 145. — Günther, S.: Lehrbuch d. physikalischen Geographie, S. 299, 354. Stuttgart 1891.

Hague, A.: Origin of the thermal waters in the yellosostone National Park. Bull. Geol. Soc. Am. 22, 1911, S. 103. — Halbfaß, W.: Wird der Achensee durch Grundwasser gespeist? Mitteilungen aus Just. Perthes Geographischer Anstalt. 1928, Heft 7/8, Jahrg. 74, S. 196. — Henrich: Der Namedy-Sprudel bei Andernach. Zeitschr. f. prakt. Geologie XVIII., 1910. — Hochstetter, von: Neuseeland. Stuttgart 1863. — Holmes, W. H. and A. C. Peale: The yellowstone National Park 12, annual report of the U. St. Geolog. and Geogr. Surv. of t. errit. 1883.

Jentzsch: Über den artesischen Brunnen in Schneidemühl. Zeitschr. für praktische Geologie 1893, S. 347ff.

Milojevic, S. M.: Die unregelmäßige Karstquelle Gradnica. Ann. géol. de la pénins balkan. 9, Belgrad 1928. 138—142. 1 Abb., 1 Taf.

Noszky, E.: Der Pseudogeysir von Rank-Herlany. Zeitschr. f. prakt. Geol. 37, 1929. S. 72.

Preyer u. Zirkel: Reise nach Island. Leipzig 1862.

Schwarz, E. H. L.: Hot Springs. Geol. Magazine 1904.

Tarnuzzer, Chr.: Beiträge zur Geolog. Karte d. Schweiz. N. F. Lief. 23, 1911.

Versluys, I.: How can intermittence of springs be explained. Proc. kon. Akad. Wetenschaap. 1929. 32. 2. — Versluys, I.: The cause of periodicity generally occuring with rising mixtures of gas and liquid. Proc. kon. Akad. Wetenschaag, Amsterdam 1930, 33. 5.

Waitz: Les geysirs d'Ixtlan. Guide X. Congrès géol. intrenat. Mexiko 1906.

f) Unterwasserquellen. Beziehungen zwischen Quellen, Grundwasser und Bauwesen.

Arp u. Dettmers: Die Grundwassersenkung beim Bau der Doppelschleuse in Wesermünde-Geestemünde. Zeitschr. f. Bauwesen, 1926, 76. Jahrg., S. 77.

Baudisch, H.: Eine graph. Bestimmung der Bahnkurven. Zeitschr. d. österr. Arch. u. Ing.-Vereines. Wien 1910. — Behr, J.: Das Brunnenunglück von Bussin, Kreis Schlawe. Pumpen- u. Brunnenbau, Bohrtechnik. Jahrg. 1930, Nr. 17, Berlin. — Bergwald, Fritz: Grundwasserdichtungen. München und Berlin: R. Oldenbourg 1916. 101 S. m. 45 Abb. und 1 Anhang. — Bohlmann, A.: Die Grundwassersenkung bei dem Schleusenbau zu Brunsbüttelkog. Braunschweig 1913. — Brennecke, L.: Der Grundbau. Berlin 1906. — Brinkhaus: Die Grundwasserentziehung durch den Bergbau, deren Feststellung u. Schadenberechnung. Techn. Blätter, Wochenschrift zur Deutschen Bergwerkzeitung 1927, Nr. 29.

Fabian: Die Ausgestaltung der Oder zur Hochwasserabführung und als Schiffahrtsstraße. Zeitschr. f. Bauwesen. 74. Jahrg. 1924, S. 90. — Fauser, O.: Meliorationen. Sammlung Göschen. 2 Bändchen. — Feilitzsch, A. von: Journal für Gasbeleuchtung u. Wasserversorgung. München 1909. — Forchheimer, Ph.: Grundwasserspiegel bei Brunnenanlagen. Zeitschr. d. österr. Arch.- u. Ing.-Vereines. Wien 1898, 1905. — Freckmann: Erschließung u. Bewirtschaftung des Niederungsmoores. Berlin 1921 (Parey).

Gagel, C.: Zeitschr. f. prakt. Geologie 1913. — Gebhard: Die Schiffbarmachung des Oberrheins von Basel bis Straßburg. Der Einfluß auf unsere Landwirtschaft. Zentralblatt d. Bauverwaltung 1925, S. 163. — Götzcke: Neuere Erfahrungen bei Erdarbeiten. Zentralblatt der Bauverwalt. 45. Jahrg., S. 441 u. 452. — Wasserhaltungsarbeiten f. d. Bau von Brückenwiderlagern u. Schleusen, im Eigenbetriebe ausgeführt vom Kanalbauamt zu Duisburg-Meiderich. Die Bautechnik. 4. Jahrg., H. 39. Mit Zusatzabschnitt auch veröffentlicht als Doktordissertation. Hannover 1926. — Groß: Die staatliche Landeswasserversorgung in Württemberg. Zentralblatt d. Bauverwaltung, 1918. S. 499—502, 509—513.

Hasselt, J. von: Grundwasserbewegung in der Nähe von Brunnen. De Ing. 1913.— Hecker: Darstellung der durch den Spring bei St. Michele im Muschelkalkplateau zwischen Unstrut und Geisel und die durch Wasserwältigung auf der Braunkohlengrube Ottilie in den Brunnen von Oberröblingen entstandenen Entwässerungskurve und Entwicklung ihrer Gleichung. Zeitschr. f. Berg-, Hütten- und Salinenwesen in Preußen. Bd. 34, S. 45, Jahrg. 1886. — Heilmann: Neuzeitliche Wasserversorgung in Gegenden starker Bevölkerungsanhäufungen in Deutschland. München u. Berlin 1914.

Jentzsch: Zeitschr. f. prakt. Geologie 25, 1893, S. 352. — Josse: Zeitschr. d. Vereines deutscher Ing. Berlin 1907.

Kegel: Ein Beitrag zur Frage der Bergschäden durch Wasserentziehung. Glückauf. 49. Jahrg. 1913, S. 237—246. — Bergmännische Wasserwirtschaft 1912. — Kegel, K.: Untersuchungen über Grundwasserstörungen durch den Bergbau. Glückauf 1917, Heft 17/18. — Kegel u. Keilhack: Welche Zeiträume sind erforderlich, um in Bergbaugebieten nach Einstellung des Pumpenbetriebes die früheren Grundwasserverhältnisse wieder herzustellen? Braunkohle, XXII. Jahrg. 1924, Nr. 51, S. 773—776 mit 2 Abb. i. Satz. — Keilhack, K.: Das Brunnenunglück in Schneidemühl. Prometheus, Heft 218, Jahrg. 5, 1893, S. 148. — Grundwasserstudien VI. Über die Wirkungen bedeutender Grundwasserabsenkungen. Zeitschr. f. prakt. Geologie. XXI. Jahrg. 1913. — Kinkelin, F.: Die Tertiärletten und Mergel in der Baugrube des Frankfurter Hafens. Bericht der senckenbergischen naturforschenden Gesellschaft, 1885. — Geologische Tektonik der Umgebung von Frankfurt a. M. Bericht der senckenbergischen naturforschenden Gesellschaft 1885. — Klaas, Adolf: Die Meliorationen des Riedes. Darmstadt 1886. — Kozeny, Josef: Grundwasserstudie, Drainstrangentfernung. Die Wasserwirtschaft. Jahrg. 1931, Heft 10, 4 S. u. 7 Abb. — Kranz, Walter: Die Geologie im Ingenieur-Baufache. Abschnitt C, Geologie und Wasser im Baufach, S. 190—305. Stuttgart: F. Euke 1927. — Neckarkanalbau, Mineralquellen und Geologie. Sonderabdr. a. d. Cannstatter Zeitung, Nr. 167, 1929. — Kress, H.: Der heutige Stand d. Grundwasserhaltungsverfahrens. Mitt. a. d. Ges. Siemens & Halske, Siemens-Schuckertwerke 1914. — Krey, H.: Rutschgefährliche und fließende Bodenarten. Die Bautechnik. 1927, Heft 35. — Krusch, P.: Gerichts- und Verwaltungsgeologie, 636 S. m. 157 Abb. i. Satz. Stuttgart 1916. — Kyrle, Georg: Theoretische Speläologie. 353 Abb., m. 10 Tafeln und 187 Abb. i. Satz. Wien 1923. — Kyrieleis, W.: Über Grundwasserabsenkung bei Fundierungsarbeiten. Diss. Berlin 1911, S. 51. — Grundwasserabsenkung bei Fundierungsarbeiten. Berlin 1913, S. 63.

Läufer, August: Lassenbildung und deren Verheilung. Die Wasserwirtschaft, 1927, Heft 24, S. 560—566 m. 11 Abb. — Lorenz, H.: Zeitschr. d. Vereines deutscher Ing. Berlin 1909. — Lorenz v. Liburnau, Josef Roman: Sul modo die rendere utilizzabili le sorgenti d'aqua dolce sottomarine nel Litorale austriaco. Wien 1869.

Michael, R.: Zeitschr. f. oberschles. Berg- u. Hüttenmänner, S. 1911.

Pap, v.: Aus der Natur II, S. 749ff. — Prinz, E.: Die Trockenlegung des Untergrundes. Zentralblatt d. Bauverwalt. Berlin 1906.

Schonnopp, E.: Gefährdete Baugruben. Die Bautechnik, Heft 21, 24. 1926. — Schultze, Joachim: Die Grundwasserabsenkung in Theorie und Praxis. Berlin 1924. — Schurig: Die Bedeutung der dauernden Beobachtung der Veränderungen des Grundwasserstandes durch Kanal- und Bergbau f. d. land- u. forstwirtschaftl. Bodennutzung. Jahrbuch d. Deutschen Landwirtschaftsg. 1919, S. 343. — Scupin, Hans: Bodenbelastung und Grundwasserstand. Jahrb. d. Halleschen Verbandes f. d. Erforschung der mitteldeutschen Bodenschätze u. ihrer Verwertung, 7, S. 138. 1928. — Seyfferth, A.: Zentralblatt d. Bauverwalt. Berlin 1898. — Sichardt u. H. Weber: Hydrologische Rechnungen für die Grundwasserabsenkung beim Bau der Nordschleusen-Anlage in Bremerhaven. Die Bautechnik, Heft 29, 4. Juli 1931, S. 451—454, Heft 30, 11. Juli 1930, S. 470—472. — Siemens & Halske: Trockenlegung von Baugruben. Berlin 1913. — Steen van Ommeren: Methode van fundering doar middel van Verlaging von den Grundwaterspiegel. De Ing. 1903.

Thiem, G.: Die Bekämpfung von Grundwasserdurchbrüchen in Braunkohlenwerken. Braunkohlen- und Brikett-Industrie. 15. Jan. 1920, Nr. 2.

Ule, W.: Über die Beziehungen zwischen den Mansfelder Seen und dem Mansfelder Bergbau. Zeitschr. f. praktische Geologie, 1893, S. 339ff. — Die Katastrophe in den Mansfelder Seen. Naturw. Wochenschr. 1894, S. 325.

Vogt: Die Untergrundwasserverhältnisse und der Bergbau im Borna-Meuselwitzer Braunkohlenrevier. Braunkohle. XXIII. Jahrg. Nr. 9.

Weber, H.: Der Einfluß der Baugrubengröße auf die bei Grundwasserabsenkungen zu fördernde Wassermenge. Der Bauingenieur, 1930, Heft 44, S. 755 bis 759 m. 7 Abb. — Wegner, Th.: Studien über Grundwasserentziehung im rheinisch-westf. Industriegebiet. Glück auf, 1916, Heft 33/34. — Weigmann: Kulturtechnik und Landwirtschaft in Bayern. Der Kulturtechniker. XXIX. Jahrg. Heft 2, 1926.

Zimmermann: Die Anwendung von Grundwasserabsenkungen zu Neubauten. Zentralblatt d. Bauverw. Berlin 1906.

g) Gesundbrunnen.

Allgemeines.

Allen: The Motion of a sphere in a viscous fluid. Philosophical magazine, Vol. 50, No. 304, 1900, S. 323.

Baur, K.: Neue Wege der Quellforschung? Zeitschr. f. wissenschaftliche Bäderkunde 1929, Heft 7. — Über chemische und physikalische Befunde an den Baden-Badener Thermen. Zeitschr. d. deutschen Geologischen Ges. 1929, Bd. 81, Heft 7, S. 355—365 m. 2 Abb. i. Satz. — Brun, A.: Quelques Rech. s. l. vulcanisme. Extr. d. Arch. d. Sc. phys. et nat. 1908, 1909 u. Eclogae geol. Helv. 1906.

Cadisch, J.: Zur Geologie alpiner Thermal- und Sauerquellen. Jahresber. Naturf. Ges. Graubünden. N. F. 66, 1927/28, 46 S., 6 Abb. — Centnerszwer, M.: Das Radium u. d. Radioaktivität. Aus Natur u. Geisteswelt. 405. Bd., Leipzig 1913. — Curie, Mme P.: Die Radioaktivität. I. u. II. Bd. Leipzig 1912.

Delkeskamp, L.: Juvenile u. vadose Quellen. Balneol. Ztg. 1905, Heft 5. — Delkeskamp, Rudolf: Fortschritte auf dem Gebiete der Erforschung der Mineralquellen. (Abschnitt: Geologie und Genesis). Zeitschr. f. prakt. Geologie. 1908, S. 401ff. — Denckmann, A.: Geologische Untersuchungen der Woltersdorfer Quelle. Zeitschr. f. prakt. Geologie 1901. — Diénert, F.: Eaux douces et minérales. Paris 1912.

Gautier, A.: Caractére differentiels des eaux de sources d'origine superficielle ou météorique et des eaux d'origine centrale ou ignée. Compt. rend. 1910, S. 436. — La genése des eaux thermales et ses rapports avec le volcanisme. Annal. des mines (10) Mém. 9, 1906, S. 316. — Gockel, A.: Die Radioaktivität von Boden u. Quellen. Braunschweig 1914.

Haas: Quellenkunde. — Heim, Albert: Die Quellen. Öff. Vorträge. 8 Bd., Heft 9, S. 28, Basel 1885. — Henrich, F.: Über die Bedeutung der Kohlensäure bei Sauerquellen und Sprudeln. Prometheus 1904, 15. Jahrg., S. 497—499 und S. 513—517 m. 2 Abb. — Über die Einwirkung von kohlensäurehältigem Wasser auf Gesteine u. über d. Urspr. u. d. Mechanismus d. kohl. Thermen. Zeitschr. f. prakt. Geologie 1910. — Theorie der Kohlensäure führenden Quellen, begründet durch Versuche. Zeitschr. f. d. Berg-, Hütten- u. Salinenwesen im Pr. Staate. 1902, 3. Heft. — Hintz, E. u. L. Grünhut: Deutsches Bäderbuch. S. LXVI. Leipzig 1907. — Hintz u. Kaiser: Zur angeblichen Konstanz der Mineralquellen. Zeitschr. f. prakt. Geologie 1915. — Hoefer, K.: Untersuchungen über die Strömungsvorgänge im Steigrohre eines Druckluft-Wasserhebers. Mitt. über Forschungsarb. Heft 138, 1913. — Hummel, K.: Beziehungen der Mineralquellen Deutschlands zum jungen Vulkanismus. Zeitschr. f. prakt. Geologie. 38, 1930, 20—24, 5 Abb.

Kampe, Robert: Zur Mechanik gasführender Quellen. Ingenieur-Zeitschrift, Teplitz-Schönau. 2. Jahrg., 1922, 8 S. m. 7 Abb. i. Satz. — Keilhack: Geologie der Mineralquellen und Thermen, der Mineralmoore und der Mineralschlamme. Leipzig 1916. — Kionka, H.: Untersuchung und Wertbestimmung von Mineralwässern und Mineralquellen. Geologische Rundschau. Bd. 37, Nr. 8, 1. August 1928. — Knett, J.: Bemerkungen zu Scheorers Mechanismus der Quellenbildung und die Biliner Mineralquellen. Internationale Mineralquellenzeitung 1906. — Zur Kenntnis der statischen u. dynamischen Vorgänge in Mineralquelladern. Internationale Mineralquellenzeitung 1907. — Grundzüge der Mineralquellentechnik, insbes. Fassung der Mineralquellen. Österreichisches Bäderbuch, Berlin—Wien 1914, S. 122—141. — Kranz, W.: Neckarkanalbau, Mineralquellen und Geologie. Sonderabdruck aus der Cannstatter Zeitung Nr. 167 vom 16. Juli 1929.

Lang: Die Höhenlage warmer Quellen. Gaea. Bd. 23, S. 340, Jahrg. 1887. — Launay, L. De: Recherches, captage et amenagement des eaux thermominerales. Paris 1899. — Sur les traits caracteristiques des griffons hydrothermaux. C. R. Cde. Sc. vol. CXLIX., 1909. — Leppla: A.: Die praktische Bedeutung der Geologie für die Balneologie. S. A. aus der medizinischen Klinik. Berlin 1910.

Màdai, J. jun.: Internat. Mineralquellenzeitung. Wien 1930. — Maureu et Lepape: Sur les gaz des sources thermales: presence du crypton et du xenon. C. R. Ac. Sc. vol. CXLIX. 1909. — Maurer, E.: Über Mineralquellen. Gesundheitsingenieur, 25. Jahrg., 1929, 25. Heft, S. 438.

Paul, Th.: Allgemeines über die Chemie der Mineralwässer. Deutsches Bäderbuch. S. XXXVII—XLIII. — Pavay-Vajny, Fr.: Die Ursache der hohen Temperatur der Thermalquellen und deren wirtschaftliche Bedeutung in Ungarn. Intern. Zeitschr. f. Bohrtechnik, Erdölbergbau und Geologie. Nr. 10, 1931, S. 79.

Ruff, O.: Über die Radioaktivität der Danziger Wässer. Schriften d. naturf. Ges. in Danzig 1913. — Rutherford, E.: Radioactivity. Cambridge 1904. (Deutsche Übersetzung von Aschkinaff, 1907).

Saviron, P.: Una fuente cuya agua contiene sulfato aluminico. Bol. R. Soc. esp. Hist. nat. 1909, IX, p. 342—343. — Scherrer, A.: Über die Fassung der Mineralquellen. Deutsches Bäderbuch. Leipzig 1907. — Schneider, K.: Beiträge zur Theorie der heißen Quellen. Geologische Rundschau 1913, S. 65ff. — Schwarz, E. H. L.: Hot Springs. Geol. Magazine. 5, 1904, S. 1. — Seemann: Die Aussiger Thermen. Aussig 1912. — Sieveking, H.: Die Radioaktivität der Heilquellen. Naturwissenschaften 1913. — Starke, W.: Die Radioaktivität einiger Brunnen der Umgegend von Halle a. d. S. Halle a. d. S. 1911. — Stockmayer, Siegfried: Die Biologie der Mineralquellen. Österreichisches Bäderbuch 1928, S. 85—92. — Stutzer, O.: Juvenile Quellen. Intern. Kongreß Düsseldorf. 1910, Abt. IV. — Suess, E.: Über heiße Quellen. 74. Vers. deutscher Naturforscher und Ärzte zu Karlsbad. 1902. Vgl. auch Prometheus 1903, S. 209. — Suess, Ed.: Über heiße Quellen. Vortr. d. Ges. f. Naturf. u. Ärzte. 1902.

Thuma, J.: Die Radioaktivität der Heilquellen. Österr. Bäderbuch. Berlin u. Wien 1914. — Tornquist, Alexander: Mineralquellen und Minerallagerstätten in den Ostalpen. Mitt. d. Geolog. Gesellschaft Wien 1928, Bd. 21, 9 S.

Winkelmann: Handbuch d. Physik. I. Bd. — Winckler, Alex: Über das Korrigieren von Mineralwässern. Intern. Mineralquellenzeitung 1900.

Deutschland.

Baur, K.: Über chemische und physikalische Befunde an den Baden-Badener Thermen. Zeitschr. der Deutschen Geologischen Gesellschaft. Heft 7, Bd. 81, 1929, S. 355.

Drolz, H.: Der Kohlensäurewassereinbruch beim Teufen des Friedrich-Schachtes in Zabreh a. d. Oder. Montanistische Rundschau 1928, Nr. 16, S. 499.

Essler, Paul: Die Beziehungen von Erzgängen, Tektonik, Vulkanismus und Schwere zu den bekannteren Heilbädern in Südwestdeutschland. Zeitschr. f. prakt. Geologie. 35. Jahrg., H. 3, März 1927, S. 33—48.

Fresenius, Dr. R.: Analyse des Kaiserbrunnens u. des Ludwigs-Brunnens zu Homburg vor der Höhe. Wiesbaden 1863.

Gäbert, C.: Die Saalfelder Heilquellen. Geologisch-chemische Betrachtungen, Vergleich mit Levico-Vetriolo. Beitr. z. Geol. v. Thüringen. 2. 1929, 145—160, 1. geol. Prof., 1 Taf.

Hintz, E. u. L. Grünhut: Deutsches Bäderbuch. Leipzig 1907.

Kostmann, B.: Die radioaktive Beschaffenheit der arsenhaltigen Juliana Mineralquelle bei Budelstadt in Schl. Kohle u. Erz 1910, Nr. 1.

Linck, Erwin: Das Cannstadt-Stuttgarter Mineralwasservorkommen. Das Gas- u. Wasserfach. 1930, Heft 10, S. 220—226 und S. 253—257 m. 22 Abb.

Röhrer, F.: Zur Hydrologie der Quellen von Bad Dürkheim. Sonderabdruck a. d. Zeit. f. wissen. Bäderkunde. 1930, Heft 6. — Über ein neues, im Buntsandstein erbohrtes Mineralwasser und die Bedeutung solcher Wässer für die Paläogeographie des Buntsandsteins. Bad. Geol. Abhandl. Jahrg I, H. 2, 1929.

Salomon-Calvi, W.: Geologisches Gutachten über die Lebensdauer der Mergentheimer Heilquellen und über die Möglichkeit der Erschließung neuer Heilquellen in Mergentheims Umgebung. 1930. — Salomon, W.: Die Erbohrung einer Heidelberger Radiumsoltherme und ihre geologischen Verhältnisse. Abhandl. Heidelberger Akad. d. Wissenschaften 1927, S. 77. — Scherrer, A.: Schicksale einer deutschen Mineralquelle während 2000 Jahren. Bericht über die Hauptversammlung d. Ver. f. Kurorte u. Mineralquelleninteressenten usw. in Koblenz, 1903, S. 104. — Schwager, A.: Hydrogeologische Studien. Über den Schutz der Heilquellen zu Bad Steben u. von Langenau gegen schädigende Einwirkungen von Grab- u. Bohrarbeiten. Geogn. Jahresb., Jahrg. XX, 1907/08.

Villaret, A.: Die wichtigsten deutschen österreichisch-ungarischen u. schweizerischen Brunnen und Badeorte nach ihrer Heilanzeige zusammengestellt. Stuttgart 1909.

Wagner: Die Mineralquellen von Bad Kreuznach und Münster am Stein. Notizblatt des Vereines f. Erdkunde und der Hessischen Geol. Landesanstalt. V. F. 6. H., 1924, S. 106—162, Tafel I.

Italien.

Ciofalo, M.: Studio idro-geologico delle sorgenti termo-minerali di Termini Imerese. Geologisches Zentralbl. Bd. 37, Nr. 9, 15. August 1928, S. 445.

Gabella, A.: Risultati dell'analisi dell'acqua termo-minerale della sorgente San Calogero nell'isola di Lipari. Boll. Soc. dei Naturalisti XXII. Napoli 1909.

Merciai: Le acque termali di Caldana presso Campiglia marittima. Pisa, Mariotti. 1904, pag. 32, e carta geol.

Patrini, P.: La fonte salino-solfurea di Sardigliano. S. 446. Geologisches Zentralblatt. Bd. 37, Nr. 9, 15. August 1928. — Principi, P.: Intorno all origine di alcune sorgenti minerali nei pressi di Perugia. S. 445. Geologisches Zentralblatt. Bd. 37, Nr. 8, 15. August 1928.

Spica e Schiavon, G.: Sull acqua minerale di Poleo presso Schio. Gazz. chim. ital. XXXII. Roma 1902. — Sull acqua minerale della fonte Jolanda presso Staro. Gazz. Chim. italiana XXXII pte 1a. Roma 1902.

Taramelli, T.: Le condizioni geologiche delle fonti termali di S. Pellegrino. Giornale di Geologia Pratica, 7—8, 1909—1910, S. 115. — Tonelli, Carlo: Delle aque minerali di Levico. Diss. Chimicochinica Rovereto 1785.

Ugolini, R.: Sulla sorgente termale di Acquasanta. L'universo, V. N. 6, p. 28. Geologisches Zentralblatt. Bd. 37, Nr. 9, 15. August 1928.

Vinassa de Regny, P.: La sorgente acidulo-alcalino-litinica di Uliveto. Giornale di Geologia Pratica, 3—4, 1905—1906, S. 164.

Österreich.

Gmeiner, Johann Georg: Heilquellen in Tirol und Vorarlberg. Inaugural-Dissert. Wien 1838.

Knett, J.: Geologie der alpinen Mineralquellen. Intern. Mineral-Quellen-Zeitung. Wien 1913. — Die strontiumreichste Heilquelle der Welt? Bad Einöd in Steiermark. Österreichs Kurorte und Heilquellen, 1923, Heft 12, 25 S. m. 1 Tafel. — Die geologischen und chemischen Verhältnisse der Heilquellen Österreichs. Österreichs Kurorte und Heilquellen, 1924, Heft 8, 27 S.

Mache, H. u. M. Bamberger: Über die Radioaktivität der Gesteine und Quellen des Tauerntunnels und über die Gasteiner Thermen. Sitzungsber. Akademie der Wissensch. Wien, math.-nat. Kl., Bd. 123, 1914, S. 325. — Mache, H.: Neumessung der Radioaktivität der Gasteiner Thermen. Sitzungsb. Akad. d. Wissenschaft, Wien, math.-nat. Kl., Bd. 132, S. 207, 1923. — Über den Radiumgehalt der Thermen von Gastein und Karlsbad. Phys. Zeitschrift, 1926, S. 205.

Waagen, Lukas: Das Thermalgebiet von Baden. S. 175. Intern. Zeitschr. f. Bohrtech., Erdölbergbau und Geologie. XXXVI. J. Nr. 20, 15. Oktober 1928. — Thermalquelle von Baden in Niederösterreich. Zeitschr. f. prakt. Geologie, 1914, S. 84. — Waltenhofer, v.: Über die Thermen von Gastein. Sitzungsber. d. Wiener Akad. d. Wissensch., Bd. 92, S. 1258, Jahrg. 1886.

Übrige Staaten.

Franck: Die Teplitzer Thermalquellen. Österr. Zeitschr. f. Berg- u. Hüttenwesen. Bd. 36, S. 350, Jahrg. 1888. — Fresenius, R.: Analyse der fünf Eisenquellen in Bad Neudorf bei Tegl in Böhmen. Wiesbaden: O. W. Kreidels Verlag 1876.

Hoernes: Die Anlage des Tullschachtes in Rohitsch-Sauerbrunn. (S. A. ebenda 1890). — Hynie, Ota: Geologicka studie uzemi projektovaneho vodovodu obce a lazni Piestan na Slovensku. Geologisches Zentralblatt, Bd. 37, Nr. 8, 1. August 1928.

Kampe, Robert: Die Entstehung der Karlsbader Thermen. Firgenwald. 1928, Heft 2, Jahrg. 1, S. 109. — Knett, J.: Der Boden der Stadt Karlsbad und seine Thermen. Festschrift 74. Vers. Deutscher Naturforscher und Ärzte 1902, S. 59. — Die geologisch-balneologischen Verhältnisse von Trenčin-Teplitz. Naturw. Verein Trenčin 1903. — Ungarns Leistungen auf dem Gebiete der Mineralquellen. Ungarns Heilquellenschätze. Intern. Mineralquellen-Zeitung 1929, Heft 11.

Launay: Les sources minérales de Bourbon- l'Archamboult. Annales des mines. Bd. 13, S. 429, Jahrg. 1888. — Lebedew, P.: Geologo-petrograph. ocerk Karacaja w swjazi s ego poleznymi iskopaemymi i mineralnymi istocnikami. Geolog.-petrograph. Grundriß v. Karacaja in Verbindung mit den Ausgrabungen u. mineralog. Quellen Rostow am Don, 1930, 224 Seiten, ca. S. 26.—. — Leitmeir, H.: Die Absätze des Mineralwassers Rohitsch Sauerbrunn. — Löschner: Der Gießhübler Sauerbrunn in Böhmen. Karlsbad 1860.

Müller, Bruno: Die neue Therme in Schreckenstein. Firgenwald, 3. Jahrg., 1930, 4. Heft, S. 145.

Nikolov, Naum u. W. G. Radev: Hydrogeologische Untersuchungen der Umgebung der Thermalquellen im Karlovo-Bezirk (Bulgarien). Zeitschr. d. Bulg. geol. Ges., Jahrg. I, H. 1, S. 5.

Prosinal, Ernst: Zur Physiographie der Karlsbader Thermen sowie über neue Maßnahmen zum Schutze derselben. Verhandlg. der 66. Versammlung Deutscher Naturforscher u. Ärzte in Wien 1894, S. 217—223.

Schardt, Hans: Geologische Übersicht und Quellenkunde. Bäder und Kurorte der Schweiz. Verlag Sauerländer, Aarau 1910. — Scherrer, A. sen.: Mechanismus der Quellenbildung und die Biliner Mineralquellen. Vortrag, gehalten auf d. Hauptvers. d. Vereines d. Kurorte u. Mineralquelleninteressenten usw. in Kissingen. Balneol. Ztg. 1905, S. 113. — Seemann, Fritz: Eine Therme in Aussig. — Die Aussiger Thermen. Aussig 1912, 22 S. — Simmler, Th.: Chemische Untersuchung der oberen Mineralquelle zu Seewen im Kanton Schwyz. Zürich 1855. —

Vergleichung u. tabellarische Zusammenstellung des Stachelberger Mineralwassers im Canton Glarus m. einigen andern Schwefelwässern. — Stur, D.: Fünf Tage in Rohitsch-Sauerbrunn. Jahrb. d. k. k. geol. Reichsanstalt 1888, 38 Bd., 3. Heft.

Voitesti, J. P.: Etude geologique sur les sources minerales de Bains d'Hercule. S. 115. Ann. d. Min. d. Roumanie 4, 1921.

Eine Heilquelle in Oberleutensdorf: Firgenwald, 3. Jahrg., H. 1 u. 2, 1930.

Neue hochwertige Radiumquellen: Firgenwald, 3. Jahrg., H. 1 u. 2, 1930.

7. Die Fassung der Quellen.

Bowmann, J.: Well drilling methods. Wash. 1911. Water-Supply and Irrigation Paper, Washington, N 257.

Darapsky: Berechnung der Preßluftpumpe in Theorie u. Praxis. Dinglers polytechn. Journal 1913.

Eigenbrodt, H.: Neuere Gesichtspunkte bei der Planung von städtischen Wasserversorgungsanlagen. Gesundheits-Ingenieur 1930, S. 8—13 und S. 21—28 m. 15 Abb.

Friedrich, A.: Kulturtechnischer Wasserbau. Berlin 1912. P. Parey. — Fuller, M. L.: The Freezing of Wells and Related Phenomena. U. S. Geol. Surv. W. S. P. 258 (1911).

Gerhardt, Paul: Kulturtechnik. 348 S., 3 Tafeln u. 268 Textabb. Berlin: Parey 1922. — Guillery, E.: Mammutpumpe. Org. f. Fortschritte d. Eisenbahnwesens 1907.

Halbertsma: Die Bedeutung des Wassermesser für die städtische Wasserversorgung. Journ. für Gas u. Wasser 1910. — Harrison, B. A.: Practical Well Sinking. London 1913. — Hartmann, K. u. J. O. Knoke: Die Pumpen. Berlin 1897. — Huber, U.: Graph. Ergiebigkeitsbestimmung gekuppelter Brunnen. Prag 1891. Techn. Blätter.

Jsler, C.: Well Boring. London 1911.

Krüger: Kulturtechnischer Wasserbau. Berlin 1921. — Kruse, W.: Über die Beeinflussung v. Grundwasserwerken durch Hochwasser. Intern. Zeitschr. f. Wasservers. Leipzig 1915.

Lindley, W.: Heberanordnung mit selbsttät. Entlüftung. Journ. f. Gasbeleuchtung u. Wasservers. München 1909. — Lueger, O.: Die Wasserversorgung der Städte, Darmstadt 1890.

Maurer, E.: Über Leitungsmaterialien für Mineralwässer. Gesundheits-Ingenieur 1930, S. 333. — Mohr, U. u. P. Roch: Die Wasserförderung. Leipzig 1907.

Olshausen: Flut und Ebbe in artesischen Tiefbrunnen in Hamburg. Journal f. Gasbeleuchtung u. Wasservers. 1904, S. 381 m. 9 Abb. — Opitz, Fr. Joh.: Die neue Fassung des Kreuzbrunnens zu Marienbad im Herbste 1858. Prag 1859, 79 S.

Pengel, W.: Der praktische Brunnenbauer. Berlin. — Perényi, A.: Rat. Konstruktion u. Wirkungsweise des Druckluftwasserhebers. Wiesbaden 1908. — Prinz, E.: Bau u. Bewirtschaftung von Versuchsbrunnen. Jorn. f. Gasbeleuchtung u. Wasservers. München 1901. — Rother, M.: Ergiebigkeit unvollkommener Brunnen. Journ. f. Gasbeleuchtung u. Wasservers. München 1904.

Scheelhase: Wasserversorgung kleiner und mittlerer Städte. Journ. f. Gasbeleuchtung u. Wasservers. München 1911, S. 388. — Scherrer, A. jun.: Über moderne Quellfassungen. Balneol. Ztg. 1905, S. 65. — Schoklitsch: Der Wasserbau. Ein Handbuch für Studium u. Praxis in 2 Bänden. Wien: Julius Springer 1930. Band I, 708 Abbildungen, 74 Tabellen, 484 Seiten. Band II, Seite 709—2057, Tabellen 75—119, Seite 485—1184.

Tecklenburg: Handbuch der Tiefbohrkunde. Leipzig-Berlin 1887/1900. — Thiem, A.: Zur Wirkungsweise von Schachtbrunnen. Wochenschr. d. V. d. Ing. 1882. — Neue Messungsart natürl. Grundwassergeschw. Journ. f. Gasbeleuchtung u. Wasservers. München 1887. — Thiem, G.: Hydrologische Methoden. Leipzig 1906. — Die Dichtung von Heberleitungen. Journ. f. Gasbeleuchtung u. Wasservers.

München 1912. — Die Entwicklung d. gußeisernen Rohrbrunnens. Intern. Zeitschr. f. Wasserv. Leipzig 1917.

Werneburg: Aus dem preußischen Wassergesetz. Zeitschr. f. Agrar- und Wasserrecht. 5. Bd., 1925, H. 4, S. 297—301. — Weyrauch: Die Wasserversorgung der Städte. Der Städtische Tiefbau. Bd. II und zwar Bd. IIa (1914). Vorkenntnisse und Hilfswissenschaften. Die Hydrologie. Die Wassergewinnung. Bd. IIb (1916) Verbesserung der Wasserbeschaffenheit. Hebung des Wassers, Aufbewahrung des Wassers. Leitung u. Verteilung des Wassers. Literaturverzeichnis. — Wasserversorgung der Ortschaften. Berlin 1922. — Winkler, A.: Mineralquellentechnik. Leipzig 1916, 198 S. — Elektrische Tiefenmessung von Brunnen und Bohrlöchern. Intern. Zeitschr. f. Bohrtechnik, Erdölbergbau und Geologie. 15. Juni 1928, Nr. 14, Jahrg. XXXVI, S. 127—128.

8. Die Aufsuchung der Quellen.

Ambronn, R.: Die Untersuchung des Untergrundes mittels physikalischer Messungen. Der Bauingenieur 1920, Heft 1, S. 206. — Auscher, E. S.: L'art de découvir les sources. Paris 1905. — Arnaldo, Belluigi: Sull'uso di elettrodi dissimili nella Prospezione Geoele trica del sottosuolo. Bollettino della Sicieta Geologica Italiana. Vol. L, 1931, Fasc. 1, S. 57.

Cortese, E.: Ricerca e utilizzazione di acque interne. Estr. di 12 p. d. Rass. Min. Metall. e chimica XXVII nov. 1921.

Diénert, F.: De la découverte des eaux etc. Rev. prat. de Hyg. nouv. 1913. — Diekmann, T.: Elektrogeophysikalische Feldmessungen mit niederfrequentem Wechselstrom. Gerlands Beiträge zur Geophysik. Ergänzungsheft für angewandte Geophysik, Bd. 1, Heft 3, 1931, S. 225.

Gregory, J. W.: Water Divining. Public Works, Roads, and Transport Congress (1927), Paper No. 15 T. — Grossi, M.: Ricerca delle acque sotterranee e dei giacimenti minerali. Un vol. di 380 p., con 68 fig. 1 tav. a colori. Milano Hoepli 1912.

Hundt, R.: Altes und Neues von der Wünschelrute. Der Straßenbau 1930, Heft 20, S. 333—336.

Königsberger: Über den Nachweis wasserführender Störungen unter Tage im Salzbergbau mittels geophys. Methoden. Kali, 1925, Nr. 20, S. 51. — Kranz, W.: Wünschelrute und ingenieurtechnische Geologie. Technisches Gemeindeblatt. Berlin 1929, Nr. 9. — Ein wirklicher geologischer, hydrologischer und Wünschelrutenerfolg beim Mangfall-Stollenbau. Zentralblatt für Mineralogie, Geologie und Paläontologie. Abt. B, 1931, Nr. 7, S. 376.

McLaughlin, D. H.: Geophysikalisches Prospektieren in U. S. A. während des Jahres 1930. Intern. Zeitschr. f. Bohrtechnik, Erdölbergbau und Geologie. Nr. 6, März 1931. S. 47.

Linstow, O. von: Ergebnisse und Grundwasserfeststellungen mittels der Wünschelrute. Naturwissensch. Wochenschrift 1916, Heft 11, S. 161—164. — Bodenanzeigende Pflanzen. Abhdlg. d. Preußischen Geologischen Landesanstalt, Heft 114. Berlin 1929. — Löwy, H. u. G. Leimbach: Eine elektrodyn. Methode zur Erforschung des Erdinnern. Phys. Zeitschr. 1910. — Lueger, O.: Wasserversorgung d. Städte. Leipzig 1890, S. 266—267.

Maltzahn, H. von: Versuche auf Wasser mit der Wünschelrute im Jahre 1929. Zur Klärung der Wünschelrutenfrage, Heft 13, 1930, S. 48. — Martel, E. A.: Über die Versuche mit Flourescin. Comptes rend. de l'acad. des Sc. 157. — Meinzer, O. E.: Plants as Indicators of Ground Water. U. S. Geol. Survey W. S. P. 577, 1927. — Meyer, O.: Elektrische Schürfmethode und ihre Anwendung in Schweden. Zeitschr. des österr. Ing.- u. Architekten-Vereines 1925, S. 217.

Pantanelli, D.: Acque sotterranee. Natura Riv. di. Sc. nat. III, p. 225—233. Milano 1912.

Regnard: Sur un dispositif destiné à éclairer les eaux profondes. Comptes rend. Bd. 107, S. 129, Jahrg. 1888.

Schnarrenberger, Karl: Erläuterungen zum Blatt Elzarh. Geolog. Spezialkarte von Baden. Heidelberg 1909, S. 53. — Steinmann u. Gräff: Erläuterungen zum Blatt Hartheim-Ehrenstetten. Geologische Spezialkarte von Baden. Heidelberg 1897, S. 74. — Stern, W.: Über die Ausbreitung elektromagnetischer Wellen hoher Frequenz im bergfeuchten Gebirge. Zur Frage ihrer geoelektrischen Anwendbarkeit. Gerlands Beiträge zur Geophysik. Bd. 1, Heft 4, S. 437. Leipzig 1931. — Steuer: Über neuere Methoden zur Aufsuchung von Bodenwasser. Gas- und Wasserfach. 1926, H. 44, S. 941—943. — Stocker, L. W.: An electric well-sounding Instrument. Eng. Wews 1915. — Sundberg, K.: Principles of the Swedish Geo-electrical Methods. Gerlands Beiträge zur Geophysik. Ergänzungsheft für angewandte Geophysik. Bd. 1, Heft 3, S. 299, 1931. — Sundberg, K.; H. Lundberg and J. Eklund: Swedish Geoelectricak Methods. Sveriges Geologiska Undersökning Geological Survey of Sweden. Stockholm 1930.

Timeus, G.: Il litio e la radioattivita quali mezzi d'indagine nell'idrologia sotterranea. L'origine del fiume Timavo. Atti Soc. ital. per. il Progr. d. Sc. V, p. 751—771, con 7 tav., Roma 1912.

Verney: La scelta dell'acqua potabile. Policlinico 1904, pag. 28. — Volger, O.: Finding water by divination. Journ. of Gaslight. Bd. 52, S. 54, Jahrg. 1888.

Archiv zur Klärung der Wünschelrutenfrage.

Plants as Indicators of Ground Water, U. S. Geol. Surv. W. S. P. 577, 1927.

9. Der Schutz der Quellen gegen Verunreinigungen und Schädigungen durch die menschliche Wirtschaft und die Natur.

Abel, R.: Die Vorschriften z. Sicherung gesundheitsmäßiger Trink- u. Nutzwasserversorg. Berlin 1911. — I'Andiani: La fluoresceina nella ricerca delle origini delle sorgenti e acque di infiltrazione. Riv. ligure Sc. Lett. Arti Genova 1905. — De Angelis D'Ossat, G.: Cattura e protezione delle sorgenti potabili. Riv. Ing. Sanit. ed Edil moderna, Torino 1912.

Baratta, M.: L'acquedotto Pugliese e i terremoti Voghera, Tipografia Riva e Zolla, 1905, con 1 tav. — Berg: Geologische Bedingungen für die Abgrenzung von Quellschutzbezirken. S. 124. Zeitschr. f. prakt. Geologie. 36. Jahrg., H. 8, 1928. — Van den Broeck, E. e Rahir, E.: Expériences sur la densité de la fluoresceine dans l'eau et sur la vitesse de propagation de cette matiere colorante. Bull. Soc. geol. belge 1903.

Canavari, M.: La protezione delle sorgenti idrominerali. Estr. di 8 p. d. L'idrologia, climatol. e terepia fis. Firenze 1920. — Cornn, F.: Über den Nachweis unterirdischer Wasserläufe in Kohlengruben und bei Höhlenforschungen. Zeitschr. f. prakt. Geologie. 17. Jahrg., 1909. — Le Couppey de la Forest: Consideration sur le mode de propagation de la fluoresceni sous terre. Bull. Soc. belge de Geol. 1903. — Crema, C.: Sugli insegnamenti della geologia in rapporto colla legislazione delle acque pubbliche. Boll. Soc. geol. it., XXX, p. CDI—CDIII. Roma 1912.

Deutsches Bäderbuch: Bearbeitet unter Mitwirkung des Kaiserl. Gesundheitsamtes. Leipzig: J. J. Weber 1907. — Diénert, F.: Les méthodes empl. p. surveiller les eaux etc. Ann. de l'inst. Pasteur 1905. — Dole, R. B.: Use of Fluorescein in the Study of Underground Waters. U. S. Geol. Surv. V. S. P. 160 (1906). — Drolz, Hugo: Der Kohlensäurewassereinbruch beim Teufen des Friedrich-Schachtes in Zabreh a. d. Oder. Montanistische Rundschau. Jahrg. XX, Nr. 16, 16. August 1928.

Fleck, H.: Untersuchung d. Kirchhofwässer in Dresden. 2. Jahresber. der chem. Zentralstelle f. öff. Gesundheitspflege, Dresden 1873. — Flügge, C.: Grundriß d. Hygiene. 8. Aufl. Leipzig 1915. — Fodor, J. von: Hygiene des Bodens. Handb. d. Hygiene. Jena 1893. — Fränkel, C.: Zeitschr. f. Hyg., Bd. 2 u. 6.

Gärtner: Die Quellen in ihren Beziehungen zum Grundwasser und Typhus. Klinisches Jahrbuch, Bd. IX, Jena 1902. — Die Hygiene des Wassers. Braunschweig 1915.

Haren, A.: The filtration of public water supplies. New York 1895. — Hoernes, R.: Beobachtungen über den Einfluß von Erderschütterungen auf Quellen u. Grundwasser. Zeitschr. f. Balneol. III, 3, S. 65—73.

Kabrhel, Gustav: Eine Vervollkommung des Filtrationseffektes bei der Zentralfiltration. Hygienische Rundschau 1897, Heft 10. — Die Bestimmung des

Filtrationseffektes der Grundwässer. Archiv f. Hygiene, Bd. 47, München S. 195 bis 212. — Studien ü. d. Filtrationseffekt d. Grundwässer. Arch. f. Hyg., Bd. LVIII. — Keilhack, K.: Lehrbuch der Grundwasser- und Quellenkunde. Berlin 1917. — Über die Lage der Wasserscheiden auf der Baltischen Seenplatte. Peterm. Mitt. 1891, Heft 3. — Kisskalt, K.: Die Ursache der Wirkung von Sandfiltern. Journ. f. Gasbeleuchtung u. Wasservers. München 1917. — Knett, J.: Schutz den Heilquellen. Intern. Mineralquellenzeitung 1930. — Über Quellenschutz. Intern. Mineralquellenzeitung 1907, Heft 158, S. 8—17. — Kranz, W.: Die Geologie im Ingenieurbaufach. 425 S. m. 53 Abb. i. Satz u. 7 Tafeln. Stuttgart 1927. — Krusch, P.: Gerichts- und Verwaltungsgeologie 1916. Stuttgart: Ferdinand Encke.

Lehmann, K. B.: Die Methoden der prakt. Hygiene. Wiesbaden 1911.

Marboutin, F.: Contribution a l'étude des eaux souterraines. Courbes isochronochro matiques, C. R. Acad. Sc. Paris 1901. — Fluoroscope ou fluorescope. Bull. Soc. belge de Géologie 1903. — Martel, E. A.: Note complémentaire sur la vitesse et les retards de la fluorésceine. Bull. Soc. belge 1903. — Sur L'application de la fluorescéine a l'hydrologie souterraine. Boll. Soc. belge de Geologie, 1903. — Matthes: Zur Frage der Erdbestattung. Zeitschr. f. Hyg. 1903. — Miquel, P.: Sur l'usage de la levure de biere pour déceler les communications des nappes d'eaux entre elles. C. R. Acad. de Sc. Paris 1901. — Montessus de Ballore: Efectos del Terremoto del 18. 4. 1906 sobre las Cañerias de agua i las acequias de la ciudad de San Francisco (California). Santiago de Chile 1907. — Müller, Paul Th.: Kommen die in den Quellen mancher Trinkwasserleitungen enthaltenen Fische als Bazillenträger in Frage und schädigen sie so die Qualität des Wassers? Intern. Zeitschr. f. Wasserversorgung. 1914, Heft 9, S. 148—151.

Nourtier, Ed.: Importance hyg. et procédés de captage. Rev. techn. 1914.

Opitz, K.: Die Desinfektion von Brunnen. Der prakt. Desinfektor 1912.

Petri: Gutachten ü. d. Jungfernfriedhof zu Havelberg. Arb. a. d. kais. Gesundheitsamt, IX. Bd. 1894. — Pettenkofer: Fünf Fragen aus der Antiologie der Cholera. Pappenheims Monatsschrift für exakte Forschungen auf dem Gebiete der Sanitätspolizei 1859. — Untersuchungen und Beobachtungen über die Verbreitungsart der Cholera, S. 365—371. — Philippson: Verh. Ges. Erdkunde zu Berlin 1894. — Piefke, C.: Die Bodenfiltration. Berlin 1883. — Bericht über die Fortführung eines Versuchs behufs Gewinnung eines reinen Brunnenwassers. Berlin 1886. — Prausnitz, W.: Über die natürl. Filtration des Bodens. Zeitschr. f. Hyg. 1908. — Prinz, E.: Hydrol. Nachweis von weichem Grundwasser. Intern. Zeitschr. f. Wasserversorg. Leipzig 1915. — Proskauer, B.: Off. Bericht über die 18. Hauptvers. d. preuß. Medizinalbeamten, 1901. — Putzeys, E.: Les sources vauclusiennes et les zones de protection. Bull. Soc. belge de Géol. 1903.

Quitzow, W.: Die Wasserfärbung mit Uranin O. Das Wasser 1915.

Radoslavoff, R.: Les Tremblements de terre et des sources Minérales et Thermales en Bulgarie. Matériaux pour l'étude des Calamités, Nr. 25, 1931, Nr. I, S. 14. — Rector, F. L.: Underground Waters for Commercial Purposes. New York 1913. — Remlinger: Fische in den städtischen Trinkwasserleitungen Marokkos. Revue d'Hygiène, Bd. 34, S. 1182. — Rohozée et Rahir: Rés. synth. de la discussion rel. sur l'emploie de la fluorescéine. Soc. belg. de géol. 1914. — Rószahegyi, von: Untersuchungen der Friedhofswässer auf dem Kerepescher Kirchhof. Vierteljahrschr. f. öff. Gesundheitspflege, Bd. XIV.

Schumacher, K.: Über das Wasser der Rostocker Friedhofsbrunnen. Vierteljahrsschr. f. öff. Gesundheitspflege, Bd. XXIII. — Schwager, Adolf: Über den Schutz der Heilquellen zu Bad Steben und von Langenau gegen schädigende Einwirkungen von Grab- und Bohrarbeiten. Geognostische Jahreshefte des Kgl. Bayr. Oberbergamtes in München, Jahrg. 1907, S. 245—255. — Hydrogeologische Beobachtungen zur Feststellung des Quellenbereiches der Wasserversorgung für die Stadt Lichtenfels. Geognostische Jahreshefte des Kgl. Bayrischen Oberbergamtes München, Jahrg. 1908, S. 213—226. — Smith, Angus: On the Air and Water of Towns. Rep. Brit. Assoc. 1851, S. 66—77. — Spataro, D.: Igiene delle abitazioni. Milano 1892. — Spitta, O. u. M. Pleissner: Neue Hilfsmittel f. d. hyg. Beurteilung u. Kontrolle des Wassers. Arbeiten a. d. kais. Gesundheitsamt, 1909, Heft 3. — Neue Hilfsmittel für die hygienische Beurteilung u. Kontrolle von Wässer. Arb. a. d. Kais. Gesundheitsamte, XXX, 3, S. 463—482. — Stur, D.: Der zweite Wassereinbruch in Teplitz-Ossegg. Jahrb. der k. k. geolog. Reichsanstalt 1888, 38. Bd., 3. Heft, m. 3 Tafeln und 14 Abb. i. Satz, S. 417—515. — Geologisches Gutachten in Angelegenheit der Entziehung des Wassers aus den Brunnen der Ortschaft Brunn a. d. Erlaf bei Pöchlarn. Jahrb. der k. k. Geolog. Reichsanstalt 1889, 39. Bd., Heft 3/4, S. 463—472. — Luehrig, H.: Verseuchung einer zentr. Grundwasservers. Zeitschr. f. Untersuch. d. Nahrungs- und Genußmittel 1913.

Thumm, K.; E. Groß u. R. Kolkwitz: Gutachten betr. die Beschwerden einer Reihe von Kaliwerken. Mitteil. d. Landesanstalt f. Wasserhygiene. Berlin 1917, Heft 23. — Trébuchet: Rapport général sur les travaux du Conseil d'Hygiéne publique du Depart. de la Seine des. 1849, jusqu'à 1858, S. 291. — Trillat, A.: Sur l'emplofiles matières colorantes pour la recherche de l'orogine des sources et des eaux d'infiltration. C. R. Accad. Sc. Paris 1899. — Essai sur l'emploi des matières colorantes pour la recherche en eaux d'infiltration. Bull. Soc. belge de Géol., 1903. — First Report of the Commissioners for inquiring into the state of large Towns. Blue Book for 1844, S. 137. — Die vom Bundesrat erl. Anleitung f. d. Errichtung, den Betrieb u. d. Überwachung öff. Wasservers.-Anl. Berlin 1906. — Ergebnisse d. Unters. über die Ursachen d. Grundwasserverschlechterung i. Breslau, Berlin, 1907.

10. Der Einfluß der Quellen auf die Formung der Landschaft und auf die Tätigkeit des Ingenieurs.

Becke, F.: Über die bei Czernowitz im Sommer 1884 und Winter 1884/85 stattgefundenen Rutschungen. Jahrb. k. k. geolog. Reichsanstalt, 35. Bd. 1885 S. 397. — Beyer: Über Quellen in der sächsisch-böhmischen Schweiz. Dresden 1913. — Blaas, J.: Über die Terrainbewegungen bei Bruck und Imming im vorderen Zillertale. Verhandl. der Geologischen Reichsanstalt. Wien 1896, Heft 7/8. — Bossolasco, Mario: Sulla previsione della temperatura nell' interno delle montagne. Geolands Beiträge zur Geophysik, Ergänzungshefte, Bd. 1, Heft 2, S. 149 bis 155. Leipzig 1930. — Burger: Über schwäbische Kalktuffe. Diss. Tübingen 1911.

Collegno, G.: Note sur les terrains de la Toscane. Bull. Soc. Géol. France, Bd. 13, 1842.

Daubrée, A.: Les eaux souterraines. Paris 1887, S. 424. — Ditzel, H.: Quellenstudien aus der Umgebung von Marburg. Inaug. Dissertation. Marburg 1905.

Götzinger, G.: Beiträge zur Entstehung der Bergrückenformen. Pencks Geograph. Abhandlungen, 9. Bd., Heft 1. — Grund, A.: Zur Karsthydrographie. Pencks Geograph. Abhandlungen, Bd. 9, Heft 3, 1910, S. 136—195. — Die Karsthydrographie. Pencks Geograph. Abhandlg., 7. Bd., Heft 3, 1903.

Krebs, Norbert: Morphologische Probleme in Unterfranken. Zeitschr. der Ges. f. Erdkunde. Berlin 1920.

Lehmann, O.: Über Fluß- und Bachursprünge in den Rückenlandschaften des feucht-gemäßigten Klimas. Mitt. d. k. k. Geogr. Ges. Wien, Bd. 61, 1918, Nr. 4. — Die Talbildung durch Schuttgerinne. Penck-Festband 1918, S. 48ff. — IV. Morphologische Beobachtungen. Speläologisches Jahrbuch III, 3/4, 1922, S. 83ff. — Lorenzi, A.: La collina di Buttrio nel Friuli. In alto, Bd. 12—14, 1902—1904.

Penck, A.: Das unterirdische Karstphänomen. Recueil de travaux offert à M. Jovan Cuijič par ses amis et collab. à l'occassion de ses trente cinq ans de travail scientifique. Belgrad 1924. — Penck, Walter: Die morphologische Analyse. Geogr. Abhandl. 2. Reihe, H. 2, 1924, S. 51—52, 37, 249. — Philippson, A.: Grundzüge der Allgemeinen Geographie, II. Bd., 2. Hälfte. Leipzig 1929, S. 64—65.

Schardt: Note sur la valeur de l'erosion souterraine par l'action des sources. Bull. Soc. belge de Géol. 1906. — Schmid, Josef: Klima, Boden und Baumgestalt im beregneten Mittelgebirge. Neudamm 1925. — Schmitthenner, H.: Die Oberflächengestaltung des nördl. Schwarzwaldes. Karlsruhe 1913, S. 23. —

Die Entstehung der Stufenlandschaft. Geographische Zeitschrift 1920, S. 207ff. — Die Oberflächenformen der Stufenlandschaft zwischen Maas und Mosel. Pencks geogr. Abhandlg. Stuttgart 1923. — Stefanini, G.: Nicchie d'erosione nei terreni pliocenici della Val d'Era. R. G. J., volume 16, 1909. — Stiny, J.: Technische Geologie. Stuttgart 1922. Abschnitt über Bodenbewegungen, S. 286ff., ferner S. 702 und Abb. 449. — Zur Oberflächenformung der Altlandreste auf der Gleinalpe (Steiermark). Zentralbl. f. Min. usw. 1931, Abt. B, Heft 2, S. 49—62 und Heft 3, S. 97—109 m. 3 Abb. i. Satz. — Die geologischen Grundlagen der Verbauung der Geschiebeherde in Gewässern. 120 S. mit 40 Abb. i. Satz. Wien 1931. Hier ein Schriftenverzeichnis über Rutschungen und die Einwirkung des Wassers auf die Geländeanbrüche. — Strele, Georg: Die Quellen der Geschiebeführung. Geologie und Bauwesen, Jahrg. 4, Heft 2, S. 119—144 m. 10 Abb. i. Satz

Vendl, Aladár: Rutschungen in lößbedeckten Tongebieten im 3. Bezirk von Budapest. Geologie und Bauwesen, 1929, Bd. 1, Heft 2, S. 100—119 m. 12 Abb. i. Satz.

Wegner, Th.: Die morphologische Bedeutung der Grundwasseraustritte. Zeitschr. d. Deutschen Geologischen Gesellschaft 1919, Heft 3/4, S. 135—151, m. 4 Abb. i. Satz und 1 Tafel.

Sachverzeichnis.